Introduction of
Information Communication
Network

信息通信网络概论

陈熙源　主编

祝雪芬　汤新华　副主编

清华大学出版社

北京

内 容 简 介

本书是介绍信息通信网络原理的教材。全书共分 9 章,比较全面系统地介绍了信息通信网络的发展、应用和计算机网络体系结构,物理层,数据链路层,介质访问控制子层,网络层,传输层,应用层,网络安全,编码和视频压缩技术等内容。在本书最后,给出了部分习题答案与提示,供读者参阅。

本书结合信息通信网络技术的一些最新进展,如无线网络、物联网应用,突出阐述对信息通信网络的整体认识、基本概念和网络知识应用。本书可供高等院校电子信息类专业的本科生和研究生使用,也可供从事信息网络技术工作的工程技术人员参考。

图书在版编目(CIP)数据

信息通信网络概论/陈熙源主编.—北京:清华大学出版社,2018(2019.11 重印)
ISBN 978-7-302-51750-4

Ⅰ.①信… Ⅱ.①陈… Ⅲ.①计算机通信网 Ⅳ.①TN915

中国版本图书馆 CIP 数据核字(2018)第 271398 号

责任编辑:许 龙
封面设计:常雪影
责任校对:刘玉霞
责任印制:沈 露

出版发行:清华大学出版社
    网 址:http://www.tup.com.cn,http://www.wqbook.com
    地 址:北京清华大学学研大厦 A 座   邮 编:100084
    社 总 机:010-62770175   邮 购:010-62786544
    投稿与读者服务:010-62776969,c-service@tup.tsinghua.edu.cn
    质量反馈:010-62772015,zhiliang@tup.tsinghua.edu.cn
印 装 者:三河市少明印务有限公司
经 销:全国新华书店
开 本:185mm×260mm 印 张:18.75 字 数:452 千字
版 次:2018 年 10 月第 1 版 印 次:2019 年 11 月第 2 次印刷
定 价:55.00 元

产品编号:078797-02

前言
FOREWORD

信息通信网络技术在计算机网络应用领域空前活跃,给人们日常生活及商业应用带来极大变化。针对国内目前无非计算机专业类的《信息通信网络概论》教材的情况,遵循优化结构、精选内容、突出重点的原则,结合测控仪器等电子信息类专业学科对信息通信网络的整体认识、概念理解和应用、网络技术的发展和作者多年从事本科生"信息通信网络概论"课程的课堂教学及课程建设实践,我们组织编写了本书。

本书共分9章:第1章引言,介绍了信息通信网络的应用、网络的形成和发展,讨论了网络的分类,对网络的各参考模型进行了分析与比较,并予以例证分析;第2章在数据通信理论基础知识的基础上,讨论了物理层及物理层协议的基本概念,对常用传输介质和接入技术进行了介绍;第3章讨论了数据链路层的基本概念和基本协议;第4章介质访问控制子层,主要讲述了信道分配、多路访问协议、局域网及局域网组网技术;第5章对网络层和IP协议的基本概念、路由算法、拥塞控制算法、服务质量进行了讨论,在此基础上介绍了IPv4、互联网的网络层和IPv6等技术;第6章介绍了传输层服务、传输层与传输层协议,并对用户数据报协议UDP、传输控制协议TCP进行了系统的讨论;第7章应用层,介绍了因特网应用与应用层协议的分类,并讨论了常用的域名系统(DNS)、电子邮件服务(FTP)、WWW等协议,给出了FTP协议应用举例;第8章讨论了网络安全的基本概念,介绍了对称密钥算法、公钥算法和公钥管理、网络安全协议,并对通信安全和防火墙技术、恶意代码与网络防病毒技术进行了讨论;第9章介绍了编码和视频、音频压缩技术。每章之后附有习题,以帮助读者在学习过程中加深对基本概念的理解。

本教材参考学时为48学时(含16学时实验)左右。第9章为可选章节。

本书由陈熙源主编。第1、2、3、5章由陈熙源编写,第4、6章由祝雪芬编写,第7章由申冲编写,第8、9章由汤新华编写,习题由祝雪芬和汤新华编写。全书由陈熙源负责统稿和定稿工作。

在本书编写过程中,得到了赵正扬、张梦尧、闫晰等的热心帮助,以及有关专家热心指导与无私的支持,清华大学出版社为本书尽快出版做了大量工作,编者在此一并表示衷心的感谢。此外,本书对参考文献资料的作者也深表感谢!

由于编者水平有限,书中难免有不当和错误之处,请广大读者批评指正。

编 者

2018 年 1 月

目 录
CONTENTS

第**1**章

引 言

从 18 世纪开始,技术革命带来的飞速发展便引领了人类在各个领域的进步。由蒸汽机的发明开始,人类走向了工业时代,而此后计算机的发明和互联网的诞生更是打开了全球化的大门,让整个世界都更为紧凑地融为一体。有学者认为,互联网是截至目前唯一的一个可以与蒸汽机并列的伟大发明,因为蒸汽机让世界进入工业时代,而互联网则让世界迈进信息化时代的门槛。或许在 20 世纪中叶,那些互联网的发明者,并未预见到他们仅仅将两台计算机连接起来的行为,会给他们的世界带来社会性的变革,但是这一切确实已经发生。

互联网带来的最直接的影响,就是信息获取、传输和存储等多方面的便捷性。无论是曾经的地域限制,还是信息媒介的传播速度、可操作性和交互要求都已不再成为信息交流的障碍。如今的公司、大学甚至于大部分的家庭都已经被计算机和互联网关联在了一起,这些由大量独立的但相互连接的计算机所组成的用以连通、共享乃至共同完成特定任务、构建特定功能的网络组织系统,就是所谓的计算机网络。计算机和信息通信技术的结合给计算机的组织结构和工作方式带来了巨大的改变或者说优化。过去那种凭借单独计算机工作,或是以某一台计算机为中心,处理和完成整个系统绝大部分计算、功能的模式已经逐渐被取代。转而变为由不同硬件、不同操作系统的计算机设备通过特定的组织结构和协议相互连接,共同构建的互联网模式,而这种模式会适合更复杂的工作。如今的计算机网络已经几乎在各个领域都必不可少,所以我们可以从这些不同的应用谈起。

1.1 信息通信网络的应用

对于大部分的技术而言,需求往往是推动其发展的动力。如果没有需求和市场,那么计算机网络也不会发展如此迅速,普及如此广泛。下面,将从不同的方面来论述不同群体、不同问题对于计算机网络的各种应用,以及因为计算机网络而带来的新的行业或是新的机遇。

1. 商业应用

现如今几乎所有的公司都配备了计算机并与因特网互连,通常用于存储商业资料、进行各项管理、辅助控制生产等多个环节。商业资料往往包含了客户信息、项目材料、账单记录、财务报告等多种重要信息。这些往往需要一定的保密、安全措施,但也难于以大量纸质的形式进行存储。对于公司的人事管理、工资发放,现在也大多依靠计算机网络来辅助或是完成。同时得益于这一技术,使在线会议和家庭办公都成为可能。随着科技的发展,计算机和机器人辅助工厂生产、监督流水线各环节的措施也愈发常见,如今的公司及其商业活动都很难脱离计算机和网络而实现其职能。

对于一些中大型公司,雇员和他们的计算机通常不会在同一间办公室里,一些跨国公司甚至分散在不同国家、不同地区的分支机构中,他们之间需要互连进行交流合作或是访问,至少公司内部需要共享资料来完成既定的工作。对于某些面向广大用户并涉及 IT 的公司,他们需要处理的不仅是公司内部的交流,还有对不同用户在线上发出的提问和请求进行答复。

对于这样的情况,最简单的方式就是将数据以数据库的形式由少数功能强大的计算机进行控制、处理与维护,称之为服务器(server)。而雇员或是用户所使用的仅有较低权限、功能简单的计算机称为客户(client)。客户和服务器通过网络连接在一起,这整个结构称为客户/服务器模型(client-server model),如图 1.1 所示。这种模型应用广泛,也是很多计算机网络应用的基础。

图 1.1　客户/服务器模型示意

在这种模型中,通常一台服务器可以应答大量客户的请求。首先,由客户通过网络向服务器发送消息并等待应答;然后当服务器接收到请求消息后,执行与请求相关的操作;最后由服务器方做出反馈,发回应答消息给客户,这就完成了模型工作的整个流程。在日常生活中,我们身边的在线银行、线上售卖网站大多采取这样的方式。

2. 社会服务应用

网络的广泛应用已经遍及整个社会的各个方面,包括政治、舆论还有道德大多都受到了不同程度的影响。在如今的公共服务体系中,解决各种社会问题都离不开计算机网络的支持,这将为整个社会带来巨大的便利。

从社会传媒角度上,计算机网络无疑让新闻、资讯的传播速度大大加快,传播面也越发广泛。社会尖锐和热点问题的曝光,国家和政府机关的行政工作透明化,社会道德和社会公益的宣传,在网络的帮助下效果会更加明显。当然,网络的便捷性也会带来诸多问题,比如出现一些具有攻击性、错误性的观点,不良信息的传播和部分资源的盗用,等等。有人认为这些材料首先都应经过运营商严格的审查,然而事实上对于网络的管理并不那么容易,而且这样的做法对于人言论自由的权利也会有所影响,这需要国家来进行相应的规范,对于不同的国家这些领域的法规可能还会互相冲突。

除此之外,社会保障体系、公共医疗体系等公共服务体系也或多或少受益于计算机网络技术的日趋成熟。消防与警力的调度、机动性在网络的帮助下得以提高,能够在最短的时间内到达事发现场。总而言之,社会服务的各项职能在计算机网络的支持下得到了进一步的发挥,效率大大提高。当然,网络带来的负面因素,以及其可靠性和稳定性也不能忽视,这有待于管理层面和技术层面的改善。

3. 教育科研应用

得益于网络的传播与共享能力,如今计算机已经大量应用于教育和科研。许多学校都已经出现了线上视频课程,互联网教学的趋势日渐明显。学生在课下也可以通过在线视频来学习并巩固知识,进行相应的预习或是复习。只要能够学会合理利用网络来帮助自己学习,那么你的学习资源就会大大得到丰富。当然,网络上同样存在大量的娱乐资源,对于学习也有不小的负面影响,这需要考虑到学生的自觉性以及适当的引导和监督。

在科研方面,计算机网络让参考文献、相关对比研究的获取更加便捷,科研人员之间的交流、研讨与合作更加轻松,对于减少不必要的工作、推动科研成果来说无疑具有很大帮助。如此作用在专利领域、知识产权保护、技术公示等方面也是十分重要的,有助于保障专利持有人的应有权利,避免因不知情而导致产生侵权与纠纷。

4. 家庭个人应用

为什么人们要为家庭或是为自己购买计算机呢? 事实上最初,只是为了文字处理和游戏,而现在这一情况已然大大不同。对当下的用户而言,最主要的理由可能就是为了访问因特网,也就是访问远程信息、进行通信交流和交互式娱乐以及电子商务。

这几个方面其实可以互相覆盖,而且涉及的领域非常广泛。首先从信息上,许多新闻报纸、图书馆都推出了在线版本,从各个网站上能获取到的信息远大于其他媒介,当然可靠性依旧有待改善。这些信息可以是娱乐信息,也可以是商务、科学、运动、旅游、烹饪等其他的类别。

从通信上来说,聊天软件、视频通信以其便捷性和价格的低廉性占据了很大的市场。这一类个人对个人的通信方式常称为"对等通信"(peer-to-peer communication),如图 1.2 所示。在这种方式下所有单独的个体形成了一个松散的组,这些个体能够与组中的其他个体进行通信,而并不需要依赖于客户/服务器模型。

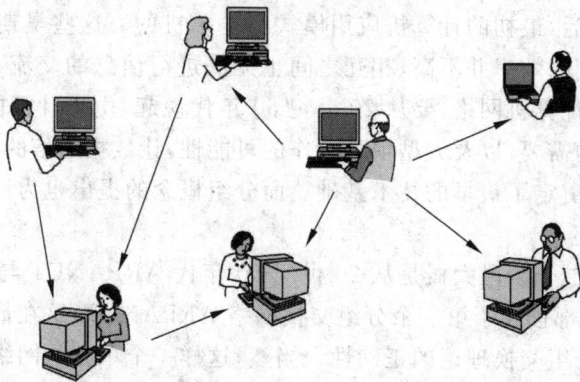

图 1.2 对等通信示意

第三类网络应用是娱乐产业的相关应用,这是一个巨大的、发展极其迅速的产业结构。视频点播、虚拟游戏都属于这一类的范畴,并且随着虚拟现实等技术的进步,带给用户的体验也日趋改善。

最后不得不提到的就是广义的电子商务了。在我们的日常生活中,在线购物、购票,以及预订或是购买一些服务类产品、虚拟产品已经十分常见。许多实体商品,尤其是电子产品在购买后往往还提供线上的技术支持和故障检修判断。还有一些线上允许访问的金融机构,比如网上银行、股票和期货在线交易,也属于电子商务的一部分。毫无疑问,将来计算机网络的用途会越来越广,功能将越来越强大,这样的进步可能很难想象。

5. 移动设备应用

现在的移动设备,包括智能手机和平板电脑,在结构和功能上都日益趋近于可移动的计算机。这使得人们在交通过程中同样可以进行网页浏览、移动办公,或者在某个会议区域,与会者只需要带上一个具有无限调制解调器的移动设备,就可以连接到网络并进行访问或共享相关的资料。

由于网络经营商知道用户所在的区域,因此有些服务可以依据地理位置来进行综合考虑与设计。结合导航定位技术的移动应用越来越广泛,从查找最近的餐厅,到本地天气预报,这样的便捷设计让用户更加满意。除此之外,移动设备的许多聊天、交流软件多数无需付费,只要可以连接网络即可运行,然后通过广告或是购物的支付方式来收取一定的费用,这样更容易为大众所接受。

1.2　网络的形成和发展

在计算机出现以前,网络的概念最早源于 1830 年 Samuel Morse 发明的电报,这可以说是电话网络的开始。1876 年,Alexander Graham Bell 发明了世界上第一台电话。接下来在 1880 年,第一个点对点的电话问世了。而 1890 年出现的电磁开关、1970 年出现的程控开关也都是电话网络发展中重要的一部分。随之而来的是数字信号的传输和 CCS(common channel signaling)技术,以及综合数字业务网(integrated services digital networks,ISDN)技术。

在计算机诞生以后,最初的计算机应用模式都是单机的。这些早期的计算机体积庞大且价格昂贵,但是它们的效率并不高,相互之间也无法进行信息的交流,只是一个个分散的信息孤岛。而最早的计算机网络,要从 20 世纪 50 年代说起,由于计算能力、资源的共享需求,人与人之间交流的需要,以及大型项目合作的可能性,让数据通信的研究日显成效,为日后计算机网络的成熟奠定了最早的技术基础。而分组概念的提出也为计算机网络的理论进行了铺垫。

计算机网络的第二个阶段大概是从 20 世纪 60 年代 ARPANET 与分组交换技术开始的。1969 年美国国防部创建了第一个分组交换网络 ARPANET,这在最早只是一个简单的分组交换网,证明了分组交换理论的正确性。当然,这样一个单独的网络还无法解决所有的通信问题,所以人们开始向网络互连技术的方向进行研究,也就是现在因特网的雏形。在这个阶段,TCP/IP(传输控制协议/网际协议)的协议开始为人们所接受,而 E-mail(电子邮件)、FTP(文件传输协议)等技术也让计算机网络的广阔前景为大家所注意。

计算机网络的第三个阶段是从 20 世纪 70 年代开始的。在这个时候,OSI(开放系统互连)参考模型的研究对网络理论体系的形成与发展,以及在推进网络协议标准化方面起到了重要的作用。而到了这个时候,TCP/IP协议已经经受了市场和用户的考验,吸引了大量的投资,推动了互联网应用的发展,成为业界事实上的标准。

计算机网络的第四阶段已经更多地侧重于互联网应用、无线网络与网络安全技术研究的发展,这些主要是从 20 世纪 90 年代开始的。从 1993 年开始,由美国政府资助的 NSFNET 逐渐被许多商用因特网主干网所取代,而政府也不再过多负责因特网的运营,这样就出现了因特网的服务提供者(internet service provider,ISP)。ISP 拥有向因特网管理机构申请的多个 IP 地址,同时又拥有自己的通信线路及连网设备,因而形成了用户向 ISP 缴纳费用从而获得所需 IP 地址进行上网的现代上网模式。

在如今,互联网作为全球性的网际网与信息系统,在当今政治、经济、文化、科研、教育与社会生活等方面发挥了越来越重要的作用。无线局域网与无线城域网技术日益成熟,已经进入应用阶段,无线自组网、无线传感器网络的研究与应用受到了高度重视。对等(P2P)网络的研究使新的网络应用不断涌现,成为现代信息服务业新的产业增长点。当然,随着网络应用的快速增长,新的网络安全问题也不断出现,促使网络安全技术的研究与应用进入高速发展阶段。

1.3 网络的分类

计算机网络的分类有很多种,其中最常用的一种就是按照网络覆盖的地理范围来进行区分,主要可以分为互联网络、广域网、城域网、局域网以及个人区域网。

1. 互联网络(internetwork)

互联网络是一种把许多网络都连接在一起的国际性网络,是最高层次的骨干网络。在它下面连接地区性网络和广域网。各国连接于互联网络上的计算机可以相互沟通。

2. 广域网(wide area network,WAN)

广域网有时也称远程网,通常覆盖的地理范围从几十千米到几千千米,可以是覆盖一个地区、国家,或横跨几个洲。广域网是因特网的核心,可以长距离传送主机发送的数据。连接广域网交换机的各个链路具有较大的通信容量,一般都是高速链路。广域网将分布在不同地区的宽带城域网或计算机系统互联起来,提供各种网络服务,实现信息资源共享。图 1.3 为广域网中主机与其子网之间的关系。

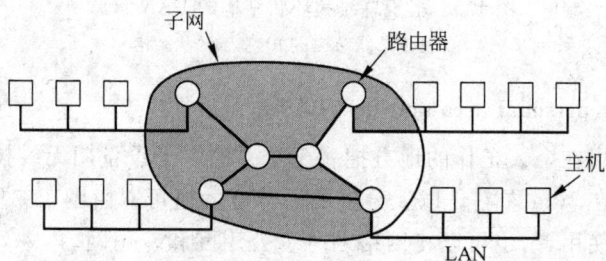

图 1.3　WAN 中主机与子网关系

3. 城域网（metropolitan area network，MAN）

城域网的作用范围一般是一个城市，它的设计目标是满足几十千米范围内的大量企业、机关、公司的多个局域网互联的需求，以实现大量用户之间的数据、语音、图像与视频等多种信息的传输。城域网既可以为一个或几个单位所拥有，也可以是一种公用设施，将多个局域网进行互联。目前，很多城域网采用的都是以太网技术，并且宽带城域网的概念已经逐步开始取代传统意义上的城域网。城域网示意如图1.4所示。

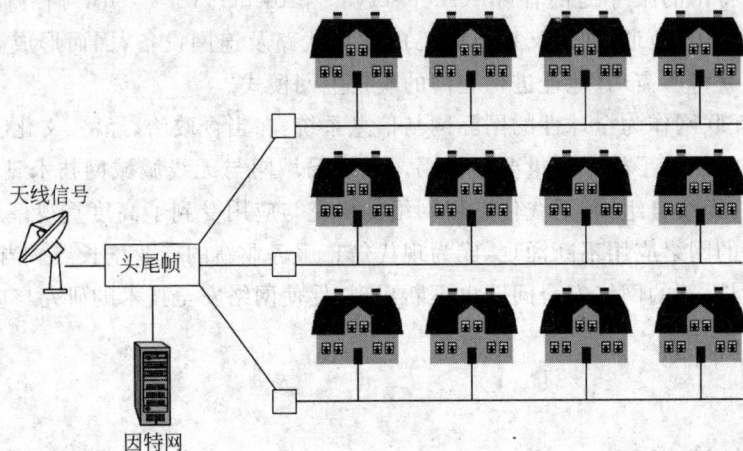

图1.4　城域网示意

4. 局域网（local area network，LAN）

局域网一般用微型计算机通过速度超过10Mb/s的高速通信线路相连，用于将有限范围内（例如一个实验室、一幢大楼、一个校园）的各种计算机、终端与外部设备互联成网。局域网可以分为共享局域网与交换局域网。局域网技术发展迅速，应用日益广泛，是计算机网络中最活跃的领域之一。图1.5是基于总线和基于环状结构的两种LAN。

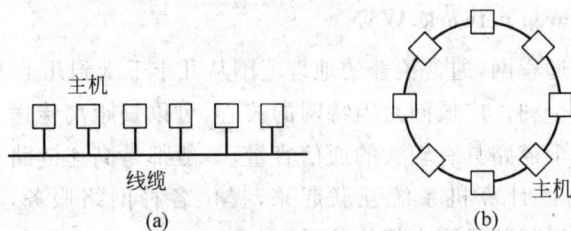

图1.5　基于总线和环状结构的LAN示意

(a) 基于总线结构；(b) 基于环状结构

5. 个人区域网（personal area network，PAN）

个人区域网是指在个人工作的地方把属于个人的电子设备用无线技术连起来构成的网络。其范围大概只在10m左右。以上分类的区分度大概可以由图1.6得出。

而根据不同的使用者，也可以将网络划分为公用网和专用网。

公用网（public network）：通信公司出资建造的大型网络，所有愿意按照公司规定并缴

1 m	1平方米	个人区域网
10 m	房间	
100 m	大楼	局域网
1 km	校园	
10 km	城市	城域网
100 km	国家	
1000 km	大陆	广域网
10 000 km	整个地球	因特网

图 1.6 按规模分类的互连处理分类

费的人都可以使用这种网络,所以也称为公众网。

专用网(private network):专门为某个部门或单位的特殊业务工作需要而建造的网络,这种网络不会向该部门或单位以外的人提供服务。例如部队、电力系统等都会有本系统的专用网。

此外,根据网络的传输技术,也可以将网络划分为利用广播通信信道的广播网络和利用点对点通信信道的点对点网络;按通信介质分类,可以分为有线网和无线网;按通信速率分类,可以分为高速网、中速网和低速网,等等。

1.4 网络的基本概念

计算机网络是在网络协议的控制下,由若干台计算机和数据传输设备组成,以相互共享资源方式连接起来,且各自具有独立功能的计算机系统的集合。而我们通常提及的因特网,是对“Internet”这一单词的翻译,一般可以理解为我们常用的、以网际互联协议 IP 及其延伸协议为基础的全球性信息系统。

需要说明的是,互联网一词有这样的定义:由若干计算机网络相互连接而成的网络。因此,因特网也属于互联网的范畴,而且是目前全球最大的一个电子计算机互联网。很多情况下,我们也会以互联网来指代因特网,但这样的说法是不够准确的。在不少参考书中,也出现互连网的概念,并阐明“互连”和“互联”内涵上的不同,说明“互连”说的是形式上的互相连接,而“互联”更强调在协议基础上的信息交换。在本书中,我们将以因特网来称呼日常接触的这一最大的计算机网络,并在本书后续的网络介绍中,将 Internet、互联网、互连网统一采用因特网概念来介绍。

计算机网络通常有一些性能指标,以及非性能特征用以评价该网络的性能或是影响性能的因素,主要包含以下几点:

(1)速率:计算机所发送的信号都是数字形式的。比特(bit)是计算机中数据量的单位,一个 bit 就是二进制数字中的 0 或 1。而网络技术中的速率指的是连接在计算机网络的主机在数字信道上传送数据的速率,也常叫做比特率或数据率。

(2)带宽:带宽用来表征通信线路所能传输数据的能力,也就是在单位时间内从网络某一点到另一点所能通过的最高数据率,其单位是比特每秒,记作 b/s。

(3)吞吐量:表示在单位时间内通过某网络的数据量,更常用在实测网络中实际有多少数据量能通过该网络。吞吐量受带宽及网络的额定速率影响。

（4）时延：数据（报文或分组，比特）从网络某一端到另一端所需要的时间，主要由发送时延、传播时延、处理时延和排队时延等环节构成。

（5）往返时间（RTT）：表示从发送方发送数据开始，到发送方接收到来自接收方的确认过程中总共经历的时间。RTT与分组长度有关，将在后边的章节对分组进行讲解。

此外，在计算机网络中还有许多基本的概念，下面做基本的介绍。

（1）ALOHA：世界上最早的无线电计算机通信网。ALOHA协议的思想很简单，只要用户站点产生帧，就立即发送到信道上；规定时间内若收到应答，表示发送成功，否则重发。由于广播信道具有反馈性，因此发送方可以在发送数据的过程中进行冲突检测，将接收到的数据与缓冲区的数据进行比较，就可以知道数据帧是否遭到破坏。

（2）调制解调器：调制解调器是一种计算机硬件，它能把计算机的数字信号转换成可沿普通电话线传送的模拟信号，而这些模拟信号又可被线路另一端的另一个调制解调器接收，并转换成计算机可识别的数字信号。简单来说，这一过程完成了两台计算机间的通信，实现了数字信号到模拟信号，再到数字信号的转换。

（3）异步传输：异步传输是将比特分成小组进行传送，小组可以是8位的1个字符或更长。发送方可以在任何时刻发送这些比特组，而接收方知道它们会在什么时候到达。其中，RS-232是一种典型的异步传输标准接口，它的速率可以达到38400b/s，通常以9个引脚或25个引脚的形态出现，有效传输距离为15m。这样的通信接口也称作串口，和RS-232类似的串口还有RS-423、RS-422等，这几种串口之间也有设计和用途上的区别。

（4）同步链路：在两个同步节点之间，用于传输同步信息的链路。通常同步链路以数据块为传输单位，每个数据块有头部和尾部的特殊字符比特序列作为标识，一般还会加上校验序列以实现差错控制。所谓同步是指数据块之间的时间关系是固定的，发送方在发出数据后需要等待接收方回应后才会发出下一个数据包。

（5）存储转发传输：通常是以太网交换机的控制器，先将输入端口到来的数据包缓存起来，检查数据包是否正确，并过滤错误的冲突包。确定包正确后，取出目的地址，通过查找表找到想要发送的输出端口地址，然后将该包发送出去。存储转发方式在数据处理时时延大，但是它可以对数据包进行错误检测，并且能支持不同速度的输入/输出端口间的交换，可有效地改善网络性能。它的另一优点是支持不同速度端口间的转换，保持高速端口和低速端口间协同工作。

总之，从早先的ARPANET到如今的互联网，增加了路由算法、流量控制、差错控制、寻址、网络安全、网络标准化、演示和管理等许多内容，这些将在以后的章节中逐一学习。而在将来，当下使用的万维网（World Wide Web）将会被全球大网络（great global grid）所取代。

1.5　网络的模型结构

在计算机网络中，分层次的体系结构是最基本的。由于两个相互通信的计算机必须要高度协调工作，所以在最早的ARPANET设计时便提出了分层的方法。分层可以将一个复杂而庞大的问题转化为若干个较小的局部问题，易于对这些问题的研究和处理。

　　早在 1974 年，美国的 IBM 公司就宣布了系统网络体系结构（System Network Architecture，SNA），这种著名的网络结构就是按照分层的方法来制定的。不久之后，其他一些公司也相继制定或推出了自己公司的不同网络体系结构，这样使得一个公司中可以方便地互联成网络。然而当公司之间，或者用户购买了不同公司的网络设备用于扩大网络时，网络体系的不同结构会导致这些设备之间很难形成互联。

　　1977 年，由国际标准化组织（ISO）成立的专门机构对该方面问题进行了研究，并提出了一个试图使各种计算机在世界范围内互联成网的标准框架，也就是著名的开放系统互联基本参考模型（open systems interconnection reference model，OSI/RM）。1983 年，这一开放系统互联基本参考模型的正式文件 ISO 7498 国际标准终于问世，也就是所谓的 7 层协议的体系结构。

　　OSI 试图使全世界的计算机都能够很方便地互联和进行信息交换，从而达到一种理想的结果，即让全世界的计算机网络都遵循这一标准，许多大公司甚至一些国家的政府机构也纷纷表示支持。虽然在 20 世纪 90 年代整套的 OSI 的国际标准已经制定出来了，但是因特网已经抢先在全世界覆盖了相当的部分，与此同时却很难找到符合 OSI 标准的商品。现在规模最大的、已经覆盖了全世界的因特网并未使用 OSI 模型，可以看到 OSI 只在理论研究上获得了一些成果，而 OSI 的缺陷以及失败原因值得我们深思：

　　（1）OSI 的协议实现过于复杂，降低了运行效率。

　　（2）OSI 的层次划分存在不合理之处，有些功能在多个层次重复出现。

　　（3）OSI 标准的制定周期过长。

　　（4）缺乏商业驱动力，在实际经验上体现出了不足。

　　当前，得到最广泛应用的不是国际标准 OSI，而是非国际标准的 TCP/IP，这样 TCP/IP 就成为了世界范围内实际上的标准。这说明一个新标准的出现，未必反映了技术水平的最先进性，也很可能是因为一定的市场背景。

1. 协议与层次划分

　　想要在计算机网络中做到准确、高效的数据交换，必须要遵循一些事先制定好的规则，用以明确所交换数据的格式以及时序等问题。这些为进行网络中数据交换而建立的规则、标准或约定即称为网络协议（network protocol）。网络协议主要由以下三个要素构成：

　　（1）语法：数据与控制信息的结构和格式。

　　（2）语义：对控制信息、完成动作以及响应等各协议元素含义的解释。

　　（3）同步：对事件实现顺序的详细说明。

　　可见协议在计算机网络中是十分重要的组成部分，一般来说，协议有两种形式，一种是方便人们阅读和理解的文字描述，而另一种是让计算机执行的程序代码。通过 ARPANET 的设计经验表明，对于非常复杂的计算机网络协议，层次式结构会更符合实用性，同时这样的层次结构还需要遵循以下原则：

　　（1）各层之间是独立的：每一层都不需要知道它下一层的实现方式，只需要通过层间的接口所提供的服务即可。在每一层的内部，都会有服务接口（service access point，SAP）为上一层提供服务并实现数据交换。每一层的功能相对独立，且只有一种，因而，可以将一个难以解决的问题分解成为若干较易处理的小问题，从而将问题的复杂度降低。

　　（2）灵活性：当任何一层由于技术或是其他原因发生变化时，只要层间的接口保持不变,就不会影响其他层的工作。

(3) 结构可分:各层都可以通过最合适的技术来实现。

(4) 易于实现和维护:分层的结构使得整个系统被分解为许多相对独立的子系统,因而降低了实现和维护的难度。

(5) 促进标准化工作:每一层的功能和所提供服务都有了明确的规定。

层次模型中,下层向上层提供的服务可以分为两种类型:面向连接的服务和面向无连接的服务。在使用面向连接的服务时,用户首先要建立一个连接,然后使用这个连接,最后释放此连接。在一个连接建立的时候,发送方、接收方和子网会共同建立一组将要使用的参数,包括最大消息长度等。而对于面向无连接的服务而言,每一条报文都携带了完整的目标地址,可以被系统独立路由。

另外,是否会丢失数据也是一个服务质量的表述特征。一些可靠的服务会让接收方向发送方确认收到每一条消息,因而可以保证数据百分之百到达。这个确认过程会带来额外的负载和延迟,但一般情况下这是值得的。

在分层时应当注意使每一层的功能明确化。层数太少会使每一层协议过于复杂化;而如果层数太多,又会在整体效率上有所下降并在综合各层功能时增加难度。通常各层所需要完成的功能主要有:

(1) 流量控制:控制发送速率以便于接收等。

(2) 差错控制:使与网络对等端的响应层次间通信更加可靠。

(3) 分段和重装:将发送数据划分为更小的单位便于发送,在接收端进行还原。

(4) 复用和分用:发送端几个高层会话时复用一条低层的连接,在接收端再分用。

(5) 建立连接和释放:交换数据前先建立一条逻辑连接,在结束时释放。

以上功能可以包括一种或多种。

计算机网络的各层及其协议的集合,称为网络的体系结构,而计算机网络的体系结构就是这个网络及其构件所应完成的功能的精确定义。对于这些功能究竟是由何种硬件或软件完成,则需要遵循这种体系结构的总体要求。也就是说,体系结构是抽象的,而实现的计算机软件和硬件则是具体的。

2. OSI 七层协议体系结构

OSI 七层协议体系结构的概念很清楚,理论也较为完整,自下而上由物理层、数据链路层、网络层、传输层、会话层、表示层和应用层构成。图 1.7 为 OSI 参考模型的示意图。

(1) 物理层:物理层是 OSI 参考模型的最低层,它利用传输介质为数据链路层提供物理连接,这也是物理层最主要的功能,同时以便透明地传送比特流。在这一层上的常用设备(各种物理设备)有集线器、中继器、调制解调器、网线、双绞线、同轴电缆等。

(2) 数据链路层:在这一层中,将数据分帧,并处理流控制,是数据链路层的一大功能。在屏蔽物理层的基础上,数据链路层也会为网络层提供一个数据链路的连接,在一条有可能出差错的物理连接上,进行几乎无差错的数据传输(差错控制)。本层还会指定拓扑结构并提供硬件寻址,常用设备有网卡、网桥、交换机。

(3) 网络层:网络层通过寻址来建立两个节点之间的连接,为源端传输层送来的分组选择合适的路由和交换节点,正确无误地按照地址传送给目标端传输层,它包括通过互连网络来路由和中继数据。除了选择路由之外,网络层还负责建立和维护连接,控制网络上的拥

分层结构   数据交换单位

7 应用层 ←---- 应用层协议 ----→ 应用层 APDU

接口

6 表示层 ←---- 表示层协议 ----→ 表示层 PPDU

5 会话层 ←---- 会话层协议 ----→ 会话层 SPDU

4 传输层 ←---- 传输层协议 ----→ 传输层 TPDU

3 网络层 ← 网络层 ← 网络层 → 网络层 Packet

2 数据链路层 ← 数据链路层 ← 数据链路层 → 数据链路层 Frame

1 物理层 ← 物理层 ← 物理层 → 物理层 Bit

主机A   路由器1   路由器2   主机B

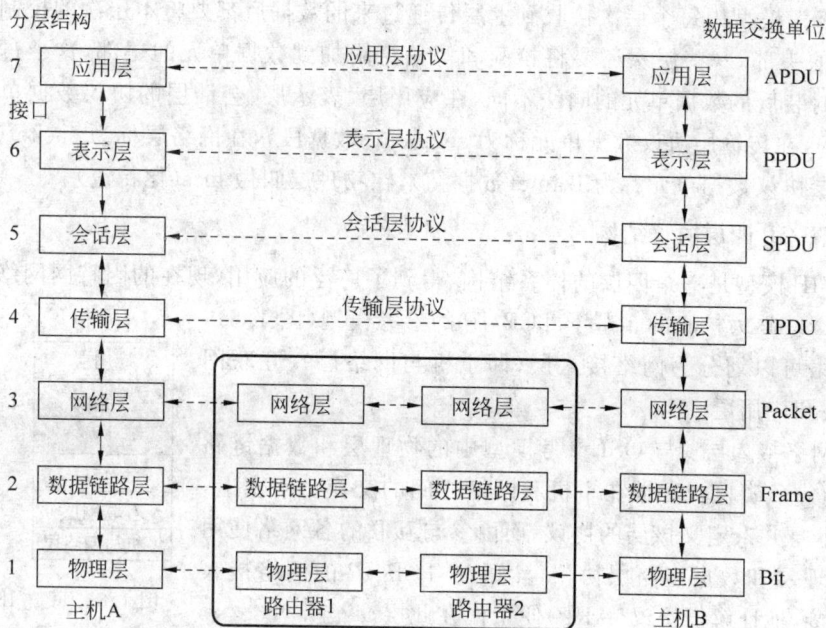

图 1.7 OSI 参考模型

塞以及在必要时生成计费信息。

(4) 传输层:传输层负责常规数据的递送,包括面向连接或无连接。传输层为会话层用户提供一个端到端的可靠、透明和优化的数据传输服务机制,包括全双工或半双工、流控制和错误恢复等服务。传输层还会把消息分成若干个组,并在接收端对它们进行重组。不同的分组可以通过不同的连接传送到主机,这样既能获得较高的带宽,又不影响会话层。在建立连接时,传输层可以请求服务质量,该服务质量包括指定可接受的误码率、延迟量、安全性等参数,还可以实现基于端到端的流量控制功能。

(5) 会话层:会话层主要在两个节点之间建立端连接,为端系统的应用程序间提供对话控制机制。这一服务包括设置建立的连接是以全双工还是以半双工的方式进行、管理登入和注销过程。可以说,它具体管理了两个用户和进程间的对话。如果在某一时刻只允许一个用户执行一项特定的操作,那么会话层协议就会管理这些操作,例如阻止两个用户同时更新数据库中的同一组数据。

(6) 表示层:主要用于处理两个通信系统中交换信息的表示方式,为上层用户解决用户信息的语法问题。它包括数据格式交换、数据加密与解密、数据压缩与终端类型的转换。

(7) 应用层:OSI 中的最高层,为特定类型的网络应用提供了访问 OSI 环境的手段。应用层确定进程之间通信的性质,以满足用户的需要。它不仅要提供应用进程所需的信息交换和远程操作,而且还要作为应用进程的用户代理,来完成一些为进行信息交换所必需的功能,包括文件传送访问和管理(FTAM)、虚拟终端(VT)、事务处理(TP)、远程数据库访问(RDA)、制造报文规范(MMS)、目录服务(DS)等协议。应用层能与应用程序界面沟通,以达到展示给用户的目的。在此层常见的协议有 HTTP、HTTPS、FTP、TELNET、SSH、SMTP、POP3 等。

OSI 参考模型中每个层次接收到上层传递过来的数据后都要将本层次的控制信息加入数据单元的头部,一些层次还要将校验和等信息附加到数据单元的尾部,这个过程叫做封装。每层封装后的数据单元的叫法不同,在应用层、表示层、会话层的协议数据单元统称为 data(数据),在传输层协议数据单元称为 segment(数据段),在网络层称为 packet(数据包),数据链路层协议数据单元称为 frame(数据帧),在物理层叫做 bits(比特流)。

3. TCP/IP 四层协议结构

TCP/IP 模型是一个四层的体系结构,得到了广泛的应用,现在的因特网网络体系结构就是以 TCP/IP 为核心的。基于 TCP/IP 的参考模型(图 1.8),计算机网络可以划分为网络接入层(即主机与网络层)、互联网层、传输层和应用层。

(1) 网络接入层:与 OSI 参考模型中的物理层和数据链路层相对应,它负责监视数据在主机和网络之间的交换。事实上,TCP/IP 本身并未定义该层的协议,而由参与互联的各网络使用自己的物理层和数据链路层协议,然后与 TCP/IP 的网络接入层进行连接,地址解析协议(ARP)便工作在此层。

图 1.8 TCP/IP 模型图

(2) 互联网层:对应于 OSI 参考模型的网络层,主要解决主机到主机的通信问题。它所包含的协议设计了数据包在整个网络上的逻辑传输;重新赋予主机一个 IP 地址来完成对主机的寻址;以及数据包在多种网络中的路由。该层主要有三个协议:网际协议(IP)、互联网组管理协议(IGMP)和互联网控制报文协议(ICMP)。IP 是网际互联层最重要的协议,它提供的是一个可靠、无连接的数据报传递服务。

(3) 传输层:对应于 OSI 参考模型的传输层,为应用层实体提供端到端的通信功能,保证了数据包的顺序传送及数据的完整性。该层定义了两个主要的协议:传输控制协议(TCP)和用户数据报协议(UDP)。TCP 提供的是一种可靠的、通过三次应答来连接的数据传输服务;而 UDP 提供的则是不保证可靠的、无连接的数据传输服务。

(4) 应用层:对应于 OSI 参考模型的高层,为用户提供所需要的各种服务,例如 FTP、Telnet、DNS、SMTP 等。

尽管 TCP/IP 模型已经被广泛应用,但它也仍有不足之处。TCP/IP 模型每一层的服务、接口和协议没有被完全区分开;主机与网络层的定义不明确;没有提及物理层和数据链路层;部分协议深入底层且难被替换;TCP/IP 模型不是一个通用的模型。

4. OSI 与 TCP/IP 模型的比较

OSI 模型和 TCP/IP 模型都采用了层次结构的概念,并且可以提供面向连接或者面向无连接的两种通信服务机制。然而两者的差别在于:

(1) OSI 采用 7 层模型,而 TCP/IP 则是 4 层。

(2) TCP/IP 参考模型的主机与网络层实际上并没有真正的定义,只是一些概念性的描述。而 OSI 参考模型不仅分了两层,而且每一层的功能都很详尽,甚至在数据链路层又分出一个介质访问子层,专门解决局域网的共享介质问题。

(3) OSI 模型是在协议开发前设计的,具有通用性。TCP/IP 是先有协议集然后建立模型,不适用于非 TCP/IP 网络。

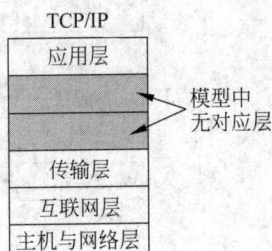

（4）TCP/IP 参考模型的传输层是建立在互联网层基础之上的，而网络互联层只提供无连接的网络服务，所以面向连接的功能完全在 TCP 协议中实现，当然 TCP/IP 的传输层还提供无连接的服务，如 UDP；相反 OSI 参考模型的传输层是建立在网络层基础之上的，网络层既提供面向连接的服务，又提供无连接的服务，但传输层只提供面向连接的服务。

（5）OSI 参考模型的概念划分清晰，但过于复杂；而 TCP/IP 参考模型在服务、接口和协议的区别上不清楚，功能描述和实现细节混在一起。

（6）OSI 参考模型虽然被看好，但由于没把握好时机，技术不成熟且实现困难；相反 TCP/IP 参考模型虽然有许多不尽人意之处，但是在市场应用中比较成功。

5. 五层协议体系结构

由于 OSI 参考模型和 TCP/IP 模型各自有其优势和不足之处，所以在学习计算机网络的原理时往往会采用一种混合的五层协议体系结构，来进行既简洁又清晰的概念阐述，这种混合模型的结构如图 1.9 所示。

当数据离开主机 1 经过网络的物理媒体传送到目标主机 2 时，首先会从主机 1 的第五层依次下降到第一层，每次下降都会在数据上（头部和尾部）加上必要的控制信息，成为下一层的数据单元。这样的操作直到物理层，开始进行比特流的传送，传输时比特流会从首部开始。然后在到达主机 2 后，就会从第一层依次上升

5	应用层
4	传输层
3	网络层
2	数据链路层
1	物理层

图 1.9　五层混合模型图

到第五层，每层根据控制信息进行必要的操作，然后将控制信息剥离并传输给更高一层。最后，目标主机 2 的相关应用进程得到接收的数据，完成本次的数据传输。

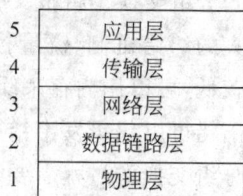

1.6　分组交换的基本概念

网络核心部分是因特网中最复杂的部分，需要向网络边缘的大量主机提供连通性。在这方面起到重要作用的是路由器，将会在后文中进行详细介绍。路由器是实现分组交换的关键构件，其任务就是转发收到的分组，这是网络核心部分最重要的功能。

交换，就是按某种方式动态地分配传输线路资源。在最初的电话网络中，人们采用人工转接交换的方式来实现为用户呼叫时选择一条可用的线路进行接续，而现在实现交换的方法主要有电路交换、报文交换和分组交换。

电路交换，是指在通信双方之间建立一条临时专用线路的过程，这可以是真正的物理线路，也可以是一个复用信道（图 1.10）。这种方式需要在数据传输前建立一条端到端的通路，是面向连接的。主要过程可以用建立连接、通信和释放连接三个环节来描述。电路交换虽然传输延时小，但是建立连接的时间长，一旦建立就独占线路因而利用率低，没有纠错机制，所以不适用于计算机通信，况且计算机数据还具有突发性的特点。

报文交换是以报文为单位的存储-转发交换技术。在交换过程中，交换设备先将接收到的报文存储下来，待信道空闲时再转发出去，一级一级地中转，直到目的地，所以这种数据传输技术称为存储-转发技术。报文交换传输之前不需要建立端到端的连接，仅在相邻节点传输报文时建立节点间的连接，是属于面向无连接的，整个报文作为一个整体一起发送。报文

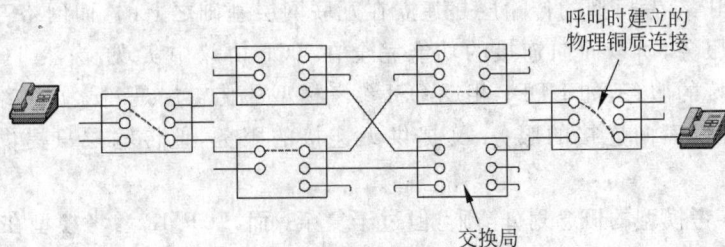

图 1.10 电话网络中电路交换示意

交换具有没有建立和拆除连接所需的等待时间、线路利用率高、传输可靠性较高的优点,但是报文大小不一,会造成存储管理的复杂;大报文导致存储转发的延时过长,且对存储容量要求较高;出错后需要对整个报文全部进行重发等缺点。

分组交换是将报文分割成若干个大小相等的组(packet)进行存储转发的。分组交换有强大的纠错机制、流量控制、拥塞控制和路由选择功能,优点体现在:对转发节点的存储要求较低,可以用内存来缓冲分组,所以速度较快;转发延时小,适用于交互式通信;某个分组出错可以仅重发出错的分组来提高效率;各分组可通过不同路径传输,容错性好等。但是分组交换的过程需要分割报文和重组报文,这也增加了端站点的负担。现在的分组交换主要有两种方式:数据报方式、虚电路方式。

数据报交换就是在通信双方之间至少存在一条数据传输通路,这些通路可能跨越多个中间节点。信源节点在通信以前将所要传输和交换的数据包准备好,并最终以分组的形式进行传输和交换。如果信源和信宿是相邻节点,则信源方可将数据直接投递给信宿。若信源、信宿间通过中心节点连接,则信源通过合适的路由机制将分组传递给合适的中间节点,中间节点再经过数次路由选择,选取合适的路径将分组数据传递到信宿处。根据这样的原理,数据报分组交换技术的特点是:同一报文的不同分组可以由不同的传输路径通过通信子网,选取其中任何一条都能到达目的地;同一报文的不同分组到达目的节点时可能会出现乱序、重复和丢失的现象;每个分组在传输过程中都必须带有目的地址和源地址用于中间节点的路由工作,即每个分组在中间节点各自选路转发。

虚电路交换,又称为虚连接或虚通道。在通信和网络中,虚电路是由分组交换通信所提供的面向连接的通信服务。在两个节点或应用进程之间建立起一个逻辑上的连接或虚电路后,就可以在两个节点之间依次发送每一个分组,接收端收到分组的顺序必然与发送端的发送顺序一致,因此接收端无须负责在收集分组后重新进行排序。虚电路协议向高层协议隐藏了将数据分割成段、包或帧的过程。虚电路分组交换技术的特点在于:一次通信的所有分组都通过这条虚电路顺序传送,因此报文分组不需要携带目的地址、源地址等辅助信息;分组到达目的时间不同,但是不会出现丢失、重复与乱序等现象;分组通过虚电路上的每个中间节点时,中间节点只需要做差错检测,而不需要做路径选择;在数据存储的基础上,通信子网中每个节点可以和任何节点建立多条虚电路连接,以提高通信效率。图 1.11 所示为虚电路交换示意图。

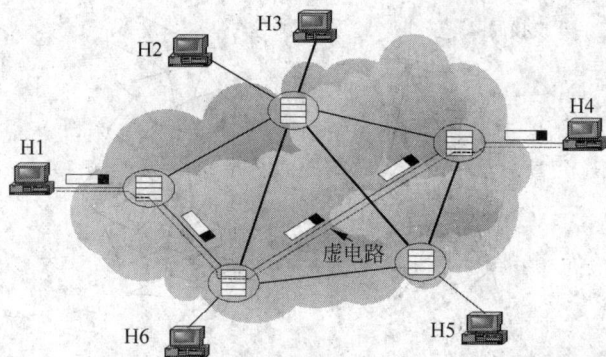

图 1.11 虚电路交换示意图

1.7 具体例证

计算机网络中有许多种不同的网络,下面将介绍一些著名的具体实例,以便读者对计算机网络领域中的各种网络有一个初步的认识。最先被提起的应该是最著名的因特网,然后是通常被用于大型网络核心区域的异步传输模式(ATM)。接下来,最主要的局域网络以太网也会有所涉及。最后,会再看一下无线局域网的标准 IEEE 802.11。

1. 因特网

因特网是由那些使用公用语言互相通信的计算机连接而成的全球网络。因特网目前的用户已经遍及全球,有数以亿计的人在使用因特网,而且它的用户数还在以等比级数上升。

有一种粗略的说法,认为因特网是由于许多小的子网互连而成的一个逻辑网,每个子网中连接着若干台计算机。因特网以相互交流信息资源为目的,基于一些共同的协议,并通过许多路由器和公共网络互联而成,是一个信息资源和资源共享的集合。可以说,计算机网络只是传播信息的载体,而因特网的优越性和实用性则在于本身。现在因特网的最高层域名可以分为机构性域名和地理性域名两大类,目前主要有 14 种机构性域名。

关于因特网的前身还得从 ARPANET 说起。最早是在美苏冷战高峰期,美国国防部希望建立一个命令-控制网络,即使核战争出现,它也能够保存下来。在当时,公共电话网络是所有军事通信都采用的方式,与之相较,电话网络被认为极易受损、脆弱。我们可以分析图 1.12 得到这种观点的理由:图中,黑色的点表示电话交换局,每个电话交换局都连接了几千部电话。在此之后,这些交换局又与更高层次的交换局(长途局)相连接,从而构成了全国性的层次结构,整个结构中只有少量的冗余。这个系统的脆弱性在于,一旦几个关键的长途局遭到破坏,则整个系统有可能被分成多个孤岛。

1967 年,美国的一个国防研究组织 ARPA(Advanced Research Projects Agency)的负责人 Larry Roberts 将注意力转到了网络技术上。他联系了不同的专家,其中一个专家 Wesley Clark 建议建立一个分组交换的子网,给每个主机都配备一个路由器,如图 1.13 所示。

ARPANET 的子网由被称为 IMP(Interface Message Processor)的小型机所构成。它

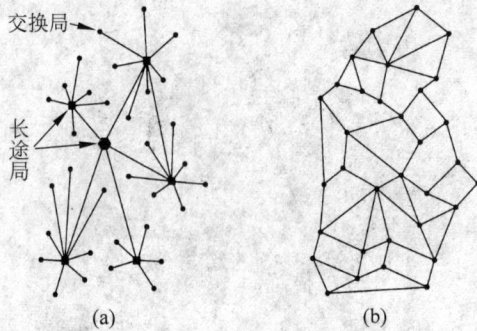

图 1.12　电话网结构

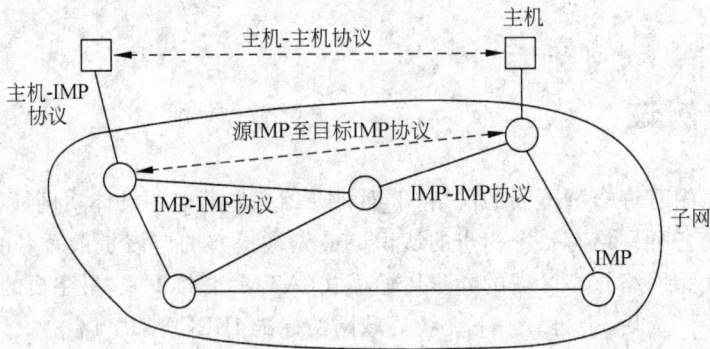

图 1.13　最初的 ARPANET 设计图

们通过 56kb/s 的传输线相连,是一个数据报子网。如果有一些 IMP 或线路被破坏时,通过替换的路径仍然可以自动重新路由消息。该网络的每个节点都包含一个 IMP、一台主机并位于同一房间中,由短线相连。

1969 年 12 月,一个包含 4 个节点的 ARPANET 实验性网络诞生了,这 4 个节点分别为加州大学洛杉矶分校(UCLA)、加州大学圣芭芭拉分校(UCSB)、斯坦福研究所(SRI)和犹他大学(University of Utah)。这次的实验证明,现有的 ARPANET 不适用于跨越多个网络运行,这直接导致了人们进行更多有关协议的研究,并最终促成了 TCP/IP 模型和协议的诞生。图 1.14 所示为 ARPANET 网络节点增长图。

20 世纪 80 年代时,其他一部分网络连接到了 ARPANET,尤其是 LAN。随着这些网络规模的快速增长,寻找主机所需要的花费越来越高,所以域名系统(Domain Name System,DNS)因此诞生,它将机器组织成域,并且将主机名字映射成 IP 地址。从那时开始,DNS 就成为一个保存了各种各样与名字有关的信息的通用分布式数据库系统。

因为 ARPANET 的巨大影响与规模的迅速增长,20 世纪 70 年代后期,美国国家科学基金会(National Science Foundation,NSF)决定设计一个 ARPANET 的后继网络,并且对所有大学的研究所都开放。NSF 建立了一个骨干网络,将它的 6 个超级计算机中心连接起来,这些超级计算机每一台都配备一台 LSI-11 微型计算机,被称作 fuzzball(模糊球)。这些fuzzball 通过租用来的 56kb/s 线路连接,形成了子网结构。所以,该网络的硬件技术与ARPANFT 相同,但软件技术不同。fuzzball 是第一个 TCP/IP 协议的广域网,因其一开始

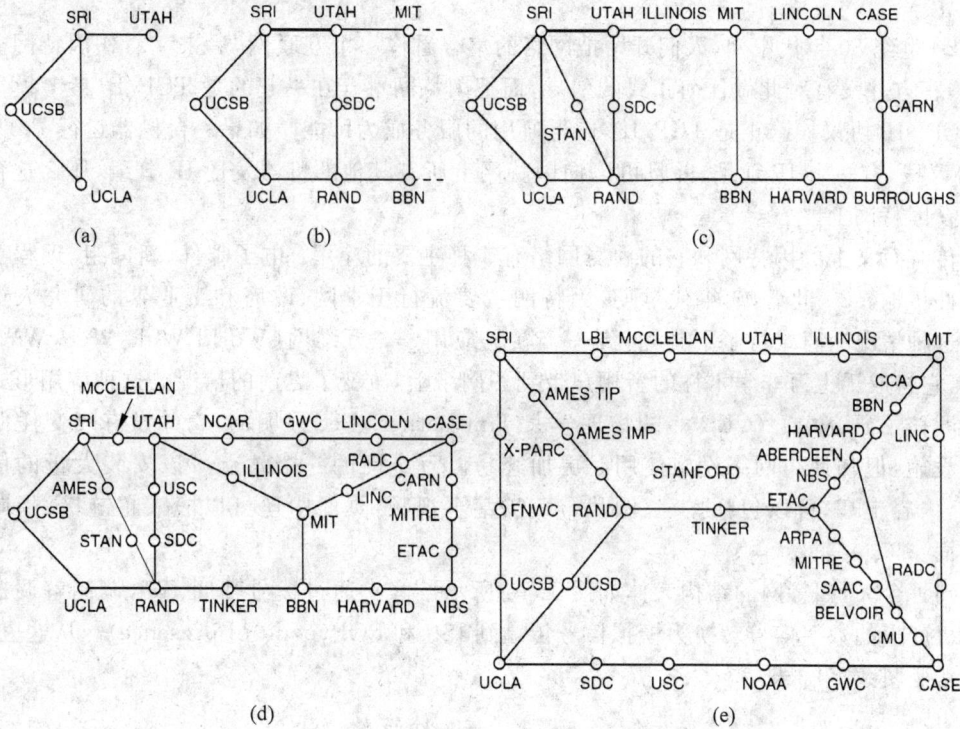

图 1.14 ARPANET 网络节点增长图

就使用了 TCP/IP 协议。

除此之外,NSF 还资助了一些(最终大约 20 个)区域性网络,它们连接到骨干网上,并允许数以千计的大学、研究所、博物馆、图书馆的用户访问其中的任意一台超级计算机,并进行彼此通信。这个计算机网络,包括骨干网和所有的区域网,整体被称为 NSFNET,如图 1.15 所示。

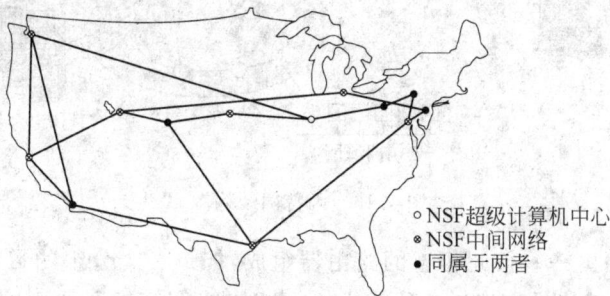

○NSF超级计算机中心
⊗NSF中间网络
●同属于两者

图 1.15 1988 年 NSFNET 骨干网

1990 年,ANS 接管了 NSFNET,并且将 1.5Mb/s 链路升级到 45Mb/s,构成了 ANSNET。5 年后,ANSNET 被出售给 America Online(美国在线),之后政府也退出了网络服务的商业圈。20 世纪 90 年代,许多其他国家和地区也建立起了自己的国家研究网络,包括欧洲的 Europa NET 和 EBONE,也都采用了这种 ARPANET 和 NSFNET 的模式。从刚开始的 2Mb/s 线路升级到后来的 34Mb/s 线路。最终,欧洲的网络基础设施也交给了工业界来运行。

20 世纪 80 年代中期,人们开始把网络的集合看作一个互联网,后来又看作因特网。事实上,官方并没有对此做任何正式的引导,而把因特网融合在一起的是 TCP/IP 参考模型以及 TCP/IP 协议栈。正是 TCP/IP,使得通用的服务成为可能。如果一台机器运行了 TCP/IP 协议栈,有一个 IP 地址,并且可以向因特网上所有其他的机器发送 IP 分组,那么这台机器就在因特网上。

传统意义上的因特网和它的前身网络有 4 种主要的应用:电子邮件、新闻组、远程登录和文件传输。20 世纪 90 年代早期,因特网主要流行于学院、政府和工业界的研究人员之间。这种情况一直维持了下去,直到一个新的应用——万维网(World Wide Web,WWW)出现,它将成千上万非学术性的新用户带到了网络上,改变了之前的情况。这种应用形式是由欧洲核子研究中心(CERN)的物理学家 Tim Berners-Lee 发明的,它并没有改变任何底层的设施,但却使得网络设施使用时更加容易。万维网的一个站点可以安装大量的信息页面,内容丰富,可以包括文字、图片、声音,甚至视频,页面中还可以嵌入超链接,指向其他页面。

到了今天,因特网的结构大体如图 1.16 所示。客户通过拨号呼叫 ISP,调制解调器将计算机产生的数字信号转换为模拟信号传输到 ISP 和 POP(point of presence)。从这里,信号重新变回数字信号。

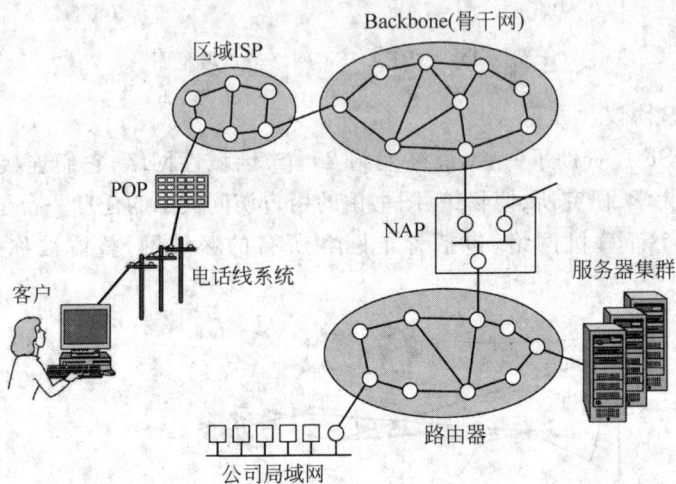

图 1.16　因特网结构图

ISP 的区域网络由一些彼此相连的路由器组成,如果一个分组的目的地是该 ISP 直接服务的主机,则此分组将被直接递交给该主机,否则转送给 ISP 的骨干网运营商。所有大型的骨干网都要连接到 NAP 上。通常,NAP 是一个充满了路由器的房间,每一个骨干网至少有一个路由器。这个房间中的 LAN 将所有的路由器连接起来,所以这里的分组可以从任何一个骨干网转发到任何其他的骨干网。除了在 NAP 处骨干网相互连接以外,大一点的骨干网的路由器之间也会有一些直接连接,这项技术称为私有对等(private peering)连接技术,这就是因特网的大体结构。

此外,值得一提的是,有些公司已经通过自己的网络将内部相互连接起来了,通常所用的技术与因特网相同。这些企业内部的互联网(intranet)往往只能在公司内部才可以访问，除此以外，它们的工作方式与因特网完全相同。

2. ATM

还有一种重要的面向连接的网络，是异步传输模式(asynchronous transfer mode，ATM)。ATM 是在 20 世纪 90 年代早期设计的，它的思路是将语音、数据、有线电视、电报等信息和不同实体都集合到一个系统中以解决所有的网络和通信问题。当然，最后它并没有那么成功，但是在电话系统中被广泛使用，通常也用于传输 IP 分组。

在发送数据之前，ATM 首先要发送一个分组以便建立连接。当这一个初始分组经过子网时，该路径所有路由器都在内部建立一个表项来标明连接并预留资源，也就是采用了虚电路的方式(图 1.17)。

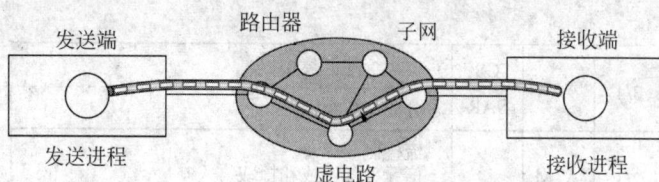

图 1.17 虚电路示意图

ATM 的思想是：把所有信息都放在固定长度的小分组中进行传输，这样的分组也叫信元。每个信元 53 字节长，包括 5 字节的头和 48 字节的有效载荷，且头部包含了连接标识符用于路由器转发。信元路由通过硬件完成所以速度很快，而变长 IP 分组的路由必须要通过软件来完成，所以这是个相对比较慢的过程。ATM 也可以设计硬件以便将一个输入的信元复制到多条输出线路上。

所有的信元到达目标处的路由路径是相同的，尽管发送出去的信元并不一定保证会被递交，但是它们的顺序不会变化。如果信元 1 和信元 2 按照先后顺序依次被发送出去，那么在两者都成功到达的前提下，它们也会按同样的顺序到达。当然，它们中的任何一个都有可能在传输过程中丢失，甚至丢失两个。对于这样丢失的信元是否需要恢复，取决于高层上的协议。

ATM 有其自己的参考模型，不同于 OSI 模型或者 TCP/ IP 模型，该模型如图 1.18 所示。它包括三层：物理层、ATM 层和 ATM 适配层，另外用户还可以在顶上放置其他东西。ATM 被设计成与传输介质无关，它的物理层处理的是物理介质问题，即电压、位时序和各种各样其他的问题。ATM 层处理信元和信元传输，它定义了信元的结构，并指出了头部各个域的含义。同时，ATM 层也处理虚电路的建立和释放，解决拥塞控制相关的问题。ATM 适配层(ATM adaptation layer，AAL)允许用户发送大于一个信元的分组，将这些分组分成小的片断，然后独立地传输这些信元，再在另一端将它们重新组装起来。

从图 1.18 可以看出，物理层和 AAL 都被划分成两个子层，一个在下面完成实际的工作，另一个则在其上方，用以向上层提供适当的接口。ATM 模型中的各层和子层的具体功能如图 1.19 所示。

物理介质相关(physical medium dependent，PMD)子层作为与实际电缆的接口，传送位"0"和位"1"的同时，处理位时序。传输载体和电缆不同，则 PMD 子层不同。物理层的另一

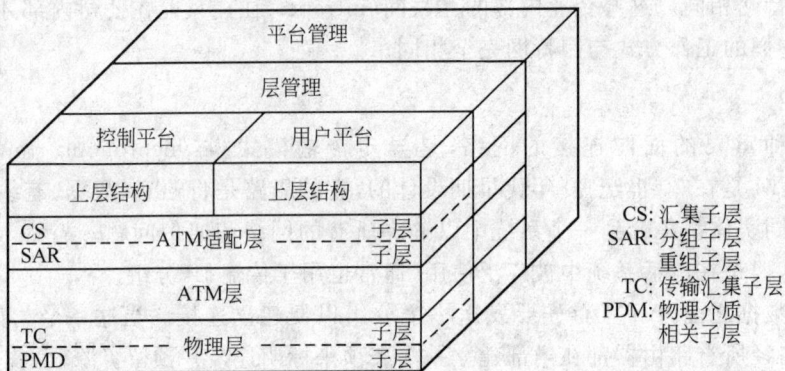

图 1.18　ATM 模型结构

CS: 汇集子层
SAR: 分组子层
　　重组子层
TC: 传输汇集子层
PDM: 物理介质
　　相关子层

3/4	AAL	CS	提供标准汇集接口
		SAR	分段与重组
2/3	ATM		流控制 信元头部生成和提取 虚电路/路径管理及复用
2	物理层	TC	信元速度解耦 头部校验 信元生成、打包和拆包 帧生成
1		PMD	位时序 物理访问连接

图 1.19　ATM 子层功能

个子层是传输汇聚(transmission convergence,TC)子层。当信元被传输时,TC 子层将信元以位串的形式发送给 PMD 层。

AAI 层由分段和重组(segmentation and reassembly,SAR)子层和聚集(convergence sublayer,CS)子层两部分组成。在传输方,SAR 子层把分组分割成信元以到达目标方,终了将它们组装回去。上面的子层(即 CS 子层)使得 ATM 系统能为不同的应用提供不同种类的服务。

3. 以太网

20 世纪 70 年代,一个名叫 Bob Metcalfe 的学生在麻省理工学院获得了学士学位以后,到哈佛大学攻读博士学位。在学习期间,他决定与夏威夷大学的研究人员 Abramson 工作一个夏天(此时 Abramson 和他的同事正在试图将远处岛屿中的用户连接到檀香山的计算机上),然后再到 PARC(Palo Alto Research Center)正式开始工作。当他到了 PARC 工作,那里的研究人员已经设计并制造出了后来被称为个人计算机的机器,但是它们之间都是孤立的。他利用与 Abramson 的工作中习得的知识,与同事 David Boggs 一起设计并实现了第一个局域网络。

他们将所建立的系统称为以太网,用一根 2.5km 长的粗同轴电缆作为传输媒介,一共可以有 256 台机器连接到局域网中。其结构如图 1.20 所示,以太网相比于 ALONHA

NET 的优势在于：计算机传输数据之前，先监听电缆上的信号，如果有其他计算机正在传输，则该计算机先等待电缆当前的传输工作完成。

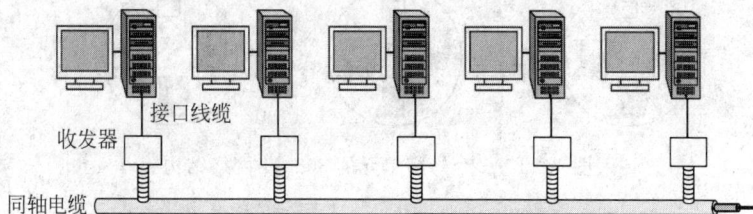

图 1.20 最初的以太网结构

后来，以太网大获成功，在 1978 年 DEC、Intel 和 Xerox 制定了一个针对 10Mb/s 的以太网标准，称为 DIX 标准。这个标准在 1983 年变成了 IEEE 802.3 标准。以太网在标准化之后继续发展至今，100Mb/s、1000Mb/s 的以太网版本相继问世，并且交换技术和其他的特性也加入了进来。

4. 无线 LAN：802.11

无线 LAN 的诞生，源自于办公室和笔记本电脑上安装短距离无线发射器和接收器，就可以允许它们之间进行通信。之后，为了解决无线 LAN 的兼容性问题，建立无线 LAN 的标准被提上了日程。原来制定有线 LAN 标准的 IEEE 委员会承担了拟定无线 LAN 标准的任务，所制定出来的标准被命名为 802.11。按照通俗的话说，它被称为 Wifi。在这份标准提案中，一共介绍了两种工作模式：

(1) 有基站的模式（图 1.21(a)）；

(2) 无基站的模式（图 1.21(b)）。

在第一种情况下，所有通信都经过称为访问点的基站；在第二种情况下，计算机间直接相互发送数据。

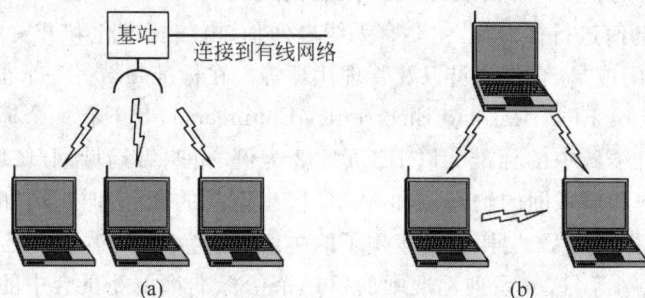

图 1.21 无线 LAN 模式

对于无线 LAN 的情形，由于无线信号在碰到固体对象时会出现反射现象，所以同一个无线信号会被收到多次，这种干扰导致了一种"多径衰减"的现象。此外，还有笔记本电脑从一个基站被移动到另一个基站范围时，也需要一种移交的机制。可以将这种结构想象成一个包含多个蜂窝单元的网络，每个单元都有自己的基站，通过以太网连接在一起，如图 1.22 所示。

后来，人们又抱怨速度太慢，因而委员会又开始制订更高速率的标准。但总而言之，

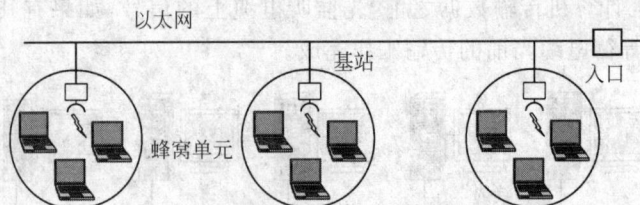

图 1.22 多个蜂窝单元的 802.11 网络结构

802.11 已经在计算机和因特网接入领域引发了一场革命,802.11 对于因特网的作用就在于使计算机网络可以移动起来。

1.8 网络标准化

不同网络设备之间的兼容性和互操作性是推动网络体系结构标准化的原动力,因特网的标准化工作也对因特网的发展起到了非常重要的作用。1992 年,由于因特网不再归美国政府管辖,因此成立了一个国际性组织——因特网协会(Internet Society,ISOC),以便对因特网进行全面管理。ISOC 下又有一个技术组织叫做因特网体系结构委员会(Internet Architecture Board,IAB),负责管理因特网相关协议的开发。IAB 下设两个工程部:因特网工程部(Internet Engineering Task Force)和因特网研究部(Internet Research Task Force)。

所有的因特网标准都是以 RFC(Request For Comments)的形式在因特网上发布的,但并非所有 RFC 文档都是因特网标准。RFC 按照时间先后顺序由小到大进行编序,制定因特网的正式标准要经过因特网草案、建议标准、草案标准和最终的因特网标准四个阶段。

除此以外,欧洲许多政府代表形成的标准化组织 ITU(International Telecommunication Union)会对国际电信进行标准化,主要有无线电通信、电信标准化和开发 3 个部门,包括了许多国家政府、部门成员、合作成员以及管理代理等。在标准领域另一个很有影响力的组织是 IEEE(Institute of Electrical and Electronics Engineers),其下有一个标准化组专门开发电气工程和计算机领域中的标准。以 IEEE 802 为例,也叫做局域网/城域网标准委员会,致力于研究局域网和城域网的物理层和 MAC 层中定义的服务和协议,如表 1.1 所示。其中,重要的协议被打上了"﹡"号,已经停顿了的协议标记为"↓",被最广泛使用的有以太网、令牌环、无线局域网等,这一系列标准中的每一个子标准都由委员会中的一个专门工作组负责。

表 1.1 IEEE 802 协议标准

序号	主 要 内 容
802.1	LAN 概述和体系结构
802.2 ↓	逻辑链路控制
802.3 ﹡	以太网
802.4 ↓	令牌总线

序号	主 要 内 容
802.5	令牌总线(IBM 进入 LAN 领域的一项技术)
802.6 ↓	双队列双总线(早期城域网采用技术)
802.7 ↓	宽带技术咨询组
802.8 ↑	光纤技术咨询组
802.9 ↓	同步 LAN(针对实时应用)
802.10 ↓	虚拟 LAN 及安全
802.11 *	无线 LAN
802.12 ↓	需求优先级
802.13	不幸运数字
802.14 ↓	有线调制解调器
802.15 *	个人区域网络(蓝牙)
802.16 *	无线宽带
802.17	弹性分组环

度量单位也会影响到计算机网络的具体实现上,包括电缆、光纤等部分。表 1.2 为公制单位前缀的说明。

表 1.2　度量单位前缀

指数	显示数量级	前缀	指数	显示数量级	前缀
10^{-3}	0.001	milli	10^3	1 000	Kilo
10^{-6}	0.000001	micro	10^6	1 000 000	Mega
10^{-9}	0.000000001	nano	10^9	1 000 000 000	Giga
10^{-12}	0.0000000000001	pico	10^{12}	1 000 000 000 000	Tera
10^{-15}	0.0000000000000001	femto	10^{15}	1 000 000 000 000 000	Peta
10^{-18}	0.0000000000000000001	atto	10^{18}	1 000 000 000 000 000 000	Exa
10^{-21}	0.0000000000000000000001	zepto	10^{21}	1 000 000 000 000 000 000 000	Zetta
10^{-24}	0.0000000000000000000000001	yocto	10^{24}	1 000 000 000 000 000 000 000 000	Yotta

1.9　互联网发展趋势

现如今,互联网的发展愈发快速。首先,互联网已经从原先的固定计算机和主机飞速向移动端转变,移动端市场的份额不断提高,在互联网普及中的占比也越来越大。其次,车联网、物联网伴随着语音和视觉技术、云计算技术,迅速普及到了物流、家庭车辆、智能家居、医疗保障等各个方面。在各行各业,数据也越发被重视,大数据技术可以使我们从中提取到各种有用的分析结果和发现商机。

随着经济形态的转型,"互联网+"依托互联网信息技术实现互联网与传统产业的联合,以优化生产要素、更新业务体系、重构商业模式等途径来完成经济转型和升级是一种发展的趋势。符号"+"代表了添加与联合,是通过互联网与传统产业进行联合和深入融合的方式进行,推动移动互联网、云计算、大数据、物联网等与现代制造业结合。通过大数据的分析与整合,理清供求关系,改造传统产业的生产方式、产业结构。

我国政府也积极出台推进 IPv6、5G、工业互联网等多项前沿科技发展的政策,将助推物联网更快地普及。同时,由于网络的迅速普及,互联网金融、物联网监管和互联网安全问题也越发需要得到重视。虚拟货币的价值评估体系、勒索软件和新型病毒的防护也将不断随着发展更新换代。

1.10　本书其余章节安排

本书主要讨论计算机网络的原理、发展历史,以及其过程中采用到的常用方法与算法。每章先由原理开始叙述,然后是处理方法与算法,最后是一些实际使用或是曾经采用的实例和分析。本书从第 1 章概述开始,介绍计算机网络的基本含义、应用和模型结构,其余各章分别按照计算机网络的层次结构由底层至上层进行叙述。

本书第 2 章讨论物理层结构、传输系统以及相应的硬件设备。虽然本书的重点不在于硬件结构,但是硬件本身的进步与网络的发展相互依存,所以在文中也进行了一定的介绍。同时,物理层中数据在信道上的传递也是我们要了解的内容。

第 3 章和第 4 章主要介绍数据链路层以及其中的 MAC 子层。在数据链路层,关注于如何在一条链路上进行数据包的发送、接收以及差错检验和更正。在 MAC 子层,会讨论局域网中的传输信道,以及经典以太网等相关实例。

第 5 章是本书内容的重点,也是网络层相关的一些知识点。在这里,我们介绍多种不同的路由算法,以及拥塞控制。同时,也会考虑流量控制、服务质量等相关实用的解决方法。对于 IP、IP 地址、版本以及关联的其他协议也是需要掌握的范围。在此基础上,还会介绍一些基于物联网、无线传感网络的一些实例。这些网络不完全遵从于一般的计算机网络结构模型,也各自存在一些缺陷,但是对于我们了解网络的本质、用途以及未来发展有一定的意义。

第 6 章介绍的是传输层的内容,重点讲述 TCP 和 UDP,以及各自的用途、性能。第 7 章介绍应用层相关的协议、应用,这里涉及了 DNS、邮件、流媒体等不同的应用。第 8 章和第 9 章则分别对网络安全和流媒体进行介绍。对于目前信息加密的编码技术、病毒防护手段,我们也有必要做一下了解。

1.11　小结

本章主要介绍计算机网络的概念以及在当下不同领域、不同用户中起到的重要作用,既可以针对公司和组织,也可以针对个人。前者更倾向使用客户服务器模型,而后者往往会通过调制解调器呼叫 ISP 访问因特网。

在此基础上,又进一步介绍了计算机网络的历史发展、分类以及一些基本概念。网络主要包括了 LAN、MAN、WAN 和互联网等,它们有各自的特征、技术和应用环境。LAN 和

MAN 不经过交换,而 WAN 需要交换(即需要路由器)。多个网络可以相互连接,从而形成互联网。

网络软件主要由协议构成,也就是进程间的通信规则。协议可以是面向连接的,也可以是面向无连接的。由于复杂的网络需要分层化的概念,因而形成了几种典型的体系结构模型,包括 OSI 和 TCP/IP 模型等。在分层上,需要对每层的服务、接口和协议进行规定,并解决多路复用、差错控制等设计及功能问题。

最后,介绍几种典型的具体网络实例,展望未来计算机网络的发展方向,为读者带来一个较为完整的对计算机网络的初步认识。从现在看来,越来越多的家庭会具有固定的网络连接,并且无线网和移动网络的应用也在逐步普及,网络的标准化工作在被不断完善。在接下来的几章中,将会对计算机网络的每一分层进行详细说明,并对网络安全和视频、音频编码和压缩技术进行探讨。

习题

1-1 因特网能够为用户提供哪些种类的服务?

1-2 有一天你骑车带着 2 个移动硬盘带从学校往家中返回,假设从家到学校的距离为 2.5km,每个移动硬盘可以容纳 500GB 字节,而你骑车的平均速度为 18km/h,那么请问你此时的数据传输速率可以等价为多少?

1-3 请归纳因特网发展的几个阶段,并总结各阶段的最主要特点。

1-4 为什么要采用分组交换技术?并简要说明分组交换技术的特点。

1-5 客户服务器与对等通信的区别是什么?各自适用于哪些场合?

1-6 一个客户服务器模型通过卫星网络进行信息传输,已知卫星为同步卫星,请问在请求响应时的最短延迟是多少?

1-7 面向连接和面向无连接的通信之间最大的区别是什么?

1-8 请简述局域网的主要特点及结构。

1-9 请解释异步传输的特性,并说明其优缺点。

1-10 请解释带宽、时延、吞吐量的含义。

1-11 请以音频为例说明网络质量会受到哪些网络因素的影响?

1-12 请问网络有哪些非性能特征?这些非性能特征与网络质量有什么关系?

1-13 什么是发送延时?什么是传播延时?请举一例说明高发送延时、低传播延时的情况和一种高传播延时、低发送延时的情况。

1-14 对于广播式子网,多台主机同时企图对一信道进行访问时会造成信道的浪费。假设时间被分成了离散的时槽,n 台主机中的每一台对信道访问的可能性都为 p,求由于碰撞导致的浪费时槽为多少占比?

1-15 在有的网络中,产生差错的帧会被重传。假设一帧被损坏的概率为 q,且帧不会丢失,那么发送每一帧的平均次数为多少?

1-16 请说明网络体系结构采用分层模型的两个原因。另外,分层需要考虑哪些因素?

1-17 请简要说明网络模型层与层之间的关系。

1-18 请简述网络协议的三要素,并分别举例说明缺少某一要素会产生什么后果。

1-19 假设一个系统由 m 层协议组成,现有一段长为 M 字节的消息由应用程序开始发出,在每一层上需要加一段长为 L 字节的头,问这些头所占的带宽比是多少?

1-20 请说明 OSI 模型中每一层的功能。

1-21 请说明以太网和无线网的共同点和不同点。

1-22 请举例说明 WLAN 在不同场合的应用并分析其特点。

1-23 已知一张 1920×1080 的计算机桌面壁纸,每个像素用 3 字节表示。如果这张图像不会被压缩,且用 56Kb/s 的调制解调器信道进行传输,需要多少时间完成传输?

第2章

物 理 层

物理层是模型的底层,主要功能是实现比特流的透明传输,为数据链路层提供数据传输服务。本章主要介绍数据通信的基本概念、传输介质、编码方式等,还将对物理层和物理层协议进行介绍。

2.1 数据通信的理论基础

1. 通信系统模型

通信的目的是传输消息,消息具有不同的形式,例如文字、图像、语音、符号等。根据所传输消息形式的不同,相对应的通信业务可分为电报、传真、电话、数据传输等。数据是运送消息的实体。信号是数据的电气的或电磁的表现。

基本的点对点通信,都是把发送端的消息经过某种信道传输到接收端。该通信系统的结构如图2.1所示。数据通信系统可以分成三大部分:源系统、传输系统、目的系统。

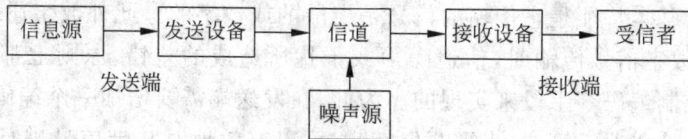

图 2.1 通信系统的简化模型

源系统一般包含两个部分:信息源和发送设备。

信息源:信息源设备产生要传输的数据,例如,从 PC 机的键盘输入汉字,PC 机产生要输出的数字比特流。

发送设备:一般的,经过信息源得到的原始信号并不适合在信道中传输,这时就需要发送设备将通过信息源生成的数字比特流进行编码,从而转变成适合在信道中传输的信号。调制器就是一种典型的发送设备。

目的系统一般也包含两个部分:接收设备和受信者。

接收设备：接收传输系统传送过来的信号，并把它转化为能够被目的设备处理的信息。典型的接收器就是解调器，它把来自传输线路上的模拟信号进行解调，提取出在发送端置入的消息，还原出发送端产生的数字比特流。

受信者：从接收设备中获取传送来的数字比特流，然后把信息输出。

传输系统可以是简单的传输线，也可以是连接在源系统和目的系统之间的复杂网络系统。

2. 模拟通信与数字通信系统模型

通信传输的消息是多种多样的，总体来说可以分为两类：离散消息和连续消息。离散消息也称数字消息，是指消息的状态是可数的或离散型的，如符号、文字或数据等。连续消息也称为模拟消息，指状态连续变化的消息，例如，语音信号。

为了传递消息，各种消息需要转换成电信号。消息与电信号之间必须建立单一的对应关系，否则在接收端无法还原出原来的消息。通常，消息被载荷在电信号的某一参量上，如果该参量携带着离散消息，则该参量必将是离散取值的。这样的信号称为数字信号。如果电信号的参量取值连续，则称这样的信号为模拟信号。按照信道中传输的是模拟信号还是数字信号，可以相应地把通信系统分为模拟通信系统和数字通信系统。

模拟通信系统主要需要两种变换。首先，发送端的模拟信号要变换成原始电信号，接收端收到的信号要反变换成模拟信号。这里所说的原始电信号，由于它通常具有频率很低的频谱分量，一般不宜直接传输。因此，模拟通信系统里常需要有第二种变换：将原始电信号变换成其频带适合信道传输的信号，并在接收端进行反变换，这种变换和反变换通常称为调制和解调。调制的目的是使得携带有消息的信号适合在信道中进行传输。

模拟通信系统模型如图 2.2 所示。

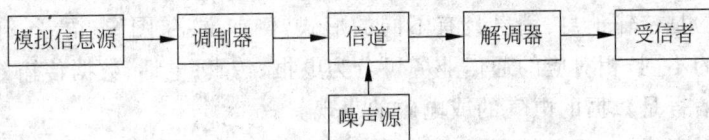

图 2.2　模拟通信系统模型

数字通信的基本特征是它传输的信号是离散的或数字的。此外数字通信还有以下方面需解决。第一，数字信号传输时，信道噪声或干扰所造成的差错，原则上都是可以控制的。这是通过差错控制编码等手段来实现的。为此，在发送端需要增加一个编码器，而在接收端相应的需要一个解码器。第二，当需要保密时，可以有效地对基带信号进行人为"扰乱"，即加上密码，这叫加密。此时，在接收端就要进行解密。第三，由于数字通信传输的是一个接一个的按频率传送的数字信号单元，即码元，因而接收端必须按与发送端相同的频率接收。否则，会因收发频率不一致而造成混乱，使接收性能变差。另外，为了表述消息内容，基带信号都是按消息内容进行编组的。因此，编组的规律在收发之间也必须一致，否则接收时消息的正确内容就无法恢复。在数字通信中，通常称频率一致为"位同步"或"码元同步"，而编组一致称为"群同步"。同步问题也是数字通信的一个重要问题。

点对点的数字通信系统模型可用图 2.3 表示。

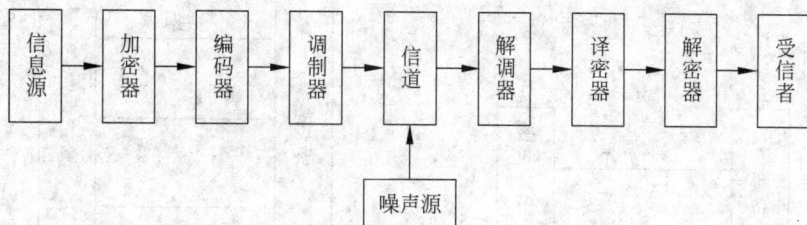

图 2.3 数字通信系统模型

3. 通信方式

对于点对点之间的通信,按消息传送的方向与时间关系,通信方式可分为单工通信、半双工通信和全双工通信三种。

单工通信是指消息只能单方向传输,如图 2.4 所示。遥控就是单工通信方式。半双工通信中的通信双方都能收发信息,但是不能同时进行收发,如图 2.5 所示。例如,使用同一载频工作的无线电对讲机,就是以这种通信方式工作的。全双工通信则是指通信双方可同时进行收发消息的工作方式,如图 2.6 所示。普通电话就是一种最常见的全双工通信方式。

图 2.4 单工通信

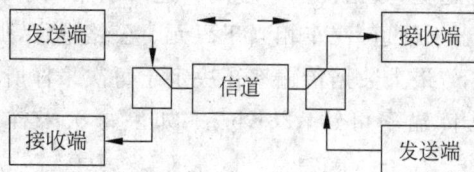

图 2.5 半双工通信

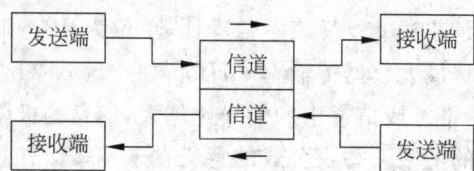

图 2.6 全双工通信

在数字通信中,按照数据通信使用的信道数,可分为串行传输和并行传输。

串行传输是将信号码元序列按时间顺序一个接一个地在信道中传输,如图 2.7 所示。如果将数字信号码元序列分割成两路或者两路以上的数字信号码元序列同时在信道中传输,则称为并行传输,如图 2.8 所示。

一般的远距离数字通信大都采用串行传输方式,因为这种方式只需占用一条通路,造价较低。并行传输在近距离数字通信中有时也会遇到,它需要占用两条或两条以上的通路,在相同的数据传输率下,并行传输在单位时间内所传送的码元是串行传输的 n 倍(n 为并行传输的通道数)。

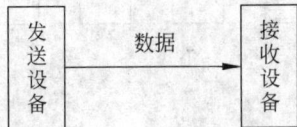

图 2.7 串行传输   图 2.8 并行传输

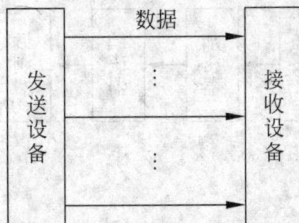

4. 信道的相关知识

信道一般都是用来表示向某一方向传送信息的媒体。消息由发送者发出经由信道之后被受信者接收。在传输过程中振幅不会明显减弱的这一段频率称为带宽。一条信道限制了其带宽,也就限制了其最大数据传输率。

1924 年,美国工程师奈奎斯特提出,信道的传输能力是有限的,即使对于理想信道也是如此。他推导出一个公式,描述一个有限带宽的无噪声信道的最大数据传输率。他证明,任意信号通过带宽为 H 的低通滤波器时,最低只要以 $2H/s$ 的采样率进行采样,就可以重构过滤后的信号。如果该信号包含 V 个离散级数,则奈奎斯特定理为

$$最大数据传输率 = 2H\log_2 V(b/s)$$

也就是说,信道的带宽越宽,数据传输率越高。这可以用汽车在高速公路上行驶的例子来形象诠释。高速公路相当于信道,汽车相当于码元。公路越宽,那么汽车行驶的速度也就可以越大。而在一定带宽下,最大数据传输率还决定于每次采样所产生的比特数,如果每次采样产生 16bit,那么数据传输率可达 128Kb/s;如果每次采样产生 1024bit,那么可达 8.2Mb/s。

1984 年,信息论的创始人香农引用了该定理,并对其进行了改进,提出在有噪声信道中数据传输率的定理。由于真实的信道中存在噪声,设信号功率为 S,噪声功率为 N,则信噪比为 S/N。通常情况下,使用 $10\lg S/N$ 表示信噪比,单位为 dB。则在带宽为 $H(\text{Hz})$、信噪比为 S/N 的有噪声信道中,最大数据传输率 $= H\log_2(1+S/N)(b/s)$。

香农公式表明,信道的带宽或信道中的信噪比越大,信息的极限传输速率就越高。香农公式指出了信息传输速率的上限。香农公式的意义在于:只要信息的传输速率低于信道的极限传输速率,就一定可以找到某种方法来实现无差错传输。

2.2 物理层与物理层协议的基本概念

1. 物理层的基本概念

物理层处于 OSI 模型的最低层,各层关系如图 2.9 所示。物理层不是指与计算机相连的具体物理设备或传输介质,它考虑的是怎样才能在连接各种计算机的传输媒体上传输数据比特流,同时完成一些物理层的管理工作。

物理层要解决的主要问题有:

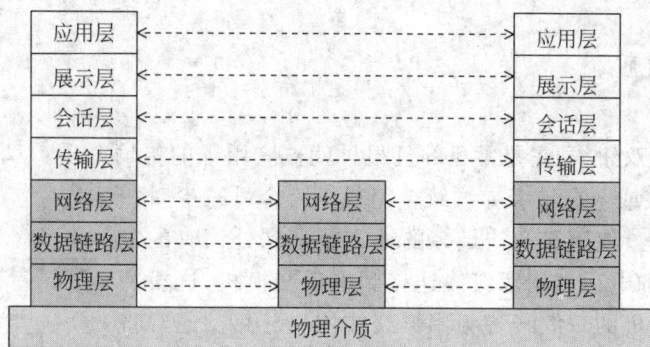

图 2.9 各层关系

（1）尽可能地屏蔽物理设备和传输媒体，通信手段的不同，使数据链路层感觉不到这些差异，而只考虑完成本层的协议和服务。

（2）给其服务用户（数据链路层）在一条物理的传输媒体上传送和接收比特流（一般为串行按顺序传输的比特流）的能力，为此，物理层应该解决物理连接的建立、维持和释放问题。

（3）在两个相邻系统之间唯一地标识数据电路。

可以将物理层的主要任务描述为确定与传输媒体的接口有关的一些特性，即：

（1）机械特性：指明接口所用接线器的形状和尺寸、引脚数目和排列、固定和锁定装置等。

（2）电气特性：指明接口电缆的各条线上出现的电压范围。

（3）功能特性：指明某条线上出现的某一电平的电压表示何种意义。

（4）过程特性：指明对于不同功能的各种可能事件的出现顺序。

数据在计算机中多采用并行传输方式，在通信线路上的传输方式一般都是串行传输，因此物理层还要完成传输方式的转换。

2. 物理层协议的概念

计算机网络使用的通信信道分为两类：点对点通信线路和广播通信线路。我们主要介绍这两种通信线路的物理层协议。

点对点通信线路的物理层协议：电话线路就是典型的点对点通信线路。

广播通信线路的物理层协议：广播通信线路又分为有线与无线两种；传统的传输速率为 10Mb/s 的 Ethernet 协议标准 802.3 是一种针对共享总线传输介质的物理层协议；无线局域网协议标准 802.11 是一种针对共享无线通信信道的物理层协议。

2.3 数据通信传输介质

传输介质是数据传输系统中在发送器和接收器之间的物理通路。传输介质可以分为两大类，即导向传输介质和非导向传输介质。在导向传输介质中，电磁波被导向沿着固定介质（例如铜线）传播，而非导向传输介质就是指自由空间，在非导向传输介质中电磁波的传输常称为无线传输。

1. 导向传输介质

1）双绞线

双绞线也称为双纽线,它是常见的且很早就被应用了的传输介质。双绞线由按规则螺旋排列的 2 根、4 根或 8 根绝缘导线绞合组成。绞合可减少对相邻导线的电磁干扰。使用双绞线最多的地方就是到处都有的电话系统,几乎所有的电话都用双绞线连接到电话交换机,这段从用户电话机到交换机的双绞线称为用户线或用户环路。通常将一定数量的双绞线捆成电缆,在其外面包上护套,如图 2.10 所示。

双绞线
图 2.10 双绞线

模拟传输和数字传输都可以使用双绞线,其通信距离一般为几到十几千米。距离太长时就要加放大器以便将衰减了的信号放大到合适的数值(对于模拟传输),或者加上中继器以便将失真了的数字信号进行整形(对于数字传输)。导线越粗,其通信距离越远,价格也越贵。在数字传输时,若传输速率为每秒几兆比特,则传输距离可达几千米。由于双绞线的价格便宜且性能也不错,因此使用十分广泛。

为了提高双绞线的抗电磁干扰能力,可以在双绞线的外面再加上一层用金属丝编织成的屏蔽层。这就是屏蔽双绞线(shielded twisted pair,STP)。它的价格当然比无屏蔽双绞线(unshielded twisted pair,UTP)要贵一些。

2）同轴电缆

同轴电缆由内导体铜质芯线(单股实心线或多股绞合线)、绝缘层、编织物外导体屏蔽层、保护性塑料外层所组成,如图 2.11 所示。由于外导体屏蔽层的作用,同轴电缆具有很好的抗干扰特性,被广泛用于传输较高速率的数据。

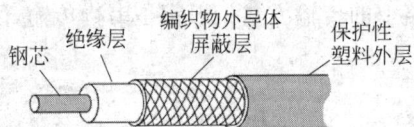
钢芯　绝缘层　编织物外导体屏蔽层　保护性塑料外层
图 2.11 同轴电缆的结构

在局域网发展的初期曾广泛地使用同轴电缆作为传输媒体。但随着技术的进步,在局域网领域基本上都是采用双绞线作为传输媒体。目前同轴电缆主要用在有线电视网的居民小区中。同轴电缆的带宽取决于电缆的质量。目前高质量的同轴电缆的带宽已接近 1GHz。

3）光纤电缆

光纤是传输介质中性能最好、应用最广泛的一种。光纤通信就是利用光导纤维传递光脉冲来进行通信。有光脉冲相当于 1,而没有光脉冲相当于 0。由于光的频率非常高,约为 10^8 MHz 的量级,因此一个光纤通信系统的传输带宽远远大于目前其他各种传输媒体的带宽。

光纤是光纤通信的传输媒体。在发送端有光源,可以采用发光二极管或半导体激光器,它们在电脉冲的作用下能产生光脉冲。在接收端利用光电二极管做成光检测器,在检测到光脉冲时可还原出电脉冲。

光纤是一种直径为 50～100μm 的柔软、能传导光波的介质,多种玻璃和塑料可以用来制造光纤,其中使用超高纯度石英玻璃纤维制作的光纤的纤芯可以得到最低的传输损耗。在折射率较高的纤芯外面,用折射率较低的包层包裹起来,外部包裹涂覆层,这样就可以构成一条光纤。多条光纤组成一束,构成一条光缆。由于光纤的折射系数高于外部包层的折射系数,因此可以形成光波在光纤与包层的界面上的全反射,即光线碰到包层时就会折射回纤芯,如此反复,光也就沿着光纤传输下去。其结构图和原理图如图2.12、图2.13所示。

图 2.12 光纤结构图

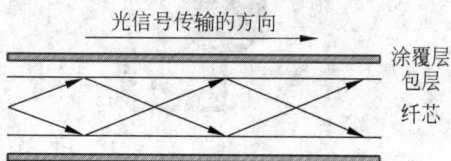

图 2.13 光纤工作原理图

光纤不但具有通信容量非常大的特点,而且还具有一些其他的特点:

(1) 传输损耗小,中继距离长,对远距离传输特别经济。

(2) 抗雷电和电磁干扰性能好,这在有大电流脉冲干扰的环境下尤为重要。

(3) 无串音干扰,保密性好,也不易被窃听或截取数据。

(4) 体积小,质量轻。

但是光纤也有一定的缺点。这就是要将两根光纤精确地连接需要专用设备。目前光电接口还较贵,但价格是逐年下降的。

2. 非导向传输介质

前面介绍了三种导向传输介质,但是若通信线路要通过高山或者岛屿,有时就很难施工。即使在城市中,挖开马路铺设电缆也不是一件容易的事。当通信距离很远时,铺设电缆既昂贵又费时。但利用无线电波在自由空间的传播就可较快地实现多种通信。由于这种通信方式不使用导向传输介质,因此就将自由空间称为"非导向传输媒体"。无线传输可以使用的频段很广。人们现在已经利用了多个波段进行通信。

短波通信主要是靠电离层的反射,如图2.14所示。但电离层的不稳定所产生的衰落现象和电离层反射所产生的多径效应,使得短波信道的通信质量较差。因此,当必须使用短波无线电台传送数据时,一般都是低速传输。只有在采用复杂的调制解调技术后,才能使数据的传输速率达到几千比特/秒。

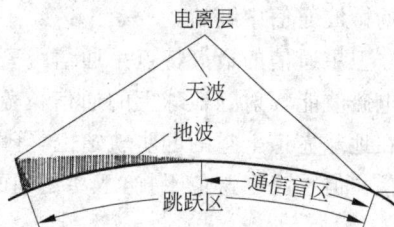

无线电微波通信在数据通信中占有重要地位。微波的频率范围为300MHz~300GHz,但主要是使用2~40GHz的频率范围。微波在空间中主要是直线传播。由于微波会穿透电离层进入宇宙空间,因此它不像短波那样可以经电离层反射传播到地面上很远的地方。传统的微波通信主要有两种方式:地面微波接力通信和卫星通信。

图 2.14 短波通信

由于微波在空间中是直线传播的,而地球表面是个曲面,因此其传播距离受到限制,一般只有50km左右。但若采用100m高的天线塔,则传播距离可增大到100km。为实现远距离通信必须在一条无线电通信信道的两个终端之间建立若干个中继站。中继站把前一站送来的信号放大后再发送到下一站,故称为"接力",如图2.15所示。

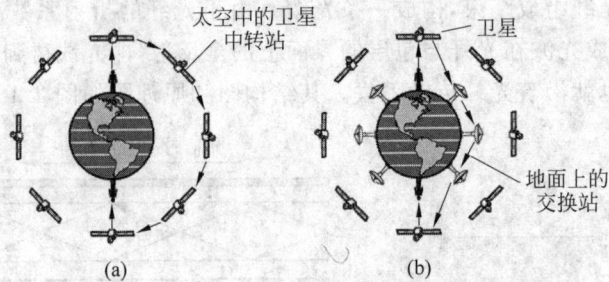

图 2.15　地面微波接力通信

(a) 太空中转；(b) 地面中转

微波接力通信可传输电话、电报、图像、数据等信息。其主要特点是：

(1) 微波波段频率很高，频段范围也很宽，因此其通信信道的容量很大。

(2) 由于工业干扰和天电干扰的主要频谱成分比微波频率低得多，对微波通信的危害比对短波通信小得多，因此微波传输质量较高。

(3) 与相同容量和长度的电缆载波通信比较，微波接力通信建设投资少，见效快，易于跨越山区、江河。

当然微波接力通信也有一些缺点：

(1) 相邻站之间必须直视，不能有障碍物。有时一个天线发出的信号也会分成几条略有差别的路径到达接收天线，从而造成失真。

(2) 微波的传播有时也会受到恶劣气候的影响。

(3) 与电缆通信系统相比较，微波通信的隐蔽性和保密性较差。

(4) 对大量中继站的使用和维护需要耗费大量的人力、物力。

常用的卫星通信方法是在地球站之间利用位于 3.6×10^4 km 高空的人造同步地球卫星作为中继器的一种微波接力通信，如图 2.16 所示。对地静止的通信卫星就是太空中无人值守的微波通信中继站。

卫星通信的最大特点是通信距离远，且通信费用与通信距离无关。同步地球卫星发射的电磁波能辐射到地球上的通信覆盖区的跨度达 1.8×10^4 km。面积约占全球的 1/3。只要在地球赤道上空的同步轨道上，等距离地放置 3 颗相隔 $120°$ 的卫星，就能基本上实现全球通信。但是为了避免干扰，卫星之间的相隔不能太小。

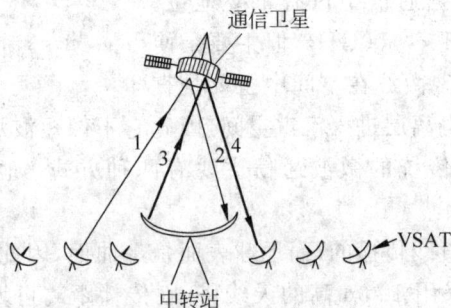

图 2.16　卫星通信

2.4 频带传输技术

由于从消息变换过来的原始信号具有频率较低的频谱分量,这种信号在许多信道中不适宜直接进行传输。因此,在通信系统的发送端通常需要有调制过程,而在接收端则需要有反调制过程,即解调过程。

所谓载波调制,就是用调制信号(基带信号)的变化规律去改变载波某些参数的过程,调制的载波可以分为两类:用正弦信号作为载波;用脉冲串或者数字信号作为载波。调制又分为模拟调制和数字调制两种方式。在模拟调制中,调制信号的取值是连续的,在数字调制中调制信号的取值是离散的。

调制在通信系统中具有重要的作用,通过调制可以把信号低频成分搬移到高频,从而实现频带传输。

模拟调制方式是其他调制方式的基础,而近年来数字调制应用广泛,下面简单地介绍这两种调制方式。

1. 模拟调制

最常用和最重要的模拟调制方式是用正弦波作为载波的幅度调制和角度调制。常见的调幅(AM)、双边带(DSB)、单边带(SSB)、残留边带(VSB)等调制就是幅度调制的几个典型实例;而频率调制(FM)是角度调制中被广泛采用的一种。

1) 幅度调制

幅度调制是正弦型载波的幅度随调制信号做线性变换的过程。设正弦型载波为

$$s(t) = A\cos(\omega_c t + \varphi_0)$$

式中,ω_c 是载波角频率。

那么已调信号一般可表示为

$$S_m(t) = A m(t)\cos(\omega_c t + \varphi_0)$$

式中,$m(t)$ 是基带调制信号。

将已调信号的时域表达式做傅里叶变换得其频域表达式:

$$S_m(\omega) = F[S_m(t)] = \frac{A}{2}[M(\omega - \omega_c) + M(\omega + \omega_c)]$$

由上式可见,幅度已调信号,在波形上,它的幅度随基带信号变化而成正比变化;在频谱结构上,它的频谱完全是基带信号在频域内的简单搬移。由于这种搬移是线性的,因此,幅度调制通常又称为线性调制。图 2.17 为线性调制的一般模型。

在该模型中,适当选择带通滤波器的冲击响应 $h(t)$,便可得到各种幅度的调制信号。例如,双边带信号、振幅调制信号、单边带信号及残留边带信号。

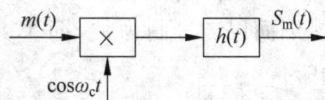

图 2.17 线性调制的一般模型

2) 角度调制

线性调制是通过改变载波的幅度来实现基带调制信号的频谱搬移,而角度调制(非线性调制)虽然也要完成频谱的搬移,但它所形成的信号频谱不再保持原来基带频谱的结构,也

就是说,已调信号频谱与基带信号频谱之间存在着非线性变换关系。非线性调制通常是通过改变载波的频率或相位来实现的,即载波的振幅保持不变,而载波的频率或相位随基带信号变化。因为频率或相位的变化都可以看成是载波角度的变化,故这种调制又称为角度调制。角度调制又细分为频率调制(FM)和相位调制(PM)。

角度调制信号的一般表示式为

$$S_m(t) = A\cos[\omega_c t + \varphi(t)]$$

式中,A 为载波的恒定振幅;$[\omega_c t + \varphi(t)]$ 为信号的瞬时相位,而 $\varphi(t)$ 称为瞬时相位偏移。$d[\omega_c t + \varphi(t)]/dt$ 为信号的瞬时频率,而 $d\varphi(t)/dt$ 称为瞬时频率偏移。

所谓相位调制,即是瞬时相位偏移随基带信号成比例变化的调制,亦即

$$\varphi(t) = K_p m(t)$$

式中,K_p 为相位偏移常数,$m(t)$ 为基带调制信号。于是,相位调制信号可表示为

$$S_m(t) = A\cos[\omega_c t + K_p m(t)]$$

所谓频率调制,即是瞬时频率偏移随基带信号成比例变化的调制,即

$$\frac{d\varphi(t)}{dt} = K_F m(t)$$

或有

$$\varphi(t) = \int_{-\infty}^{t} K_F m(\tau) d\tau$$

式中 K_F 为频率偏移常数,

所以频率调制信号可以表示为

$$S_m(t) = A\cos\left[\omega_c t + \int_{-\infty}^{t} K_F m(\tau) d\tau\right]$$

2. 数字调制

在这里我们将讨论以正弦波作为载波的数字调制系统。从原理上来说,受调载波的波形可以是任意的,只要已调信号适合于信道传输就可以了。但实际上,在大多数数字通信系统中,都选择正弦信号作为载波。这是因为正弦信号形式简单,便于产生及接收。一般选取正弦波的频率在 $1000\sim2000\,\text{Hz}$ 范围内。

与模拟调制一样,数字调制也有调幅、调频和调相三种基本形式,并可以派生出多种形式。数字调制与模拟调制相比,其原理并没有什么区别。只不过数字调制都是用载波信号的某些离散状态来表征所传送的信息,在接收端也要对载波信号的离散调制参量进行检测。

下面以二进制为例,简单介绍调幅、调频和调相以及它们派生出来的几种数字调制方式。

1) 二进制振幅键控(ASK)

设信息源发出的是二进制符号 0、1 组成的序列,且假定 0 符号出现的频率为 P,1 符号出现的频率为 $1-P$,相互独立。一个二进制的振幅键控信号可以表示成一个单极性矩形脉冲序列与一个正弦型载波的相乘,即

$$e_0(t) = \left[\sum a_n g(t - nT_s)\right]\cos\omega_c t$$

这里 $g(t)$ 是持续时间为 T_s 的矩形脉冲,而 a_n 的取值服从

$$a_n = \begin{cases} 0, & \text{概率为 } P \\ 1, & \text{概率为 } (1-P) \end{cases}$$

现在使

$$s(t) = \sum_n a_n g(t - nT_s)$$

则得到

$$e_0(t) = s(t)\cos\omega_c t$$

二进制振幅键控波形如图 2.18 所示。

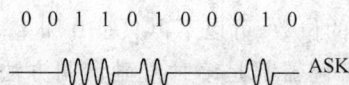

0 0 1 1 0 1 0 0 0 0 1 0

图 2.18　振幅键控波形

2) 二进制频移键控(FSK)

设信息源发出的是二进制符号 0、1 组成的序列，则 2FSK 就是 0 符号对应载频 ω_1，1 符号对应载频 ω_2 的已调波形。容易想到，2FSK 信号可利用一个矩形脉冲序列对一载波进行调频而获得。假设 $S(t)$ 代表信息的二进制矩形脉冲序列，则 $e_0(t)$ 即是 2FSK 信号。

$$e_0(t) = \sum \overrightarrow{a_n} g(t - nT_s)\cos(\omega_1 t + \varphi_n) + \sum a_n g(t - nT_s)\cos(\omega_2 t + \theta_n)$$

式中，$g(t)$ 是单个矩形脉冲；T_s 是脉宽。

$$a_n = \begin{cases} 0, & \text{概率为 } P \\ 1, & \text{概率为 } (1-P) \end{cases}$$

$\overrightarrow{a_n}$ 是 a_n 的反码，于是

$$\overrightarrow{a_n} = \begin{cases} 1, & \text{概率为 } P \\ 0, & \text{概率为 } (1-P) \end{cases}$$

二进制频移键控波形如图 2.19 所示。

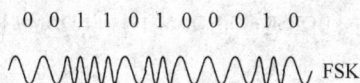

0 0 1 1 0 1 0 0 0 0 1 0

图 2.19　频移键控波形

3) 二进制移相键控(PSK)

二进制移相键控方式是受键控的载波相位按基带脉冲而改变的一种数字调制方式。设二进制符号及其基带波形与以前假设的一样，那么，2PSK 的信号形式一般表示为

$$e_0(t) = \left[\sum a_n g(t - nT_s)\right]\cos\omega_c t$$

式中，$g(t)$ 为单个矩形脉冲，脉宽为 T_s。而 a_n 的统计特性为

$$a_n = \begin{cases} +1, & \text{概率为 } P \\ -1, & \text{概率为 } (1-P) \end{cases}$$

这就是说，在其一码元持续时间 T_s 内观察时，$e_0(t)$ 为

$$a_n = \begin{cases} \cos\omega_c t, & \text{概率为 } P \\ -\cos\omega_c t, & \text{概率为 } (1-P) \end{cases}$$

即发送二进制符号 0 时(a_n 取 +1)$e_0(t)$取 0 相位;发送二进制符号 1 时(a_n 取 -1)$e_0(t)$取 π 相位。其波形如图 2.20 所示。

$$0\ 0\ 1\ 1\ 0\ 1\ 0\ 0\ 0\ 1\ 0$$

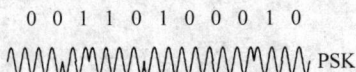

图 2.20　振幅键控波形

4) 正交调制

每秒钟采样的次数用波特来计量。在每一波特中,发送一个码元,即波特率等于码元率。正交调制指的是每个采样的位数,可以不再只是 0 和 1。

事实上,所有高级的调制解调器都是多种基础调制方法的组合,可用星座图表示。在图 2.21(a)中,在 45°、135°、225°、315°处的 4 个点,其振幅相同,共有 4 种组合方式,所以每个码元可以传输 2 位。这种调制方式叫作正交相移键控 QPSK。

图 2.21(b)显示的是另外一种调制方案,用到了 4 种振幅和 4 种相移,总共有 16 种不同的组合。利用这种调制方案,每个码元可以传输 4 位。这种调制方式称为正交振幅调制 QAM-16。在 2400 波特线路上,利用 QAM-16 可以达到 9600b/s 的传输率。

图 2.21(c)也涉及振幅和相移,共有 64 种不同的组合,每个码元可以传输 6 位,称为 QAM-64。

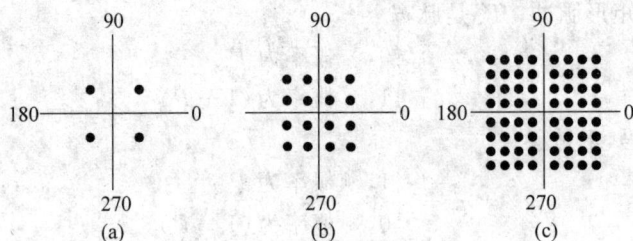

图 2.21　星座图
(a) QPSK;(b) QAM-16;(c) QAM-64

2.5　基带传输技术

在数字通信中,有些场合可以不经过调制解调过程而让基带信号直接进行传输。这种不使用载波调制解调装置而直接传送基带信号的系统,称为基带传输系统,如图 2.22 所示。一般适用于低速数据传输。

该结构由信道信号形成器、信道、接收滤波器以及抽样判决器组成。这里的信道信号形成器用来产生适合于信道传输的基带信号;信道可以是允许基带信号通过的媒质;接收滤波器用来接收信号和尽可能地排除信道噪声和其他干扰;抽样判决器则是在噪声背景下用来判定和再生基带信号。

1. 脉冲编码调制(PCM)

PCM 是实现模拟信号数字化的一种方法,须经过抽样、量化和编码三个过程。

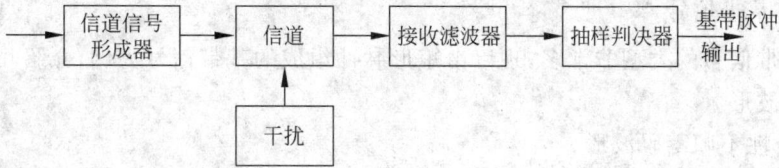

图 2.22 基带传输系统的基本结构

抽样是把模拟信号以其信号带宽 2 倍以上的频率提取样值,变为在时间轴上离散的抽样信号的过程。例如,模拟信号带宽被限制在 0.3~3.4kHz 内,用 8kHz 的抽样频率 f_s 就可获得能取代原来模拟信号的抽样信号。

抽样信号虽然是时间轴上离散的信号,但仍然是模拟信号,其样值在一定的取值范围内,可有无限多个值,显然,对无限个样值一一给出数字码组来对应是不可能的。为了实现以数字码表示样值,必须采用"四舍五入"的方法把样值分级"取整",使一定取值范围内的样值由无限多个值变为有限个值,这一过程称为量化。

量化后的抽样信号与量化前的抽样信号相比较,会有所失真,且不再是模拟信号。这种量化失真在接收端还原模拟信号时表现为噪声,称为量化噪声。量化噪声的大小取决于样值分级"取整"的方式,分的级数越多,即量化级差或间隔越小,量化噪声也越小。但是相应的二进制码位数越多,要求传输速率越高,频带越宽。为使量化噪声尽可能小而所需码位数又不太多,通常采用非均匀量化的方法进行量化。

非均匀量化根据幅度的不同区间来确定量化间隔,幅度小的区间量化间隔取得小,幅度大的区间量化间隔取得大。

量化后的抽样信号在一定的取值范围内仅有有限个可取的样值,且信号正、负幅度分布的对称性使正、负样值的个数相等,正、负向的量化级对称分布。若将有限个量化样值的绝对值从小到大依次排列,并对应地依次赋予一个十进制数字代码(例如,赋予样值 0 的十进制数字代码为 0),在码前以"+""−"号为前缀,来区分样值的正、负,则量化后的抽样信号就转化为按抽样时序排列的一串十进制数字码流,即十进制数字信号。简单高效的数据系统是二进制码系统,因此,应将十进制数字代码变换成二进制编码。根据十进制数字代码的总个数,可以确定所需二进制编码的位数,即字长。这种把量化的抽样信号变换成给定字长的二进制码流的过程称为编码。

如图 2.23 所示,语音信号经过 PCM 编码后,就变换成了数字信号 011 100 011 011 001 100。再将此初始代码进行码型变换之后,进而在信道中传输。

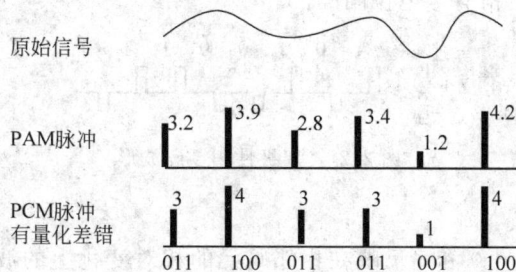

图 2.23 PCM 编码过程

2. 数字基带信号

数字基带信号的类型非常多,现以由矩形脉冲组成的基带信号为例,介绍几种最基本的基带信号码波形。

1) 单极性不归零码波形

设消息代码由二进制符号 0、1 组成,则单极性码波形的基带信号可用图 2.24 表示。这里,基带信号的 0 电位及正电位分别与二进制符号 0 及 1 ——对应。容易看出,这种信号在一个码元时间内,不是有电压(或电流)就是无电压(或电流),电脉冲之间无间隔,即码元时间内电位不用归零,极性单一。该波形经常在近距离传输时被采用。

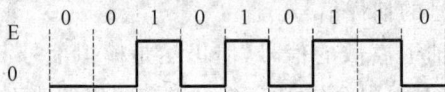

图 2.24 单极性不归零码波形

2) 双极性不归零码波形

双极性波形就是二进制符号 0、1 分别与正、负电位相对应的波形,如图 2.25 所示。它的电脉冲之间也不间隔,但由于是双极性波形,故当 0、1 符号等概率出现且各符号之间互不相关时,它将无直流成分。

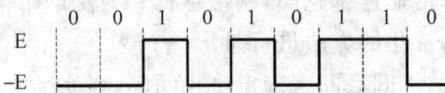

图 2.25 双极性不归零码波形

3) 单极性归零码波形

单极性归零码波形是指它的有电脉冲宽度比码元宽度窄,每个脉冲都回到零电位,如图 2.26 所示。

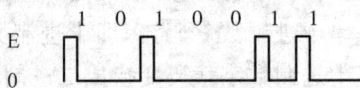

图 2.26 单极性归零码波形

4) 双极性归零码波形

双极性归零码波形如图 2.27 所示。由图可见,此时对应每一符号都有零电位的间隙产生,即相邻脉冲之间必定留有零电位间隔。

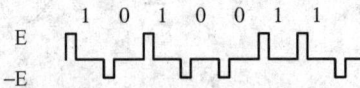

图 2.27 双极性归零码波形

5) 差分码波形

这是一种把信息符号 0 和 1 反映在相邻码元的相对变化上的波形。例如,若以相邻码元的电位改变表示符号 1,而以电位不改变表示符号 0,如图 2.28 所示。当然,上述规定也可以反过来。由图可见,这种码波形在形式上与单极性码或双极性码波形相同,但它代表的信息符号与码元本身电位或极性无关,而仅与相邻码元的电位变化有关。

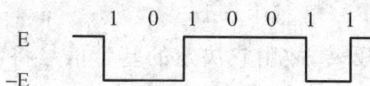

图 2.28 差分码波形

6) 多元码波形(多电平码波形)

上述各种信号都是一个二进制符号对应一个脉冲码元。实际上还存在多于一个二进制符号对应一个脉冲码元的情形。这种波形统称为多元码波形或多电平码波形。例如,若令两个二级制符号 00 对应 $+3E$,01 对应 $+E$,10 对应 $-E$,11 对应 $-3E$,则所得波形为 4 码元波形或 4 电平码波形,如图 2.29 所示。由于这种波形的一个脉冲可以代表多个二进制符号,故在高数据速率传输系统中,采用这种信号形式是适宜的。

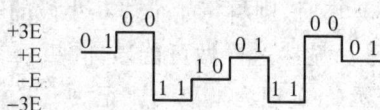

图 2.29 多元码波形

实际上,组成基带信号的单个码元波形并非一定是矩形的。根据实际的需要,还可有多种多样的波形,如升余弦脉冲、高斯型脉冲、半余弦脉冲等。这说明,信息符号并不是与唯一基带波形相对应。若令 $g_1(t)$ 对应于二进制符号的“0”,$g_2(t)$ 对应于“1”,码元间隔为 T_s,则基带信号可表示为

$$s(t) = \sum_{n=-\infty}^{\infty} a_n g(t - nT_s)$$

式中,a_n 是第 n 个信息符号所对应的电平值(0,1 或 -1,1 等)

$$g(t - nT_s) = \begin{cases} g_1(t - nT_s) & (\text{出现符号“0”时}) \\ g_2(t - nT_s) & (\text{出现符号“1”时}) \end{cases}$$

由于 a_n 是信息符号所对应的电平值,它是一个随机量,因此,通常在实际中遇到的基带信号都是一个随机的脉冲序列。

3. 基带传输的常用码型

基带信号是消息代码的一种电表示形式。在实际的基带传输系统中,并不是所有的基带电波形都能在信道中传输。例如,含有丰富直流和低频成分的基带信号就不适合在信道中传输,因为它有可能造成信号严重畸变。除此之外,一般基带传输系统都从接收到的基带信号流中提取出定时信号,而提取定时信号依赖于代码的码型,如果代码出现长时间的连“0”符号,则基带信号可能会长时间地出现 0 电位,从而不利于定时信息的提取。为了使得信号能够很好地在信道中传输,需要进行码型变换。即把初始代码变换成适合在信道中传输的信号码型。这里准备介绍几种常见的传输码型。

1) AMI 码

AMI 码的全称是传号交替反转码,这是一种将消息代码 0、1 按如下规则进行编码的码:代码的 0 仍变换为传输码的 0,而把代码中的 1 交替地变换为传输码的 $+1$,-1,$+1$,-1。

例如:

消息代码: 10011000111…

AMI 码: +100−1 +1 000−1 +1 −1…

由于 AMI 码的传号交替反转,故由它决定的基带信号将出现正、负脉冲交替,而 0 电位保持不变的规律。由此可以看出,这种基带信号无直流成分,且只有很少的低频成分,因而它特别适宜在不允许这些成分通过的信道中传输。但是,AMI 码有一个重要缺点,由于它可能出现长的连 0 串,因而会造成提取定时信号的困难。

2) HDB$_3$ 码

为了保持 AMI 的优点而克服其缺点,人们提出了许多类型的改进 AMI 码,HDB$_3$ 码就是其中具有代表性的码。

HDB$_3$ 码全称是三阶高密度双极性码,它的编码原理是:先把消息代码变换成 AMI 码,然后检查 AMI 码的连 0 串情况,当没有 4 个或 4 个以上连 0 串时,AMI 码就是 HDB$_3$ 码;当出现 4 个或 4 个以上连 0 串时,则将每 4 个连 0 小段的第 4 个 0 变换成与其前一非 0 符号(+1 或−1)同极性的符号。显然这样做可能破坏"极性交替反转"的规律。这个符号就称为破坏符号,用 V 符号表示(+1 记为+V,−1 记为−V)。为使附加 V 符号后的序列不破坏"极性交替反转"造成的无直流特性,还必须保证相邻 V 符号也极性交替。这一点,当相邻 V 符号之间有奇数个非 0 符号时,是能得到保证的;当有偶数个非 0 符号时,则得不到保证,这时再将该小段的第一个 0 变换成+B 或−B,B 符号的极性与前一非 0 符号的相反,并让后面的非 0 符号从 V 符号开始再交替变换,例如:

代码:	1000	0	1000	0	1	1	000	0	1	1
AMI 码:	−1000	0	+1000	0	−1	+1	000	0	−1	+1
HDB3 码:	−1000	−V	1000	+V	−1	+1	−B00	−V	+1	−1

HDB$_3$ 码不仅具有 AMI 的优点,而且还解决了定时信号恢复的问题,被广泛应用。

除了以上提到的两种,常用的码型还有 PST 码、双相码、密勒码、CMI 码等,这里不做过多介绍。

2.6 多路复用技术

复用是通信技术中的基本概念。数据通信系统中,传输媒体的带宽往往会大于传输单一信号的需求。为了有效利用通信线路,希望一条信道能够同时传输多路信号,这就是多路复用技术。多路复用技术能够把多个信号组合起来在一条物理通道上传输,在远距离传输时可大大节省电缆的安装和维护费用。

它的实质是发送方将多个用户的数据通过复用器汇集,并将汇集的数据通过一条物理线路传送到接收方。接收方再通过分用器将数据分离成各个单独的数据,然后分发给接收方的多个用户。其原理如图 2.30 所示。

多路复用技术主要分为两大类:频分多路复用(FDM)和时分多路复用(TDM)。下面

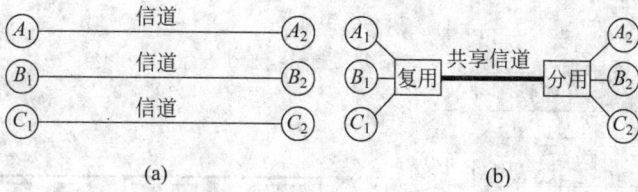

图 2.30 复用的示意图

(a) 不使用复用技术；(b) 使用复用技术

对常见的复用方式进行介绍。

1. 频分复用

频分多路复用(FDM)是以信道频率为对象，通过设置多个频率互不重叠的信道，达到同时传输多路信号的目的。每个信道的中心频率互不相同，各个信道的频率范围互不重叠，这样一条通信线路就可以同时传输多路信号。频率通道之间要留有防护频带以防相互干扰。频分复用的示意图如图 2.31 所示。

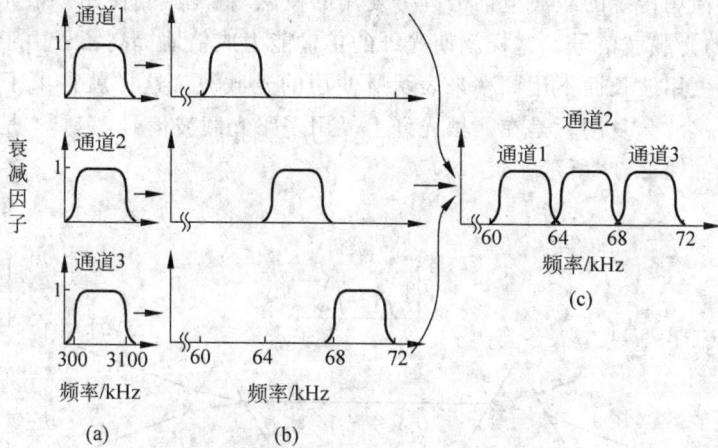

图 2.31 频分复用

FDM 仍被用于铜线或微波通道，但它要求模拟电路，并且不适合计算机来完成。

2. 时分复用

时分多路复用(TDM)以信道传输时间为对象，通过为多个信道分配互不重叠的时间片，每个时间片分为若干个时隙，每路数据占用一个时隙进行传输，达到同时传输多路信号的目的。时分复用在通信网络中的应用极为广泛。其原理如图 2.32 所示，图中只画出了 4 个用户 A、B、C、D。每一用户所占用的时隙是周期性地出现(其周期就是 TDM 帧的长度)。

TDM 是可以完全由数字电路来处理的，所以其应用越来越广泛。不过 TDM 只能用于数字数据。由于本地回路产生的是模拟数据，在端局处还需要执行一个从模拟到数字的转换。这一转换中采用的技术是 2.5.1 节中介绍的 PCM，不过目前在不同国家采用的是不同的编码方案。

3. 波分复用

波分复用(WDM)是频分复用的一种，即光的频分复用。光纤技术的应用使得数据的

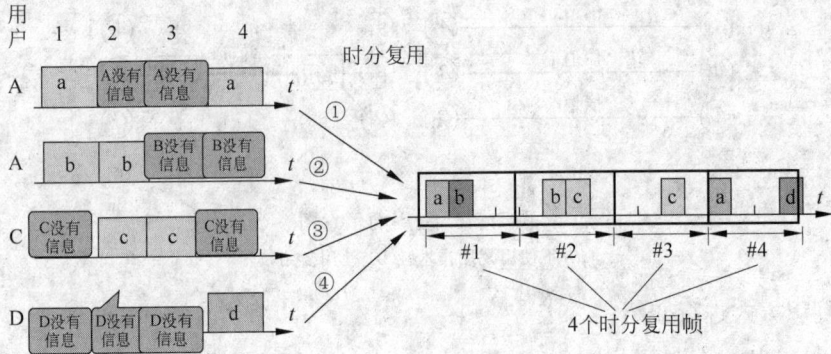

图 2.32 时分复用

传输速率空前提高。目前一根单模光纤的传输速率可达到 2.5Gb/s。再提高传输速率就比较困难了。如果设法对光纤传输中的色散问题加以解决,则一根单模光纤的传输速率可达到 20Gb/s。

但是,人们借用传统的载波电话的频分复用的概念,就能做到使用一根光纤同时传输多个频率很接近的光载波信号。这样就使光纤的传输能力成倍地提高了。由于光载波的频率很高,因此习惯上用波长而不用频率来表示所使用的光载波。这样就得出了波分复用这一名词。简单来说,波分复用就是在一根光纤上复用多路光载波信号,实质上是光频段的频分多路复用技术,如图 2.33 所示。

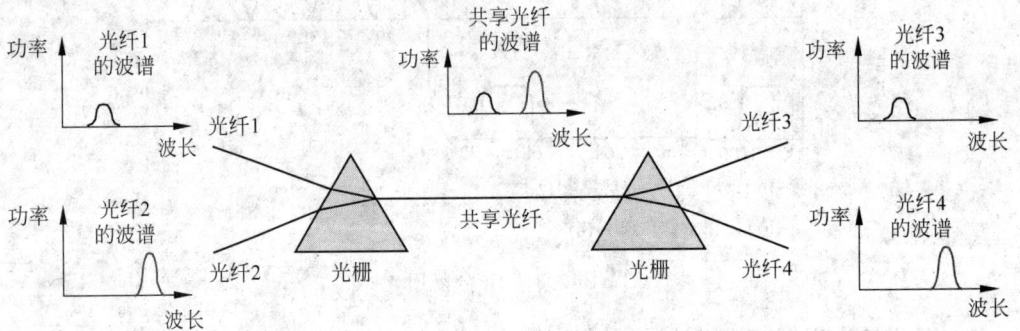

图 2.33 波分复用

4. 码分复用

码分复用(CDM)是另一种共享信道的方法。每一个用户可以在同样的时间使用同样的频带进行通信。由于各用户使用经过特殊挑选的不同码型,因此各用户之间不会造成干扰。码分复用最初用于军事通信,因为这种系统发送的信号有很强的抗干扰能力,其频谱类似于白噪声,不易被敌人发现。随着技术的进步,CDM 设备的价格和体积都大幅度下降,因而现在已广泛使用在民用的移动通信中,特别是在无线局域网中。

码分复用的工作原理是每个用户把发送信号用接收方的地址码序列进行编码(任意两个地址码序列相互正交)。不同用户发送的信号在接收端被叠加,然后接收者用同样的地址码序列解码。由于地址码的正交性,只有与自己地址码相关的信号才能被检出,由此恢复出原始数据。

2.7 同步光纤网 SONET 与同步数字体系 SDH

1. 同步、准同步和异步

为了方便理解,在这里先介绍什么是同步、准同步和异步。

同步信号意味着信号之间是以绝对相同的速率和相位传输,如果信号之间的相位或速率存在偏差,则这个偏差必须在规定的范围内。在同步网络中所有时钟都是通过铯原子钟 PRC 获得,PRC 的精度必须保持在 $\pm 1 \times 10^{-11}$ 之内。

准同步信号是指信号之间的速率和相位必须基本相同,如果信号之间的相位或速率存在偏差,则这个偏差也必须在规定的范围内。在两个互联网络中,每个网络中的时钟都通过基本的参考时钟 PRC 获得,但两个网络的 PRC 之间的精度可能存在偏差,因此这种系统通常称为准同步系统。

异步信号的各个信号之间的速率和相位偏差要大于准同步信号,如果两个网络的时钟分别从各自的石英振荡器中获得,则这两组信号就是异步信号。由于异步传输系统的时钟是独立的和非同步的,接收时钟与发送时钟的差异会造成发送数据速率与接收数据速率的差异。要保证接收端能够正确识别接收二进制比特流,接收端和发送端必须采用复杂的同步技术。

2. 同步光纤网 SONET

旧的数字传输系统存在着许多缺点,主要有:各国速率标准不统一;不是同步传输,各终端使用自己的时钟,使系统传输设备非常复杂。美国为此制定了同步光纤网标准 SONET(Synchronous Optical Network),其各级时钟都来自一个非常精确的主时钟;并且,SONET 标准中制定的速率兼容了北美、欧洲、日本等的数字传输网的多种不同速率。表 2.1 为 SONET 的速率对应关系。

表 2.1 SONET 速率对应关系

传输速率/(Mb/s)	OC 级	STS 级	STM 级
51.840	OC-1	STS-1	
155.520	OC-3	STS-3	STM-1
466.560	OC-9	STS-9	
622.080	OC-12	STS-12	STM-4
933.120	OC-18	STS-18	
1243.160	OC-24	STS-24	STM-8
1866.240	OC-36	STS-36	STM-12
2488.320	OC-48	STS-48	STM-16
9952.280	OC-192	STS-192	STM-64

3. 同步数字体系 SDH

国际电信联盟 ITU-T 以美国标准 SONET 为基础,制定出国际标准——同步数字体系 SDH。一般认为 SDH 与 SONET 基本相同。我国采用的是 SDH 标准。SDH 速率体系涉及 3 种速率：

STS 速率——数字电路接口的电信号传输速率；

OC 速率——光纤上传输的光信号速率；

STM 速率——电话公司为国家之间的主干线路数字信号规定的速率标准。

SDH 的基本速率为 155.51Mb/s，称为第 1 级同步传输模块，即 STM-1，相当于 SONET 体系中的 OC-3 速率。STM-1 速率是一个块状结构，每行 270 字节，共 9 行，每秒钟发送 8000 帧。图 2.34 是 SDH 的复用结构。

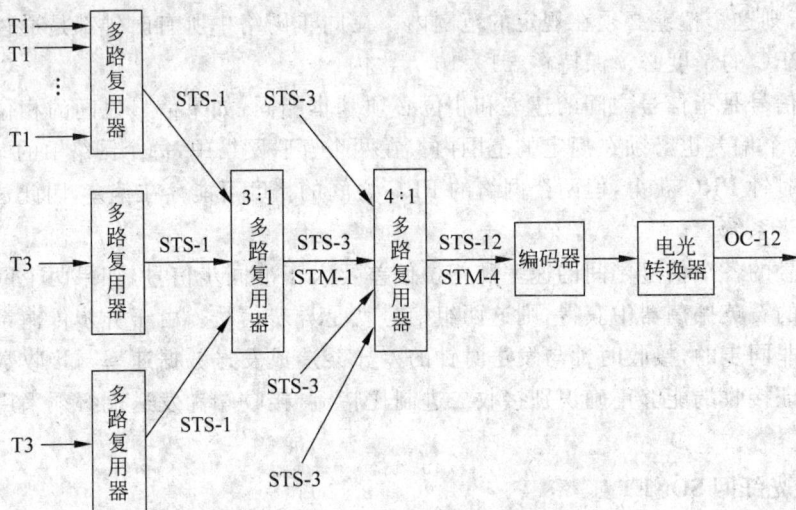

图 2.34　SDH 的复用结构

2.8　小结

设置物理层的目的是屏蔽物理传输介质、设备与技术的差异性。物理层的基本服务功能是实现节点之间比特序列的传输。点对点通信方式分为：全双工通信、半双工通信与单工通信；串行传输与并行传输；同步传输与异步传输。在传输介质上传输的信号类型分为模拟信号与数字信号。网络中常用的传输介质有双绞线、同轴电缆、光纤电缆、无线与卫星通信信道。多路复用技术分为频分多路复用、波分多路复用、时分多路复用与码分多路复用。同步数字体系 SDH 是一种数据传输体制，它规范数字信号的帧结构、复用方式、传输速率等级与接口码型等特性。

习题

2-1　举例说明信息、数据和信号之间的关系。

2-2　模拟通信和数字通信的区别是什么？

2-3　单工、半双工和全双工的含义分别是什么？

2-4　请问石油管道是单工系统，还是半双工系统还是全双工系统？

2-5　一条无噪声 4kHz 信道按照每 2ms 一次采样，请问最大数据传输率是多少？

2-6　如果在一条 3kHz 的信道上发送一个二进制信号，该信道的信噪比为 20dB，则最大可达到的数据传输率是多少？

2-7　奈奎斯特定理和香农定理分别描述的是什么？

2-8　物理层在 TCP/IP 协议中的位置是什么？

2-9　物理层的作用是什么？

2-10　通过比较说明双绞线、同轴电缆和光缆等三种常用传输介质的特点。

2-11　卫星传输有什么优点？

2-12　什么叫模拟调制？什么叫数字调制？

2-13　数字调制分为哪几种？分别解释。

2-14　使用多路复用有什么好处？

2-15　多路复用技术主要有几种类型？分别有什么特点？

2-16　简要解释一下码分复用的原理。

2-17　FDM 系统的一条通信线路的带宽为 200kHz，每一路信号带宽为 4.2kHz，相邻信道之间的隔离带宽为 0.8kHz。请问这条线路可以传输多少路信号？

2-18　异步、同步和准同步的区别是什么？

2-19　简要叙述抽样、量化和编码过程。

2-20　列举几个基带信号码波形方式。

2-21　列举几个基带传输常用的码型。

2-22　对于脉冲编码调制 PCM 来说，如果要对频率为 600Hz 的某种语音信号进行采样，传送 PCM 信号的信道带宽为 3kHz，则采样频率取多少时，采样的样本就可以包含足够重构原语音信号的所有信息。

2-23　同步数字体系 SDH 发展的背景是什么？具有什么特点？

第**3**章

数据链路层

本章将会学习网络的第 2 层——数据链路层的设计原则。主要学习数据链路层中实现两台相邻机器可靠、有效的通信而涉及的一些算法。

这个问题起来很简单,机器 A 将数据放在线路上,由机器 B 完成接收。但实际上通信线路有时会出错,而且数据传输速率不高,同时在一位数据的发送时刻和接收时刻之间存在一定的传输延迟。这些限制严重影响了传输效率,通信过程的协议必须考虑这些问题。

这些协议就是本章节的主题,我们将先介绍数据链路层的设计要点,然后考虑出现错误的原因,以及如何检测和纠正这些错误来研究数据链路层的协议。然后,将由浅入深地学习几种协议,每一层次的协议都涉及了数据链路层中更多更复杂的问题。最后,将推导不同协议的模型以及正确性,同时给出协议用例。

3.1 数据链路层的基本概念

网络中相邻节点在数据链路层中传输数据时,需要用到数据链路层的一些功能,这些功能包括:

(1) 向网络层提供一个定义好的服务接口;

(2) 处理传输错误;

(3) 调节数据流,确保慢速的接收方不会被快速的发送方淹没。

为了实现这些功能,数据链路层从网络层获取分组信息,然后将分组封装到帧(frame)中以便传输。每一帧包含一个帧头,一个有效载荷域(用于存放分组)和一个帧尾,如图 3.1 所示,帧管理构成了数据链路层工作的核心,在本章将详细讨论这些功能。

虽然本章讨论的是数据链路层和数据链路协议,但是,我们在本章中将要学习的许多原理,如错误控制和流控制,同样适用于传输层和其他的协议。实际上,在许多网络中,这些功能只出现在数据链路层以上的各层中,而没有出现在数据链路层。但它们的原理都是一致的,而且在数据链路层中,它们通常表现出最为简单和单纯的形式,因此在本章细致地学习这些原理。

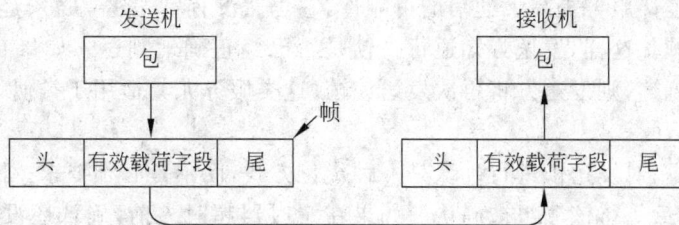

图 3.1 分组和帧之间的关系

1. 为网络层提供的服务

数据链路层为网络层提供的最主要的服务,是将数据从源机器的网络层传输到目标机器的网络层。源机器通过网络层中的一个进程,将一些数据位交给数据链路层,要求传输到目标机器。数据链路层的任务是将这些数据位传输给目标机器,然后再将这些数据进一步交给目标机器的网络层,如图 3.2(a)所示。实际的传输过程沿着图 3.2(b)所示的路径,但很容易让我们产生两个数据链路层在用一个协议通信的联想,因此本章中主要研究图 3.2(a)所示的模型。

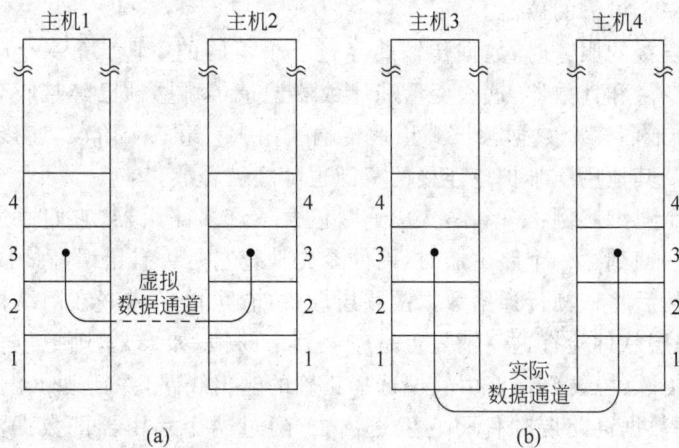

图 3.2 数据链路层的通信过程
(a) 虚拟通信过程;(b) 实际通信过程

数据链路层的设计目标是提供各种服务,实际提供的服务随系统的不同而改变,但是一般情况下,会提供以下三种可能的服务:

(1) 无确认的无连接服务;

(2) 有确认的无连接服务;

(3) 有确认的面向连接服务。

无确认的无连接服务是指源机器事先不建立逻辑连接,向目标机器发送独立帧,目标机器不对这些帧进行确认,也不用释放逻辑连接,因此数据链路层无法检测和修复噪声等原因引起的帧丢失现象。第一种服务适合错误率很低的情况,可以将恢复的任务交给上面的层来完成。同时因为数据传输过程中,数据迟到比数据损坏问题更严重,因此这种服务也适用于实时通信,绝大多数 LAN 在数据链路层上都是使用无确认的无连接服务。

有确认的无连接服务提高了通信的可靠性,它仍然没有事先建立逻辑连接,但会单独确认所发送的每一帧。这样,发送方知道每一帧是否已经正确地到达。如果有一帧在指定的时间间隔内没有到达,则发送方将再次发送该帧,这类服务尤其适用于类似无线系统的不可靠信道。

必须强调的是,对发送帧进行确认是一种优化方式,而不是必须要求。网络层总是可以发送一个分组,然后等待该分组被确认。如果在定时器超时之前,确认还没有到来,则发送端仅需再次发送整个报文即可。这种策略的麻烦之处在于,硬件条件限制了帧的长度,但网络层的分组没有这样的限制。如果一个普通的分组被分装到 10 帧中,则 20% 的帧将会丢失,为了发送这个分组,可能需要花很长的时间。如果每个帧单独确认和重传,则整个分组很快就会发送过去。在光纤这样的可靠信道上,数据链路协议的额外开销不是必要的,但是在无线信道上,由于它们内在的不可靠性,这种开销是非常值得的。

数据链路层能够向网络层提供的最复杂的服务是面向连接的服务。源机器和目标机器在传输数据之前会先建立一个连接,该连接上发送的每一帧都被编号,数据链路层保证每一帧都按正确的顺序被接收到一次。在无连接服务中的情况则与此相反,你可以想象得到,如果确认报文丢失了,则一个分组可能会发送多次,也会接收多次,因此,面向连接的服务为网络层进程提供了一个可靠的位流。

当使用面向连接的服务时,数据传输要经过三个不同的阶段:第一个阶段,建立连接,双方初始化各种变量和计数器,这些变量和计数器记录了哪些帧已经接收到,哪些还没有;第二个阶段,一个或者多个数据帧被真正地传输了出去;第三个阶段,连接被释放,所有的变量、缓冲区,以及其他用于维护该连接的资源也随之被释放。

这里列举一个典型案例:一个 WAN 子网包含了许多路由器,它们通过点到点电话线连接起来。当某一帧到达一个路由器时,硬件首先检查它是否有错误(利用本章后面我们将要学习的技术),然后将该帧传递给数据链路层软件(它可能被内嵌在网络接口板的一个芯片中)。数据链路层软件检查这一帧是否是应该到来的帧,如果是,则把包含在有效载荷域中的分组交给路由软件。接着,路由软件选择正确的输出线路,并且把分组向下传递给数据链路层软件,通过数据链路层软件将它发送出去,经过两个路由器的数据流情况如图 3.3 所示。

路由代码希望所有的工作都能正确地完成,即在每一条点到点线路上建立起可靠的、有序的连接,不要总是出现分组丢失的情况。如图中的虚线框所示,数据链路协议使得不可靠的通信线路看起来至少比原来更好。另一方面,尽管在每一个路由器中显示了多份数据链路层软件的副本,但实际上,只有一份数据链路层软件,它负责处理所有的线路,每条线路有不同的表和数据结构。

2. 成帧

为了向网络层提供服务,数据链路层必须使用物理层提供给它的服务。物理层的任务是接受一个原始的位流,并试图将它递交给目标机器,但不能保证位流的正确性。接收到的位的数量可能少于、等于或者多于发送的位的数量,值也可能不同,数据链路层会完成检测和纠正错误的工作。

对于数据链路层,一般的做法是将位流分解成离散的帧,并计算每一帧的校验和(本章后面将讨论校验和算法)。当一帧到达目标机器时,重新计算校验和。如果接收帧的校验和

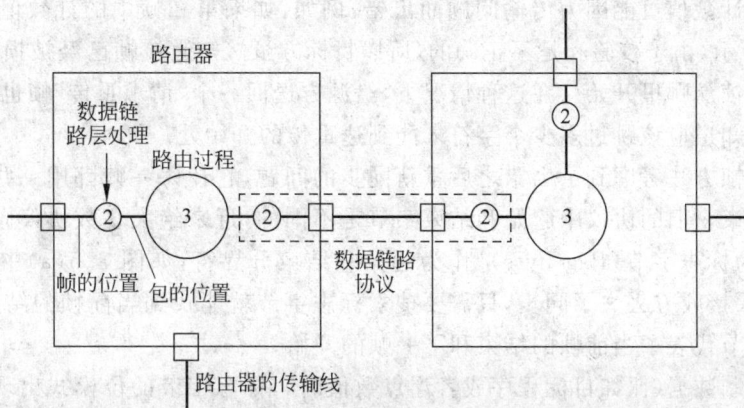

图 3.3　数据链路协议的位置

发生变化,数据链路层会知道传输过程中出现错误,它就会采取措施来处理错误(比如丢掉坏帧,可能还会送回一个错误报告)。

　　将原始的位流分解到离散的帧中,看似容易做起来却有些困难,有一种成帧的办法是在帧之间插入时间间隙(time gap),就好像在普通正文的英文单词之间插入空格一样。然而,网络一般不会对时间的正确性做任何保证,所以传输时有些间隙会被挤掉或插入其他间隙。

　　依靠时间来标识帧的起始和结束位置不太可靠,因此有必要设计其他的成帧方法。本节将讨论 4 种方法:

　　(1) 字符计数法;

　　(2) 含字节填充的分界符法;

　　(3) 含位填充的分界标志法;

　　(4) 物理层编码违例法。

　　第一种成帧方法利用头部中的一个域来指示帧中的字符数,当目标端的数据链路层看到这个字符计数值时,它知道后面跟着多少字符,因此也就知道了该帧的结束处在哪里。这项技术如图 3.4(a)所示,其中四帧的大小分别为 5、5、8 和 8 个字符。

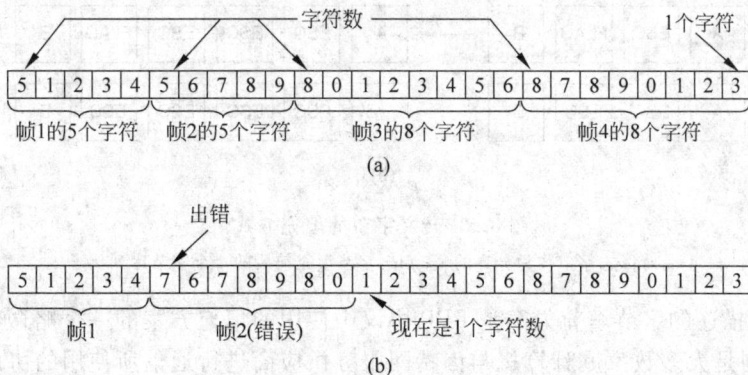

(a)

(b)

图 3.4　一个字符流

(a) 无差错;(b) 有一个差错

该算法的计数值可能因为传输问题而出错,例如,如果第 2 帧中的计数值 5 变成了 7,如图 3.4(b)所示,由于校验和是不正确的,所以目标方虽然知道该帧已经被损坏,但它仍然无法知道下一帧从哪里开始。在这种情况下,给源方送回一个"请求重传"帧也无济于事,因为目标方并不知道应该跳过多少个字符才能到达重传的开始处。

第二种成帧方法考虑到了出错之后重新同步的问题,它让每一帧都用一些特殊的字节作为开始和结束。旧的协议中起始和结束字节是不同的,近来绝大多数协议倾向于使用相同的字节,称为标志字节(flag byte),作为起始和结束分界符,如图 3.5(a)中的 FLAG 所示。这样,如果接收方丢失了同步,只需要搜索标志字节就能找到当前帧的结束位置,两个连续的标志字节代表了当前帧的结束和下一帧的开始。

传输二进制数据(比如目标程序或者浮点数值时),标志字节的位模式出现在数据中时有时会出现很严重的问题,这种位模式会干扰帧的分界。解决这个问题的一种方法是,发送方的数据链路层在每个标志字节的前面插入一个特殊的转义字节(ESC)。接收端的数据链路层在将数据送给网络层之前删除掉转义字节。这种技术称为字节填充(byte stuffing)或者字符填充(character staffing)。这样只要看标志字节前面有没有转义字节,就可以区分成帧与数据中出现的标志字节。

如果转义字节也出现在数据中间,那么该怎么办呢?同样用一个转义字节来填充。因此,任何单个转义字节一定是转义序列的一部分,而两个转义字节则代表了数据中自然出现的一个转义字节。图 3.5(b)显示了一些例子,在这些例子中,去掉填充之后被递交给网络层的字节序列与原始的字节序列完全一致。

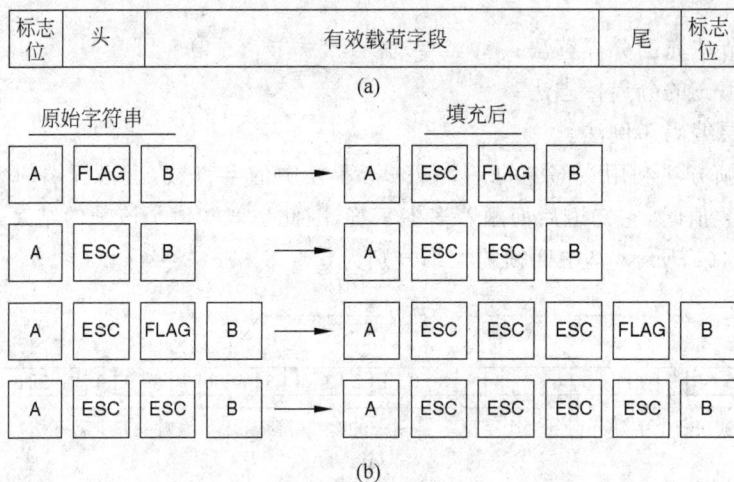

图 3.5　转义字节的填充方式
(a) 有标志字节作为分界的帧;(b) 字节填充前后的 4 个字节序列例子

图 3.5 中描述的字节填充方案是 PPP 协议中使用的填充方案的一个略微简化的形式,而 PPP 协议则是大多数家庭计算机与因特网服务供应商进行通信所使用的协议。

这种成帧方法的一个主要缺点是,它严重依赖 8 位字符模式。但有些字符并不是 8 位。例如,UNICODE 使用的是 16 位字符。随着网络的发展,在成帧机制中内含字符码长度的缺点越来越明显,因此需要新的技术以便允许任意长度的字符。

　　新的技术应当允许数据帧和其中每个字符都包含任意长度的位,它的工作方式如下所述:每一帧的开始和结束都有一个特殊的位模式011111101,实际上就是一个标志字节。当发送方的数据链路层碰到数据中 5 个连续的位"1"时,它自动在输出位流中填充一个位"0"。这种位填充(bit stuffing)机制与字节填充机制非常相似,在字节填充机制中,当发送方看到数据中的标志字节时,它就在其前面填充一个转义字节,然后再送到输出字符流中。

　　当接收方看到 5 个连续的输入位"1",并且后面是位"0"时,它自功去掉(即删除)该"0"位。就好像字节填充过程对于两方计算机中的网络层完全透明一样,位填充过程也对网络层完全透明。如果用户数据包含了标志模式 01111110,则该标志当作 011111010 来传输,但是存储在接收方内存中的是 01111110。图 3.6 给出了位填充的一个例子。

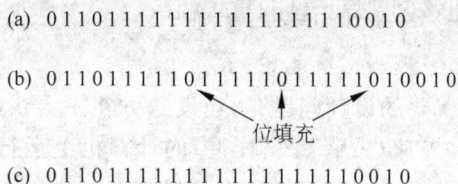

(a) 011011111111111111111110010

(b) 0110111110111110111110010010

位填充

(c) 011011111111111111111110010

图 3.6　位填充

　　标志序列只可能出现在帧的边界上,永远不可能出现在数据中。在位填充机制中,通过标志模式可以明确地识别出两帧之间的边界。因此,如果接收方失去了帧同步,它只需在输入流中扫描标志序列即可,

　　最后一种成帧方法只适用于那些"物理介质上的编码方法中包含冗余信息"的网络,例如,有些 LAN 用 2 个物理位来编码 1 位数据。通常,"1"位是"高-低"电平对,而"0"位是"低-高"电平对。这种方案意味着每一个数据位都有一个中间电平跃变,这使得接收方很容易定位到位的边界上。"高-高"和"低-低"这两种组合并不用于数据,但是在某些协议中用于帧的分界。

　　关于成帧机制,还需说明一点,许多数据链路协议联合使用字符计数法和其他某一种方法,以达到更高的安全性要求。当一帧到达时,首先利用计数域定位到该帧的结束处。只有当这个位置上确实出现了正确的分界符,并且帧的校验和也正确时,该帧才被认为是有效的。否则,接收方在输入流中扫描下一个分界符。

3. 错误控制

　　对于可靠的、面向连接的服务,发送方只是不断地往外发送数据帧,而没有考虑到它们是否正确到达,对于无确认的无连接服务,仅仅这样是不够的。我们还需要考虑如何确保所有的帧最终都被递交给目标机器上的网络层,并且保持正确的顺序。

　　确保可靠递交的常用方法是向发送方提供一些有关线路另一端状况的反馈信息,通常情况下,协议要求接收方送回一些特殊的控制帧,在这些控制帧中,对于它所接收到的帧进行肯定的或者否定的确认。如果发送方收到了关于某一帧的肯定确认,那么它就知道这一帧已经安全地到达了;另一方面,否定的确认意味着传输过程中产生了错误,所以这一帧必须重传。

　　有时候由于硬件的问题,有的帧完全丢失了(比如噪声突发时)。在这种情况下,接收方根本不会有任何反应,因为它没有理由做出反应。由此可见,如果在一个协议中,发送方送

出了一帧之后就等待肯定的或者否定的确认,那么,若由于硬件故障的原因而丢失了某一帧的话,则发送方就将永远等待下去了。

可以通过在数据链路层中引入定时器来解决这个问题,当发送方送出一帧时,通常还要启动一个定时器。该定时器的过期时间应该设置得足够长,以保证该帧在正常情况下能够到达目标方,并且在目标方进行处理,然后再将确认送回到发送方。一般情况下,在定时器到期之前,该帧将正确地接收到,并且确认报文也会送回来,这时定时器被取消。

然而,如果原始的帧或者确认报文丢失了,则定时器将被触发,从而警告发送方有一个潜在的问题存在。可以重新发送该帧,但多次重复发送可能会导致接收方将两次或者多次接收同一帧,并且多次将它传递给网络层。为了避免发生这样的情形,有必要为送出去的帧分配序列号,这样接收方能够区别原始帧和重传帧。

4. 流控制

数据链路层中另一个重要的设计问题是,当发送方在一台快速(或者负载较轻)的计算机上运行,而接收方在一台慢速(或者负载较重)的计算机上运行时,接收速率小于发送速率,发送方以很高的速度持续地往外发送帧,直到接收方完全被淹没。即使传输过程不会出错,但到了某一个点上的时候,接收方也将无法再处理持续到来的帧,从这时开始就要丢弃一些帧了。

常用的办法有两种:第一种是基于反馈的流控制(feedback-based flow control),接收方给发送方送回信息,允许它发送更多的数据,或者至少要告诉发送方它的情况;第二种方法是基于速率的流控制(rate-basd flow control),使用这种方法的协议有一种内置的机制,它限制了发送方传输数据的速率,而无需利用接收方的反馈信息。在本章中,将学习基于反馈的流控制方案,数据链路层从来不使用基于速率的流控制方案。

基于反馈的流控制方案有许多种,但是绝大多数使用了同样的基本原理。通常在没有得到接收方许可(隐式或者显式许可)之前,禁止发送方往外发帧。例如,建立连接时,接收方提示发送若干帧之后就禁止发送,等待许可之后再继续发送。

3.2 检错与纠错

电话系统有三个部分:交换机、局间干线和本地回路。目前前两部分几乎已经完全数字化,只有本地回路仍然是模拟的双绞线,由于替换掉这些双绞线需要花费大量的资金,所以在接下去的几年中本地回路还是双绞线。虽然在数字部分很少发生传输错误,但是,在本地回路上错误还很常见。而且,无线通信正在普及,它的错误率比光纤干线要高出几个数量级。在接下去的很多年中,传输错误将一直伴随着我们,我们必须要知道该如何处理传输错误。

由于物理过程而产生的错误,在有些介质(比如无线电波)上常常是突发性的连续多位,而不是单个的。突发性的错误与孤立的、单个位的错误相比,既有优点也有缺点。假设数据块的大小为 1000 位,每一位的错误率是 0.001。如果错误是独立的,则大多数数据块将包含一个错误。然而,如果错误是突发性的,发生一次就是连续 100 位,则平均而言,在 100 个数据块中只有 1 个或者 2 个数据块受到影响,突发性错误比单独的错误更加难以纠正。

1. 纠错码

网络设计者已经研究出两种用于错误处理过程的基本策略:一是在每一个被发送的数据块中包含足够的冗余信息,以便接收方可以推断出被发送的数据中肯定有哪些内容;另一种方法也是包含一些冗余信息,但是这些信息只能让接收方推断出发生了错误,但推断不出发生了哪个错误,然后请求重传。前一种策略使用了纠错码(error-correcting code),后一种策略使用了检错码(error-detecting code),使用纠错码的技术通常也称为前向纠错(forward error correction)。

这里的每一项技术都有不同的适用环境,在高度可靠的信道,比如光纤,使用检错码是比较合理的做法,偶尔有错误发生时,只需重传整个数据块即可。但是在错误发生很频繁的信道上,比如无线链路,最好的做法是在每一个数据块中加入足够的冗余信息,以便接收方能够计算出原始的数据块是什么,而不是依靠重传来解决问题,因为重传的数据块本身也可能是错误的。

为了理解错误发生之后是如何被处理的,先看一看错误到底是什么样的。通常,一帧包含 m 个数据位(即报文)和 r 个冗余位(校验位)。假设总长度为 n,即 $n=m+r$。包含数据和校验位的 n 位单元通常也称为 n 位码字(code word)。

给定两个码字,例如 10001001 和 10110001,我们可以确定它们之间有多少位不同。在这个例子中,有 3 位不同。为了确定有多少位不同,只要对这两个码字进行异或(XOR)运算,然后计算出异或结果中 1 的个数,例如:

$$10001001$$
$$10110001$$
$$\overline{00111000}$$

两个码字中不相同的位的个数称为海明距离(Hamming distance)。其意义在于,如果两个码字的海明距离为 d,则需要 d 个 1 位错误才能将一个码字转变成另一个码字。

在大多数数据传输应用中,所有 2^m 种可能的数据报文都是合法的,但是,根据检验位的计算方法,并非所有 2^m 种可能的码字都被用到了。给定了计算校验位的算法以后,有可能构造出完整的合法码字列表,并且从这个列表中找到海明距离最小的两个码字。此距离是整个编码方案的海明距离。

一种编码方案的检错和纠错特性与它的海明距离有关,为了检测 d 个错误,需要一个距离为 $d+1$ 的编码方案,因为在这样的编码方案中,d 个 1 位错误不可能将一个有效码字改变成另一个有效码字。当接收方看到一个无效码字时,它就知道已经发生了传输错误。类似地,为了纠正 d 个错误,需要一个距离为 $2d+1$ 的编码方案,因为在这样的编码方案中,合法码字之间的距离足够远,因而即使发生了 d 位变化,则还是原来的码字离它最近,从而可以唯一确定原来的码字,达到纠错的目的。

下面给出一个简单的检错编码例子。请考虑这样一个编码:在数据后面加上一个奇偶位(parity bit)。奇偶位是这样选择的:保证码字中"1"位的数目是偶数(或者奇数)。

例如,当 1011010 以偶数位发送时,后面加上一位变成了 10110100。如果是按奇数位发送,则 1011010 变成 10110101。只加上单个奇偶位的编码方案的距离为 2,因为任何 1 位错误所产生的码字,其奇偶位一定是错误的。因此,它可以用来检测单个错误。

作为纠错编码的简单例子,请考虑下面只有 4 个有效码字的编码:

$$0000000000,0000011111,1111100000,1111111111$$

以上编码的距离为 5,这意味着它可以纠正 2 个错误。如果码字 0000000111 到达,则接收方知道原始的码字一定是 0000011111。然而,如果发生了三个错误,0000000000 变成了 0000000111,则以上编码就不能够正确地纠正错误了。

设想我们要设计一种编码方案,每个码字有 m 个报文位和 r 个校验位,并且能够纠正所有的单个错误。对于 2^m 个合法报文,任一个报文都对应有 n 个非法的码字,它们与该报文的距离为 1。这些非法的码字可以这样构成:将该报文对应的合法码字的 n 位逐个取反,可以得到 n 个距离为 1 的非法码字。因此,每个合法的报文都要求 $n+1$ 个位模式,专门供它使用。由于总共只有 2^n 个位模式,所以,必须有 $(n+1)2^m \leqslant 2^n$。利用 $n=m+r$,这个要求变成了 $(m+r+1)\leqslant 2^r$。在给定 m 的情况下,这个条件给出了用于纠正单个错误所需要的校验位数目的下界。

实际上,利用海明 1950 年提出的方法,这个理论下界是可以达到的。码字中的每一位连续编号,从最左边位 1 开始,它的右边是位 2,等等。编号为 2 的幂次方的位(1,2,4,8,16,…)为校验位,剩下的位(3,5,6,7,9,…)用 m 个数据位来填充。每一个检验位都迫使某一组位(包括它自己)的奇偶值为偶数(或奇数),一个位可能包含在几次奇偶值计算中。为了看清楚位置 k 上的数据位对哪些校验位有影响,将 k 重写成 2 的幂次方的和。例如 $11=1+G+8,29=1+4+8+16$,只有出现在 k 的展开式中的校验位才校验位置 k 上的数据位。

当一个码字到来时,接收方将一个计数器初始化为 0。然后,它检查每一个校验位 $k(k=1,2,4,8,…)$,看它是否有正确的奇偶性。如果没有,则接收方将 k 加到计数器上。如果在所有的校验位都被检查之后,计数器为 0,即这些校验位都是正确的,则该码字被作为有效码字而接收。如果计数器不为 0,则它包含了不正确位的编号。例如,如果校验位 1、2 和 8 是错误的,则变反的位(即错误的位)是 11,因为只有它才被 1+2 和 8 位校验。图 3.7 显示了一些 7 位 ASCII 字符,利用海明码将它们编成了 11 位的码字。注意,数据位出现在位置 3,5,6,7,9,10 和 11 上。

通常,海明码只能纠正单个错误,但通过一个技巧就能使海明码也能够纠正突发性的错误。k 个连续的码字被排列成一个矩阵,每行一个码字。通常情况下,传输数据时每次一个码字,从左向右。为了纠正突发性的错误,传输数据时每次发送一列,从最左边的列开始。当第 1 列所有的 k 位都被发送出去以后,再发送第 2 列,以此类推,如图 3.7 所示。当这一帧到达接收方时,接收方重构同样的矩阵,每次 1 列。如果一个突发性错误的长度为 k 位,则在 k 个码字中,每个码字至多只有 1 位受到影响,但是利用海明码,每个码字可以纠正一个错误,所以整个数据块也可以恢复出来。这种方法利用 kr 个校验位,使 km 个数据位能够抵抗长度等于或小于 k 的单个突发性错误。

2. 检错码

纠错码广泛应用于无线链路,因为无线链路相比铜线或者光纤有更多的噪声,也更容易出错。如果不使用纠错码,则几乎任何数据都难以通过。然而,在铜线或者光纤上错误率非常低,对于这些链路上偶尔出现的错误,利用错误检测和重传机制往往更加有效。

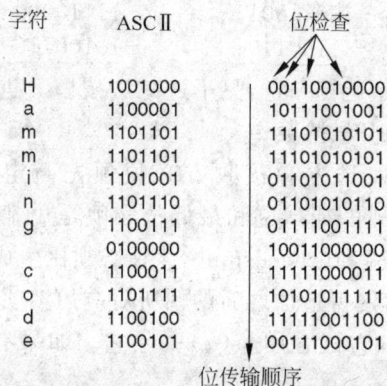

字符	ASCⅡ	位检查
H	1001000	00110010000
a	1100001	10111001001
m	1101101	11101010101
m	1101101	11101010101
i	1101001	01101011001
n	1101110	01101010110
g	1100111	01111001111
	0100000	10011000000
c	1100011	11111000011
o	1101111	10101011111
d	1100100	11111001100
e	1100101	00111000101

位传输顺序

图 3.7 利用海明码来纠正突发性错误

举一个简单的例子,考虑这样一个信道:错误是孤立的,错误率为每位 10^{-6}。对于 1000 位的数据块,为了提供纠错功能,需要 10 个校验位;1 兆位的数据将需要 10000 个校验位,如果仅仅为了检测数据块中的单个 1 位错误,则每个数据块 1 个奇偶位就足够了。每 1000 个数据块将需要额外传输一个块(1001 位)。利用"错误检测+重传"的方法,总的开销是每 1 兆位数据只需 2001 位。相比之下,如果利用海明码,则需要 10000 位。

如果在一块数据中只增加了一个奇偶位,但是在传输这一块数据时发生了一个很长的突发性错误,那么该错误能够被检测到的概率只有 0.5,这是难以接受的。如果每一块数据被当作一个矩阵(n 位宽,k 位高)来发送,则检测到错误的几率会明显增加。为每一列单独计算一个奇偶位,并将它附在矩阵的下边作为最后一行,然后按每次一行发送该矩阵数据,当数据块到达接收方时,接收方检查所有的奇偶位。如果任何一位有错误,则接收方请求重传该数据块。根据需要可以再次请求重传,直到接收到的整个数据块没有任何奇偶错误为止。

这种方法可以检测出长度为 n 的单个突发性错误,因为每列只有 1 位被改变了。然而,对于长度为 $n+1$ 的突发性错误,如果第 1 位变反,第 $n+1$ 位变反,所有其他的 $n-1$ 位都是正确的,则这种方法无法检测出这样的错误(突发性错误并不意味着所有的位都是错误的,它只意味着至少第 1 位和最后 1 位是错误的)。

如果数据块被一个长的突发性错误或者多个短一点的突发性错误影响了,则在 n 列中,任何一列有正确的奇偶位的概率是 0.5,所以,一个坏块被当前正确数据块接收的概率为 2^{-n}。

尽管上述方案有时已经足够了,但是在实践中,广泛使用的是另外一种方法:多项式编码(polynomial code),也称为 CRC(Cyclic Redundancy Check,循环冗余校验码)。多项式编码的基本思想是:将位串看成是系数为 0 或 3 的多项式。一个 k 位的帧看作一个 $k-1$ 次多项式的系数列表,该多项式共有 k 项,从 x^{k-1} 到 x^0。这样的多项式认为是 $k-1$ 阶多项式。高次(最左边)位是 X^{k1} 项的系数;接下去的位是 X^{k2} 项的系数;依次类推。例如 110001 有 6 位,因此代表了一个共有 6 项的多项式,其系数为 1、1、0、0、0 和 1,即 $x^8 + x^4 + x^0$ 多项式的算术运算采用代数域理论的规则,以 2 为模来完成。加法没有进位,减法没有借位,加法和减法都等同于异或。例如:

$$
\begin{array}{llll}
10011011 & 00110011 & 11110000 & 01010101 \\
+11001010 & +11001101 & -10100110 & -10101111 \\
\end{array}
$$

长除法与二进制中的长除运算一样,只不过减法按模 2 进行。如果被除数与除数有一样多的位,则称该除数"进入到"被除数中。

当使用多项式编码时,发送方和接收方必须预先商定一个生成多项式(generator polynomia)。$G(x)$ 生成多项式的最高位和最低位必须是 1,假设一帧有 m 位,它对应于多项式 $M(x)$,为了计算它的校验和(checksum),该帧必须比生成器多项式长。基本的思想是在帧的尾部追加一个校验和,使得追加之后的帧所对应的多项式能够被 $G(x)$ 除尽。当接收方收到了带校验和的帧之后,它试着用 $G(x)$ 去除它。如果有余数,则表明传输过程中有错误。

计算校验和的算法如下:

(1) 假设 $G(x)$ 的阶为 1,在帧的低位端加上 1 个 0 位,所以该帧现在包含 $m+r$ 位,对应多项式为 $x^r M(x)$。

(2) 利用模 2 除法,用对应于 $G(x)$ 的位串去除对应于 $x^r M(x)$ 的位串口。

(3) 利用模 2 减法,从对应于 $x^r M(x)$ 的位串中减去余数(总是小于等于 r 位)。

结果就是将被传输的带校验和的帧,它的多项式不妨设为 $T(x)$。图 3.8 显示了当帧为 10011010,生成器多项式为 x^3+x^2+1 时计算校验和的情形。

显然,$T(x)$ 可以被 $G(x)$ 除尽(模 2)。在任何一种除法中,将被除数减去余数,剩下的差值一定可以被除数除尽。例如,在十进制中,如果用 210278 除以 10941,则余数为 2399。从 210278 中减去 2399,得到 207879,它可以被 10941 除尽。

现在来分析一下这种方法的功能,什么样的错误可以被检测到呢?想象一下在传输过程中发生了一个错误,所以接收方收到的不是 $T(x)$,而是 $T(x)+E(x)$,$E(x)$ 中的每一个"1"位都对应于有一位变反了。如果 $E(x)$ 中有 k 个"1"位,则表明有 k 个"1"位错误发生了。一个突发性错误可以这样来描述:首先是 1,然后是 0 和 1 的混合,最后也是 1,所有其他的位都是 0。

接收方在收到了带校验和的帧之后,用 $G(x)$ 来除它,接收方计算 $[T(x)+E(x)]/G(x)$。$T(x)/G(x)$ 是 0,所以计算的结果是 $E(x)/G(x)$。如果错误多项式 $E(x)$ 恰好包含 $G(x)$ 作为它的一个因子,这样的错误检测不到,其他的错误都能够检测得到。

如果只有一位发生错误,$E(x)=x^i$,这里 i 决定了错误发生在哪一位上。如果 $G(x)$ 包含两项或者更多项,则它永远也不会除尽 $E(x)$,可见,所有的一位错误都将被检测到。

如果有两个独立的 1 位错误,则 $E(x)=x^i+x^j$,这里 $i>j$。换一种写法,$E(x)$ 可以写成 $E(x)=x^j(x^{i-j}+1)$。假定 $G(x)$ 不能被 x 除尽,则所有的双位错误都能够被检测到的充分条件是,对于任何小于等于 $i-j$ 最大值(即小于等于最大的帧长度)的 k 值,$G(x)$ 都不能除尽 x^k+1。简而言之,低阶的多项式可以保护长的帧。例如,对于任何 $k<32768$,$x^{13}+x^{14}+1$ 都不能除尽 x^k+1。

如果有奇数个位发生了错误,则 $E(x)$ 包含奇数项(比如 x^5+x^2+1,但不是 x^2+1)。有意思的是,在模 2 的系统中,没有一个奇数项多项式包含 $x+1$ 作为因子。因此,以 $x+1$ 作为 $G(x)$ 的一个因子,就可以捕捉到所有包含奇数个位变反的错误情形。

为了理解奇数项多项式不可能被 $x+1$ 除尽,用反证法,假设 $E(x)$ 有奇数项,并且可以

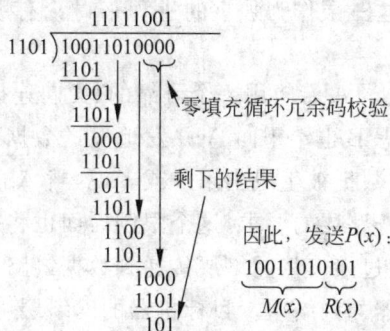

图 3.8 多项式编码校验和的计算过程

被 $x+1$ 除尽。于是,将 $E(x)$ 分解成 $(x+1)Q(x)$。现在令 $x=1$,则得到 $E(1)=(1+1)Q(1)$。由于 $1+1=0\ (\bmod\ 2)$,所以 $E(1)=0$。如果 $E(x)$ 有奇数项,则用 1 代替所有的 x,结果总是 1。因此,奇数项多项式不可能被 $x+1$ 除尽。

最后要说明的是,带 r 个校验位的多项式编码可以检测到所有长度小于等于 r 的突发性错误。长度为 k 的突发性错误可以用 $x^i(x^{k-1}+\cdots+1)$ 来表示,这里 i 决定了突发性错误的位置离帧的最右端的距离有多远。如果 $G(x)$ 包含一个 x 项,那么它不可能有 x^i 作为因子,所以,如果括号内表达式的阶小于 $G(x)$ 的阶,那么余数永远不可能为 0。

如果突发性错误的长度为 $r+1$,那么当且仅当错误多项式等于 $G(x)$ 时,错误多项式除以 $G(x)$ 的余数才为 0。根据突发性错误的定义,第一位和最后一位必须为 1,所以它是否与 $G(x)$ 匹配取决于其他 $r-1$ 个中间位。如果所有的组合被认为是等概率的,则这样一个不正确的帧被当作有效帧而接收的概率是 $\left(\frac{1}{2}\right)^{r-1}$。

同样也可以证明,当一个长度大于 $r+1$ 位的突发性错误发生时,或者几个短一点突发性错误发生时,一个坏帧被当作有效帧而通过检测的概率为 $\left(\frac{1}{2}\right)^{r-1}$。这里假设所有的位模式都是等概率的。

有一些特殊的多项式已经成为国际标准了,其中在 IEEE:802 中使用的多项式为
$$x^{32}+x^{26}+x^{23}+x^{22}+x^{16}+x^{12}+x^{11}+x^{10}+x^8+x^7+x^6+x^4+x^2+x^1+1$$
以上的多项式有一些很好的特性,其中一个是:它能够检测所有长度小于等于 32 的突发性错误,以及所有只影响奇数个位的突发性错误。

3.3 数据链路层的基本协议

本章我们从三个逐渐复杂的协议入手,在介绍这些协议之前,先明确一些有关通信模型的基本假设。首先,假设物理层、数据链路层和网络层都是独立的进程,它们通过来回传递报文进行通信。在许多情况下,物理层和数据链路层进程会在一个特殊的网络 I/O 电路中的一个处理器上运行;而网络层代码则在主 CPU 上运行。然而,其他的实现方案也是有可能的(比如,三个进程都在同一个 I/O 电路中运行,或者物理层和数据链路层作为过程,被

网络层调用）。无论如何,将这三层作为独立的进程来讨论有助于使概念更加清晰,同时也可以强调每一层的独立性。

另一个关键的假设是,机器 A 希望用一个可靠的、面向连接的服务,向机器 B 发送一个长的数据流。以后我们再考虑 B 也希望向 A 并发地发送数据。假定 A 要发送的数据总是已经准备好了,不必等待这些数据被生成出来。或者说,当 A 的数据链路层请求数据时,网络层总是能够立即满足数据链路层的要求（这个限制后面也将被去掉）。

在涉及数据链路层时,通过接口从网络层传递到数据链路层的分组是纯粹的数据,它的每一位都将被递交到目标机器的网络层。目标机器的网络层可能会将分组的一部分翻译为一个头,这种行为不在数据链路层的考虑范围之内。

当数据链路层接收一个分组时,它就在分组上增加一个数据链路层头和尾,将它封装到一个帧中（见图 3.1）。因此,每个帧包含一个内嵌的分组、一些控制信息（在头中）和一个校验和（在尾部）。然后,帧被传输到另一台机器上的数据链路层。假设有一个现成的代码库,其中库过程 to_physical_layer 用于发送一帧,from_physical_layer 用于接收一帧。负责传输的硬件会计算校验和,并追加在尾部（因而创建了帧尾）,所以数据链路层软件不需要担心校验和。例如,3.2 节讨论的多项式算法可能会用到。

刚开始接收方只是静静等待事件发生,在本章的例子协议中,数据链路层通过过程调用 wait_for_event(&event),来等待有事情发生。只有当真有事情发生（比如有一帧到达）时,该过程才返回。过程返回之后,变量 event 说明了所发生的事情。对于不同的协议,可能的事件集合也是不同的,每个协议都需要单独定义和描述事件集合。请注意,在一个更加实际的环境中,数据链路层不会像我们所建议的那样,在一个严格的循环中等待事件,而是会接收一个中断;中断将使系统终止当前的工作,转而处理进来的帧。为了简便,我们忽略数据链路层内所有并行活动的细节,假定它在全时地处理我们的一个信道。

当一帧到达接收方时,硬件会计算校验和,如果校验和不正确（即有传输错误）,则数据链路层会收到通知（event = cksum_err）。如果进来的帧没有任何损坏,则数据链路层也会接到通知（event = frame_arrival）,所以它就可以利用 from_physical_layer 获得进来的帧,并进行处理。只要接收方的数据链路层获得了一个完好无损的帧,它就检查头部的控制信息,如果一切都没有问题,则将分组部分传递给网络层,帧头部分永远也不会交给网络层。

为什么永远都不将帧头交给网络层,这里给出一个的理由:保持网络层和数据链路层完全分离。只要网络层对数据链路协议和帧格式一无所知,那么,当数据链路协议和帧格式有变化时,网络层的软件可以不作任何改变。在网络层和数据链路层之间提供一个严格的接口可以大大地简化软件的设计,因此不同层上的通信协议可以独立地发展。

程序 3.1 给出了后面要讨论的许多协议公用的一些声明（C 语言）。其中定义了 5 个数据结构:boolean、seq_nr、packet、frame kind 和 frameo。boolean 是一个枚举类型,可以取值 true 和 false。seq_nr 是一个小整数,用来对帧进行编号,以便区分不同的帧。这些序列号从 0 开始,一直到（含）MAC_SEQ,所以,每个需要用到该数的协议都要定义它。packet 是同一台机器上网络层和数据链路层之间,或者网络层对等体之间的信息交换单元。在我们的模型中,它总是包含 MAC_PKT 个字节,但是在实际的环境中,它应该是变长的。

程序 3.1 在下面的协议中需要用到的一些定义,这些定义包含在文件 protocol.h 中

```
#define MAX_PKT 1024                        /* determines packet size in bytes */

typedef enum {false, true} boolean;         /* boolean type */
typedef unsigned int seq_nr;                /* sequence or ack numbers */
typedef struct {unsigned char data[MAX_PKT];} packet;/*  packet definition */
typedef enum {data, ack, nak} frame_kind;   /* frame_kind definition */

typedef struct {                            /* frames are transported in this layer */
  frame_kind kind;                          /* what kind of a frame is it? */
  seq_nr seq;                               /* sequence number */
  seq_nr ack;                               /* acknowledgement number */
  packet info;                              /* the network layer packet */
} frame;

/* Wait for an event to happen; return its type in event. */
void wait_for_event(event_type *event);

/* Fetch a packet from the network layer for transmission on the channel. */
void from_network_layer(packet *p);

/* Deliver information from an inbound frame to the network layer. */
void to_network_layer(packet *p);

/* Go get an inbound frame from the physical layer and copy it to r. */
void from_physical_layer(frame *r);

/* Pass the frame to the physical layer for transmission. */
void to_physical_layer(frame *s);

/* Start the clock running and enable the timeout event. */
void start_timer(seq_nr k);

/* Stop the clock and disable the timeout event. */
void stop_timer(seq_nr k);

/* Start an auxiliary timer and enable the ack_timeout event. */
void start_ack_timer(void);

/* Stop the auxiliary timer and disable the ack_timeout event. */
void stop_ack_timer(void);

/* Allow the network layer to cause a network_layer_ready event. */
void enable_network_layer(void);

/* Forbid the network layer from causing a network_layer_ready event. */
void disable_network_layer(void);

/* Macro inc is expanded in-line: Increment k circularly. */
#define inc(k) if (k < MAX_SEQ) k = k + 1; else k = 0
```

frame 由 4 个域组成:kind、seq、ack 和 info,其中前三个包含了控制信息,最后一个可能包含了将要被传输的实际数据。这些控制域合起来称为帧头(frame header)。

kind 域指示了该帧中是否有数据,因为有些协议需要区分"只包含控制信息的帧"和"不仅包含数据的帧"。seq 和 ack 分别用于序列号和确认,后面还会详细地描述它们的用法。数据帧的 info 域包含了一个分组,控制帧的 info 域没有用处。一般会使用一个变长的 info 域来实现一个更加实际的协议,面对于控制帧则完全忽略它。

弄清楚分组和帧之间的关系是非常重要的,网络层从传输层获得一个报文,然后在报文上增加一个网络层头,于是创建了一个分组。该分组被传递给数据链路层,然后被放到输出帧的 info 域中。当该帧到达目标机器时,数据链路层从帧中提取出分组,然后将分组传递给网络层。按照这种方式,网络层就好像机器一样,可以直接交换分组。

程序 3.1 中也列出了许多过程,这些库例程的细节与具体的实现有关,它们的内部工作机理不必关心。前面已经提到过,wait_for_event 是一个严格的循环,它等待有事情发生。过程 to_network_layer 和 from_network_layer 是数据链路层用于向网络层传递分组,或者从网络层接受分组。注意,from_physical_layer 和 to_physical_layer 在数据链路层和物理层之间传递帧,另一方面,过程 to_network_layer 和 from_network_layer 在数据链路层和网络层之间传递分组。换句话说,to_network_layer 和 from_network_layer 处理 2、3 层之间的接口;而 from_physical_layer 和 to_physical_layer 处理 1、2 层之间的接口。

在我们的协议中,这个过程是这样实现的:让过程 wait_for_event 返回 event = timeout。过程 start_timer 和 stop_timer 分别打开和关闭定时器。只有当定时器在运行时,超时才有可能发生。在定时器运行的同时,允许显式地调用 start_timer;这样的调用只是重置时钟,等到再经过一个完整的定时器间隔之后才引发下一次超时(除非它再次被重置,或者被关闭)。

过程 start_ack_time 和 stop_ack_timer 控制一个辅助定时器,该定时器被用于在特定条件下产生确认。

过程 enable_network_layer 和 disable_network_layer 用在较为复杂的协议中;在这样的协议中,我们不再假设网络层总是有数据要发送。当数据链路层启动(enable)网络层时,它就允许网络层在有分组要发送时中断自己。用 event = network_layer_ready 来表示这种情况。当网络层被禁用(disable)时,它不会引发这样的事件。对于何时允许或者禁止数据链路层的网络层一定要非常谨慎,从而可以避免网络层用大量的分组淹没它(用完所有的缓存空间)。

帧序列号总是在 0～MAX_SEQ(含)的范围内,这里,在不同的协议中 MAX_SEQ 也是不同的。通常有必要对序列号按循环加 1(即 MAX_SEQ 之后是 0)。宏 inc 可以执行这项增 1 的任务,它之所以定义成宏,是因为在关键路径中它需要内联使用。正如后面将会看到,限制网络性能的因素通常在于协议处理过程,所以,把这种简单的操作定义为宏并不会影响代码的可读性,但是确实能够提高性能。而且,由于 MAX_SEQ 在不同的协议中有不同的值,所以,将它定义成宏,就有可能在同一个二进制模块中包含所有的协议而不会引起冲突,这种能力对于模拟器是非常有用的。

程序 3.1 中的声明是下面每个协议的一部分,为了节省空间和便于参考,它们已经被提取出来并且列在一起,但是,从概念上讲,它们应该与协议本身合并在一起。在 C 语言中,合并的方法是,把这些定义放在一个特殊的头文件中,这里是 protocol.h 文件,然后在协议文件中使用 C 预处理器符号 #include 将这些定义包含进来。

1. 一个无限制的单工协议

先介绍一个简单的协议,在这个协议中,数据只能单向传输,传输方和接收方的网络层总是处于准备就绪的状态。假设缓存空间无穷大,处理时间忽略不计,并且数据链路层之间的通信信道永远不会损坏或者丢失帧。这个完全不现实的协议如程序 3.2 所示,给这个协议起一个绰号"乌托邦"。

程序 3.2 一个无限制的单工协议

```c
/* Protocol 1 (utopia) provides for data transmission in one direction only, from
   sender to receiver. The communication channel is assumed to be error free,
   and the receiver is assumed to be able to process all the input infinitely quickly.
   Consequently, the sender just sits in a loop pumping data out onto the line as
   fast as it can. */

typedef enum {frame_arrival} event_type;
#include "protocol.h"

void sender1(void)
{
  frame s;                          /* buffer for an outbound frame */
  packet buffer;                    /* buffer for an outbound packet */

  while (true) {
     from_network_layer(&buffer);   /* go get something to send */
     s.info = buffer;               /* copy it into s for transmission */
     to_physical_layer(&s);         /* send it on its way */
  }                          /      * Tomorrow, and tomorrow, and tomorrow,
                                    Creeps in this petty pace from day to day
                                    To the last syllable of recorded time
                                              - Macbeth, V, v */
}

void receiver1(void)
{
  frame r;
  event_type event;                 /* filled in by wait, but not used here */

  while (true) {
     wait_for_event(&event);        /* only possibility is frame_arrival */
     from_physical_layer(&r);       /* go get the inbound frame */
     to_network_layer(&r.info);     /* pass the data to the network layer */
  }
}
```

该协议包括两个单独的过程：一个发送过程和一个接收过程，发送过程在源机器的数据链路层上运行，接收过程在目标机器的数据链路层上运行。这里没有用到序列号和确认，所以并不需要 MAK_SEQ，唯一可能的事件类型是 frame_arrival（即一个未损坏帧的到来）。

发送过程是一个无限的 while 循环，它尽可能快速地把数据送到线路上。循环体包含以下几个动作：从（总是就绪的）网络层获取一个分组，利用变量 S 构造一个往外发的帧，然后通过物理层发送该帧。这个协议只用到了帧结构中的 of 域，因为其他的域都与错误控制或者流控制有关，rfrl 协议并没有错误控制或者流控制方面的限制。

接收过程同样很简单，开始时，它等待事情发生，未损坏帧的到来是这里唯一可能发生的事件。等到帧到达，过程 wait_for_event 返回，其中 event 等于 frame_arrival（这里被忽略）。调用 from_physical_layer 将新到达的帧从硬件缓冲区中删除，并且放到变量 r 中，所以数据链路层的代码可以访问该帧。最后，该帧的数据部分被传递给网络层，数据链路层继续回去等待下一帧，实际上它把自己挂起来，直到下一帧到来为止。

2. 一个单工的停-等协议

现在去掉协议 1 中最不切实际的假设：接收方的网络层能够无限快速地处理进来的数据，仍然假设通信信道不会出错，并且数据流量还是单向的。

这里必须要处理的问题是，如何避免发送方用超过接收方处理能力的大量数据来淹没接收方。其实，如果接收方需要 Δt 的时间来执行 from_physical_layer 和 to_network_layer，则发送方发送帧的平均速度必须小于"每 Δt 时间一帧"的速度。更进一步，如果假设在接收方的硬件内没有自动缓存和排队机制，则发送方必须等到原来的帧被 from_physical _layer 取走以后才能发送新的帧,从而避免新的帧覆盖掉原来的帧。

在特定的限制条件下(比如同步传输,以及接收方的数据链路层只处理一条进来的线路),一种可能的做法是,在协议 1 的发送过程中简单地插入一个延迟,以降低发送速度,保证不淹没接收过程。但更常见的情况是,每个数据链路层需要处理几条线路,从一帧到达的时刻开始,到它被处理的这一段时间间隔可能会有很大差异。如果网络设计者能够计算出接收方在最差情形下的行为,则他们可以在编写发送方的程序时,把发送速度降低,使得即使每一帧都经历最大的延迟,也不会出现发送方淹没接收方的情形。这种方法的问题是太过于保守,它导致带宽的利用率远远低于最佳值,除非接收方的最好情形和最差情形几乎相同(即数据链路层的反应时间的变化极小)。

针对这两个难点问题的一般化解决方案是,让接收方提供反馈信息给发送方。接收方将一个分组传递给网络层之后,它给发送方送回一个小的哑帧,实际上这一帧是给发送方一个许可,允许它发送下一帧。发送方送出一帧,然后先等待一个确认,再继续发送,这样的协议称为停-等协议(stop-and-wait),程序 3.3 给出了一个单工的停-等协议的例子。

程序 3.3　一个单工的等-停协议

```
/* Protocol 2 (stop-and-wait) also provides for a one-directional flow of data from
   sender to receiver. The communication channel is once again assumed to be error
   free, as in protocol 1. However, this time, the receiver has only a finite buffer
   capacity and a finite processing speed, so the protocol must explicitly prevent
   the sender from flooding the receiver with data faster than it can be handled. */

typedef enum {frame_arrival} event_type;
#include "protocol.h"

void sender2(void)
{
  frame s;                              /* buffer for an outbound frame */
  packet buffer;                        /* buffer for an outbound packet */
  event_type event;                     /* frame_arrival is the only possibility */

  while (true) {
      from_network_layer(&buffer);      /* go get something to send */
      s.info = buffer;                  /* copy it into s for transmission */
      to_physical_layer(&s);            /* bye bye little frame */
      wait_for_event(&event);           /* do not proceed until given the go ahead */
  }
}

void receiver2(void)
{
  frame r, s;                           /* buffers for frames */
  event_type event;                     /* frame_arrival is the only possibility */
  while (true) {
      wait_for_event(&event);           /* only possibility is frame_arrival */
      from_physical_layer(&r);          /* go get the inbound frame */
      to_network_layer(&r.info);        /* pass the data to the network layer */
      to_physical_layer(&s);            /* send a dummy frame to awaken sender */
  }
}
```

虽然这个例子中的数据流量是单工的,只是从发送方到接收方,但是帧的流动却是双向的。因此,两个数据链路层之间的通信信道必须具备双向传输信息的能力。然而,这个协议限定了流量的严格顺序关系:首先发送方发送一帧,然后接收方发送一帧,接着发送方发送另一帧,然后接收方发送另一帧。

就像在协议 1 中一样,发送方首先从网络层获取一个分组,用它来构造一帧,然后发送出去,但现在,与协议 1 不同的是,发送方在回到下一轮循环并从网络层获取下一帧之前,必须等待,直到确认帧到来。发送方的数据链路层甚至根本不检查接收到的帧:对它来讲只有一种可能性,即进来的帧总是一个确认。

在 receiver1 和 receiver2 之间唯一的区别是,receiver2 将一帧递交给网络层之后,它在进入到下一轮 wait 认循环之前,先给发送方送回一个确认帧。因为对于发送方来说,唯有确认帧的到来才是重要的,它的内容并不重要,所以接收方不再确认帧中是否填充任何信息。

3. 有噪声信道的单工协议

现在考虑多一点情形:通信信道可能会出错。帧可能会被损坏,也可能完全丢失。但是这里假设,如果一帧在传输过程中被损坏,则接收方的硬件在计算校验和时会检测出来。如果一帧被损坏了之后校验和仍然是正确的(这种情况不太可能会出现),那么,这个协议(以及所有其他的协议)将会失败,即给网络层递交了一个不正确的分组。

粗看起来,好像协议 2 只要稍作改变,增加一个定时器就可以工作了。发送方送出一帧,接收方只有在正确地接收到了数据之后才送回一个确认帧。如果到达接收方的是一个被损坏的帧,则它将被丢弃。经过一段时间之后发送方将超时,于是它再次发送该帧。这个过程将不断重复,直至该帧最终完好无损地到达接收方。

上面的方案有一个致命的缺陷,请记住:数据链路层进程的任务是在两个网络层进程之间提供无错误的、透明的通信。机器 A 上的网络层将一系列分组交给它的数据链路层,而它的数据链路层则必须保证,这些分组将丝毫不差地由机器 B 上的数据链路层递交给它的网络层。特别是,B 上的网络层不可能知道一个分组丢失了,或者被复制了多份,所以,数据链路层必须保证任何传输错误都不会导致一个分组被多次递交给网络层。

考虑下面的场景:

(1) 机器 A 的网络层将分组 1 交给它的数据链路层。机器 B 正确地接收到该分组,并且将它传递给机器 B 上的网络层,机器 B 给机器 A 送回一个确认帧。

(2) 确认帧完全丢失了,所以它永远也不会到达机器 A 了。如果信道被破坏之后只丢数据帧,而不丢控制帧,则问题就大大简化了,但事实上,信道对这两种帧并不区别对待。

(3) 机器 A 上的数据链路层最终超时了。由于它没有收到确认,所以它(不正确地)认为,它的数据帧丢失了,或者被损坏了,于是它再次发送一个包含分组 1 的帧。

(4) 这个重复的帧也完好无损地到达了机器 B 上的数据链路层,并且无意中又被传递给其中的网络层。如果机器 A 正在给机器 B 发送一个文件,则文件中的一部分内容将会被复制(即机器 B 所做的文件复制是不正确的,并且错误没有被检测到)。换句话说,该协议失败了。

显然,对于接收方来说,它需要有一种办法能够区分某一帧是第一次接收到的帧,还是重传的帧。为了做到这一点,一种很显然的做法是,让发送方在它所发送的每一帧的头部放上一个序列号。然后,接收方可以检查它所接收到的每一帧的序列号,看它是新帧还是要丢弃的重复帧。

由于帧头总是越小越好,所以问题便来了:对于序列号,所需要的最小位数是多少?在这个协议中,唯一不明确的地方在于一帧 m 和它的直接后续帧 $m+1$ 之间。如果帧 m 丢失了,或者被损坏了,则接收方将不会对它进行确认,所以,发送方将会不停地发送该帧。一旦这一帧被正确地接收到了,则接收方将会给发送方发送同一个确认。这正是潜在的问题所在,根据确认帧是否能够正确地到达发送方,发送方决定发送帧 m 或者帧 $m+1$。

促使发送方开始发送帧 $m+2$ 的事件是收到帧 $m+1$ 的确认帧。但是,这暗示帧 m 已经被正确地接收到了,而且,它的确认帧也已经正确地被发送方接收到了(否则发送方不会开始发送帧 $m+2$ 了)。因此,唯一不明确的地方在于任一帧和它的直接前一帧或者后一帧之间,而不在于前一帧和后一帧两者之间。

因此一位序列号就足够了,在任何一个时刻,接收方期望下一个特定的序列号。如果接收到的帧包含了错误的序列号,则被认为是一个重复帧而加以拒绝。当包含正确序列号的帧到来时,它被接受下来,并且传递给网络层。然后,下一个期望的序列号模 2 增 1(即 0 变成 1,1 变成 0)。

程序 3.4 列举了这种协议的一个例子,如果在协议中,发送方在准备下一个数据项目之前先等待一个肯定的确认,则这样的协议称为支持重传的肯定确认协议(Positive Acknowledgement with Retransmission,PAR)或者自动重复请求协议(Automatic Repeat reQuest,ARQ)。与协议 2 类似,程序 3.4 所示的协议也只在一个方向上传输数据。

协议 3 与以前的协议的不同之处在于,当发送方和接收方的数据链路层在等待状态时,两者都有一个变量记录下有关的值。发送方在 next_frame_to_send 中记录了下一个要发送的帧的序列号;接收方在 frame_expected 中记录了下一个期望的序列号,每个协议在进入无限循环之前都有一个简短的初始化阶段。

发送方在送出了一帧以后启动定时器,如果定时器已经在运行则重置它,以便等待另一个完整的定时器间隔。在选择定时器间隔时,应该保证它足够长,方便该帧到达接收方,并且按照最坏的情形让接收方处理该帧,再允许确认帧传回发送方。只有当这一段时间间隔过去之后,发送方才可以假定原先的帧或者它的确认帧已经丢失了,再重发原先的帧。如果超时间隔设置得太短,则发送方将会发送一些不必要的帧。虽然这些额外的帧不会影响到协议的正确性,但是会降低性能。

发送方在送出一帧并启动了定时器之后,它等待相关的事情发生。只有三种可能的情况:一个确认帧完好无损地到达;一个受损的确认帧蹒跚而至;定时器过期。如果一个有效的确认到来,则发送方从它的网络层获取下一帧。把它放到缓冲区中,覆盖掉原来的分组,它也会增加序列号。如果一个受损的确认帧到来,或者根本没有确认帧到达,则缓冲区和序列号都不会有任何改变,所以会再次发送原来的帧。

程序 3.4　一个支持重传的肯定确认协议

```
/* Protocol 3 (par) allows unidirectional data flow over an unreliable channel. */
#define MAX_SEQ 1                       /* must be 1 for protocol 3 */
typedef enum  {frame_arrival, cksum_err, timeout} event_type;
#include "protocol.h"

void sender3(void)
{
  seq_nr next_frame_to_send;           /* seq number of next outgoing frame */
  frame s;                             /* scratch variable */
```

```
        packet buffer;                              /* buffer for an outbound packet */
        event_type event;

        next_frame_to_send = 0;                     /* initialize outbound sequence numbers */
        from_network_layer(&buffer);                /* fetch first packet */
        while (true) {
            s.info = buffer;                        /* construct a frame for transmission */
            s.seq = next_frame_to_send;             /* insert sequence number in frame */
            to_physical_layer(&s);                  /* send it on its way */
            start_timer(s.seq);                     /* if answer takes too long, time out */
            wait_for_event(&event);                 /* frame_arrival, cksum_err, timeout */
            if (event == frame_arrival) {
                from_physical_layer(&s);            /* get the acknowledgement */
                if (s.ack == next_frame_to_send) {
                    stop_timer(s.ack);              /* turn the timer off */
                    from_network_layer(&buffer);    /* get the next one to send */
                    inc(next_frame_to_send);        /* invert next_frame_to_send */
                }
            }
        }
    }
    void receiver3(void)
    {
        seq_nr frame_expected;
        frame r, s;
        event_type event;

        frame_expected = 0;
        while (true) {
            wait_for_event(&event);                 /* possibilities: frame_arrival, cksum_err */
            if (event == frame_arrival) {           /* a valid frame has arrived. */
                from_physical_layer(&r);            /* go get the newly arrived frame */
                if (r.seq == frame expected) {      /* this is what we have been waiting for. */
                    to_network_layer(&r.info);      /* pass the data to the network layer */
                    inc(frame_expected);            /* next time expect the other sequence nr */
                }
                s.ack = 1 – frame_expected;         /* tell which frame is being acked */
                to_physical_layer(&s);              /* send acknowledgement */
            }
        }
    }
```

3.4　比特交换协议

比特交换协议（Alternating bit protocol，ABP）是一个在数据链路层工作的简单的网络协议，利用 FIFO 语义重新传输丢失或损坏的消息。它可以被当成滑动窗口协议的一种特殊情况，即一个简单的定时器制约着消息的发送顺序来确保接收端在使用 1 位的窗口时能够依次地发送消息。

消息是从发送端 A 发送到接收端 B 的。假设从 A 到 B 的信道被初始化，并且没有消息正在传送。从 A 到 B 的每个消息都包含一个数据部分和一个一位序列号，即一个值为 0 或 1。B 有两个确认码，它可以发送给 A：ACK0 和 ACK1。

当 A 发送一条消息时,它会连续使用相同的序列号重新发送一个消息,直到收到来自 B 的包含相同序列号的确认。发生这种情况时,A 补充(翻转)序列号并开始传输下一条消息。当 B 收到一个没有被破坏的序列号为 0 的消息时,它开始发送 ACK0 并一直这样做直到它收到一个有效的消息,然后开始发送 ACK1 等。

这意味着当 A 已经在发送序号为 1 的消息时,A 仍然可以收到 ACK0(反之亦然)。它将这种消息视为否定确认码(NAK)。最简单的行为是忽略它们并继续传输。协议可以通过发送虚假消息和序列号 1 进行初始化。序列号为 0 的第一个消息是一个真正的消息。

3.5　滑动窗口协议

在前面的协议中,数据帧只在一个方向上传输。而在大多数实际环境中,往往需要在两个方向上传输数据。实现全双工数据传输的一种方法是,使用两条独立的通信信道,每条都被用作单工数据信道(两条信道方向不同)。如果这样做,则我们拥有两条独立的物理线路,每条线路都有一个"前向"信道(用于数据)和一个"逆向"信道(用于确认)。在这两条线路中,逆向信道的带宽几乎完全被浪费了。实际上,用户付出了两条线路的费用,但是只使用了一条线路的容量。

使用同一条线路来传输两个方向上的数据是一种更好的做法,毕竟协议 2 和协议 3 已经在两个方向上传输帧了,而且逆向信道与前向信道具有同样的容量。接收方只要检查一下进来帧的头部中的 kind 域,就可以区别出该帧是从机器 A 到机器 B 的数据帧还是机器 A 到机器 B 的确认帧。

这个方案还可以进一步优化,当一个数据帧到达时,接收方并不是立即发送一个单独的控制帧,而是抑制一下自己并且开始等待,直到网络层传递给它下一个分组。然后,确认信息被附在往外发送的数据帧上(使用帧头中的 ack 域)。实际上,确认报文搭了下一个外发数据帧的便车。这种"将确认暂时延迟以便可以附到下一个外发数据帧"的技术称为捎带确认(piggy backing)。

与单独确认帧的方法相比较,使用捎带确认法更好地利用了信道的带宽。帧头中的 ack 域只占用几位的开销,而一个单独的帧则需要一个头、确认和校验和。而且,发送的帧越少,也意味着"帧到达"中断也越少,占用接收方的缓冲区可能也越少,这要取决于接收方的软件是如何实现的。在下一个要讨论的协议中,捎带域只占用帧头中的 1 位,它很少会占用许多位。

然而,捎带确认法也引入了一个在单独确认法中不曾出现过的复杂问题。为了捎带一个确认,数据链路层应该等待下一个分组多长时间? 如果数据链路层等待的时间超过了发送方的超时周期,则该帧将会被重传,从而违背了确认机制的本意。如果数据链路层是一个先知者,能够预测将来,那么它就知道下一个网络层分组什么时候会到来,因此可以确定是继续等待下去,还是立即发送一个单独的确认帧,这取决于计划的等待时间是多长。当然,数据链路层不可能预测将来,所以它必须采用某种特殊的方法,比如等待一个固定的毫秒数。如果一个新的分组很快就到来了,则确认就可以被捎带上去。否则,如果在这段时间周期之前没有新的分组到来,则数据链路层只是简单地发送一个单独的确认帧。

接下去的三个协议都是双向协议,它们属于同一类,称为滑动窗口协议(sliding window protocol),这三个协议在效率、复杂性和缓冲区需求等各个方面有所不同。如同所有的滑动窗口协议一样,在这三个协议中,每个外发的帧都包含一个序列号,其范围从 0 到某一个最大值。最大值通常是 $2^n - 1$,这样序列号正好可以填入到一个 n 位的域中。停-等滑动窗口协议使用 $n=1$,限制序列号为 0 和 1,但是更加复杂的版本可以使用任意的 n。

所有滑动窗口协议的本质都是,在任何时刻,发送方总是维持着一组序列号,它们分别对应于允许它发送的帧,称这些帧落在发送窗口(sending window)之内。类似地,接收方也维持着一个接收窗口(receiving window),对应于一组允许它接受的帧。发送方的窗口和接收方的窗口不必有同样的上下界,甚至也不必有同样的大小。在有些协议中,这两个窗口有固定的大小,但是在其他一些协议中,它们可以随着帧的发送和接收而增大或者缩小。

尽管这些协议使得数据链路层在发送和接收帧的顺序方面有了更多的自由度,但数据链路层协议将分组递交给网络层的次序必须与发送机器上分组被传递给数据链路层的次序相同。同样也不能改变的是:它必须按照发送的顺序递交所有的帧。

发送方窗口内的序列号代表了那些已经被发送,但是还没有被确认的帧,或者是那些可以被发送的帧。任何时候当有新的分组从网络层到来时,它被赋予下一个最高的序列号,并且窗口的上边界增 1。按照这种方法,该窗口持续地维持了一系列未被确认的帧,图 3.9 列举了一个例子。

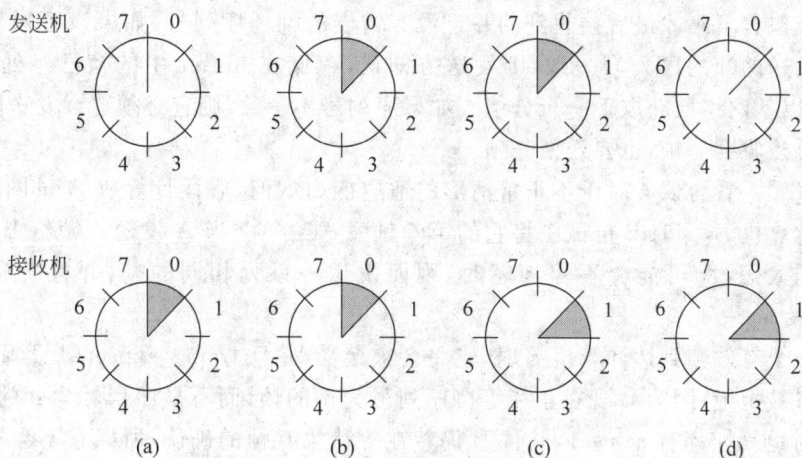

图 3.9 一个大小为 1、有 3 位序列号的滑动窗口
(a) 初始时;(b) 第一帧发送以后;(c) 第一帧接收以后;(d) 第一个确认收到以后

由于当前在发送方窗口内的帧最终有可能在传输过程中丢失或者被损坏,所以,发送方必须在内存中保存好所有这些帧,以便可能进行重传。因此,如果最大的窗口尺寸为 n,则发送方需要 n 个缓冲区来存放未被确认的帧。如果该窗口在某个时候真的达到了它的最大尺寸,则发送方的数据链路层必须强行关闭网络层,直到有一个缓冲区空闲出来为止。

接收方数据链路层的窗口对应于它可以接受的帧,任何落在窗口外面的帧都被丢弃,无需任何提示。当一个新接收到的帧的序列号等于窗口下边界时,接收方将它传递给网络层,并生成一个确认,然后将整个窗口向前移动 1 个位置。与发送方的窗口不同的是,接收方的窗口总是保持最初始的大小,需要注意的是,窗口的大小为 1 意味着数据链路层只按顺序接受帧,但是对于大一点的窗口,这一条便不再成立。相反,网络层总是按照正确的顺序接收数据,与数据链路层的窗口大小没有关系。

图 3.9 显示了一个最大窗口尺寸为 1 的例子,刚开始时,没有帧要发送,所以发送方窗口的上下边界相等,但是随着时间的推移,状态的变化如该图所示。

1. 1 位滑动窗口协议

在讨论一般的情形以前,先讨论最大窗口尺寸为 1 的滑动窗口协议。由于发送方在送出一帧以后,在发送下一帧之前要等待前一帧的确认,所以这样的 1 位滑动窗口协议使用了停-等的办法。

程序 3.5 描述了这样一个协议:与其他的协议一样,它也是从定义变量开始的。next_frame_to_send 指明了发送方正在发送的那一帧,类似地,frame_expected 指明了接收方正在等待的那一帧,这两个变量的取值只可能是 0 和 1。

在一般情况下,以两个数据链路层中的其中一个首先开始,并发送第一帧,换句话说,只有一个数据链路层程序应该在主循环外面包含 to_physical_layer 和 start_timer 过程调用,后面再讨论两个数据链路层同时启动这种较罕见的情形。初始启动的机器从它的网络层获取到第一个分组,然后根据该分组创建一帧,并将它发送出去。当这一帧(或者任何其他的帧)到达时,接收方的数据链路层检查该帧,看它是否为重复帧,如同协议 3 一样。如果这一帧正是所期望的,则将它传递给网络层,并且接收方的窗口向前滑动。

确认域包含了刚才最后接收到的并且没有错误的帧的序列号,如果该序列号与发送方当前正在发送的帧的序列号一致,则发送方知道,存储在 buffer 中的帧已经处理完毕,于是,它就可以从网络层获取下一个分组。如果序列号不一致,则它必须继续发送同一帧。无论何时只要接收到一帧,也要送回一帧。

我们来看一看协议 4 对于不正常情形的适应能力如何,假设计算机 A 试图将它的第 0 帧发送给计算机 B,同时 B 也试图将它的第 0 帧发送给 A。当 A 发送一帧给 B 时,由于 A 的超时间隔太短,A 可能会不停地超时,因而发送一系列相同的帧,并且所有这些帧的 seq=0,以及 ack=1。

当第一个有效帧到达计算机 B 时,它将会被接受,并且 frame_expected 设置为 1。所有的后续帧将被拒绝,因为 B 现在正在等待序列号为 1 的帧,而不是序列号为 0 的帧。而且,由于所有的重复帧都有 ack=1,并且 B 仍然在等待第 0 帧的确认,所以它不会从网络层获取新的分组。

在每一个被拒绝的重复帧进来之后,B 向 A 发送一帧,其中包含 seq=0 和 ack=0。最后,这些帧中总会有一帧正确地到达 A,从而引起 A 开始发送下一个分组。丢帧或者提前超时的任何一种情况都不会导致该协议向网络层递交重复的分组,会导致漏掉一个分组或者锁死。

如果双方并发地发送一个初始分组,则会出现一种极为罕见的情形。这种同步的困难程度如图 3.10 所示。图(a)显示了该协议的正常操作。图(b)显示了这种罕见的情形。如果 B 在发送自己的帧之前先等待 A 的第一帧,则整个过程如图(a)所示。每一帧都被接受。然而,如果 A 和 B 同时开始通信,它们的第一帧有交叉,然后数据链路层进入到图(b)的状态。在图(a)中,每一帧到来后都会带给网络层一个新的分组,这里不会有重复帧。在图(b)中,即使没有传输错误,也会有一半的帧是重复的。有一方明显地提前开始也会发生类似的情形,实际上,如果发生多个提前超时,则每一帧有可能要发送三次或者更多。

程序 3.5　滑动窗口协议

```
/* Protocol 4 (sliding window) is bidirectional. */
#define MAX_SEQ 1                            /* must be 1 for protocol 4 */
typedef enum {frame_arrival, cksum_err, timeout} event_type;
#include "protocol.h"
void protocol4 (void)
{
  seq_nr next_frame_to_send;               /* 0 or 1 only */
  seq_nr frame_expected;                   /* 0 or 1 only */
  frame r, s;                              /* scratch variables */
  packet buffer;                           /* current packet being sent */
  event_type event;

  next_frame_to_send = 0;                  /* next frame on the outbound stream */
  frame_expected = 0;                      /* frame expected next */
  from_network_layer(&buffer);             /* fetch a packet from the network layer */
  s.info = buffer;                         /* prepare to send the initial frame */
  s.seq = next_frame_to_send;              /* insert sequence number into frame */
  s.ack = 1 – frame_expected;              /* piggybacked ack */
  to_physical_layer(&s);                   /* transmit the frame */
  start_timer(s.seq);                      /* start the timer running */

  while (true) {
      wait_for_event(&event);              /* frame_arrival, cksum_err, or timeout */
      if (event == frame_arrival) {        /* a frame has arrived undamaged. */
          from_physical_layer(&r);         /* go get it */
          if (r.seq == frame_expected) {   /* handle inbound frame stream. */
              to_network_layer(&r.info);   /* pass packet to network layer */
              inc(frame_expected);         /* invert seq number expected next */
          }
          if (r.ack == next_frame_to_send) { /* handle outbound frame stream. */
              stop_timer(r.ack);           /* turn the timer off */
              from_network_layer(&buffer); /* fetch new pkt from network layer */
              inc(next_frame_to_send);     /* invert sender's sequence number */
          }
      }
      s.info = buffer;                     /* construct outbound frame */
      s.seq = next_frame_to_send;          /* insert sequence number into it */
      s.ack = 1 – frame_expected;          /* seq number of last received frame */
      to_physical_layer(&s);               /* transmit a frame */
      start_timer(s.seq);                  /* start the timer running */
  }
}
```

图 3.10 中的记号为（seq，ack，分组号），星号表示网络层接受了一个分组。

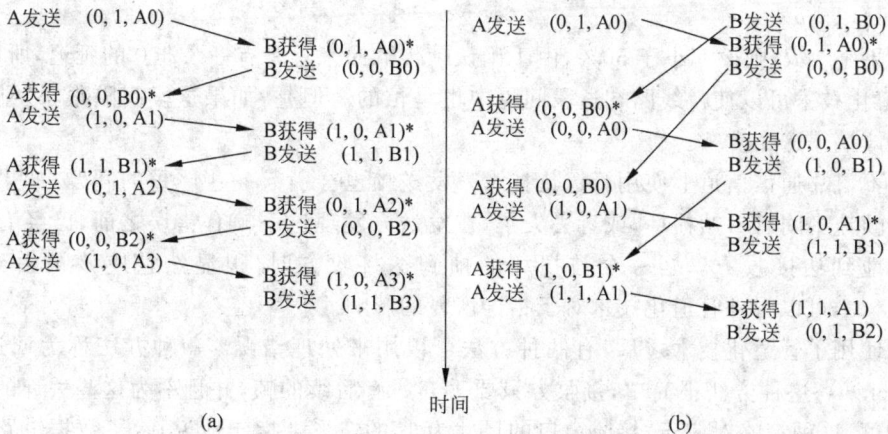

图 3.10　针对协议 4 的两种情形

（a）正常情形；（b）异常情形

2. 使用回退 n 帧技术的协议

之前我们一直默认:一个帧到达接收方所需要的传输时间加上确认帧回来的传输时间可以忽略不计。有时这种假设是明显有问题的,在这些情况下,过长的往返时间对于带宽的利用效率有严重的影响。举一个例子,考虑一个 $50Kb/s$ 的卫星信道,它的往返传播延迟为 $500ms$。想象一下,在该信道上用协议 4 来发送一些 $1000b$ 长度的帧。当 $t=0$ 时,发送方开始发送第一帧;当 $x=20ms$ 时,该帧已经被完全发送出去了;当 $t=270ms$ 时,该帧才完全到达接收方;当 $t=520ms$ 时,确认帧才回到发送方,而这还是在最好情况下才可能做到(即在接收方没有停顿并且确认帧很短)。这意味着,在 96% 的时间中(即 $500/520$)发送方是被阻塞的。换句话说,只有 4% 的有效带宽可使用。很显然,从效率角度而言,过长的传输时间,高带宽和短的帧长度,是一种非常差的组合。

上面描述的问题可以看作是协议中以下规则的必然结果:协议要求发送方在发送下一帧之前必须等待前一帧的确认,如果放宽这一限制,就可以获得更好的带宽利用率。这个方案的基本思想是,允许发送方在阻塞之前发送多达 w 帧,而不是 1 帧。通过选择合适的 w 值,发送方在往返传输时间的这一段间隔内可以连续地发送帧,而不会填满窗口。在上面的例子中,w 至少应该为 26。发送方还像以前那样发送第 0 帧,直到 $t=520$ 时,它已经发送了 26 帧,这时,第 0 帧的确认刚好到达。因此,每隔 $20ms$ 就会到达一个确认,所以发送方只要有必要,总是可以发送帧。在任何时候,总有 25 或者 26 个未被确认的帧在等待确认,换言之,发送方的最大窗口尺寸是 26。

任何时候,若带宽与往返延迟的乘积很大,则发送方就需要一个较大的窗口才可以。如果带宽很高,除非窗口真的非常大,即使对于一个并不很长的延迟,发送方也会很快用完它的窗口,如果延迟很长(比如通过一个地球同步卫星信道),更是如此。这两个因子的乘积基本上说明了这条管道的容量,发送方为了达到尖峰效率,需要利用这条管道来马不停蹄地发送数据。

这项技术称为管道化技术(pipelining),如果信道的容量是 $b b/s$,帧长为 $1b$,往返传输时间为 $R(s)$,则传输一帧所需要的时间为 $1/b(s)$。在一个数据帧的最后一位被发送出去之后,经过 $R/2(s)$ 的延迟之后该位到达接收方,再经过 $R/2(s)$ 的延迟之后确认帧回来,总共延迟为 R。在停-等协议中,这条线路有 $1/b(s)$ 是忙的,而 $R(s)$ 是空闲的,所以,线路的利用率为 $-1/(1+bR)$。

如果 $1<bR$,则效率小于 50%,由于确认帧传输回来总是有一个非 0 的延迟,所以,原则上,管道化技术可以使得线路在这段间隔中也是忙的。但是,如果这段间隔很小,则没有必要将协议搞得这么复杂。

在不可靠通信信道上使用管道化技术来发送帧也会引起一些严重的问题,如果在一个很长的帧流中间有一帧损坏,或者丢失了,在发送方发现这一帧有错误之前,已经有大量的帧成功地到达接收方。当一个被损坏的帧到达接收方时,很显然它应该被丢弃掉,在图 3.11 中,可以看到管道化技术对于错误恢复的影响。

在使用了管道化技术之后,有两种方法可以用来处理错误。一种办法称为回退 n 帧,(go back n),这种方法很简单,接收方只要丢弃所有后续的帧,并且不为这些丢弃的帧发送确认即可,这种策略对应于"接收窗口的尺寸为 1"的情形。换句话说,除了数据链路层必须要递交给网络层的下一帧以外,不接受其他帧。如果在定时器超时以前,发送方的窗口已经

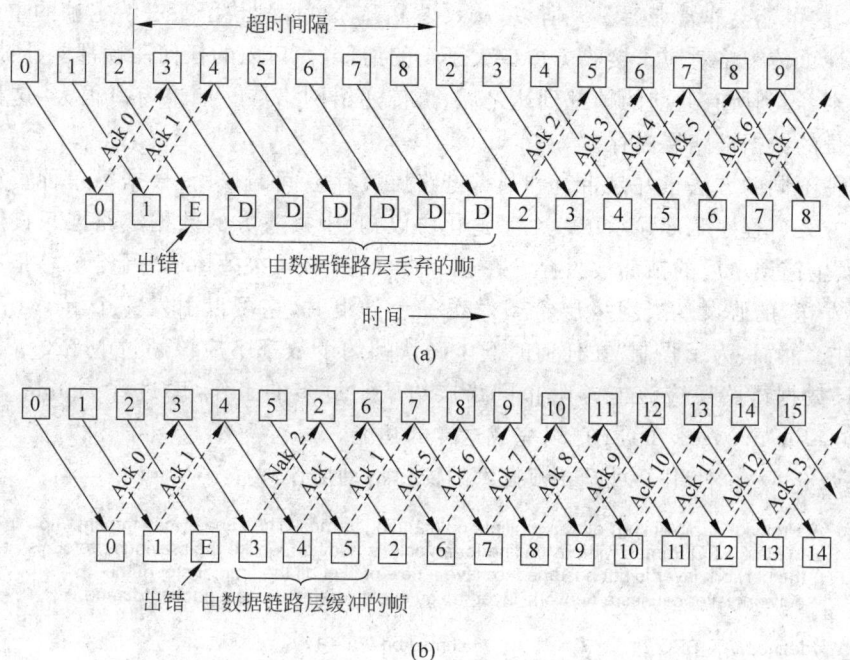

图 3.11 管道化技术与错误修复

（a）接收方的窗口尺寸为 1；（b）接收方的窗口尺寸较大

满了，则管道将空闲。最终，发送方将会超时，并且按照顺序重传所有未被确认的帧，从最初受损或者丢失的那一帧开始。如果错误率比较高，这种方法可能会浪费大量的带宽。

在图 3.11(a)中，可以看到回退 n 帧的情形，其中发送方的窗口比较大。第 0 帧和第 1 帧被正确地接收和确认，然而，第 2 帧损坏或者丢失了。但发送方不知道出现了问题，它继续发送后续的帧，直到第 2 帧的定时器过期为止。然后，它退回到第 2 帧，并从这里开始发送 2,3,4 帧等。

另一种处理错误的通用策略称为选择性重传（selective repeat）。当使用了这种策略以后，接收到的坏帧会被丢弃，坏帧后面的好帧继续被缓存起来。当发送方超时以后，它只重传最早的未被确认的那一帧。如果那一帧正确到达接收方，则接收方依次将它所缓存的帧递交给网络层。选择性重传策略通常也与以下的策略结合起来使用：当接收方检测到错误（例如，帧的校验和错误或者序列号不正确）时，它发送一个否定的确认（NAK，negative acknowledgement）。NAK 可以激发重传操作，而不需要等到相应的定时器过期，因此，NAK 可以提高性能。

在图 3.11(b)中，第 0 帧和第 1 帧被正确接收到，并得到确认，而第 2 帧则丢失了。当第 3 帧到达接收方时，那里的数据链路层注意到它已经错过了一帧，所以它针对第 2 帧会送同一个 NA K，但是将第 3 帧缓存起来。当第 4,5 帧到达之后，它们也被数据链路层缓存起来，不是被传递给网络层。第 2 帧的 NAK 达到发送方后，发送方立即重新发送第 2 帧。如图 3.11 中所示，当该帧到达接收方时，数据链路层现在有了第 2,3,4 和 5 帧，就可以将它们按照正确的顺序传递给网络层，也可以确认所有这些帧（从第 2 帧到第 5 帧）。如果 NAK 也丢失了，则发送方的第 2 帧定时器最终会超时，发送方就会重新发送第 2 帧（仅仅这一帧），但是，这可能会非常滞后了。所以，从效果上看，NAK 加快了某一特定帧的重传过程。

选择性重传策略对应于接收方窗口大于 1 的情形，窗口内的任何一帧都能够被接受，并被缓存起来，等到所有此前的帧都到达之后，再传递给网络层。如果窗口很大，这种方法需要消耗大量的数据链路层内存。

这两种不同的方法正好是带宽和数据链路层缓存空间的权衡，根据每一种资源的紧缺程度选定方案。程序 3.6 显示了一个管道化协议，其中接收方的数据链路层只按序接收进来的帧，发生错误之后的帧都被丢弃。在这个协议中，第一次抛掉了"网络层总是有无穷多的分组要发送"的假设。当网络层希望发送一个分组时，它可以引发一个 network_layer_ready 事件。然而，为了强制"在任何时候未确认帧的个数都不应该超过 MAX_SEQ"的流控制规则，数据链路层应该能够阻止网络层给予它过多的工作，库过程 enable_network_layer 和 disable-network_layer 可以完成这样的功能。

程序 3.6 一个使用了回退 n 帧技术的窗口滑动协议

```
/* Protocol 5 (pipelining) allows multiple outstanding frames. The sender may transmit up
   to MAX_SEQ frames without waiting for an ack. In addition, unlike the previous protocols,
   the network layer is not assumed to have a new packet all the time. Instead, the
   network layer causes a network_layer_ready event when there is a packet to send. */

#define MAX_SEQ 7                        /* should be 2^n – 1 */
typedef enum {frame_arrival, cksum_err, timeout, network_layer_ready} event_type;
#include "protocol.h"

static boolean between(seq_nr a, seq_nr b, seq_nr c)
{
/* Return true if a <=b < c circularly; false otherwise. */
  if (((a <= b) && (b < c)) || ((c < a) && (a <= b)) || ((b < c) && (c < a)))
      return(true);
    else
      return(false);
}

static void send_data(seq_nr frame_nr, seq_nr frame_expected, packet buffer[ ])
{
/* Construct and send a data frame. */
  frame s;                              /* scratch variable */

  s.info = buffer[frame_nr];           /* insert packet into frame */
  s.seq = frame_nr;                    /* insert sequence number into frame */
  s.ack = (frame_expected + MAX_SEQ) % (MAX_SEQ + 1);/* piggyback ack */
  to_physical_layer(&s);               /* transmit the frame */
  start_timer(frame_nr);               /* start the timer running */
}

void protocol5(void)
{
  seq_nr next_frame_to_send;           /* MAX_SEQ > 1; used for outbound stream */
  seq_nr ack_expected;                 /* oldest frame as yet unacknowledged */
  seq_nr frame_expected;               /* next frame expected on inbound stream */
  frame r;                             /* scratch variable */
  packet buffer[MAX_SEQ + 1];          /* buffers for the outbound stream */
  seq_nr nbuffered;                    /* # output buffers currently in use */
  seq_nr i;                            /* used to index into the buffer array */
  event_type event;

  enable_network_layer();              /* allow network_layer_ready events */
  ack_expected = 0;                    /* next ack expected inbound */
  next_frame_to_send = 0;              /* next frame going out */
  frame_expected = 0;                  /* number of frame expected inbound */
  nbuffered = 0;                       /* initially no packets are buffered */
```

```
while (true) {
    wait_for_event(&event);           /* four possibilities: see event_type above */

    switch(event) {
        case network_layer_ready:     /* the network layer has a packet to send */
            /* Accept, save, and transmit a new frame. */
            from_network_layer(&buffer[next_frame_to_send]); /* fetch new packet */
            nbuffered = nbuffered + 1;  /* expand the sender's window */
            send_data(next_frame_to_send, frame_expected, buffer);/* transmit the frame */
            inc(next_frame_to_send);    /* advance sender's upper window edge */
            break;

        case frame_arrival:           /* a data or control frame has arrived */
            from_physical_layer(&r);    /* get incoming frame from physical layer */

            if (r.seq == frame_expected) {
                /* Frames are accepted only in order. */
                to_network_layer(&r.info); /* pass packet to network layer */
                inc(frame_expected);    /* advance lower edge of receiver's window */
            }

            /* Ack n implies n − 1, n − 2, etc.  Check for this. */
            while (between(ack_expected, r.ack, next_frame_to_send)) {
                /* Handle piggybacked ack. */
                nbuffered = nbuffered  1; /* one frame fewer buffered */
                stop_timer(ack_expected); /* frame arrived intact; stop timer */
                inc(ack_expected);      /* contract sender's window */
            }
            break;

        case cksum_err: break;        /* just ignore bad frames */

        case timeout:                 /* trouble; retransmit all outstanding frames */
            next_frame_to_send = ack_expected;    /* start retransmitting here */
            for (i = 1; i <= nbuffered; i++) {
                send_data(next_frame_to_send, frame_expected, buffer);/* resend 1 frame */
                inc(next_frame_to_send);  /* prepare to send the next one */
            }
    }

    if (nbuffered < MAX_SEQ)
        enable_network_layer();
    else
        disable_network_layer();
}
```

注意,尽管不同序列号的个数是 MAX_SEQ−1,分别为 $0,1,2,\cdots,$MAX_SEQ,但是,在任何时候,未确认帧的最大数量是 MAX_SEQ,而不是 MAX_SER+1。为了看清楚为什么这个限制是必要的,请考虑下面 MAX_SEQ=7 的场景。

(1) 发送方发送第 0~7 帧。

(2) 第 7 帧的捎带确认最终被送回到发送方。

(3) 发送方送出另外 8 帧,其序列号仍然是 0~7。

(4) 现在第 7 帧的另一个捎带确认也回来了。

问题来了:属于第二批的 8 帧全部成功到达了吗? 或者这 8 帧全部丢失了(把出错之后丢弃的帧也算作丢失了)? 在这两种情况下,接收方都会发送第 7 帧的确认,而发送方无从分辨。因此,未确认帧的最大数目必须为 MAX_SEQ。

虽然协议 5 后到来的帧没有缓存出错,但是它也没有因此摆脱缓存的问题。由于发送方可能在将来的某个时刻重传所有未被确认的帧,所以,它必须把已经送出的帧保留一段时间,直到它知道接收方已经接受了这些帧。当第 n 帧的确认到来时,第 $n-1$ 帧、第 $n-2$ 帧等也都自动被确认了。当有些先前捎带确认的帧被丢失或者受损之后,这个特性显得尤为重要。当任何一个确认到来时,数据链路层都要检查看是否可以释放一些缓冲区。如果释放掉一些缓冲区(即窗口中又有了一些可以利用的空间),则原来被阻塞的网络层现在又可以激发更多的 network_layer_ready 事件。

对于这个协议,假设链路上总是有反向的流量可以捎带确认,如果没有这样的流量,则这些确认报文就不会被送回来。协议 4 并不需要这样的假设,因为它每次接收到一帧就送回一帧,即使它刚刚已经送出了这一帧也是如此。将在下一个协议中介绍一种非常巧妙的方法来解决这个单向流量的问题。

因为协议 5 有多个未被确认的帧,所以逻辑上它需要多个定时器,即每一个未被确认的帧都需要一个定时器。每一帧的超时是独立的,相互之间没有关系。用软件很容易模拟所有这些定时器:只需使用一个硬件时钟,它可以周期性地引发中断。所有未发生的超时事件构成了一个链表,链表中的每个节点描述了一个定时器离过期还有多少个时钟滴答,该定时器为哪一帧计时,以及一个指针指向下一个节点。

为了演示如何实现多个定时器,请参照图 3.12(a)中的例子,假设每 100ms 时钟滴答一次,刚开始时,实际的时间为 10:00:00.0;有三个超时事件,分别定在 10:00:00.5,10:00:01.3 和 10:00:01.9。每次硬件时钟滴答到来时,实际的时间被更新,链表头上的滴答计数器减 1。当滴答计数器变成 0 时,就引发一个超时事件,并将该节点从链表中移除,如图 3.12(b)所示。虽然这种实现方式也要求在调用 start_timer 或 stop_timer 时扫描该链表,但是,在每次滴答中断时它并不要求更多的工作。在协议 5 中,start_timer 和 stop_timer 这两个过程都带一个参数,表示正在对哪一帧计时。

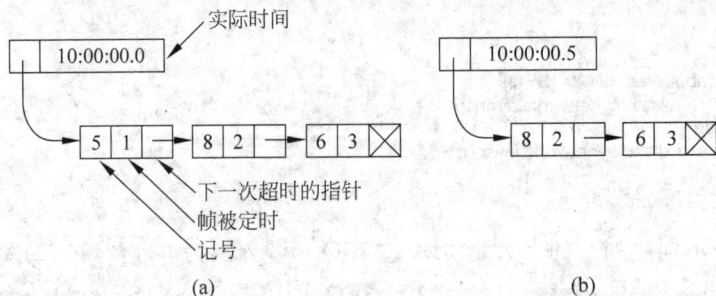

图 3.12 用软件来模拟多个定时器

3. 使用选择性重传的协议

如果错误发生率比较低,选用协议 5 更加合适,但如果线路质量很差,在重传的帧上要浪费很多带宽。另一种处理错误的策略是,对于坏帧或者丢失帧后面的帧,接收方也可以接受并缓存起来。这样的协议不会因为前面的帧被损坏或者丢失,而丢弃后续的帧。

在这个协议中,发送方和接收方都维持了一个窗口,窗口内部包含了那些可以接受的序列号。发送方的窗口大小从 0 开始,以后可以增大到某一个预设的最大值 MAX_SEQ。而接收方的窗口总是固定大小的,其大小等于 MAX_SEQ。接收方为其窗口内的每一个序列号保留于一个缓冲区。与每一个缓冲区相关联的还有一位(arrived),用来指明该缓冲区是满的还是空的。当任何一帧到达时,接收方通过 between 函数检查它的序列号,看是否落在窗口内。如果确实落在窗口内,并且以前没有接收过这一帧,则接受该帧,并且保存起来。不管这一帧是否包含了网络层所期望的下一个分组,这个过程是肯定要执行的。当然,该帧一定会被保存在数据链路层中,并且,直到所有序列号比它小的那些帧都已经按照正确的顺序递交给网络层之后,它才会被传递给网络层。程序 3.7 列举了一个使用该算法的协议。

程序 3.7　使用选择性重传的窗口滑动协议

```c
/* Protocol 6 (nonsequential receive) accepts frames out of order, but passes packets to the
   network layer in order. Associated with each outstanding frame is a timer. When the timer
   expires, only that frame is retransmitted, not all the outstanding frames, as in protocol 5. */

#define MAX_SEQ 7                              /* should be 2^n - 1 */
#define NR_BUFS ((MAX_SEQ + 1)/2)
typedef enum {frame_arrival, cksum_err, timeout, network_layer_ready, ack_timeout} event_type;
#include "protocol.h"
boolean no_nak = true;                         /* no nak has been sent yet */
seq_nr oldest_frame = MAX- SEQ + 1;           /* initial value is only for the simulator */

static boolean between(seq_nr a, seq_nr b, seq_nr c)
{
/* Same as between in protocol5, but shorter and more obscure. */
  return ((a <= b) && (b < c)) || ((c < a) && (a <= b)) || ((b < c) && (c < a));
}

static void send_frame(frame_kind fk, seq_nr frame_nr, seq_nr frame_expected, packet buffer[ ])
{
/* Construct and send a data, ack, or nak frame. */
  frame s;                                     /* scratch variable */

  s.kind = fk;                                 /* kind == data, ack, or nak */
  if (fk == data) s.info = buffer[frame_nr % NR_BUFS];
  s.seq = frame_nr;                            /* only meaningful for data frames */
  s.ack = (frame_expected + MAX_SEQ) % (MAX_SEQ + 1);
  if (fk == nak) no_nak = false;               /* one nak per frame, please */
  to_physical_layer(&s);                       /* transmit the frame */
  if (fk == data) start_timer(frame_nr % NR_BUFS);
  stop_ack_timer();                            /* no need for separate ack frame */
}

void protocol6(void)
{
  seq_nr ack_expected;                         /* lower edge of sender's window */
  seq_nr next_frame_to_send;                   /* upper edge of sender's window + 1 */
  seq_nr frame_expected;                       /* lower edge of receiver's window */
  seq_nr too_far;                              /* upper edge of receiver's window + 1 */
  int i;                                       /* index into buffer pool */
  frame r;                                     /* scratch variable */
  packet out_buf[NR_BUFS];                     /* buffers for the outbound stream */
  packet in_buf[NR_BUFS];                      /* buffers for the inbound stream */
  boolean arrived[NR_BUFS];                    /* inbound bit map */
  seq_nr nbuffered;                            /* how many output buffers currently used */
  event_type event;

  enable_network_layer();                      /* initialize */
  ack_expected = 0;                            /* next ack expected on the inbound stream */
  next_frame_to_send = 0;                      /* number of next outgoing frame */
  frame_expected = 0;
  too_far = NR_BUFS;
  nbuffered = 0;                               /* initially no packets are buffered */
  for (i = 0; i < NR_BUFS; i++) arrived[i] = false;

  while (true) {
    wait_for_event(&event);                    /* five possibilities: see event_type above */
    switch(event) {
      case network_layer_ready:                /* accept, save, and transmit a new frame */
        nbuffered = nbuffered + 1;             /* expand the window */
        from_network_layer(&out_buf[next_frame_to_send % NR_BUFS]); /* fetch new packet */
        send_frame(data, next_frame_to_send, frame_expected, out_buf);/* transmit the frame */
```

```
                    inc(next_frame_to_send);                    /* advance upper window edge */
                    break;
case frame_arrival:                                             /* a data or control frame has arrived */
        from_physical_layer(&r);                                /* fetch incoming frame from physical layer */
        if (r.kind == data) {
                /* An undamaged frame has arrived. */
                if ((r.seq != frame_expected) && no_nak)
                        send_frame(nak, 0, frame_expected, out_buf); else start_ack_timer();
                if (between(frame_expected, r.seq, too_far) && (arrived[r.seq%NR_BUFS] == false)) {
                        /* Frames may be accepted in any order. */
                        arrived[r.seq % NR_BUFS] = true;        /* mark buffer as full */
                        in_buf[r.seq % NR_BUFS] = r.info;       /* insert data into buffer */
                        while (arrived[frame_expected % NR_BUFS]) {
                                /* Pass frames and advance window. */
                                to_network_layer(&in_buf[frame_expected % NR_BUFS]);
                                no_nak = true;
                                arrived[frame_expected % NR_BUFS] = false;
                                inc(frame_expected);            /* advance lower edge of receiver's window */
                                inc(too_far);                   /* advance upper edge of receiver's window */
                                start_ack_timer();              /* to see if a separate ack is needed */
                        }
                }
        }

        if((r.kind==nak) && between(ack_expected,(r.ack+1)%(MAX_SEQ+1),next_frame_to_send))
                send_frame(data, (r.ack+1) % (MAX_SEQ + 1), frame_expected, out_buf);

        while (between(ack_expected, r.ack, next_frame_to_send)) {
                nbuffered = nbuffered   1;              /* handle piggybacked ack */
                stop_timer(ack_expected % NR_BUFS);     /* frame arrived intact */
                inc(ack_expected);                      /* advance lower edge of sender's window */
        }
        break;
case cksum_err:
        if (no_nak) send_frame(nak, 0, frame_expected, out_buf);/* damaged frame */
        break;
case timeout:
        send_frame(data, oldest_frame, frame_expected, out_buf);/* we timed out */
        break;
case ack_timeout:
        send_frame(ack,0,frame_expected, out_buf);      /* ack timer expired; send ack */
    }
    if (nbuffered < NR_BUFS) enable_network_layer(); else disable_network_layer();
    }
}
```

　　非顺序接收带来了一些特殊的问题,可以从这个例子中反映出:假设使用 3 位的序列号,那么,发送方允许连续发送 7 帧,然后开始等待确认。刚开始时,发送方和接收方的窗口如图 3.13(a)所示。现在发送方送出第 0~6 帧,接收方的窗口允许它接受任何序列号在 0~6(含)之间的帧。这 7 帧全部正确地到达了,所以接收方对它们进行确认,并且向前移动它的窗口,允许接收第 7,0,1,2,3,4 或 5 帧,如图 3.13(b)所示,所有这 7 个缓冲区都标记为空。

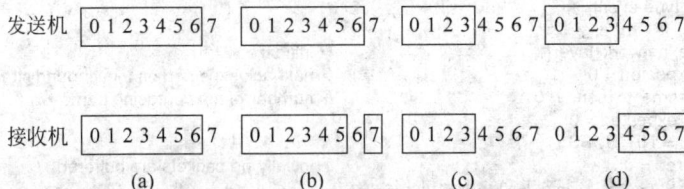

发送机　 0 1 2 3 4 5 6 7　 0 1 2 3 4 5 6 7　 0 1 2 3 4 5 6 7 0 1 2 3 4 5 6 7

接收机　 0 1 2 3 4 5 6 7　 0 1 2 3 4 5 6 7　 0 1 2 3 4 5 6 7 0 1 2 3 4 5 6 7

　　　　　 (a)　　　　　　　 (b)　　　　　　　 (c)　　　　　　　 (d)

图 3.13　发送方和接收方的窗口

(a) 窗口大小为 7 的初始状态;(b) 7 帧都已送出并接收,但是均未被确认;

(c) 窗口大小为 4 的初始状态;(d) 4 帧都已送出并接收,但是均未被确认此时,灾难降临了,所有的确认都被毁掉了。发送方最终超时了,并且重发第 0 帧。当这一帧到达接收方时,接收方检查它的序列号,看是否落在它的窗口中。不幸的是,如图 3.13(b)所示,第 0 帧落在新的窗口中,所以它被接收了。接收方送回第 6 帧的捎带确认,因为第 0~6 帧都已经接收到了。

此时发送方很高兴地得知,所有它发出去的帧都已经正确地到达了,所以它向前移动它的窗口,并立即发送第 7、0、1、2、3、4 和 5 帧。第 7 帧将被接收方接受,并且它的分组直接传递给网络层。紧接着,接收方的数据链路层进行检查,看它是否已经有了一个有效的第 0 帧,它发现确实已经有了(即前面重发的第 0 帧),然后把内嵌的分组传递给网络层。因此,网络层得到了一个不正确的分组,从而导致协议失败。

这个问题的本质是,当接收方向前移动了它的窗口之后,新的有效序列号范围与老的范围有重叠。因此,后续的一批帧可能是重复的帧(如果所有的确认都丢失了),也可能是新的帧(如果所有的确认都接收到了),接收方将无法区分这两种情形。

解决这个难题的方法是,确保接收方向前移动窗口之后,新的窗口与老的窗口之间没有重叠。为了保证没有重叠,最大的窗口尺寸应该不超过序列号范围的一半,如图 3.13(c)和图 3.13(d)所示。例如,如果用 4 位来表达序列号,则序列号的范围为 0~15。在任何时候,应该只有 8 个未被确认的帧处于等待状态。按照这种方法,如果接收方已经接受了0~7帧,并且向前移动了窗口,以便允许接收第 8~15 帧,这样它可以明确地区分出后续的帧是重传帧(序列号为 0~7),还是新帧(序列号为 8~15)。一般地,协议 6 的窗口尺寸为 $(MAX\_SEQ+1)/2$,因此,对于 3 位序列号,窗口尺寸为 4。

一个有意思的问题是:接收方必须有多少个缓冲区?无论如何,接收方不可能接受序列号低于窗口下边界的帧,也不可能接受序列号高于上边界的帧。因此,所需要的缓冲区的数量等于窗口的尺寸,而不是序列号的范围。在上面的 4 位序列号的例子中,只需要 8 个缓冲区就够了,编号为 0~7。当第 i 帧到达时,它被放在(i mod 8)号缓冲区中。请注意,虽然 i 和($i+8$) mod"竞争"同一个缓冲区,但是它们永远不会同时在窗口内,因为如果那样,窗口的尺寸至少为 9。

出于同样的原因,所需要的定时器的数量也等于缓冲区的数量,而不是序列号空间的大小。实际上,每个缓冲区都有一个相关联的定时器,当定时器超时时,缓冲区的内容就要被重传在协议 5 中,有一个隐含的设定:信道的负载很繁重。当一帧到达时,接收方不立即发送确认,而是把该帧的确认放在下一个往外发的数据帧中捎带回去。如果反向的流量很轻,则确认信息将会滞留很长时间。如果在一个方向上有很大的流量,而另一个方向上根本没有流量,则只有 MAX_SEQ 个分组被发送出去,然后协议就阻塞了,这就是为什么必须要假设总是有反向流量。

在协议 6 中,这个问题被修正了。当一个按正常次序发送的数据帧到达之后,接收方通过 start_ack_timer 启动一个辅助的定时器。如果在定时器到期之前,没有出现反向的流量,则发送一个单独的确认帧。由于该辅助定时器而导致的中断称为 ack_timeout 事件。利用这种方式,即使单向的数据流也没有问题了,缺少可以捎带确认的反向数据帧不再是一个障碍了。只需要一个辅助定时器就可以了,如果该定时器正在运行时 start_ack_timer 又被调用了,则它被重置为一个完整的确认超时间隔。

与辅助定时器关联的超时间隔应该明显短于与数据帧关联的定时器间隔,这是非常关键的。这个条件是必要的,因为它应该保证一个正确接收的帧能够尽早地被确认,从而该帧的重传定时器还没有过期,所以还没有重传该帧。

协议 6 使用了比协议 5 更加有效的策略来处理错误,当接收方有理由怀疑出现了错误时,它就给发送方送回一个否定的确认(NAK)帧。这样的帧实际上是一个重传请求,在 NAK 中指定了要重传的帧,接收方应该怀疑接收到一个受损的帧,或者到达的帧并非是自己所期望的(可能有丢帧错误)。为了避免多次请求重传同一个丢失帧,接收方应该记录下对于某一帧是否已经发送过 NAK 在协议 6 中,如果对于 frame_expected 还没有发送过 NAK,则变量 no_nak 为 true。如果 NAK 被损坏了或者丢失了,不会有实质性的伤害,因为发送方最终会超时,无论如何它会重传丢失的帧。如果一个 NAK 被发送出去之后丢了,而接收方又收到一个错误的帧,则 no_nak 将为 true,并且辅助定时器将被启动。当辅助定时器超时后,一个 NAK 帧将被发送出去,以便将发送方重新同步到接收方的当前状态。

在有些情况下,从一帧被发送出去开始,该帧到达目的地,再在那里被处理,然后它的确认被送回来,这整个过程所需要的时间近似为常数。在这样的情况下,发送方可以调整它的定时器,让它略微大于正常情况下从发送一帧到接收到它的确认之间的时间间隔。然而,如果这段时间的变化非常大,则发送方必须做出选择,要么将定时器的间隔设置得比较小(其风险是不必要的重传),要么将它设置得比较大(发生错误之后长时间地空闲)。

这两种选择都会浪费带宽,如果反向的流量比较稀少,则确认之前的时间将非常不规则,当有反向流量时这段时间非常短,当没有反向流量时这段时间非常长。一般地,当确认间隔的标准偏差与间隔本身相比非常小时,定时器可以设置得"紧"一点,这时 NAK 并不很有用,否则,定时器应该设置得"松"一点,从而避免不必要的重传,但是 NAK 可以加快丢失帧或者损坏帧的重传速度。

与超时和 NAK 紧密相关的一个问题是确定哪一帧引发了超时,在协议 5 中,它总是 ack_expected 的帧,因为它总是最早的帧。在协议 6 中,没有一种很具体的方法来确定谁引发了超时。假定已经发送了第 0~4 帧,这意味着未确认帧是按照时间的先后顺序来排列的,列表为 01234。现在请想象这样的情形:第 0 帧超时了,第 5 帧(新帧)被发送出去了,第 1 帧超时了,第 2 帧超时了,第 6 帧(又一新帧)也被发送出去了。这时候,未确认帧的列表是 3405126,也是按照发送的时间先后顺序排列。如果所有进来的流量(即那些包含确认的帧)被丢失一段时间,则这 7 个未确认的帧将会依次超时。

为了避免使该例子过于复杂,我们没有显示定时器的管理过程。只是假设在超时的时候 oldest_frame 变量已经设置好了,它指示出哪一帧超时了。

3.6 协议验证

在本节中,将学习一些模型和技术来描述和验证这些协议。

1. 有限状态机模型

在许多协议模型中用到的一个关键概念是有限状态机(finite state machine),利用这项技术,每个协议机(protocol machine,即发送方或接收方)在任何一个时刻,总是处于一种特定的状态。它的状态是由所有变量的值组成的,其中也包括程序计数器。

在大多数情况下,可以将大量的状态分成少量的组。例如,考虑协议 3 中的接收方,可以从所有可能的状态中抽象出两种最重要的状态:等待 0 号帧,或等待 1 号帧。所有其他的状态都可以看作是瞬时态,只是为到达其中一个主状态的中间步骤而已。通常总是选择协议机在等待下一事件发生的那些时刻(在我们的例子中,即是执行 wait(event)过程调用的时刻)作为协议机的状态。此时,协议机的状态完全由它的变量的状态确定。于是,状态的数量为 2^n,这里 n 是表达所有这些变量所需要的位数。

整个系统的状态是两个协议机和信道的所有状态的组合,信道的状态是由它的内容来决定的。仍然以协议 3 作为例子,信道有 4 种可能的状态:0 号帧或 1 号帧从发送方往接收方移动,确认帧沿着相反的方向移动,或信道为空。如果将发送方和接收方抽象成每一方都有两种状态,则整个系统有 16 种不同的状态。

本书中提及的"在信道上"是一种抽象的说法,它实际上是指一帧可能已经被接收到了,但是在目标方还没有被处理。在协议机执行 FromPhysicalLayer 并对一帧进行处理之前,都认为这一帧还"在信道上"。

对于每一种状态,有 0 个或者多个可能的转换(transition),从而到达其他的状态。当有某个事件发生时,状态转换就会发生。对于一个协议机,在以下几种情况下可能会发生转换:一帧被送出、一帧到达、一个定时器到期、产生一个中断等。对于信道来说,典型的事件是协议机将一个新帧插入到信道上、一帧被递交给一个协议机,或者由于噪声丢失了一帧。一旦给出了协议机和信道特征的完整描述,就有可能画出一个有向图,其中,所有的状态显示为节点,而所有的转换显示为弧。

初始状态(initial state)是一种特殊的状态,它对应于系统开始运行时,或稍后某个方便的起始时刻系统的状况。从初始状态开始,经过一序列的转换可以到达某一些(或者所有)其他的状态,利用图论中一些著名的技术(比如,计算一个图的传递闭包),就有可能确定哪些状态是可达的,哪些状态是不可达的。这样的技术称为可达性分析(reachability analysis),这种分析对于确定一个协议的正确性非常有帮助。

从形式上,一个协议的有限状态机模型可以看作是一个四元组(S, M, I, T),其中:

S 是指进程和信道可能的状态集合;

M 是指能在信道上进行交换的帧的集合;

I 是指进程的初始状态集合;

T 是状态之间转换的集合。

刚开始时,所有的进程都处于初始状态。然后各种事件相继发生,比如待传输的帧已经准备好,或者定时器到期等。每一个事件都可能引起一个进程或者信道有所行动,并转换成一种新的状态。只要仔细地列举出每种状态的各种可能的后续状态,就可以构造出可达性图,并且分析该协议。

可达性分析也可以用来检查协议规范中的各种错误,例如,如果某一特定的帧出现在某一特定的状态是有可能的,但是有限状态机并没有说明应该采取何种行动,则该协议规范是错误的(至少是不完整的)。如果存在这样一组状态:从这些状态出发既没有出口,也不能再前进下去(即不能再正确地接收帧),就犯了另一个错误(死锁)。另一个不太严重的错误是,协议规范说明了在某一种状态下如何处理一个事件,而实际上在这种状态下该事件不可能发生(多余的变迁),其他一些错误也可以被检测出来。

作为有限状态机模型的一个例子,请考虑图 3.14(a)。该图对应于前面介绍的协议 3:每个协议机有 2 种状态,信道上有 4 种状态,总共有 16 种状态。然而,从初始状态出发,这些状态并不都是可达的。图中没有画出不可达的状态,为了简化,这里省略了校验和错误。

每种状态都由 3 个字符 SRC 来标识,其中 S 为 0 或 1,对应于发送方正在试图发送的那一帧;R 也是 0 或 1,对应于接收方期望接收的那一帧;C 为 0、1 或者空(-),对应于信道的状态。在这个例子中,初始状态为(000)。换句话说,发送方发送了 0 号帧,接收方正在等待 0 号帧,并且 0 号帧当前正在信道上。

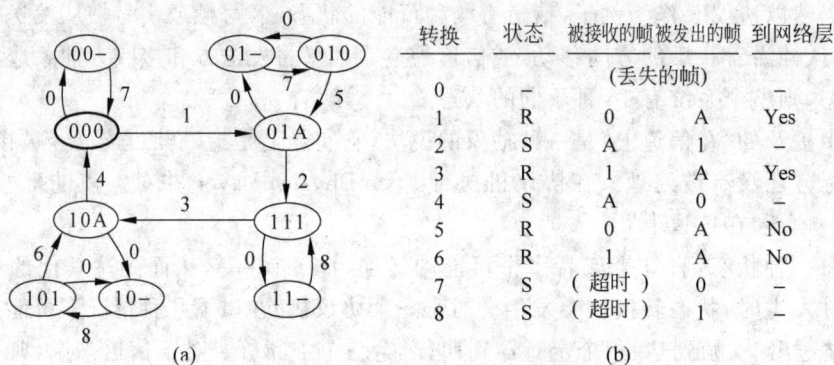

转换	状态	被接收的帧	被发出的帧	到网络层
			(丢失的帧)	
0	—			—
1	R	0	A	Yes
2	S	A	1	—
3	R	1	A	Yes
4	S	A	0	—
5	R	0	A	No
6	R	1	A	No
7	S	(超时)	0	—
8	S	(超时)	1	—

(a)   (b)

图 3.14　有限状态机模型的举例

(a) 协议 3 的状态图;(b) 转换

图 3.14 显示了 9 种状态变迁。变迁 0 为信道丢失了其上的内容,变迁 1 为信道正确地将分组 0 递交给接收方,然后接收方将它的状态改变为期望接收 1 号帧,并且发送一个确认,1 号变迁对应于接收方将分组递交给网络层。其他的变迁如图 3.14(b)所列,该图没有显示带一个校验和错误的帧到达的情形,因为它没有改变状态(在协议 3 中)。

在正常的操作过程中,变迁 1,2,3 和 4 顺序地不断重复。在每一轮循环中,两个分组被递交,从而将发送方带回到初始状态,即试图发送序列号为 0 的一个新帧。如果信道丢失了 0 号帧,则协议从状态(000)变迁到状态(00-)。最终,发送方超时(变迁 7),系统又回到(000)。丢失确认帧的情形要复杂一些,它要求两个变迁:7 和 5,或者 8 和 6,才能修复过来。

采用 1 位序列号的协议必须具备的一个特征是:不管事件发生的顺序如何,接收方永远也不会连续递交两个奇数序列号的分组,即中间没有偶数序列号的分组,反之亦然。从图 3.14 中的状态图可以看出,这样的要求可以用更加形式化的语言来描述:"从初始状态出发,不存在变迁 1 发生两次,并且在这两次事件中间没有发生变迁 3 的路径,反之亦然"。从图中可以看出,单就这一点而言,协议是正确的。

一个类似的要求是,不存在这样的路径:发送方改变状态两次(比如,从 0~1,再回到 0),而接收方的状态仍然不变。假如存在这样的路径,那么从对应的事件序列来看,则是有两帧彻底地丢失了,而接收方没有察觉。在被递交的分组序列中,将会有一个无法检测的缝隙。

作为一个协议,另一个重要的特征是不允许存在死锁。死锁(deadlock)是指不管事件序列如何发生,协议都不可能再前进了(即不再向网络层递交分组)。从状态图模型的角度

来看,死锁的特征可以描述如下,存在这样一个状态子集,从初始状态可以到达该状态子集中,但是该状态子集具有以下两个特性:

(1) 没有通向子集外部的变迁;

(2) 在子集中不存在能引起进一步前行的变迁。

一旦一个协议进入到死锁状态,它就永远停在里边了。同样地,很容易从图 3.14 看出,协议 3 没有死锁。

2. Petri 网模型

有限状态机并不是用形式化手段描述协议的唯一技术,在本节中,将介绍一种完全不同的技术,称为 Petri 网(Petri net)。一个 Petri 网有 4 个基本元素:库所(place)、变迁(transiiifln)、弧(arc)和标记(token)。一个库所(place)代表了该系统(或部分系统)可能处的状态。图 3.15 显示了一个 Petri 网,它有 A 和 B 两个库所,图中用圆圈表示库所。系统当前处于状态 A 中,在库所 A 中用一个标记(token,粗黑点)表示这一点。转换(transition)用一个水平的或者垂直的条来表示。每个转换有零个或者多个输入弧,这些输入弧从该转换的输入库所进来,同时它还有零个或者多个输出弧,通过这些输出弧到达它的输出库所。

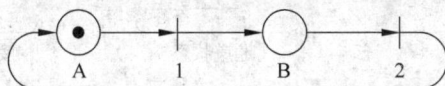

图 3.15　包含 2 个库所和 2 个转换的 Petri 网

如果在转换的每个输入库所中至少有一个输入标记,则称该转换是激活的(enabled)。任何一个激活的转换随时都可以激发(fire),即从每个输入库所中删除一个标记,并且在每个输出库所中放上一个标记。如果输入弧的数量与输出弧的数量不相等,则标记就不会保持不变。如果有两个或者多个转换是激活的,则其中任何一个都可以激发。到底选择激发哪一个转换,这是不确定的,这也正是用 Petri 网来模拟协议的原因之一。图 3.15 中的 Petri 网是确定的,它可以被用来模拟任何两阶段的处理过程(比如婴儿的行为:吃、睡、吃、睡,等),如同所有的模拟工具一样,不必要的细节都被忽略了。

图 3.16 给出了图 3.15 的 Petri 网模型。与有限状态机模型不同的是,这里没有复合的状态;发送方的状态、信道的状态和接收方的状态都是单独描述的。转换 1 和 2 对应于发送方送出 0 号帧后在正常情况下和超时情况下的行为,转换 3 和转换 4 对应于 1 号帧的情形,转换 5,6 和 7 分别对应于 0 号帧丢失、确认帧丢失和 1 号帧丢失的情形。当到达接收方的数据帧包含错误的序列号时,转换 8 和 9 就会发生,转换 10 和 11 代表了下一帧顺序到达接收方以及该帧被递交给网络层的情形。

Petri 网也可以用来检测协议中的错误,其方式类似于有限状态机。例如,如果某一个激发序列包含了两次转换 10,但是这两次转换 10 的中间没有转换 11,此时协议是不正确的,Perti 网中的死锁概念与有限状态机中的类似。

Petri 网也可以用类似于文法的代数形式来表示,每一个转换对应于文法中的一条规则。每条规则定义了相应转换的输入和输出库所,由于图 3.16 中有 11 个转换,所以它的文法有 11 条规则,用 1~11 进行编号,每条规则对应于同一编号的转换。图 3.16 的 Petri 网的文法如下:

C: 线路上的Seq0
D: 线路上的Ack
E: 线路上的Seq1

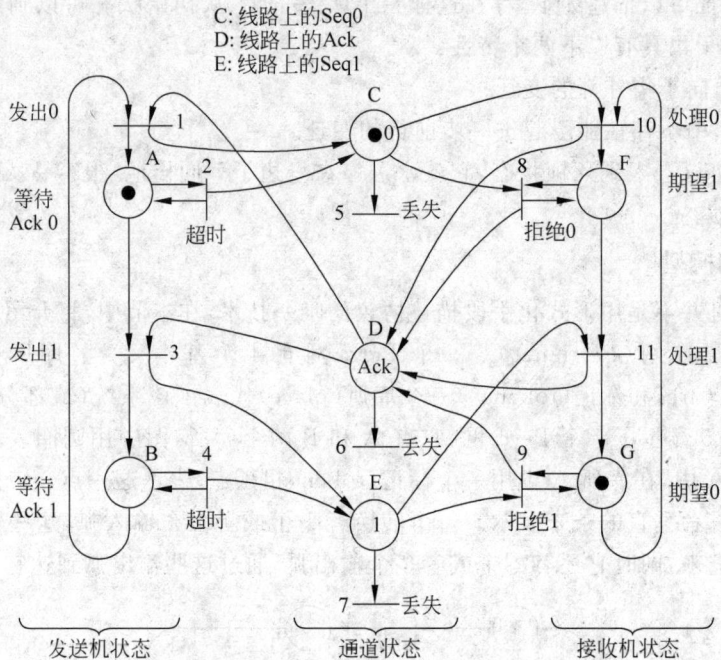

图 3.16　协议 3 的 Petri 网模型

1：BD → AC

2：A → A

3：AD → BE

4：B → B

5：C →

6：D →

7：E →

8：CF → DF

9：EG → DG

10：CG → DF

11：EF → DG

可以看出,这确实很有意思,把一个复杂的协议简化为 11 条简单的文法规则,而用计算机程序来维护这些文法规则是非常容易的。

Petri 网的当前状态可以表示为一组无顺序关系的库所集合,每个库所在集合中的重复次数等于它的标记数。任何一条规则,如果其左边的库所都出现了,它就可以被激发,结果是,这些库所从当前状态中删除,并且将该规则的输出库所加入到当前状态中。图 3.16 的状态被标为 ACG,即 A、C 和 G 各有一个标记。因此,规则 2、5 和 10 都是激活的,它们中的任何一条规则都可以被应用,从而会到达一种新的状态(有可能与原来的状态一样)。相反,规则 3（AD→BE)不可能被应用,因为 D 没有标记。

3.7 数据链路层协议示例

在本节中,将介绍几个已经被广泛使用的数据链路协议,第一个是 HDLC——高级数据链路控制,它是一个经典的面向位的协议,该协议的一些变种版本在许多应用中已经被使用几十年了。

第二个数据链路协议是 PPP,它被用来将家庭计算机连接到因特网上。

1. HDLC

在本节中,将讨论一组紧密相关的协议,它们都演变自最初在 IBM 大型机领域中使用的数据链路协议:同步数据链路控制(Synchronous Data Link Control,SDLC)协议,IBM 在开发了 SDLC 之后,将它提交给 ANSI 和 ISO,希望接受成为美国标准和国际标准。ANSI 对它进行了修改,变成了高级数据通信控制规程(Advanced Data Communication Control Procedure,ADCCP),ISO 将它修改成为高级数据链路控制(High-level Data Link Control, HDLC)。然后,CCITT 采纳并修改了 HDLC,作为它的链路访问规程(Link Access Procedure,LAP),并成为 X.25 网络接口标准的一部分,但是后来又将它修改为 LAPB,使之与 HDLC 的后来版本更加兼容。这么多标准的好处在于,有很多的标准可供选择,而且,如果不喜欢这些标准,可以等待下一年的模型。

这些协议都基于相同的原理。所有协议都是面向位的,并且为了确保数据的透明性,它们都使用了位填充。它们相互之间只有一些细微的差别,但是这些差别多少让人觉得不愉快。以下关于面向位的协议的讨论只是一般性的介绍,至于每一种协议的特殊细节,请参考有关材料。

所有的面向位的协议都使用了如图 3.17 所示的帧结构。其中 Address(地址)域对于有多个终端的线路显得尤为重要,因为在这样的环境中,该域被用于标识一个终端。对于点到点的线路,它有时被用来区分命令和应答。

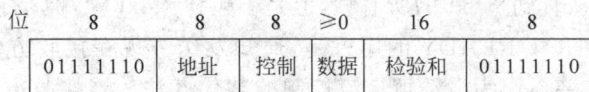

位	8	8	8	≥0	16	8
	01111110	地址	控制	数据	检验和	01111110

图 3.17 面向位的协议的帧格式

控制(Control)域被用作序列号、确认,以及其他的用途,后面还要进一步讨论。

数据(Data)域可以包含任何信息,它可以任意长,不过,随着帧长度的增加,校验和的效率会降低,因为多个突发性错误的概率会加大。

校验和(Checksum)域是一个循环冗余码,在 3.2.2 节中讨论了这种编码的技术。

帧的分界是另一个标志序列(01111110),在空闲的点到点线路上,它连续不断地传输标志序列。最小的帧包含三个域,总共 32 位(其中不含两头的标志序列)。

共有三种类型的帧:信息帧(information)、管理帧(supervisory)和无序号的帧(unnumbered)。对于这三种帧,控制域的内容如图 3.18 所示。协议使用了一个滑动窗口,其中序列号的长度为 3 位。在任何时候都允许有 7 个未被确认的帧处于等待状态。

图 3.18(a)中的 Seq 域是帧的序列号,Next 域是一个捎带的确认。然而,所有的协议都遵从这样的约定:所捎带的并不是最近正确接收到的帧的序列号,而是尚未接收到的第一帧的序列号(即期望接收的下一帧)。是选择最近接收到的帧,还是期望接收的下一帧,这可以是任意的,使用哪一种约定方式并没有关系,只要在协议中保持一致即可。

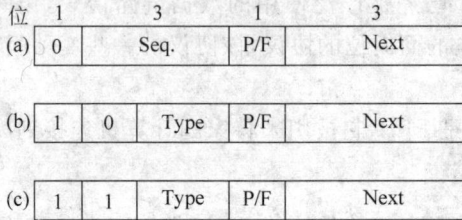

位	1	3	1	3
(a)	0	Seq.	P/F	Next

	1	0	Type	P/F	Next
(b)	1	0	Type	P/F	Next

	1	1	Type	P/F	Next
(c)	1	1	Type	P/F	Next

图 3.18　三种帧的 Control 域

(a) 信息帧;(b) 管理帧;(c) 无序号的帧

P/F 位代表 Poll/Final(查询/结束),当一台计算机(或者集中器)正在询问一组终端时需要用到该域。当用作 P 时,该计算机正在请求终端发送数据。终端发送的所有帧,除了最后一帧以外,都将 P/F 位设置为 P,最后一帧的 P/F 位设置为 F。

在有些协议中,P/F 位被用于强迫其他的机器立即发送一个管理帧,而不是等待反向的流量以便捎带窗口信息。P/F 位与无序号帧一起还有一些很重要的用途。

各种不同的管理帧可通过 Type(类型)域来区分,Type 0 是一个确认帧(正式的名称为 RECEIVE READY,接收就绪),通过这样的确认帧可以指示下一个期望的帧。当没有反向的流量可以用来捎带时,就可以使用 Type 0 管理帧。

Type 1 是一个否定的确认帧(正式名称是 REJECT,拒绝)。它用来指示一个传输错误已经被检测到了。Next 域指明了第一个没有被正确接收到的帧的序列号(即期望被重传的帧)。发送方必须重传从 Next 开始的所有未被确认的帧。这种策略与协议 5 比较类似,而不是协议 6。

Type 2 是 RECEIVE NOT READY(接收尚未就绪),如同 Type 0(RECEIVE READY)一样,它确认直到 Next 的所有帧,但是不包含 Next 帧,但是它告诉发送方不要再发送了。RECEIVE NOT READY 的用意是,通知发送方现在接收方临时有了问题,比如缓冲区短缺,但是,它并不作为滑动窗口流控制的替代办法。当接收方的问题恢复之后,它发送一个 RECEIVE READY,REJECT 或者其他特定的控制帧。

Type 3 是 SELECTIVE REJECT(选择性拒绝),它只要求重传指定的帧。从这一层意义上,它更像协议 6 而不是协议 5,所以,当发送方的窗口尺寸小于等于序列号空间大小一半时,它特别有用。因此,如果接收方希望将乱序的帧缓存起来以备将来可能使用,它可以使用 SELECTIVE REJECT 管理帧来强迫重传任何一帧。HDLC 和 ADCCP 都支持这种类型的帧,但是 SDLC 和 LAPB 不允许这样的帧(即协议中没有 SELECTIVE REJECT),并且没有定义 Type 3 类型的帧。

第三类帧是无序号帧,它有时被用于控制,但是当要求提供不可靠的无连接服务时,它也可以承载数据。在前面介绍的信息帧和管理帧中,各种面向位的协议基本上是一致的,但是,在无序号帧中,不同的协议有很大的差别。其中有 5 位用于指明帧的类型,但并不是所有的 32 种可能都用到了。

所有的协议都提供了一个命令 DISC (DISConnect)，通过该命令，一台机器可以宣布它要宕机了(例如，为了预防性的维护)。它们还有另一个命令，允许一台刚刚连接在线的机器宣布它又回来了，并且强制所有的序列号都回到0。该命令被称为设置正常响应模式(set normal response mode，SNRM)。不幸的是，"正常响应模式"其实并不正常。它是一种不平衡(即非对称)的模式，线路的一头是"主"，另一头是"从"。SNRM 来源于早期时候，当时数据通信意味着一个哑终端与一台大的主机进行通信，这当然是非对称的。为了使协议更加适合于通信双方较为平等的情形，HDLC 和 LAPB 增加了一个命令设置异步的平衡模式(set asynchronous balanced mode，SABM)，它重置线路，并宣称双方是平等的。这两个协议还有两个命令 SABME 和 SNRME，这两个命令分别等同于 SABM 和 SNRM。但是它们允许使用7位序列号的扩展帧格式，而不是3位序列号。

所有协议都提供的第三个命令是 FRMR(FraMe Reject，帧拒绝)，它是指所到达的帧虽然校验和正确，但是语义不正确。语义错误的例子有：LAPB 中出现了 Type 为3的管理帧、短于32位的帧、非法的控制帧、序号落在窗口之外的帧的确认帧，等等。FRMR 帧包含一个24位的数据域，用于指明该帧有什么错误。数据域中包含了坏帧的控制域、窗口的参数，以及一些用于指示特定错误的位。

如同数据帧一样，控制帧也可能会丢失，或者损坏，所以控制帧也必须被确认。一种特殊的、称为无序号的确认(Unnumbered Acknowledgement，UA)的控制帧正用于这样的目的。由于只有一个控制帧可能处于未确认的状态，所以，"对哪一个帧进行确认"这个问题并不存在歧义。

其他的控制帧被用来处理初始化、查询和状态报告，还有一种控制帧可以包含任意的信息，即无序号信息(Unnumbered Information，UI)。这些数据并不被传递给网络层，而是由接收方的数据链路层自己使用。

2. 因特网中的数据链路层

因特网是由大量的机器(主机和路由器)以及连接这些机器的通信设施构成的。在单个建筑物内，通常使用 LAN 来实现互联；但是绝大多数的广域设施则是通过点到点的租用线路构建起来的。

在实践中，点到点通信主要被用于两种情形。第一情形，数以千计的组织有一个或者多个 LAN，每个 LAN 都有一定数量的主机(个人计算机、用户工作站、服务器等)，以及一个路由器(或者网桥，其功能相似)。通常路由器由一个骨干路由器连接，所有与外界的连接都经过一个或者两个路由器，这个路由器或者这两个路由器通过点到点的租用线路连接到远程的路由器。

点到点线路在因特网上扮演重要角色的第二种情形是：上百万的个人用户在家里利用调制解调器和拨号电话线连接到因特网。通常的过程是这样的：用户的家庭 PC 机呼叫某一个因特网服务供应商的路由器，然后就好像一台全功能的因特网主机那样工作。这种操作方法与"在 PC 机和路由器之间通过租用线路进行通信"并无区别，只不过，当用户终止了会话之后，PC 机与路由器之间的连接也随之被终止。图3.19演示了家庭 PC 机呼叫因特网服务供应商的情形。图中的调制解调器被显示在计算机的外部，这样可以强调它的角色的重要性，现代的计算机大多使用内置的调制解调器。

无论是从路由器到路由器的租用线路的连接，还是从主机到路由器的拨号连接，在线路

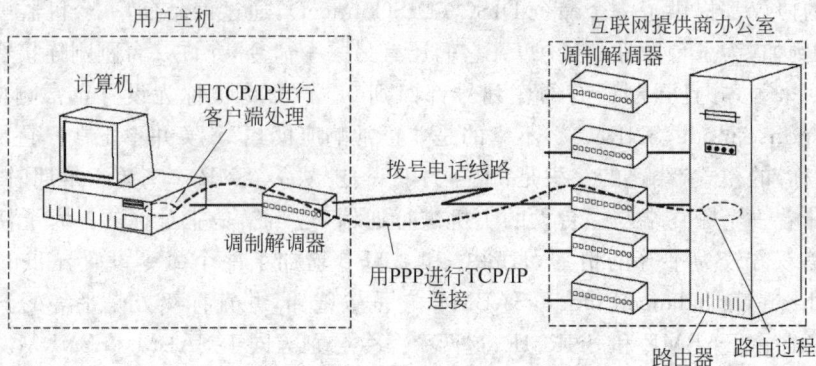

图 3.19 一台家庭个人计算机成为一台因特网

上都需要一种点到点的数据链路协议,来完成成帧、错误控制以及本章中学习过的其他的数据链路层功能。在因特网中使用的数据链路协议称为 PPP,现在来讨论该协议。

因特网需要一个点到点协议,它有多种用途,其中包括传送从路由器到路由器之间的流量,以及从家庭用户到 ISP 之间的流量。该协议是点到点协议(Point-to-Point Protocol,PPP),RFC1661 定义了该协议,其他几个 RFC(例如 RFC 1662 和 I663)又进一步详细地对它进行了阐述。PPP 具有处理错误检测,支持多个协议,允许在连接时刻协商 IP 地址,允许身份认证等许多特性。

PPP 提供了 3 类功能:

(1)一种成帧方法,它可以毫无歧义地分割出一帧的结束和下一帧的开始,并且帧格式支持错误检测。

(2)一个链路控制协议,可用于启动线路、测试线路、协商参数,以及当线路不再需要时可以温和地关闭线路。该协议称为链路控制协议(Link Control Protocol,LCP)。它支持同步和异步线路,也支持面向字节的和面向位的编码方法。

(3)一种协商网络层选项的方法,并且协商方法与所使用的网络层协议独立。所选择的方法对于每一种支持的网络层都有一个不同的网络控制协议(Network Control Protocol,NCP)。

为了看清楚这几部分是如何组合起来的,来考虑一种典型的情形:一个家庭用户呼叫一个因特网服务供应商,以便让它的家庭 PC 机成为一台临时的因特网主机。PC 机首先通过调制解调器呼叫供应商的路由器,当路由器的调制解调器回答了用户的电话呼叫,并建立起一个物理连接之后,PC 机给路由器发送一系列 LCP 分组,它们被包含在一个或者多个 PPP 帧的有效载荷域中,这些分组以及它们的应答信息将选定所使用的 PPP 参数。

一旦双方对 PPP 参数达成一致,又会发送一系列 NCP 分组,这些 NCP 分组用于配置网络层。通常情况下,PC 机希望运行一个 TCP/IP 协议栈,所以它需要一个 IP 地址。由于没有足够的 IP 地址可供使用,所以,通常每个因特网供应商都会先得到一段 IP 地址范围,然后动态地分配一个地址给每台新近登录的 PC 机,保证它在登录会话过程中使用该地址。如果一个供应商拥有 n 个 IP 地址,则它可以允许同时有 n 台机器登录进来,但是它的总用户数可以是 n 的许多倍,针对 IP 协议的 NCP 负责分配 IP 地址。

这时候,PC 机已经成为一台因特网主机,它可以发送和接收 IP 分组,就如同直接硬件连接的因特网主机一样。当用户完成了工作以后,NCP断掉网络层连接,并释放IP地址,然后NCP停掉数据链路层连接,最后,计算机通知调制解调器挂断电话,释放物理层的连接。

PPP选择的帧格式与HDLC的帧格式非常相似,因为没有理由再重新发明一种新的格式。PPP和HDLC之间最主要的区别是,PPP是面向字符的,而不是面向位的,PPP还在拨号调制解调器线路上使用了字节填充技术,因此所有的帧都是整数个字节。

因此,要想发送一个包含30.25个字节的帧是不可能的,而在HDLC中则是可能的,PPP帧不仅可以通过拨号电话线发送出去,也可以通过SONET或者真正的面向位的HDLC线路(比如从路由器到路由器之间的连接)发送出去。图3.20显示了PPP帧的格式。

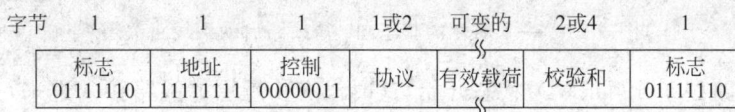

字节	1	1	1	1或2	可变的	2或4	1
	标志 01111110	地址 11111111	控制 00000011	协议	有效载荷	校验和	标志 01111110

图 3.20 无序号模式操作下的 PPP 完整帧格式

所有的PPP帧都以一个标准的HDLC标志字节(01111110)作为开始,如果它正好出现在有效载荷域中,则需要进行字节填充。接下来是地址域,它总是被设置成二进制值11111111,以表示所有的站都可以接受该帧。使用这样的值可以避免"必须分配数据链路地址"的问题。

地址域之后是控制域,该域的默认值是00000011。此值表明了这是一个无序号帧,换句话说,在默认方式下,PPP并没有采用序列号和确认来实现可靠传输。在有噪声的环境下(比如无线网络),可以利用编号模式来实现可靠传输。RFC 1663定义了确切的细节,但是在实践中它很少被采用。

由于在默认配置下,地址和控制域总是常量,所以LCP提供了必要的机制,允许双方协商一个选项,该选项的目的仅仅是省略这两个域,因而每一帧可以节约2字节。

第四个PPP域是协议域,它主要指明了是哪种分组在净荷域(又称有效载荷)域中。已定义了代码的协议为LCP、NCP、IP、IPX、AppleTalk和其他的协议。以1位作为开始的协议是网络层协议,比如IP、IPX、OSI CLNP、XNS。以1位作为开始的协议被用于协商其他的协议,这包括LCP,以及每一个支持的网络层协议都有一个不同的NCP。协议域的默认大小为2字节,但是,通过LCP可以将它协商为1字节。

有效载荷域是可以变长的,最多可达到某一个商定的最大值。如果在线路建立过程中没有通过LCP协商该长度,则使用默认长度1500字节。如果有需要,在有效载荷之后可以加一些填充字节。

在有效载荷域之后是校验和域,通常该域为2字节,但通过协商也可以是4字节。

总而言之,PPP是一种多协议成帧机制,它适合于在调制解调器、HDLC位序列线路、SONET和其他的物理层上使用。它支持错误检测、选项协商、头部压缩,以及(可选)使用HDLC类型帧格式的可靠传输。

现在从PPP帧格式转移到线路的启动和关闭机制上来,图3.21是一个简化了的状态图,它显示了一条线路从被启动、使用,一直到被关闭的全过程。该过程不仅适用于调制解调器连接,也适用于从路由器到路由器的连接。

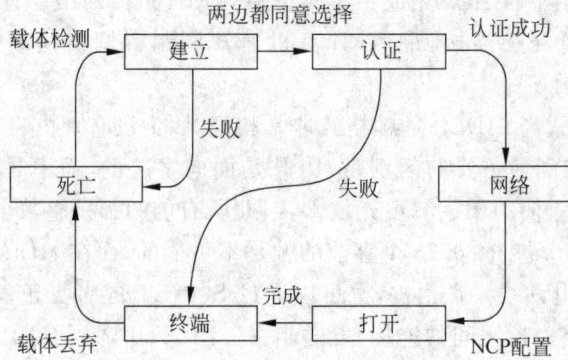

图 3.21　一个简化的状态图：从线路启动到线路关闭

协议从线路处于死(DEAD)状态开始,这时没有物理层的线路接入进来,也没有物理层连接存在。当物理连接被建立起来之后,线路转移到建立(ESTABLISH)状态。此时,LCP选项协商开始,如果成功,线路状态转移回到身份认证(AUTHENTICATE)。

当进入到网络(NETWORK)状态时,通过调用适当的 NCP 协议可以配置网络层。如果配置成功,则到达打开(OPEN)状态,于是可以传输数据了。当数据传输任务完成之后,线路转移到终止(TERMINATE)状态,当线路掉线后,就从终止回到死状态。

在建立状态阶段,LCP 协商数据链路协议的选项。LCP 协议并不真正关心这些选项本身,相反,它关心的是用于协商的机制。它提供了这样一种方法:允许发起进程提出建议,而应答进程接受或者拒绝该建议(可以是全部,也可以是部分)。它同时还提供了一种方法以允许两个进程测试线路质量,看它们是否认为线路足够好到可以建立一个连接。最后,LCP 协议允许当线路不再需要的时候,关闭这些线路。

RFC 1661 中定义了 11 种 LCP 帧,表 3.1 列出了这些帧的含义,4 种 Configure 类型的帧允许发起方(I)提出建议选项值、应答方(R)接受或者拒绝这些建议值。如果应答方拒绝,则它可以提出另外的建议值,或者宣布它根本不愿意协商特定的选项。被协商的选项以及它们的建议值都是 LCP 帧的一部分。

表 3.1　LCP 帧的类型

名字	方向	描述
请求配置	I→R	提出的选择和值的清单
ACK 配置	I←R	所有选择都被接受
NAK 配置	I←R	一些选择没有被接受
拒绝配置	I←R	一些选择是不可商量的
请求终端	I→R	关闭线程的请求
ACK 终端	I←R	好的,线程关闭
拒绝代码	I←R	接受未知的请求
拒绝协议	I←R	接受未知的协议
回应请求	I→R	请把这帧发送回来
回应答复	I←R	这就是发送回来的帧
丢弃请求	I→R	丢弃这一帧(测试状态下)

当一条线路不再需要时,通过 Terminate 类型的帧可以将它关闭。Code-reject 和 Protocol-reject 码表示应答方获得了某些无法理解的信息,这种情况有可能意味着发生了某个未被检测到的传输错误,但是更有可能意味着发送方和接收方运行的 LCP 协议的版本不同,Echo 类型的帧可被用于测试线路的质量,最后通过 Discard-request 类型的帧帮助调试。如果任何一方在将数据发送到线路上时出现了问题,则程序员可以使用这种类型的帧来进行测试。如果该帧到达了目的地,则接收方只要直接丢弃即可。

可以被协商的选项包括数据帧的最大有效载荷长度、允许身份认证和选择所用的认证协议、允许在正常操作过程中监视线路质量,以及选择各种头部压缩选项。

每一个 NCP 协议都针对某个特定的网络层协议,通过该 NCP 协议,可以配置相应的网络层协议。例如,对于 IP 协议,动态地址分配是最重要的内容。

3.8 小结

数据链路层的任务是将物理层提供的原始位流转换成可供网络层使用的帧流,数据链路层用到了各种成帧的方法,包括字符计数法、字节填充法和位填充法。数据链路协议可以提供错误控制能力,以便重传损坏的或者丢失的帧。为了避免快速的发送方淹没一个慢速的接收方,数据链路协议还要提供流控制功能。

滑动窗口协议可以按照发送方的窗口大小和接收方的窗口大小来进行分类。当两个窗口的大小都是 1 时,滑动窗口协议变成了停-等协议。当发送方的窗口大于 1 时,接收方可以有两种实现方法:除了下一个顺序帧以外其他的帧都丢弃;或者将所有乱序的帧都缓存起来,一直到需要这些帧时。

在本章中我们讨论了一系列协议,协议 1 是针对理想的无错误的环境而设计的协议,其中接收方可以处理任何发送给它的流量;协议 2 仍然假设在一个无错误的环境中,但是引入了流控制;协议 3 通过引入序列号,并使用停-等算法来处理错误;协议 4 允许双向通信,并且引入了捎带确认的概念;协议 5 使用了一个滑动窗口,支持回退 n 帧;协议 6 使用了选择性重发和否定确认的技术。

有限状态机和 Petri 网模型可以用来为协议建模,通过建模有助于分析协议的正确性。

许多网络的数据链路层使用了某种面向位的协议,例如 SDLC、HDLC、ADCCP 或者 LAPB,所有这些协议都使用标志字节作为帧的分界,并且使用位填充技术来避免在数据中出现标志字节。所有这些协议都使用一个滑动窗口来实现流控制,因特网则使用 PPP 作为点到点线路上的基本数据链路协议。

习题

3-1 一个上层的分组被切分成 10 帧,每一帧有 80% 的机会可以无损坏地到达。如果数据链路协议没有提供错误控制,请问,该报文平均需要发送多少次才能完整地到达接收方?

3-2 数据链路协议中使用了下面的字符编码：

A:01000111； B:11100011； FLAG:01111110； ESC:11100000

为了传输一个包含 4 个字符的帧:A B ESC FLAG,请给出当使用下面的成帧方法时所对应的位序列(用二进制表达)：

(1) 字符计数。

(2) 包含字节填充的标志字节。

(3) 包含位填充的起始和结束标志。

3-3 数据片断(A B ESC C ESC FLAG FLAG I)出现在一个数据流的中间,而成帧方法采用的是本章介绍的字节填充算法,请问经过填充之后的输出是什么？

3-4 你的一个同学 Scrooge 指出:每一帧的结束处是一个标志字节,而下一帧的开始处又是另一个标志字节,这种做法非常浪费空间。用一个标志字节也可以完成同样的任务,这样就可以节省一个字节。你同意这种观点吗？

3-5 位串 0111101111101111110 需要在数据链路层上被发送,请问经过位填充之后实际被发送出去的是什么？

3-6 假设使用了位填充成帧方法,请问,因为丢失一位、插入一位,或者篡改一位而引起的错误是否有可能通过校验和检测出来？ 如果不能,请问为什么？ 如果能够检测出来,请问校验和长度在这里是如何起作用的？

3-7 你能够想象得出在什么样的环境下,一个开环协议(比如海明码)有可能更加适合于本章通篇所讨论的反馈类型的协议？

3-8 为了提供比单个奇偶位的检错能力更强的可靠性,一种检错编码方案如下:用一个奇偶位来检查所有奇数序号的位,用另一个奇偶位来检查所有偶数序号的位。请问这种编码方案的海明距离是多少？

3-9 假设使用海明码来传输 16 位的报文。请问,需要多少个检查位才能确保接收方可以检测并纠正单个位错误？ 对于报文 1101001100011010 1,请给出所传输的位模式,假设在海明码中使用了偶数位。

3-10 假设用偶数位的海明码对一个 8 位字节进行编码,该字节编码前为 10101111,请问编码之后的二进制值是什么？

3-11 接收方收到了一个 12 位的海明码,其十六进制值为 0xE4F。请问原来的值是多少(用十六进制表示)？ 假设至多只有 1 位发生了错误。

3-12 检测错误的一种方法是按 n 行、每行 k 位来传输数据,并且在每行和每列加上奇偶位,其中右下角是一个检查它所在行和所在列的奇偶位。这种方案能够检测出所有的单个错吗？ 2 位错误呢？ 3 位错误呢？

3-13 对于一个 n 行和 k 列的数据位块,现在使用水平和垂直的奇偶位来检测错误。假设由于传输错误,其中有 4 位变反了。请推导出该错误未能被检测出来的概率表达式。

3-14 记 $x^7 + x^5 + 1$ 被生成器多项式 $x^3 + 1$ 除,所得的余数是什么？

3-15 利用本章中介绍的标准 CRC 方法来传输位流 10011101,生成器多项式为 $x^3 + 1$。请给出实际被传输的位串,假设在传输过程中左边第三位变反了。请证明,这个错误可以在接收端被检测出来。

3-16　数据链路协议几乎总是将 CRC 放在尾部,而不是头部,请问这是为什么?

3-17　一个信道的位速率为 4Kb/s,传输延迟为 20ms,请问帧的大小在什么范围内,停-等协议才可以获得至少 50% 的效率?

3-18　一条 3000km 长的 T1 骨干线路被用来传输 64 字节的帧,两端使用了协议 5,如果传输速度为 6μs/km,则序列号应该有多少位?

3-19　想象你正在编写一个数据链路层软件,它被用在一条专门给你发送数据的线路上,而不是让你往外发送数据。另一端使用了 HDLC,3 位序列号和一个可容纳 7 帧的窗口。你希望将乱序的帧尽可能多地缓存起来,以提高效率,但是你又不允许修改发送方的软件。是否有可能让接收方的窗口大于 1,并且仍然保证该协议不会失败呢? 如果可能,能够安全地使用的最大窗口是多少?

3-20　利用地球同步卫星在一个 1Mb/s 的信道上发送 1000 位的帧,该信道离开地球的传输延迟为 270ms。确认信息总是被捎带在数据帧上,头部非常短,并且使用 3 位序列号。在停-等协议中,最大可获得的信道利用率是多少?

3-21　考虑在一个无错误的 64Kb/s 卫星信道上单向发送 512 字节的数据帧,有一些非常短的确认从另一个方向回来。对于窗口大小为 1,7,15 和 27 的情形,最大的吞吐量分别是多少? 从地球到卫星的传输时间为 270ms。

3-22　一条 100km 长的电缆运行在 T1 数据速率上,电缆的传输速度是真空中光速的 2/3。请问电缆中可以容纳多少位?

3-23　PPP 基本上是以 HDLC 为基础的,HDLC 使用了位填充技术来防止在有效载荷数据中偶尔出现标志字节,以避免引起混淆。请给出至少一个理由说明为什么 PPP 却使用了字节填充技术?

3-24　用 PPP 来发送 IP 分组的最小开销是多少? 只计算由于 PPP 本身而引入的开销,不计算 IP 头部的开销。

3-25　数据链路层中的链路控制包括哪些功能? 试讨论数据链路层做成可靠的链路层有哪些优点和缺点。

第4章

介质访问控制子层

网络链路可以分成两大类：使用点到点连接和使用广播信道。在第 2 章学习了点到点链路，本章将主要讨论广播网络及其协议。

在任意一个广播网络中，关键的问题是当多方竞争信道的使用权时如何确定谁可以使用信道。当只有一条信道可供使用时，确定下一个使用者是非常困难的。为了把这个问题表述得更加清晰，用一个电话会议的场景来模拟说明：现在有 6 个人分别守在 6 部不同的电话机旁，这些电话相互之间都有连接，所以每个人都可以听到其他人说话，也可以对其他人讲话。当一个人停止说话时，很可能马上有两个或者更多个人开始说话，从而导致交流的一片混乱。而在面对面坐着的会议上，这种混乱局面可以通过外部途径得到解决，比如，让与会者通过举手的方式请求获得发言权。而现在专门用来解决这个问题的一些协议，正是本章的内容。在这里，广播信道有时也称为多路访问信道（multi-access channel）或者随机访问信道（random access channel）。

在多路访问信道用于确定下一个使用者的协议属于数据链路层的一个子层，称为介质访问控制（Medium Access Control，MAC）子层。在 LAN 中，MAC 子层尤其重要，特别是在无线局域网中，因为无线本质上就是广播信道。所以本章中也会包含一些从严格意义上讲不属于 MAC 子层但与 LAN 相关的内容，但是总的主题还是关于信道控制。技术上，MAC 子层位于数据链路层底部，所以，逻辑上应该在第 3 章讨论所有点到点协议之前学习MAC 子层。然而，对于大多数人来说，在很好地理解了只有两方参与的协议之后，再来理解涉及多方协同的协议要容易得多。正是基于这样的原因，我们才稍微偏离了本书自底向上的严格顺序。

4.1 信道分配问题

本章的主题是如何在竞争用户之间分配单个广播信道。信道可以是一个地理区域内的一部分无线频谱，也可以是连接着多个节点的单根电缆或者光纤，这都无关紧要。在这两种情况下，信道把每个用户与所有其他用户连接在一起，任何正在使用信道的用户和其他也想使用该信道的用户会相互干扰。

4.1.1 静态信道分配方案(LAN 及 MAN)

在多个竞争用户之间分配单个信道的传统做法是把信道容量拆开分给多个用户使用,具体方法可以采用2.5节中讨论的某种多路复用技术,比如 FDM(频分多路复用)。如果总共有 N 个用户,则整个带宽分成 N 等份,每个用户都会被分配到一份。由于每个用户都有各自私有的频段,所以用户之间不会有干扰。但事实上,只有当用户数量比较少且固定不变,并且每个用户都有相对较重的流量负担时,FDM 才是简单有效的分配方案。

然而,当发送方数目较多且不断变化时,流量的变化往往也就是突发性的。在这样的情况下,一些用户可能会因为缺少带宽而被拒绝,即使有些已经被分配了频段的用户并不发送或接收数据,这样就会浪费许多宝贵的频谱。针对 FDM 的结论同样也适用于时分多路复用(TDM)的情形,每个用户被静态地分配到 N 分之一个时段,如果一个用户并不使用分配给他的时段,则该时段就会空闲下来。

因而静态的信道分配并不适用于用户多、流量变化大的场合,所以也就需要对动态的方法进行进一步的研究。

4.1.2 动态信道分配方案(LAN 及 MAN)

在信道分配领域中,许多研究工作都是在以下重要假设的基础上完成的:

(1) 流量独立(independent traffic)。该模型是由 N 个独立的站组成的,每个站都有一个程序或者用户产生要传输的帧,这里的站有时也称为终端(terminal)。在长度为 Δt 的间隔内,产生一帧的概率为 $\lambda \Delta t$,这里 λ 为常数。一旦一帧已被生成,则该站被阻塞,直到该帧被成功地发送出去为止。

(2) 单信道(single channel)。对于所有的通信都只有一个信道可以使用。所有的站都可以在该信道上传输数据或是接收数据。从硬件的角度来看,所有的站都是平等的,但是协议软件可能会给各个站分配不同的优先级。

(3) 冲突可观察(observable collision)。如果两帧同时被传输,则它们在时间上就会有重叠,这样得到的信号是混乱的,这种情况称为冲突(collision)。所有的站都能够检测冲突事件,冲突的帧必须在以后再次被发送。除了因冲突而产生错误外,不会再有其他的错误。

(4) 时间连续或分槽(continuous or slotted time)。在任何时刻都可以开始传输帧,不需要通过一个主时钟将时间分成离散的间隔。

(5) 分槽时间(slotted time)。时间被分成离散的间隔,即时槽。帧的传输总是从某一个时槽的起点开始发送。一个时槽可能包含 0、1 或者多个帧,分别对应于空闲的时槽、一次成功的发送,或者一次冲突。

(6) 载波侦听或不听(carrier sense or no carrier sense)。一个站在使用信道之前,它可以辨别该信道当前是否正在被使用。如果信道被检测出繁忙,则没有站会使用该信道,直到信道空闲为止。

第一个假设是说:站是独立的,并且以恒定的速率产生帧。它也隐含着假设每个站只有一个程序或者用户,所以当一个站阻塞时,不会有新的帧被生成出来。更加复杂一点的模型允许每个站有多个程序,在阻塞时还可以生成帧,但是对这些站的分析会复杂得多。

单信道的假设是该模型的核心。除了这个信道外,没有任何外部途径可以通信。这些站不可能举起手来请求老师准许发言,因此必须拿出更好的解决方案。

冲突假设是最基本的。当站发送时需要一些方法来检测是否发生了冲突,由此决定重传帧而不是任由那些帧被丢失。对于有线信道,节点的硬件可设计成一边发送一边检测冲突;如果发生了冲突,该站可提前终止传输,以免浪费信道容量。

对时间给出两种不同假设的理由在于时间槽可用来改善协议性能。然而,这要求所有站遵循一个主时钟或者它们的行动与其他站同步,才能将时间分为离散的间隔。因此,它并不总是可用的。我们对这两类时间都进行了讨论和分析。对于一个给定的系统,它只能支持一种时间假设。

同样的,一个网络可能具有载波检测功能,也可能没有载波检测功能。LAN 通常具有载波检测功能,然而无线网络很难有效地使用载波检测功能,因为并不是每一个站都在其他任一个站的无线电波范围内。出于工程的原因,在无线网络上很少使用冲突检测。

为了避免任何误解,值得注意的是没有多路访问协议能保证可靠传送。即使没有发生冲突,也有这样或者那样的原因使得接收器错误地复制了帧的某些部分。因此,要由链路层的其他部分或比链路层更高的层次来提供数据传输的可靠性。

4.2 多路访问协议

分配一个多路访问信道的算法有许多种。在下面这一节中,将学习一些比较有意思的算法,并给出在实际中如何应用它们的实例。

4.2.1 ALOHA

20 世纪 70 年代,夏威夷大学的 Norman Abramson 和他的同事设计出了一种巧妙的新方法来解决信道的分配问题。自那时起,许多研究人员又进一步扩展了他们的工作,而这种系统被称为 ALOHA 系统。尽管它使用了基于地面的无线电广播通信,但是它的基本思想同样也适用于其他的多个无协调关系的用户竞争单个共享信道使用权的系统。

在这里将要讨论两个版本的 ALOHA:纯 ALOHA 和分槽 ALOHA。它们的区别在于时间是连续的,那就是纯粹版的 ALOHA;或者时间分成离散槽,所有帧都必须同步到时间槽中。

1. 纯 ALOHA

ALOHA 系统的基本思想非常简单,当用户有数据要发送时就让它们传输。虽然这样做可能会有冲突,导致冲突的帧被损坏。发送方需要通过监听信道来发现它的帧是否被毁坏,其他的用户也可以做到这一点。如果由于某种原因无法在传输时进行监听,则确认就很有必要。如果送出去的帧被毁坏了,则发送方只要等待一段随机的时间,然后再次发送该帧。等待的时间必须是随机的,否则同样的帧会不停地冲突,因为重发的节奏完全一致。像这样系统中如果多个用户共享同一个信道且会导致冲突,则这样的系统往往称为竞争(contention)系统。

图 4.1 给出了一个 ALOHA 系统中帧的框架结构。我们使所有的帧具有同样的长度,

因为对于 ALOHA 系统,采用统一长度的帧比长度可变的帧更能达到最大的吞吐量。

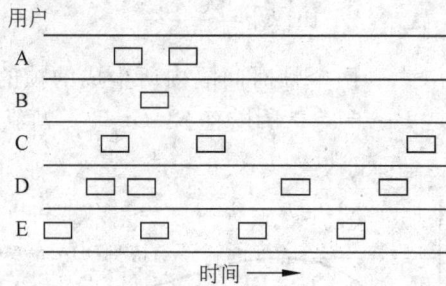

图 4.1 纯 ALOHA 生成帧框架结构

无论何时,只要两个帧在相同时间试图占用信道,冲突就会发生(如图 4.1 所示),并且两帧都会被破坏。如果新帧的第一位与几乎快传完的前一帧的最后一位重叠,则这两帧都将被彻底毁坏(即具有不正确的校验和),稍后都必须被重传。校验和不可能(也不应该)区分出是完全损坏还是局部差错,坏了就是坏了。

用"帧时"(frame time)来表示传输一个标准的、固定长度的帧所需的时间(即帧的长度除以比特率)。现在假定无穷多个用户按照泊松分布来生成新的帧,平均每个帧时产生 N 帧。如果 N 大于 1,则这群用户生成帧的速度大于信道的处理速度,因此几乎每一帧都要经受冲突。对于合理的吞吐量,应该期望 $0 < N < 1$。

除了新生成的帧以外,每个站还会产生由于先前遭受冲突而重传的那些帧。进一步假设在每个帧时间中,老帧和新帧合起来也符合泊松分布,每帧时的平均帧数为 G。显然,G 大于等于 N。在负载较低的情况下,冲突很少发生,因此重传也很少,于是 G 小于且约等于 N。在负载较高时,将会有很多冲突,所以 $G > N$。在所有这些载荷的情况下,吞吐量 S 是载荷 G 乘以每一次传输成功的概率 P_0,也即 $S = GP_0$。

如果从一帧被发出去开始算起,在一个帧时内没有发出其他的帧,则这一帧不会遭到冲突如图 4.2 所示。设发送一帧所需的时间为 t,如果其他的用户在 $t_0 \sim t_0 + t$ 之间生成了一帧,则该帧的结束部分将与阴影帧的开始部分发生冲突。实际上,阴影帧的命运在它的第一位被送出去之前就已经注定了,但是由于在纯 ALOHA 中,一个站在发送帧之前并不会监听信道,所以,它无法知道其他的帧是否已经在信道上了。类似地,在 $t_0 + t \sim t_0 + 2t$ 之间开始发送的任何其他帧也会冲突到阴影帧的结束部分。

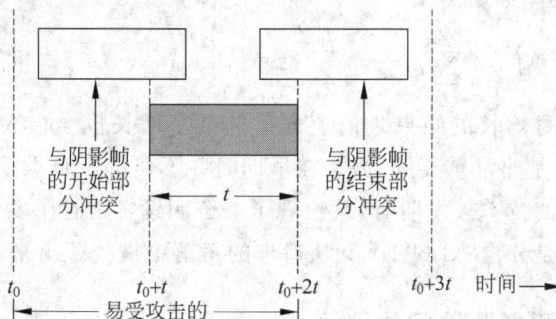

图 4.2 帧冲突危险周期图

在一个帧时中我们希望有 G 帧,但最终生成 k 帧的概率服从泊松分布:

$$\Pr[k] = \frac{G^k e^{-G}}{k!}$$

因此生成零帧的概率为 e^{-G}。两个帧时间隔内所生成的帧的平均数是 $2G$。整个冲突危险期中,不发送帧的概率是 $P_0 = e^{-2G}$。所以有 $S = Ge^{-2G}$。帧流量与吞吐量之间的关系如图 4.3 所示。

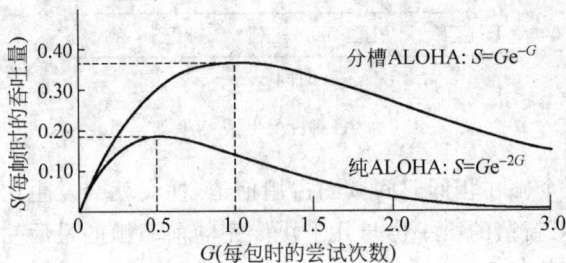

图 4.3　ALOHA 吞吐量与帧流量关系图

当 $G = 0.5$ 时,吞吐量最大,$S = 1/2e$,约等于 0.184。换句话说,最希望的信道利用率为 18%。这个结果并不理想,但是对于这种任何人都可以随意发送的传输方式,要想达到 100% 的成功率几乎是不可能的。

2. 分槽 ALOHA

与纯 ALOHA 不同的是,在分槽 ALOHA 中,站不允许用户按 Enter 键就立即发送帧,相反,它必须要等到下一个时槽的开始时刻。因此,连续的纯 ALOHA 变成了离散的 ALOHA。由于冲突危险周期现在被减小了一半,所以测试帧所在的同一个时槽中没有其他流量的概率是 e^{-G},于是可以得到

$$S = Ge^{-G}$$

正如图 4.3 中看到的那样,分槽 ALOHA 的尖峰在 $G = 1$ 处,此时吞吐量 $S = 1/e$,约等于 0.368,是纯 ALOHA 的两倍。使用分槽 ALOHA 时期望的最好结果是:37% 为空时槽,37% 为成功,剩下 26% 为冲突。如果在更高的 G 值上运行,则空时槽数会降低,但是冲突数会呈指数增长。对于冲突的概率为 $1 - e^{-G}$,要求 k 次尝试才能成功传输的概率为

$$P_k = e^{-G}(1 - e^{-G})^{k-1}$$

每帧传输次数的数学期望为

$$E = \sum_{k=1}^{n} kP_k = \sum_{k=1}^{n} ke^{-G}(1 - e^{-G})^{k-1} - e^G$$

所以,E 随 G 呈指数增长的结果是信道载荷的微小增长也会极大地降低信道的性能。事实上,分槽 ALOHA 是非常重要的,但是在早期时并不显得十分重要。当"通过有线电视的电缆来访问因特网"的技术被发明时,就出现了一个问题:如何在多个竞争的用户之间分配一条共享的信道,于是分槽 ALOHA 又从遗忘的角落中被找了出来,从而拯救了世界。

4.2.2　载波检测多路访问协议

如果在一个协议中,每个站都监听是否存在载波(即是否有传输)并采取相应的动作,则

此协议称为载波侦听协议(barrier sense protocol)。下面介绍几种载波侦听协议。

1. 持续和非持续的 CSMA

当一个站有数据要发送时,首先它对信道进行监听,看当时是否有其他的站正在传输数据。如果信道忙,该站会等待直至信道空闲。当该站检测到信道空闲时,它就发送一帧数据。如果有冲突发生,该站等待一段随机的时间,然后重复上述过程。这样的协议称为 1-持续 CSMA(Carrier Sense Multiple Access,载波检测多路访问),当一个站发现信道空闲时,它传输数据成功的概率为 1。

传播延迟对于冲突有重要的影响。当一个站刚刚开始发送数据之后,另一个站也做好发送数据的准备并且开始检测信道,这样的概率虽然小,但也是有的。如果第一个站的信号还没有传输至第二个站,则第二个站将会检测到信道是空着的,于是也将开始发送数据,从而导致冲突。传播延迟越长,这种影响变得越发深刻,同时协议的性能也就越差。

即使两个站之间的传播延迟为 0,仍有可能会发生冲突。如果在一个站的传输过程中有两个站都准备好数据了,则这两个站都会等待第一个站的传输结束,然后它们恰好同时开始传输数据,因而也会导致冲突,但发生这种情况的概率很小。如果这两个站不是急于向外传输数据,则冲突发生的概率会小得多。可以看出,这种做法将比纯 ALOHA 有更好的性能,同样也会高于分槽 ALOHA。

第二个载波检测协议是非持续的 CSMA(non-persistent CSMA)。在这个协议中,一个站在发送数据之前同样先要检测信道。如果没有人在发送数据,则该站自己开始发送数据。如果信道当前正在被使用之中,它会等待一段随机的时间,然后再重复同样的算法。因此,此算法将会导致更好的信道利用率,但是比起 1-持续 CSMA 来也导致了更长的延迟。

最后一个协议是 p-持续 CSMA (p-persistent CSMA)。它应用于分槽的信道,其工作方式如图 4.4 所示:当一个站准备好要发送数据时,它会先检测信道。如果信道是空闲的,则它按照概率为 p 的可能性发送数据。在概率 $q=1-p$ 的情况下,它会将传送数据的任务延迟到下一个时槽。如果下一个时槽也是空闲的,则它可能传送数据,也有可能再次延迟,其概率分别为 p 和 q。这个过程会一直继续,直到该帧被发送出去,或者另一个站开始传送数据。如果该站刚开始时就检测到信道忙,它会等待到下一个时槽,然后再应用上面的算法。

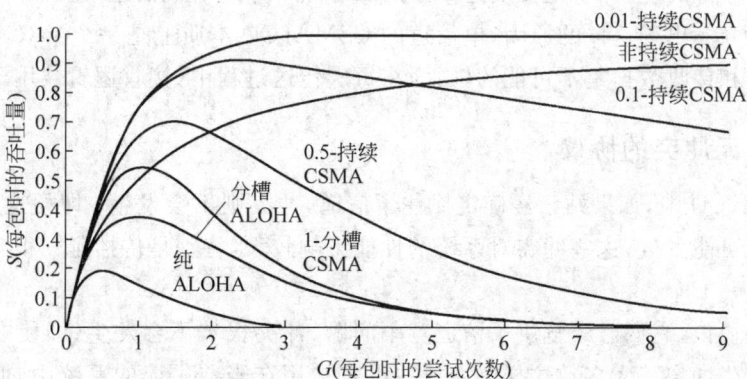

图 4.4 随机访问协议信道利用率与载荷比较

图 4.4 显示了这三个协议,以及纯 ALOHA 和分槽 ALOHA 的可计算吞吐量和负载之间的关系。

2. 带冲突检测的 CSMA

对 ALOHA 的另一个改进是:对每个站而言,一旦检测到有冲突,就放弃当前的传送任务。也就是说,如果两个站都检测到信道是空闲的,并且同时开始传送数据,则它们几乎立刻就会检测到有冲突发生。一旦检测到冲突之后,它们应该立即停止传送数据,这样快速终止被损坏的帧可以节省时间和带宽,该协议称为 CSMA/CD(CSMA with Collision Detection)。

CSMA/CD 是经典以太局域网的基础,它使用图 4.5 所示的概念模型,这与许多其他的 LAN 协议是一样的。在 t_0 点上,一个站已经完成了帧的传送,如果接下来有两个或者多个站同时进行传送,则冲突就会发生。通过对接收到的信号的功率或者脉冲宽度进行检查,并将它与原始发送的信号进行比较,就可以检测到是否有冲突发生。

很重要的一点是,冲突检测是一个模拟(analog)的过程。当一个站传输数据时,它的硬件必须监听电缆,如果它读回来的信息与发送出去的信息不一致,它就知道已经发生冲突了。这意味着,信号编码方案必须允许检测冲突,由于这个原因,通常需要使用特殊的编码方案。

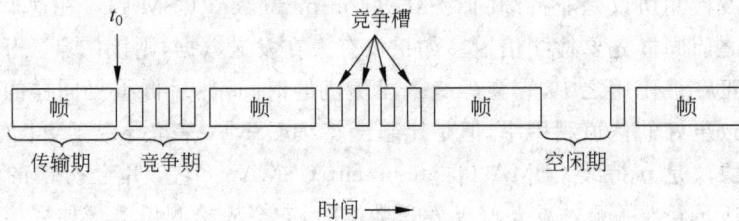

图 4.5 CSMA/CD 状态说明图

当一个站检测到冲突之后,它立即放弃它的传送任务,并等待一段随机的时间,然后再重新尝试传送。因此,CSMA/CD 模型将由三部分组成:交替出现的竞争和传输周期,以及当所有的站都静止的空闲周期。

同时值得注意的是,一个正在发送数据的站必须不停地监视信道,监听那些有可能代表冲突的噪声尖峰。出于这样的原因,单信道的 CSMA/CD 本质上是一个半双工系统。一个站要同时发送和接收数据是不可能的,因为在每次传送过程中,接收逻辑被用于监听冲突。

4.2.3 无冲突的协议

在 CSMA/CD 中,如果站已经确定抓住了信道,冲突则不会发生;即便这样,在竞争期中冲突仍然有可能发生,这些冲突对系统的性能影响较大,特别是传播延迟很大而帧的长度又很短时。

还有一些协议,它们已经解决了信道竞争问题,冲突根本不会发生,即使在竞争周期过程中也不会发生冲突。大多数这样的协议并没有被用在当前主流的系统中,但是在一个快速变化的领域中,有一些具有优异特性的协议或许可被用于将来的系统。在接下来将要描述的协议中,都假定共有 N 个站接入到系统中,每个站的地址唯一,范围是从 $0 \sim N-1$。

1. 位图协议

第一个无冲突的协议采用了基本位图法（basic bit-map method），单个竞争周期包含了 N 个时槽。如果 0 号站要发送一帧数据，它会在第 0 个时槽中传送一个"1"位，并且，在这个时槽中，其他的站不允许发送数据。而其他的 j 号站有机会在 j 号时槽中传送一个"1"，但是只有当它有一帧在排队等待时才能这样做。当所有 N 个时槽都通过之后，每个站都知道了哪些站希望传送数据。这时，它们便按照数字顺序开始如图 4.6 所示传送数据。

图 4.6 位图协议工作流程图

在实际传送数据之前先表明自己有数据要发送的意愿，称为预留协议（reservation protocol）。典型情况下，当一个站已经作好发送数据的准备时，"当前"的时槽将位于位图中间的某个地方。一般该站必须等待 $N/2$ 个时槽以完成当前的扫描，再等待另外 N 个时槽以完成下一次扫描，然后才可以开始传输数据。

2. 二进制倒计数协议

基本位图协议的一个问题是，每个站的开销是 1 位，所以它不可能很好地扩展到包含上千个站的网络中。通过使用二进制的站地址，可以做得更好。如果一个站想要使用信道，则它以二进制位串的形式广播它的地址，并且从高序的位开始。假定所有的地址都有同样的长度，来自不同站的每个地址中的位被布尔或在一起，我们将这样的协议称为二进制倒计数（binary countdown）协议。它隐式地假定传输延迟是可以忽略的，所以所有的站都同时看到地址宣告位。

为了尽可能地规避冲突，需要制定一条规则：一个站只要看到其地址位中一个值为 0 的高序位被改写成 1，它就必须放弃竞争。例如，如果站 0010、0100、1001 和 1010 都试图要获得信道，在第一个位时间中，这些站分别传送 0、0、1 和 1。它们被 OR 在一起，得到 1。站 0010 和 0100 看到了 1，它们就知道有高序的站也在竞争信道，所以它们放弃这一轮的竞争，而站 1001 和 1010 则继续。

这种方法的信道利用率为 $d/(d+\log_2 N)$。如果精心地选择帧格式，使得发送方的地址正好是帧内的第一个域，那么 $\log_2 N$ 位也不会浪费，所以信道利用率为 100%。可以说，二进制倒计数协议是一个简单、精致而高效的协议，它有待于被重新发现并启用。

4.2.4 有限竞争协议

如何在一个广播网络中获取信道，我们已经考虑了两种基本策略：一种是竞争的方法，如同 CSMA 的做法那样；另一种是无竞争协议。在载荷较轻的条件下，竞争的方法更为理想，因为它的延迟很短。随着载荷的增加，竞争方法变得越来越没有优势，因为信道仲裁所需要的开销变得越来越大。对于无冲突的协议，则结论刚好相反。

将这两种方法的优势结合起来，得到的新协议在低载荷的情况下使用竞争的做法、在载荷较高的情况下使用无冲突的技术,从而获得很好的信道效率。把这样的协议称为有限竞争协议(limited-contention protocol)。实际上这样的协议的确存在,将用它来结束关于载波侦听网络的学习。

到现在为止我们学习过的竞争协议都是对称的,也就是说,每个站企图获得信道的概率值为 p,并且所有的站都使用同样的 p 值。那么,在一个给定的时槽中,某一个站能够成功地获得信道的概率为 $kp(1-p)^{k-1}$。p 的最优值可以求得为 $1/k$。将 $p=1/k$ 代入,则 p 为最优值的成功概率为

$$\Pr(p-\text{best}) = \left(\frac{k-1}{k}\right)^{k-1}$$

计算概率值 p 可知,在站的数量达到 5 个以后,该概率值接近于 $1/e$,且只要减少参与竞争的站的数量,则某一个站获得信道的概率就会增加,有限制的竞争协议正是这样做的。它们首先将所有的站划分成组,这些组不必是两两不相交的,只有每个组里的成员才允许竞争该对应号的时槽。通过适当的分组办法,每个时槽中的竞争数量可以大大减少。

下面介绍自适应树遍历协议。

有一种特殊、简单的分配方案是:把网络中的站看作是二叉树的叶节点,如图 4.7 所示。在一次成功传送之后的第一个竞争时槽,即 0 号时槽中,所有的站都允许尝试获取信道。如果发生了冲突,则在 1 号时槽中只有该树中 2 号节点之下的那些站才可以竞争。如果其中之一获得了信道。则这帧之后的那个时槽被保留给节点 3 下面的那些站。

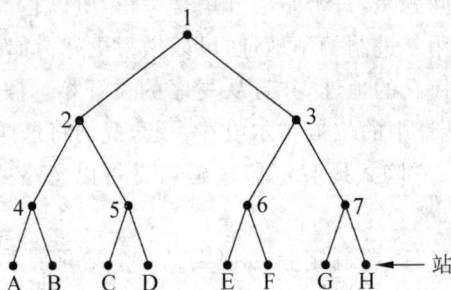

图 4.7 包含 8 个站的树图

现在对树的级数从上往下进行编号,如图 4.7 中节点 1 位于第 0 级,节点 2 和 3 位于第 1 级,以此类推,有第 i 级上的每个节点下面包含了总站数的 2^{-i}。如果 q 个就绪站均匀分布,则在第 i 级上,某一个特定的节点下面的站中准备就绪的站数是 $2^{-i}q$。从直观来看,我们总是期望从一个最优的级数上开始搜索这棵树,并且在最优级数上,每个时槽中参与竞争的站的平均数为 1,也就是说,在这个级上,$2^{-i}q=1$,求解这个方程,则 $i=\log_2 q$。

4.2.5 波分多路访问协议

另一种完全不同的信道分配方法是利用 FDM、TDM 或者两者结合起来,将信道分成多个子信道,然后动态地根据需要分配这些子信道。像这样的方案通常被用于光纤 LAN 上,从而允许在同一时刻不同的会话使用不同的波长,这种协议叫做波分多路访问协议。

为了保证同一时刻有多个站能进行传输,波谱被分成多个信道(波段,wavelength band)。在这个协议中,即波分多路访问(Wavelength Division Multiple Access,WDMA),

每个站被分配两个信道：一个窄的信道用作控制信道，通过它可以向每个站发送通知信息；一个宽的信道用作数据信道，每个站都可以通过它传输数据帧。

每个信道被分成时槽组，如图 4.8 所示。假定在控制信道中时槽的数目为 m，在数据信道中时槽的数目为 $n+1$，这里 n 个时槽被用于数据，最后一个时槽被该站用来报告它的状态。在这两个信道中，时槽序列无限重复，其中 0 号时槽需要用特殊的方法来标记以便后来者检测。一个全局的时钟被用来同步所有的信道。

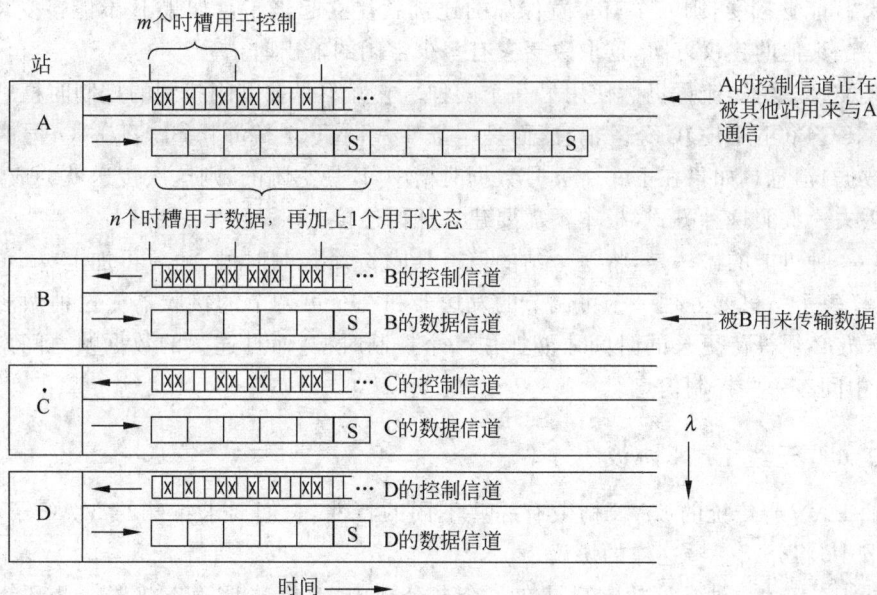

图 4.8　波分多路访问图

该协议支持三种类型的通信流量：①恒定速率的、面向连接的通信流量，如未压缩的视频流；②可变速率的、面向连接的通信流量，如文件传输；③数据报流量，如 UDP 分组。对于两种面向连接的协议，其基本思想是：若 A 要与 B 进行通信，则 A 必须首先在 B 的控制信道的一个空时槽中插入一个 CONNECTION REQUEST 帧。如果 B 接受，则通信过程可以在 A 的数据信道上进行。

每一个站都有两个发送器和两个接收器：

(1) 一个固定波长的接收器，用于监听它自己的控制信道。

(2) 一个可调节波长的发送器，用于在其他站的控制信道上发送信息。

(3) 一个固定波长的发送器，用于发送数据帧。

(4) 一个可调节波长的接收器，用于选择监听一个数据发送器。

对于比如用于文件传输的第 2 类通信信道，首先 A 将它的数据接收器调节到 B 的数据信道上，并且等待状态时槽的到来。该时槽将会提供以下信息：当前分配了哪些控制时槽，以及哪些是空闲的。A 从这些空闲的控制时槽中挑选出一个，并且在该时槽中插入它的 CONNECTION REQUEST 消息。由于 B 一直在监视它自己的控制信道，所以它会看到 A 的请求，并且将该时槽分配给 A，以接受 A 的请求。B 通过它的数据信道的状态时槽，宣布它的分配结果。当 A 看到了状态时槽中的分配结果时，它知道自己有了一个单向的连接。而如果 A 请求双向连接，则 B 必须对 A 重复同样的算法。

若当 A 和 C 都正同时试图获取 B 的某个控制时槽时,A 和 C 将都得不到该控制时槽。之后,它们需要各自等待一段随机的时间,然后再次重试。如果 A 和 C 都跟 B 有了连接,并且两者都突然地告诉 B 去检查某个时槽的数据,那么 B 就只能随机地从中选择一个请求,于是另一份传送的数据便丢失了。

对于恒定速率的通信流量,可以使用该协议的一个变种。当 A 请求建立连接时,它同时也可以表达这样的信息:如果我在每一次出现第 n 号时槽时都发送一帧给你,是否可以呢?如果 B 能够接受,则一个有带宽保障的连接就建立起来了。如果 B 不能接受,则 A 可以再试一试其他的建议方案,这取决于它有多少空闲的输出时槽。

第 3 类(数据报)流量仍然使用另一个变种。它并不是在刚刚找到的控制时槽中写入一条 CONNECTION REQUEST 消息,而是一条"DATA For You In SLOT n"(n 号时槽中有给你的数据)消息。如果在下一个 n 号数据时槽中,B 是空闲的,则这次传送就会成功,否则数据帧丢失。按照这种方式,根本不需要建立任何连接。

另外一种可能的做法是,将每个站的信道分成 m 个控制时槽,随后再加上 $n+1$ 个数据时槽,这样每个站只要处理一个可调节的发送器和一个可调节的接收器。这种做法的缺点是:发送方必须等待更长的时间才能抓住一个控制时槽,而且连续的数据帧之间离得比较远,因为中间有一些控制信息。

4.2.6 无线 LAN 协议

无线 LAN 与传统的 LAN 稍微有一些不同的特性,它们要求特殊的 MAC 子层协议。在这一节中,将介绍一些这样的协议。

无线 LAN 的一种常见的配置是在一个办公楼内,有策略地静态放置一些环绕大楼的接入点(也称为访问点),所有的接入点通过铜线或者光纤连接起来。如果接入点和笔记本电脑的传输功率被调节到一个整 10m 的距离范围,那么每个房间就都变成了一个蜂窝单元,整个大楼变成了一个大的蜂窝系统。与蜂窝电话系统不同的是:每个单元只有一个信道,该信道覆盖了整个可用的带宽,并且也覆盖了该单元中所有的站。典型情况下,它的带宽最大可高达 600Mb/s。

下面简单假设所有的无线电发射器都有某个固定的范围,用一个圆形覆盖区域表示。当一个接收器同时位于两个活动的发射器范围内时,信号通常是混乱的,也是无效的。所以在本节的讨论中将不再进一步考虑 CDMA 类型的系统。另外在有些无线 LAN 中,并不是所有的站都在另一个站的范围之内,这会导致一系列的复杂性。而且对于室内的无线LAN,站与站之间的墙壁对于每个站的有效范围也会有很大的影响。

一种简单而又直接的使用无线 LAN 的方法是尝试使用 CSMA:每个站监听是否有其他的通信流量,只有当没有其他站传送数据时它才可以传送。这种做法的麻烦在于:此协议的冲突发生在接收方,而并非发送方。在我们的问题中,这些无线站到底是基站还是笔记本电脑无关紧要。无线电波的范围是这样的(图 4.9):A 和 B 相互之间都在对方的范围之内,所以它们相互之间可能会干扰对方;C 也可能会同时干扰到 B 和 D,但是不会干扰 A。

首先考虑当 A 向 B 传送数据时的情形,如图 4.9(a)所示。如果 A 开始发送,C 正在检测介质,那么它将不会听到 A,因为 A 在它的距离范围之外,因此 C 会错误地得出结论:它可以向 B 传送数据。如果 C 真的开始传送数据了,则在 B 处将会产生冲突,从而扰乱了 A

图 4.9 无线 LAN 传输干扰示意图

送出的帧。由于竞争者离得太远而导致一个站无法检测到潜在的介质竞争对手，这个问题称为隐藏站问题(hidden station problem)。

如果考虑另一种不同的情形：B 向 A 传送数据，如图 4.9(b)所示。如果 C 正在侦听介质，则它将会听到有一个传输正在进行，从而也会错误地得出结论：它不能向 D 发送数据。而实际上，两个接收方都不在这个危险区域。这个问题称为暴露站问题(exposed station problem)。

下面介绍 MACA 和 MACAW。

早先为无线 LAN 设计的一个协议是避免冲突的多路访问(Multiple Access with Collision，MACA)。MACA 的基本思想是：发送方刺激接收方输出一个短帧，以便其附近的站能检测到该次传输，从而在接下来比较大的数字帧传输过程不被打扰，如图 4.10 所示。

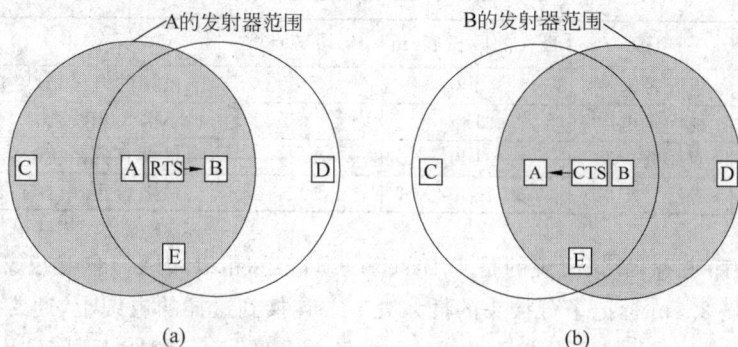

图 4.10 MACA 协议示意图

图 4.10 说明了 MACA 协议。现在我们来考虑 A 如何向 B 发送一帧。首先，A 会向 B 发送一个 RTS(Request To Send)帧，这个短帧包含了随后将要发送的数字帧的长度。然后，B 会用一个 CTS(Clear To Send)帧作为应答，CTS 中同样包含了数字帧的长度。A 在收到 CTS 确认无误后便开始传输。

尽管有了这些防范措施，冲突仍有可能会发生。比如 B 和 C 可能会同时给 A 发送 RTS 帧。这些帧将发生冲突，因而会丢失。在发生了冲突的情况下，一个失败的发送方将等待一段随机的时间，以后再重试。

在 MACA 模拟研究的基础上，有一种进一步改进并提高其性能的新协议，被命名为无线的 MACA(MACA for Wireless，MACAW)。MACA 协议存在一个问题：如果没有数据链路层的确认，则在传输层注意到丢帧之前，这些丢失的帧是不会被重传的。于是，解决该问题的做法是：在每一个成功的数据帧后面引入一个 ACK 帧。此外 CSMA 也能对该协议有一帮助：当附近的一个站正在给某一个目标站发送 RTS 时，它可以避免当前的站也给同一个目标站发送 RTS 帧，所以载波检测被加入进来。而且，MACAW 对为每一个单独的数据流而不是为每一个站运行后退算法,这项改进提高了协议的公平性。最后,MACAW 还增加了一种供各个站之间交换有关拥塞信息的机制,以及一种使后退算法面对临时问题时反应不很强烈的方法,从而提高了系统的性能。

4.3 以太网工作原理和组网方法

如今,以太网已经被大量使用,非常低廉的价格以及较快的速度都是它从许多网络中存活下来的因素。在这一节中,将焦点集中在以太网的技术细节、协议,以及最近在高速(千兆)以太网领域中的发展情况。对于以太网和 IEEE 802.3,除了下面将要讨论到的两个微小区别以外,它们是完全相同的,所以许多人常常不加区分地使用术语"以太网"和"IEEE802.3",所以在后文中我们也将这样。

4.3.1 以太网电缆

通常使用的电缆有 4 种,如表 4.1 所列。

表 4.1 以太网电缆说明

名称	电缆	最大的段长度/m	每段节点数	优　点
10Base5	粗同轴电缆	500	100	早期的电缆,现在已经废弃了
10Base2	细同轴电缆	185	30	不需要集线器
10Base-T	双绞线	100	1024	最便宜的系统
10Base-F	光纤	2000	1024	最适合于在楼与楼之间使用

从历史顺序来看,最先出现的是 10Base5 电缆,俗称粗以太网。它就好像是一根黄色的庭院水管,每隔 2.5m 标记了分接头的插入处。要连接到这样的电缆上,通常需要使用插入式分接头(vampire tap)。在分接头中,有一根针被非常小心地插入到同轴电缆的内芯中。术语 10base5 的含义是:它使用基带信号运行在 10Mb/s 的速率上,并且所支持的分段长度可以达到 500m。第一个数字是以 Mb/s 为单位的速度值,然后紧跟着单词"Base"标明了它使用基带传输。最后,如果介质是同轴电缆,则它的长度被附在"Base"之后,以 100m 为单位(四舍五入)。

第二种出现的电缆类型是 10Base2,也被称为细以太网。与庭院软管式的粗以太网电缆不同的是:它很容易弯曲。要连接到细以太网上,不再是使用插入式分接头,而是使用工业标准的 BNC(卡扣配合型连接器)连接器来构成 T 型接头。BNC 连接器更容易使用,并且也更可靠。细以太网比较便宜,也易于安装,但是它的每一段最长只能是 185m,并且每一段只能容纳 30 台机器。

对于这两种介质,检测电缆断裂、电缆超长、分接头损坏,或者 BNC 连接器松动成了大问题。该问题导致了另一种完全不同的连线模式,即所有站都有一条电缆连接到一个中心集线器(hub)上,通过中心集线器,所有的站被连接到一起,就好像它们都被焊接到一起一样。通常,这些连线就是电话公司的双绞线,因为大多数的办公楼已经布好了这些线,而且往往有足够的空余线可以使用。这种方案称为 10Base-T。集线器并不会缓存任何进来的流量,在本章后面将讨论这种思想的一个改进版本(交换机),它能缓存进来的流量。

这三种连线的方案如图 4.11 所示。对于 10Base5,电缆被一个收发器(transceiver)紧紧地夹住,这样它的分接头就可以轻易地接触到电缆的内芯,收发器中还包含了用于载波检测和冲突检测的电路。当检测到冲突时,收发器就会发送一个信号到电缆上,确保其他所有的收发器都知道冲突的发生。

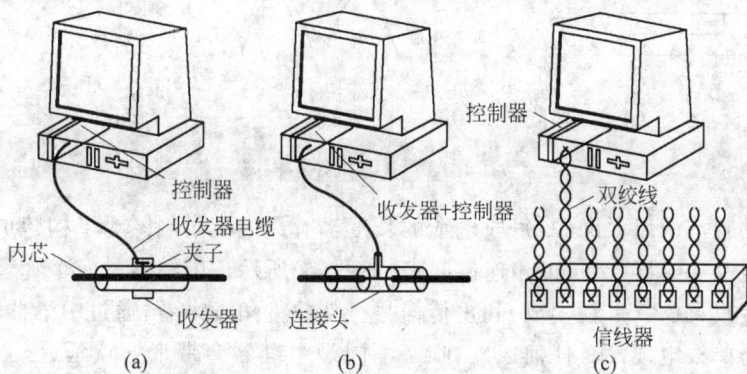

图 4.11 3 种以太网电缆示意图

对于 10Base5,通过一根收发器电缆(transceiver cable)或者下路电缆(drop cable)将收发器连接到计算机的接口卡上。收发器电缆包含 5 对独立的屏蔽双绞线,可以达到 50m 长,其中两对分别用于数据输入和数据输出,还有两对用于控制信息的输入和输出。第 5 对并不总是会用到,计算机通过这对线可以给收发器电路供电。有些收发器最多允许 8 台邻近的计算机连上来,这样可以减少所需收发器的数目。

收发器电缆终止于计算机内部的接口卡。该接口卡包含一个控制器芯片,用来向收发器传送帧,或者从收发器接收帧。控制器负责将数据装配成正确的帧格式,为送出去的帧计算校验和,并且对进来的帧检验其校验和。有些控制器芯片也为进来的帧管理一个缓冲区,为要传送出去的帧管理一个缓冲区队列,并且可以与主机进行直接的内存传输,以及其他的网络管理功能。

对于 10Base-T,没有共享的电缆,每个站通过一根专用的电缆连接到集线器上。在这种配置中,增加和去掉一个站都非常简便,而且电缆的断裂也很容易检测。10Base-T 的缺点在于,从集线器延伸出的电缆最大长度只有 100m,如果使用高质量的 5 类双绞线,或许能够达到 200m。目前它在现有的网络中的广泛应用,以及它的易维护性,使其占据了电缆连接方式的统治地位。本章后面还将讨论一个更快的 10Base-T 版本,也就是 100Base-T。

第四种以太网电缆是 10Base-F,它采用了光纤连接方式。这种连接方式由于连接器和终结器的成本较高,所以非常昂贵,但是它有极好的抗噪声能力,适用于楼与楼之间的连接,或者用于远距离隔开的集线器之间的连接,其长度即使到上千米也是允许的。它的安全性也足够良好。

图 4.12 显示了在一个建筑物内进行布线的几种方案。在图(a)中,用一根电缆蛇形穿越各个房间,每个站都在离自己最近的点上接入电缆。在图(b)中,一根垂直的主干线从地下室通到房顶上,在每一层上用水平的电缆通过特殊的放大器(中继器)连接到主干线上。在有些建筑物内,水平的电缆是细缆,而骨干电缆是粗缆。最普遍的拓扑结构是树形,如

图(c)所示。因为在一个网络中如果某些站对之间存在两条路径,则两个信号之间会产生干扰。

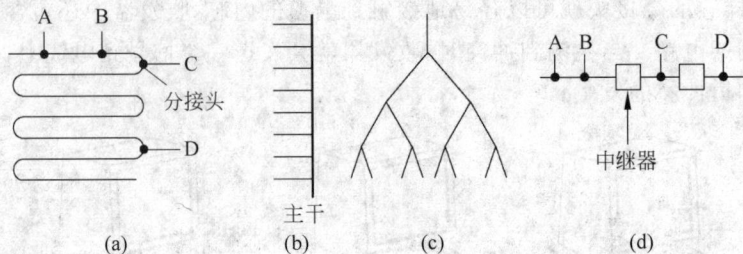

图 4.12 电缆拓扑结构图

在每一种版本的以太网中,每段电缆的长度都有最大值限制。为了构建更大的网络,多根电缆可以通过中继器(repeater)连接起来,如图(d)所示。中继器是一个物理层设备,它在两个方向上接收、放大(重新生成)和重传信号。从软件角度来看,通过中继器连接起来的一系列电缆段与单根电缆没有任何区别,唯一不同是中继器会带来一点延迟。一个系统可以包含多根电缆段和多个中继器,但是原则上两个收发器之间的距离不能超过 2.5km,并且任何两个收发器之间的路径上不得存在 4 个以上的中继器。

4.3.2 曼彻斯特编码

由于容易产生歧义,没有一种以太网版本使用直接的二进制编码,即 0V 表示"0"位,5V 表示"1"位。如果一个站发送了位串 0001000,则其他的站有可能会错误地将它解释为 10000000 或者 01000000,它们无法区分到底是发送方处于空闲状态(0V),还是一个"0"位(也是 0V)。这个问题可以这样解决:用+1V 表示 1,用−1V 表示 0,但是如果接收方的采样频率与发送方生成信号时所使用的频率稍微有点差别,则仍然会有问题。不同的时钟速度也会让接收方和发送方无法同步到统一的位边界上,特别是在发送了一串"0"或者"1"位之后。

这里需要的是一种"让接收方在没有外部时钟参考的情况下,可以毫无歧义地确定每一位的起始、结束或者中间位置"的方法。有两种这样的方法,分别称为曼彻斯特编码(Manchester encoding)和差分曼彻斯特编码(differential Manchester encoding),时序示意图如图 4.13 所示。利用曼彻斯特编码,每一位的周期分成两个相等的间隔。二进制"1"位在发送时,在第一个间隔中为高电压,在第二个间隔中为低电压。二进制"0"正好相反:首先是低电压,然后是高电压。这种方案可以保证每一个位周期中都有一个中间电压变化,这使得接收方很容易与发送方同步起来。曼彻斯特编码的一个缺点是,它所要求的带宽是直接二进制编码的两倍,因为脉冲是位宽度的一半。

差分曼彻斯特编码是基本曼彻斯特编码的一个变种。在这种编码中,如果在间隔的起始处没有相变,则表示位"1";如果在间隔的起始处出现了相变,则表示位"0"。在这两种情况下,位周期的中间也会有一个相变。差分方案需要更加复杂的设备,但是提供了更好的抗噪声能力。由于曼彻斯特编码方案比较简单,所以几乎所有的以太网系统都使用了这种编码方案。编码的高信号为+0.85V,低信号为−0.85V,直流电压值为 0V。以太网并没有使用差分曼彻斯特编码方案,但是其他的 LAN(比如 802.5 令牌环网)使用了这种编码方案。

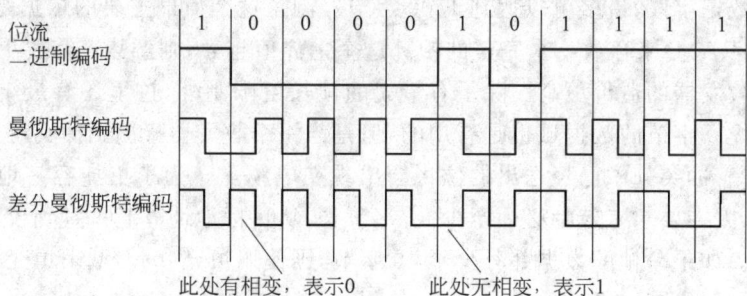

图 4.13 曼彻斯特及差分曼彻斯特编码时序示意图

4.3.3 以太网 MAC 子层协议

以太网的帧结构如图 4.14 所示，首先是 8 字节的前导码（preamble），每个字节包含了比特模式 10101010（除了最后一个字节的最后 2 位为 11），这最后一个字节称为 802.3 的帧起始定界符（Start of Frame，SOF）。这个位模式经过曼彻斯特编码后，将会产生一个 10MHz 的方波，每个波 6.4μs，以便接收方的时钟与发送方的时钟同步到一起。当然对于一帧的剩余部分，它们也必须保持同步，它们利用曼彻斯特编码可以识别位的边界。

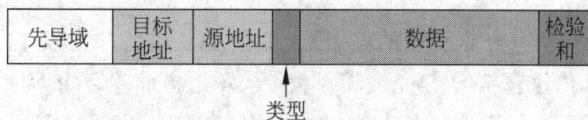

图 4.14 以太网帧结构

帧结构中包含两个地址：一个用于标识目的地址；另一个用于标识帧的发送方。它们均为 6 字节长。目标地址的最高位若是 0，则表示普通地址；若是 1，则表示组地址。组地址允许多个站可以监听同一个地址。当一帧被发送给一个组地址时，该组中的所有站都会接收到该帧。向一组站发送数据的行为称为组播（multicast，也称为多点传送），由全部的 "1"位构成的特殊地址被保留用于广播（broadcast）。如果一帧的目标地址域中包含全部的 "1"，那么网络所有的站都会接收该帧。多播和广播之间的差异是非常重要的，一个多播帧被发送给以太网上选择出来的一组站；而广播帧则被发送给以太网上的所有站。多播是有选择性的，但是要涉及确定组内有哪些成员的组管理。相反，广播根本不区分站，因此不要求任何组管理机制。

站的源地址有一个有趣的特点：它们具有全球唯一性。该地址由 IEEE 统一分配，因此保证了在世界任何地方没有两个站的地址是相同的。只要给出正确的 48 位数字，任何站都可以唯一寻址到该数字代表的其他站。要做到这一点，地址字段的前三个字节用作该站所在的组织唯一标识符（Organizationally Unique Identifier，OUI）。该字段的值由 IEEE 分配，指明了网络设备制造商。制造商获得一块大小为 2^{24} 的地址。地址字段的最后 3 个字节由制造商负责分配，并在设备出厂之前把完整的地址用程序编入网络接口卡（NIC）。

接下来是类型（type）字段，它告知接收方应该如何处理这一帧。在同一台机器上，有可能同时有多个网络层协议在使用。所以当一个以太网帧到达时，内核必须知道应该将此帧交给哪一个网络层协议，类型域指定了应该将此帧交给哪个进程。

接下来是数据字段,最多可以达到1500字节。制订这个值最主要的依据是:收发器需要足够的内存(RAM)来存放一个完整的帧。这个上界值越大,则意味着需要更多的RAM,因而也意味着收发器的造价更高。除了有最大的帧长度限制外,这里还有最小的帧长度限制。虽然有时候0字节的数据域也是有用的,但是当一个收发器检测到冲突时,它会截断当前的帧,这意味着冲突帧中已经送出的位将会出现在电缆上。为了更加容易地区分有效帧和垃圾数据,以太网要求有效帧必须至少64字节长,从目标地址算起一直到校验和,也包括这两个域本身。如果一帧的数据部分少于46字节,则使用填充(pad)域来填充该帧,以便达到最小的长度。

限制最小帧长的另一个,也是更重要的理由是避免出现这样的情况:当一个短帧还没有到达电缆的远端时,发送站已经完成了该短帧的传送。而在电缆的远端处,该帧可能与另一帧发生冲突。在初始0时刻,位于电缆一端的站A送出一帧,假设该帧到达另一端的传播时间为τ。正好在该帧到达另一端之前的某一时刻(即在$\tau-\varepsilon$时刻),位于最远处的一个站B也开始传送数据。当B检测到它所接收到的信号比它发送的信号更强时,它知道已经发生了冲突,所以它放弃了自己的传送任务,并且产生一个48位的突发噪声以警告所有其他的站。换句话说,它阻塞了以太网,以便保证发送方不会漏掉这次冲突。大约在2τ的时候,发送方发现了突发噪声,并且也放弃了它的传送任务。然后它等待一段随机的时间,以后再重试。

如果一个站试图传送一个非常短的帧,则可以想象:虽然冲突发生了,但是在突发噪声回到发送方(2τ)之前,传送任务已经完成了。然后,发送方将会不正确地得出结论:这帧已经被成功地发送出去了。为了避免发生这样的情况,所有的帧至少需要2τ的时间才能完成发送。因此当突发噪声回到发送方时,传送过程仍在进行。对于一个最大长度为2500m,具有4个中继器的10Mb/s的LAN(符合802.3规范),在最差情况下往返一周的时间大约是$50\mu s$,因此最小的帧也需要这样长的时间来传输。在10Mb/s的情况下,一位传输需要100ns,所以500位加上一些安全余量到512位,或者64字节。

以太网的最后一个字段是校验和(checksum)。这实际上是数据域的一个32位散列码,如果一些数据位接收错误,那么校验和几乎肯定是错的,因此错误可以被检测出来。这里的校验和是第3章中循环冗余校验码的一种,它只提供检错功能,而不包含纠错功能。

当IEEE标准化以太网时,委员会对帧格式做了两个改动:一个改动是将前导域降低到7字节并将空出来的字节作为帧起始分界符;第二个改动是将类型域变成了长度域,当然由于大量的以太网硬件和软件已经在用,所以IEEE只能都承认了这两种方式。所幸在1997年之前,所有的类型域都大于1500,所以1500以下的数值可以被认为是长度域,现在IEEE维持了这样的标准局面。

4.3.4　二进制指数后退算法

在第一次冲突发生以后,每个站等待0个或者1个时槽之后再重试发送。如果两个站冲突之后又选择了同一个随机数,则它们将再次冲突。在第二次冲突之后,每个站随机选择0,1,2或者3,然后等待这么多个时槽。如果第三次冲突又发生了(发生的概率为0.25),则从$0\sim2^3-1$之间随机选择1个数,并等待这么多个时槽。

一般地,在第i次冲突之后,在$0\sim2^i-1$之间随机选择1个数,然后等待该数量的时槽。

然而,到达 10 次冲突之后,随机数的选择区间固定在最大值 1023 上,以后不再增加。在 16 次冲突之后,控制器放弃努力,并且给计算机送回一个失败报告。进一步的恢复工作取决于高层协议。

这个算法称为二进制指数后退(binary exponential back-off),它可以动态地适应发送站的数量。如果针对所有冲突的随机数最大值都是 1023,则两个站第二次发生冲突的概率几乎可以忽略,但是在一次冲突之后的平均等待时间将是数百个时槽,这样会引入明显的延迟。另一方面,如果每个站总是等待 0 个或者 1 个时槽,那么,如果 100 个站都要发送数据,则只有当其中 99 个站选择 1 而剩下一个站选择 0 时,它们才不再发生冲突,这可能需要几年的时间。以上算法的做法是:随着越来越多连续冲突的发生,随机等待的间隔也呈指数增加。这种做法的好处是:如果只有少量的站发生冲突,则它可以确保较低的延迟;但是当许多站发生冲突时,它也可以保证在一个相对合理的时间间隔内解决冲突问题,将后退的步子终止在 1023 上,这样可以避免增长得太大。

如果没有发生碰撞,发送方就假设该帧可能被成功传递了。也就是说,无论是 CSMA/CD 还是以太网都不提供确认。这样的选择适用于出错率很低的有线电缆和光纤信道。确实发生的任何错误都必须通过 CRC 检测出来并由高层负责恢复。对于无线信道,因其出错率高还得使用确认手段,这点将在后面章节说明。

4.3.5 以太网的性能

现在,简要地讨论在重载荷和恒定负载条件下(即总是有 k 个站要传送数据)以太网的性能情况。关于二进制指数后退算法的严格分析是非常复杂的。因此,将采用 Metcalfe 和 Boggs 的方法,并假定每个时槽中重传的概率是一个常数。如果每个站在一个竞争时槽中传送帧的概率为 p,那么,在这个时槽中,某一个站获得信道的概率 A 为

$$A = kp(1-p)^{k-1}$$

当 $p=1/k$ 时,A 最大;并且当 k 趋于无穷时,A 趋向于 $1/e$。竞争间隔正好等于 j 个时槽的概率为 $A(1-A)^{j-1}$,所以每次竞争的平均时槽数为

$$\sum_{j=0}^{\infty} jA(1-A)^{j-1} = \frac{1}{A}$$

由于每个时槽的时间间隔为 2τ,所以平均竞争间隔 w 为 $2\tau/A$。竞争时槽的平均数永远不超 e,于是 w 最多为 $2\tau e \approx 5.4\tau$。

如果传送每一帧时间平均为 P,当许多站都要传送帧时,有

$$信道效率 = \frac{P}{P + 2\tau/A}$$

这里可以看出,任何两个站之间的最大电缆距离也会影响到性能。电缆越长,则竞争间隔也越长,这正是以太网标准规定最大电缆长度的原因。对于每帧 e 个竞争时槽的最优情形,从帧的长度 F、网络带宽 B、电缆长度 L 以及信号的传播速度 c 来看一下上式:

$$信道效率 = \frac{1}{1 + 2BLe/cF}$$

当分母中的第二项变大时,网络的效率将会变低。特别是在帧长度给定的情况下,增加网络的带宽或者距离(BL 的乘积)将会降低网络的效率。不幸的是,许多关于网络硬件的

研究工作都要增大此乘积值。人们总是希望在长的距离上有高的带宽(例如光纤城域网),但是上面的公式也说明了,用这种方式实现的以太网可能并不适合这些应用的最佳系统。在本章后面学习交换式以太网时,将会看到其他一些实现以太网的方法。

可以得到在 $2\tau=51.2\mu s$ 以及 10Mb/s 数据速率的情况下,信道的效率与发送站数量之间的关系如图 4.15 所示。对于 64 字节的时槽时间,64 字节的帧并不是最有效的。另一方面,当帧长度为 1024 字节,以及每个竞争间隔趋近于 e 个 64 字节时槽时,竞争周期为 174 字节长,效率为 0.85。

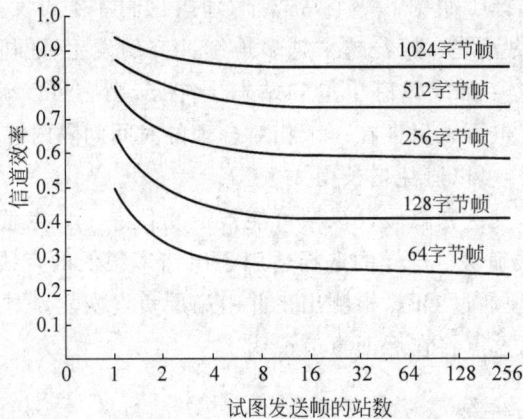

图 4.15 以太网效率示意图

为了确定在高载荷条件下准备要传送的站的平均数,可以使用下面的粗略计算方法。每一帧占用信道的时间为一个竞争周期和一个帧传输时间,总共为 $P+w$ 秒。因此,每秒钟传送的帧数为 $1/(P+w)$。如果每个站生成帧的平均速率为 λ 帧/秒,那么,当系统在状态 k 时,所有未阻塞的站合起来的总输入率为 $k\lambda$ 帧/秒。由于在平衡状态下输入率和输出率应该是相等的,所以可以将这两个表达式用等号连接起来,然后求出 k 值。在这里,可能需要注意,w 是 k 的一个函数。

研究人员在检查实际数据时发现网络流量很少呈泊松分布,而是自相似的。这就意味着即使在一段较长的时间上进行平均,也不能使流量变得更平滑。一小时内每分钟的帧平均数的变化情况与一分钟内每秒钟的帧平均数的变化是一致的。这一发现导致的结果是,有关网络流量的大多数模型都不能应用于现实世界,而应该有所保留地使用。

4.3.6 IEEE 802.2 逻辑链路控制

在本章中,之前所介绍的以太网以及其他的 802 协议所提供的是一种尽力投递的数据报服务。有时这种服务已经足够了。在这里可靠性保证是不要求的,甚至也是不期望的。如果一个 IP 分组丢失了,也就弃之不管了。

然而,在其他的一些系统中,要求使用一个具有错误控制和流控制特性的数据链路协议。IEEE 定义了这样一个协议,它可以运行在以太网和其他的 802 协议之上,该协议称为逻辑链路控制(Logical Link Control,LLC),而且它通过提供一种统一的格式,以及向网络层提供一个接门,从而隐藏了各种 802 网络之间的差异。此格式、接口和协议基本上都以第 3 章中介绍过的 HDLC 协议为基础。LLC 构成了数据链路层的上半层,而 MAC 子层在其下边。LLC 位置及协议说明如图 4.16 所示。

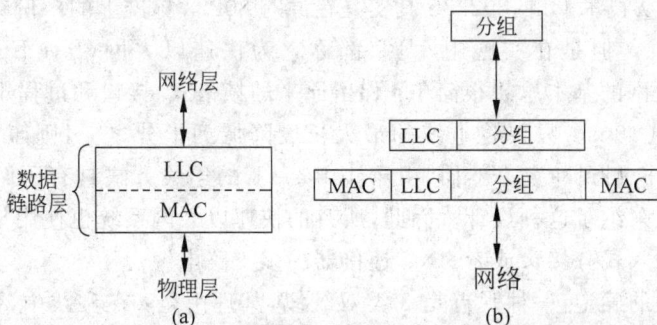

图 4.16 LLC 位置及协议说明

LLC 的典型用法是：发送方机器上的网络层利用 LLC 的访问原语,把一个分组传递给
LLC。LLC 子层增加一个 LLC 头,其中包含了序列号和确认号。然后,得到的结构被插入
到 802 帧的有效载荷域中,并发送出去;在接收方一端,执行相反的过程。

LLC 提供了以下几种服务选择：不可靠的数据报服务、有确认的数据报服务,以及面向
连接的可靠服务。LLC 头包含三个域：一个目标访问点、一个源访问点,以及一个控制域。
这两个访问点指明了该帧从哪个进程来,以及要被递交给哪个进程,相当于取代了 DIX 的
type 域。控制域包含了序列号和确认号,与 HDLC 的风格非常接近,但是并不相同。当在
数据链路层上需要一个可靠的连接时,这些域就会被用到。在这种情况下,所使用的协议与
第 3 章中讨论的那些协议非常类似。对于因特网,只要尽最大努力投递 IP 分组就可以了,
所以在 LLC 层上并不要求确认。

4.4　高速以太网的研究和发展

4.4.1　快速以太网

为了挖掘速度的潜力,各种工业界组织提出了两种新的基于环的光纤 LAN。一种称为
光纤分布式数据接口(Fiber Distributed Data Interface,FDDI),另一种称为光纤信道(Fiber
Channel)。这两种光纤 LAN 都可以用作主干网络,但是站的管理太复杂了,从而也导致了
复杂的电路和昂贵的价格。

在这种背景下,IEEE 于 1992 年重新召集起 802.3 委员会,指示他们尽快提出一个快速
LAN 建议。其中一个建议是仍然保持 802.3 原来的面貌不变,但要运行得更快。另一个建
议是完全重做 802.3,给予它更多的特性,例如支持实时的流量和数字化的语音,但是仍保
留原来的名称。经过多次争论之后,802.3 委员会决定保留 802.3 原来的工作方式,但是让
它运行得更快。这一策略将使标准化工作得以在技术革新前完成,并且避免了全新设计带
来的不可预见问题。新设计还将向后兼容现有的以太网局域网。那些提议失败的人没有甘
心,他们组成了自己的委员会,并且对他们提议的 LAN 进行了标准化(最终为 802.12)。
不幸的是,他们最终还是以失败告终,草草收场。

这项工作很快就完成了(按照标准委员会的规范),其结果是 802.3u,最终于 1995 年 6 月被正式批准。从技术上讲,802.3u 其实是在原有 802.3 标准上的一份补充,因而也加强了它的向后兼容性。但是在实践中,大家都称它为快速以太网(fast Ethernet),而不是 802.3u。快速以太网的基本思想很简单:保留原来的帧格式、接口和过程规则,只是将位时间从 100ns 降低到 10ns。只要将电缆的最大长度降低到十分之一,则照搬 10Base5 或者 10Base2 仍可及时检测到冲突。然而,由于 10Base-T 的连线方式具有压倒性的优势,所以快速以太网也完全采纳了这种设计。因此,所有的快速以太网系统也使用集线器和交换机,而不允许使用带插入式分接头或者 BNC 连接器的多支路电缆。

对于电缆类型的确定,一种观点是 3 类双绞线,其理由是:在实践中,西方国家的每个办公室都有至少 4 组 3 类(或更好的)双绞线,从办公室连接到 100m 以内的电话接线柜,有时候还会有两条这样的电缆。因此若采用 3 类双绞线,则无需重新布线就有可能在桌面计算机上使用快速以太网,这对于许多组织来说具有极大的好处。可是 3 类双绞线的主要缺点是它不能够在 100m 长的电缆上承载 200M 位带宽的信号(采用曼彻斯特编码的 100Mb/s),而针对 10Base-T 规定的从计算机到集线器的最大距离是 100m。相反,5 类双绞线可以很容易地传输 100m,而光纤可以走得更远。最后折中的选择是允许所有这三种可能的电缆,但是对于 3 类双绞线的方案,需要增加所需的额外承载能力。快速以太网电缆说明如表 4.2 所示。

表 4.2 快速以太网电缆说明

名称	线缆	最大长度/m	优点
100Base-T4	双绞线	100	可用三类 UDP
100Base-TX	双绞线	100	全双工速率 100Mb/s
100Base-FX	光纤	2000	全双工速率 100Mb/s,距离长

3 类 UTP 方案被称为 100Base-T4,其使用了 25MHz 的信令速度,比标准以太网的 20MHz 仅快了 25%。然而为了达到所要求的带宽,100Base-T4 要求 4 对双绞线。由于过去几十年来标准的电话线每根电缆都有 4 对双绞线,所以大多数办公室都能够满足这一要求。当然,这也意味着要放弃你的办公室电话,但是相对于为快速的电子邮件所付出的代价,这也不算什么了。

在 4 对双绞线之中,一对总是给集线器发送信号,一对总是接收集线器的信号,另外两对可以切换到当前的传输方向上。为了达到所要求的带宽,这里并没有使用曼彻斯特编码,在现代时钟和如此短距离的情况下,这种编码已经没有必要了。此外,发送的信号有三态,所以在单个时钟周期过程中,线上可以包含一个 0,1 或者 2。利用三对双绞线在一个方向上传输,并且用到了三态信号,因而它可以传输 27 种可能的符号,这使得它发送 4 位数据还有一定的冗余。在每秒 25M 个时钟周期中,每个周期都可以传输 4 位,因而可以达到所要求的 100Mb/s 速率。而且利用剩下的一对双绞线,反向信道上总是有 33.3Mb/s。这种方案称为 8B/6T(8 个二进制位映射到 6 个三进制数上),它不太可能因为这种进制转换的设计思想而赢得人们的赞誉,但是在现有的布线环境下,它可以工作得很好。

随着许多办公大楼重新布线了 5 类 UTP,100Bsase-T4 也随之落下了帷幕。5 类双绞线可以处理 125Mb/s 的时钟速率,所以这种设计要简单得多。每个站只用到两对双绞线,一对用于发送信号到集线器,另一对用于从集线器接收信号。这里没有使用盲接的二进制编码,而是使用了一种称为 4B/5B 的编码方案。这种编码方案来自于 FDDI,并且与它兼容。5 个时钟周期分为一组,其中每个周期包含了两个信号值之中的一个,这样每组就有 32 种组合。在这 32 个组合中,16 个被用来传输 4 位组:0000~1111;剩下的 16 个组合中,有一些被用于控制,如标记帧的边界。这些用到的组合必须谨慎选取,以便提供足够的电压变化来维护时钟的同步情况。100Base-TX 系统是全双工的,接入的站可以在 100Mb/s 的速率上发送数据,同时也可以在 100Mb/s 上接收数据。通常 100Base-TX 和 100Base-T4 合起来称为 100Base-T。

最后一种方案是 100Base-FX,它使用两根多模光纤,每个方向用一根,所以它也是全双工的。每个方向上都是 100Mb/s 的速率,而且站和集线器之间的距离可以达到 2km。

1997 年,作为对于大众化需求的响应,802 委员会增加了一种新的电缆类型:100Base-T2,它允许快速以太网可以在两对现有的 3 类双绞线上运行。然而,它需要一个复杂的数字信号处理器来处理所要求的编码方案,使得这种选择方案非常昂贵。迄今为止由于它的复杂性和造价,以及许多公办楼已经用 5 类 UTP 重新布线了,所以这种方案很少使用。

4.4.2 千兆以太网

快速以太网标准的墨迹未干,802 委员会就已经开始着手建立一个更快的以太网,称为千兆以太网(gigabit Ethernet)。1998 年,千兆以太网正式被 IEEE 批准,并命名为 802.3z。802.3z 委员会的目标与 802.3u 委员会的目标本质上是相同的:使以太网快上 10 倍并且仍然与现有的所有以太网标准保持向后兼容。此外,千兆以太网必须提供无确认的数据报服务,并支持单播(unicast)和组播(multicast)两种模式。千兆以太网必须使用已有的 48 位编址方案,并且保持同样的帧格式,包括最小和最大帧尺寸要求。最终发布的标准也实现了所有这些目标。

与快速以太网一样,千兆以太网使用点到点链路,这种多路分支的方式现在已经称为经典的以太网。最简单的千兆以太网配置如图 4.17(a)所示,两台计算机直接连接起来。然而一种更常见的情形是,让一台交换机或者一个集线器连接到多台计算机上,可能还会连接到其他的交换机或者集线器上,如图 4.17(b)所示。在这两种配置中,每根单独的以太网电缆正好有两个设备,一个不多一个不少。

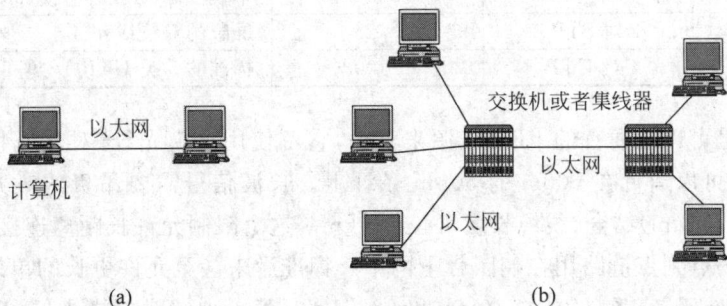

图 4.17 千兆以太网连接示意图

千兆以太网支持两种不同的操作模式:全双工模式和半双工模式。正常情况下的模式是全双工模式,它允许两个方向的流量同时进行。这种模式适用于一台中心交换机将周围的计算机或其他交换机连接起来。在这种配置下,所有的线路都具有缓存能力,所以每台计算机或交换机在任何时候都可以自由地发送帧。发送方在发送之前不必侦听信道以确定别人是否正在使用信道,因为竞争不可能发生。在一台计算机与交换机之间的连线上,通过这条线路到达交换机唯一可能的发送方是该计算机;即使交换机当前正在给计算机发送数据,计算机的传输操作也会成功。此时,电缆的最大长度由信号强度确定,而不是取决于突发性噪声在最差情况下传回发送方所需的时间。

另一种工作模式是半双工模式,当计算机被连接到一个集线器而不是交换机时,就会用到这种模式。在这种模式下,由于集线器无法将入境帧缓存,而是在内部用电子的方式将所有线路连起来,冲突是有可能发生的,所以需要用到标准的 CSMA/CD 协议。因为现在的帧能以经典以太网中 100 倍的速度进行传输,所以最大距离将减少到 1% 也就是 25m 才可以保持以太网特性。考虑到这一因素,802.3z 委员会在标准中加入了两个特性以便增大此半径范围。

第一个特性是载波扩充(carrier extension),它的本质是让硬件在普通帧后面增加填充数据将帧长度扩充到 512 字节。由于这些填充位是由发送方硬件加进来,并且由接收方硬件删除掉,所以软件对此并不知情,这意味着现有软件无须作任何改变。当然,对于用户数据只有 46 字节(即 64 字节帧的有效载荷字段)的情形来讲,使用 512 字节之后线路的效率只有 9%。第二个特性是帧突发(frame bursting),即允许发送方将许多帧接在一起,作为整串进行传输。如果整串长度仍小于 512 字节,则硬件会再次对其进行填充。如果有足够的帧在等待传输,那么整个传输过程就会相当高效,应该优于载波扩充。由于采用了这些新的特性,所有网络的半径可以扩展到 200m。

千兆以太网既支持铜线,也支持光纤如表 4.3 所列。在光纤上以 1Gb/s 或接近于 1Gb/s 的速率传输信号,这意味着光源必须在 1ns 以内被打开或者关闭。LED 不可能达到这样快的操作速度,所以需要使用激光。有两个波长允许使用:$0.85\mu m$ 和 $1.3\mu m$。$0.85\mu m$ 的激光非常便宜,但是不能在单模光纤上工作。

表 4.3 千兆以太网电缆类型

名称	线缆	最长距离/m	优　　点
1000Base-SX	光纤	550	多模光纤($50\mu m$、$62.5\mu m$)
1000Base-LX	光纤	5000	单模($10\mu m$)或者多模($50\mu m$、$62.5\mu m$)
1000Base-CX	2 对 STP	25	屏蔽的双绞线
1000Base-T	4 对 UTP	100	标准的 5 类 UTP

短波长信号可以用便宜的 LED 光源来获得,它可使用多模光纤,对建筑物内的连接非常有用,因为它可以运行在 500m 的 $50\mu m$ 光纤上。长波信号需要昂贵的激光器。另一方面,与单模光纤($10\mu m$)结合,线缆长度可长达 5km。这个限制允许长距离连接建筑物,例如作为一个专门的点到点链路用在校园骨干网中。标准后来甚至允许更长的单模光纤。

可以有三种光纤直径:$10\mu m$、$50\mu m$ 和 $62.5\mu m$。第一种针对单模光纤,后两种针对多模光纤。然而并不是所有六种组合都是允许的,并且最大的段距离取决于到底使用了哪一种组合。表 4.3 中给出的数值是最佳情形下的值,特别是,只有当 $1.3\mu m$ 的激光作用在 $10\mu m$ 的单模光纤上时才能够达到 5000m 的距离,尽管这种方式是最昂贵的选择,但是对于校园主干网而言,这是最佳的选择。

1000Base-CX 选择方案使用了短的屏蔽铜线电缆。它既要与其上的高性能光纤竞争,又要与其下面的廉价的 UTP 竞争,所以很难被广泛应用。最后一种选择方案是 4 对 5 类 UTP 联合起来工作。因为这种连线方式在很多地方都已经安装好了,所以它可以说是"穷人"的千兆以太网。

千兆以太网对于光纤使用了新的编码规则。在 1Gb/s 速率上的曼彻斯特编码将要求 2G"波特"或"band"频带的信号,这难以达到,而且也过于浪费带宽。因此千兆以太网选择了一种新的基于光纤信道(fiber channel)的网络技术,这种编码方案将 8 个数据位编码为 10 比特的码字发送到电缆或者光纤上,因而称为 8B/10B。因为对于每一个输入字节共有 1024 种可能的输出码字,所以在选取可用码字时有一定的余地。在选择码字时用到了下面两条规则:

(1) 不允许一个码字中有超过 4 个连续相等的位;

(2) 不允许一个码字中 0 的个数或者 1 的个数超过 5 个。

之所以这样选择,是为了在数据流中保持足够多的位变化,从而确保接收方与发送方保持同步,同时也保持光纤上 0 的个数和 1 的个数尽可能地相等。当编码器在选择码字时,它的选择依据是:尽可能使到目前为止 1 的个数和 0 的个数相等。这种平衡 0 和 1 的个数的做法是有必要的,这样可以保持信号的直流分量尽可能低一些,以便它在通过变换器时不会有改变。

使用 1000Base-T 的以太网使用了另外一种不同的编码方案,因为要将铜线上的数据计时到 1ns 以内很困难,所以这种方案使用 4 对 5 类双绞线,以允许 4 个符号可以并行地传送出去。在编码每个符号时用到了 5 级电压值。这种编码方案允许一个符号被编码成 00, 01,10,11,或者一个专门用于控制的特殊值。因此,每对双绞线有 2 个数据位,或者每个时钟周期有 8 个数据位。时钟运行在 125MHz 频率下,所以这种方案允许 1Gb/s 的操作速度。至于为什么使用 5 级电压值而不是 4 级电压值,这是为了留一些组合用于成帧和控制。

1Gb/s 的速度是非常快的。例如,如果一个接收方在 1ms 的时间内忙于其他的某一项任务,因而没有清空某条线路上的输入缓冲区,那么在这 1ms 的间隔内最多可以有 1953 帧被累积起来。而且,当千兆以太网上的一台计算机,沿着下行线路给另一台位于经典以太网络中的计算机发送数据时,缓冲区溢出是极有可能发生的。所以需要这样的流量控制手段:一方可以给另一方发送一个特殊的控制帧,告诉它暂停一段时间。控制帧也是正常的以太网帧,它的类型为 0x8808。数据域的前两个字节给出了命令;如果有参数,则后续的字节为参数信息。在流控制过程中用到了 PAUSE 帧,其参数指明了暂停多长时间,所用单位为最小帧时间。对于千兆以太网,该时间单位为 512ns,允许的最大暂停时间为 33.6ms。

千兆以太网在帧长上还具有扩展功能。巨型帧(jumbo frame)允许帧的长度超过 1500 字节,通常高达 9KB。这个扩展是其专有的,没有得到标准的认可。因为如果使用巨型帧,则无法与以太网的早期版本兼容,但大多数厂商都支持这个扩展。理由是 1500 字节是千兆位速度下的很小单位。处理更大块的信息可以降低帧的速率,因而与之有关的处理时间也有所下降,例如中断处理器告诉它到达了一帧,或拆分与重组一个太长的消息以便适应一个以太网帧。

千兆以太网刚被标准化出来以后,802 委员会便又回去工作了。IEEE 告诉他们要启动一个 10Gb/s 速率的以太网。由于难以找到位于 z 之后的字母,所以他们放弃了这种做法,改成使用两个字母的后缀。他们继续工作,2002 年,该标准被 IEEE 批准为 802.3ae。

4.5 无线局域网

尽管以太网已经非常普及,但是无线 LAN(无线局域网)仍是一个正在日渐普及的竞争对手。本节中,将介绍与 802.11 相关的协议栈、物理层无线电传输技术、MAC 子层协议、帧结构以及服务。

4.5.1 802.11 协议栈

包括以太网在内的所有 802 协议都有某些结构上的共性。图 4.18 给出了 802.11 协议栈的一个组成部分。其中物理层与 OSI 的物理层对应得非常好,但是在所有的 802 协议中,数据链路层都被分成了两个或者更多个子层。在 802.11 中,介质访问控制(Medium Access Control,MAC)子层确定了信道的分配方式,在 MAC 子层的上面是逻辑链路控制(Logical Link Control,LLC)子层,它的任务是隐藏 802 系列协议之间的差异,使得它们在网络层看来并无差别。在本章前面讨论以太网时我们曾经学习过 LLC,这里不再重复。

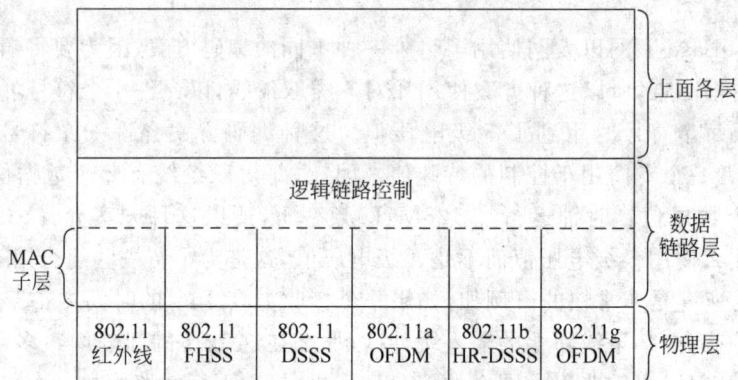

图 4.18　802.11 协议栈部分视图

1997 年,802.11 标准规定了在物理层上允许三种传输技术。其中,红外线方法使用了与电视遥控器相同的技术,其他两种方法使用短距离的无线电波,所用到的技术分别称为 FHSS 和 DSSS,这两种技术都用到了一部分不要求许可的频段。到 1999 年,引入两种新的技术,以便达到更高的带宽。这两种技术称为 OFDM 和 HR-DSSS,它们的工作频率分别可以达到 54Mb/s 和 11Mb/s。2001 年,引入第二种 OFDM 调制技术。尽管它们都属于物理层,但是与一般的 LAN 和 802.11MAC 子层更接近,所以将在这里稍作讨论。

4.5.2 802.11 物理层

在前面提到的 5 种传输技术中,每一种都能够将一个 MAC 帧在空中从一个站发送到另一个站,但它们所使用的技术,以及所能够达到的速度却各不相同。

红外线技术使用了 $0.85\mu m$ 或 $0.95\mu m$ 波段上的漫射传输。它允许两种速率:1Mb/s

和 2Mb/s。在 1Mb/s 上，它所用的编码方案是每 4 位成一组，每个组被编码成一个 16 位的码字，其中包含 15 个 0 和 1 个 1，这种编码称为灰色编码(grey code)，它在时间同步中的一个小错误只会导致输出中的一位错误。在 2Mb/s 上所用的编码方案为：取出 2 位生成一个 4 位的码字，4 位之中也只有一个 1，即 0001,0010,0100,1000 这 4 个码字之一。红外线信号不能够穿透墙壁，所以不同房间中的信元是相互隔离的。由于带宽较低以及太阳光对红外信号的干扰，这一方案不很通用。

跳频扩频(Frequency Hopping Spread Spectrum，FHSS)使用了 79 个信道，每个信道的宽度为 1MHz，从 2.4GHz ISM 频段的低端开始往上，它使用一个伪随机数发生器来产生跳频序列。只要所有的站中的随机数发生器都使用同样的种子，并且这些站在时间上保持同步，那么它们将会同时跳到同样的频率上。在每个频率上所花的时间长度称为停延时间(dwell time)，这是一个可调整的参数，但是必须小于 40ms。FHSS 的随机性提供了一种很公平的方式来分配无许可限制的 ISM 频段中的频谱。它同时也提供了一定程度的安全性，因为如果入侵者不知道跳频序列或停延时间，他就不可能窃听所传输的信号。在较长的距离上，多径衰减(multipath fading)现象可能是一个问题。FHSS 提供了很好的抵抗能力，并且它对于无线电干扰也相对不敏感，这使得它非常适合用于建筑物之间的链路上。它的主要缺点是带宽较低。

第三种调制方法为直接序列扩频(direct Sequence Spread Spectrum，DSSS)，它也被限制在 1Mb/s 或 2Mb/s 的速率上。所用的编码方案是"巴克序列(Barker sequence)"，每一位在传输时需要 11 个时间片。它使用 1M 波特的相移调制，当在 1Mb/s 上工作时，每波特传输 1 位；当在 2Mb/s 速率上工作时每个波特传输 2 位。过去几年，美国联邦通信委员会要求所有的无线通信设备都在 ISM(工业科学医学)频段上工作并使用扩频技术，但是在 2002 年 5 月由于新技术的出现，这条规则被废除了。

第一个高速无线 LAN802.11a 使用了正交频分多路复用(Orthogonal Frequency Division Multiplexing，OFDM)，在更宽的 5GHz ISM 频段中它可以达到 54Mb/s。正如其名字中的 FDM 所隐含的，它用到了不同的频率。在 52 个频率中，48 个用于数据，4 个用于同步，这与 ADSL 没有什么不同。由于多个传输过程会在多个不同的频率上同时进行，所以这项技术也可以被看作是一种扩频形式，但是与 CDMA 和 FHSS 相比又有不同。将信号分割成许多个窄的频段，这比直接使用一个宽的频段更有优势，其中包括：更好地避免窄带干扰，以及有可能使用非邻接的频段。这种技术用到了一种复杂的编码系统，基于相移调制，速度可以达到 18Mb/s；基于 QAM，速度更高。在 54Mb/s 上，216 个数据位被编码到 288 位的码元中。从每个赫兹的位传输率而言，这项技术有非常好的频谱效率，并且它对于多径衰减也有很好的抵抗能力。

高速率的直接序列扩频(High Rate Direct Sequence Spread Spectrum，HR-DSSS)是另一种扩频技术，它使用每秒 11 兆时间片，从而在 2.4GHz 频段内达到了 11Mb/s。它被称为 802.11b，但并不是 802.11a 的继续。实际上它的标准是首先被通过的，而且它也是首先进入市场的。802.11b 支持的数据率为 1Mb/s，2Mb/s，5.5Mb/s 和 11Mb/s。其中前两种慢速率使用了相移调制方案(为了与 DSSS 兼容)，运行在 1M 波特率上，每波特分别为 1 位和 2 位。后两种快速率方案使用了 Walsh/Hadamard 编码，运行在 1.375M 波特率上，每波特分别为 4 位和 8 位。在运行过程中，数据率有可能会动态地调整，以便达到当前载荷和噪声

条件下的最优可能速度。在实践中,802.11b 的运行速度几乎总是 11Mb/s。尽管 802.11b
比 802.11a 更慢一些,但是它的范围却是后者的 7 倍左右,这在许多情况下是非常重要的。

802.11g 是 802.11b 的一个增强版本,它是在解决了专利使用问题之后于 2001 年 11
月由 IEEE 批准的。它使用了 802.11a 的 UFDM 调制方法,但是运行在 2.4GHz ISM 频段
内,这一点与 802.11b 一样。在理论上,它的运行速度可以达到 54Mb/s,但还不明确这个
速度在实践中是否可行。

4.5.3 802.11 MAC 子层协议

802.11MAC 子层与以太网的有所不同,这种本质上的差异性来自于无线通信的两大
因素。首先,之前提到的隐藏站问题不可避免如图 4.19(a)所示。由于并非所有站都在其
他站的无线电范围之内,所以在一个单元某一部分中正在进行的传输也可能不被同一单元
中的其他地方接收到。

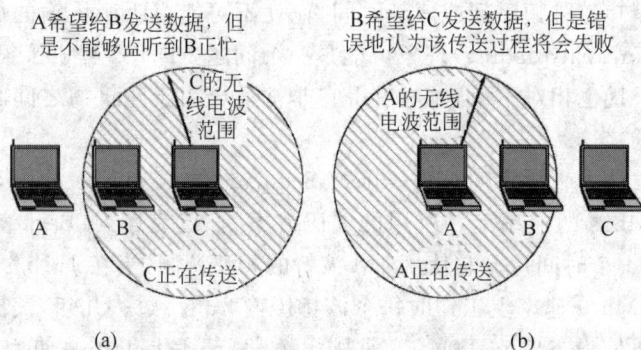

图 4.19 隐藏站和暴露站示意图

暴露站的问题也一样存在。如图 4.19(b)中 B 希望给 C 发送数据,然而在听到一次传
输时会错误地认为现在不能向 C 发送数据。事实上,这可能只是 A 在向 D 发送数据。而
且,无线电设备大多是半双工的,由于以上种种原因,802.11 并没有采用 CSMA/CD。

802.11 通过支持 2 种操作模式来解决这些问题:第一种模式是分布式协调功能
(Distributed Coordination Function,DCF),它与以太网类似,没有用到任何中心控制手段,
每个站都独立行事;另一种是点协调功能(Point Coordination Function,PCF),它用基站来
控制覆盖范围内的所有活动,就像蜂窝通信中的基站一样。DCF 对于 802.11 是必需的,而
PCF 则不是,在实际使用中很少用到 PCF,因为通常没有办法阻止邻近网络中的站发送竞
争流量。

在使用 DCF 时,802.11 还使用了避免冲突的 CSMA(CSMA with Collision Avoidance,
CSMA/CA)协议。该协议在概念上类似于以太网的 CSMA/CD,在发送前侦听信道和检测
到冲突后指数后退,需要发送帧的站必须以随机后退开始(除非它最近没有用过信道,并且
信道处于空闲状态),而且它不等待冲突的发生。在这个协议中,物理信道的监听手段与虚
拟信道的监听手段都用到了。CSMA/CA 支持两种操作方式:第一种是当一个站想要发送
数据时,先监听信道,若空闲则直接送出整个帧而不在传送过程中继续监听。这种情况下,
在接收方有可能因为干扰而使该帧数据毁坏。如果发生冲突,则冲突的站使用二元指数后

退算法等待一段随机时间。

CSMA/CA 的另一种模式以 MACAW 为基础,用到了虚拟信道监听的方法。如图 4.20 中 A 希望向 B 发送数据,站 C 位于 A 的范围内,站 D 在 B 的范围内,但不在 A 的范围内。

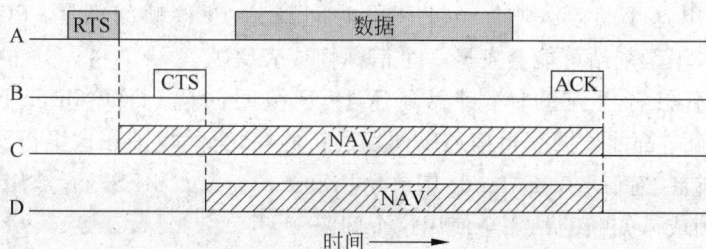

图 4.20　CSMA/CA 虚拟信道监听方法图

首先,A 向 B 发送 RTS 帧请求许可,B 收到后,若许可,则送回 CTS 帧。A 收到 CTS 帧后便发送出它的帧并启动 ACK 计时器。B 在正确接受该数据帧后用 ACK 帧作为应答。如果 ACK 回到 A 之前,A 的计时器超时了,则视为发生了一个冲突,经过一次后退整个协议重新开始运行。

现在从 C 和 D 的角度来看这次数据交流,C 在 A 的无线范围内,所以它可能会收到 RTS 帧。如果它确实收到了,它就意识到很快有人要发送数据,那么它将不再传送任何信息,直到协议结束为止。根据 RTS 中的信息,它可以估算出该序列的传输时长,所以它为自己声明了一个虚拟通道且该信道正忙。图中用网络分配向量(Network Allocation Vector,NAV)标志出来。D 没有听到 RTS 但是听到了 CTS,所以它也会声明一个 NAV 信号。

为了解决噪声信道问题,802.11 允许帧被分成小的碎片,每个分片有自己的校验和。在使用停等协议传输时,这些分片被单独编号和确认,按照顺序进行传输。如图 4.21 所示,一旦一个站用 RTS 和 CTS 获得了信道,那么这些分片可以成一排被发送出去。这个分片序列则被称为分片串(fragment burst)。标准没有规定分片的大小,这是每个单元内部的参数,可以通过基站进行调整。NAV 机制仅仅用于在下一个确认之前使其他站保持安静。

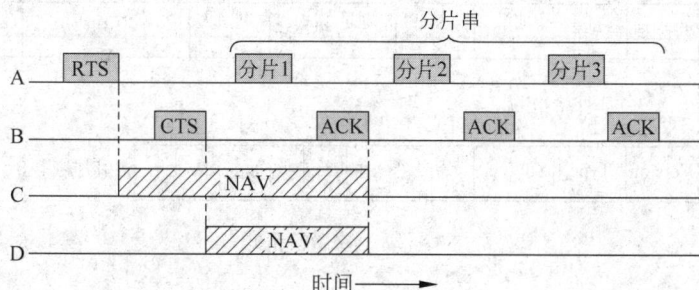

图 4.21　分片串示意图

在 PCF 模式中,标准规定了表决机制,但没有规定表决频率、顺序和是否所有站需要同等服务。基本的机制是:让基站周期性地广播一个信标帧(beacon frame),差不多每秒 10～100 次。信标帧包含了系统参数,同时也邀请信道站申请表决服务。一旦一个站已经申请到了特定速率的表决服务,那么它实际上获得了一定的带宽保证。

在一个单元内，PCF 和 DCF 是可以共存的，802.11 定义了当一帧被发送出去后，对于任何一个站必须等待一定长度的死时间（dead time），包括 CTS 响应 RTS、ACK 确认等。最短的时间间隔是短帧间间隔（Short Inter Frame Spacing，SIFS），用于允许一个对话中的各个部分有机会被首先发送。在一个 SIFS 之后总是只有一个站会得到发送应答的授权，如果它未能利用这个机会，则会经过一段时间到达 PCF 帧间间隔（PCF Inter Frame Spacing，PISF），于是基站可能会发送一个信标帧或表决帧。

如果基站不想有任何动作，则会到达 DCF 帧间间隔（DCF Inter Frame Spacing，DIFS），任何一个站都能试图获得信道以便发送新的帧，竞争规则在这里仍然适用。最后一个时间间隔是扩展帧间间隔（Extended Inter Frame Spacing，EIFS），它被用来报告坏帧，只有当接收到坏帧或未知帧的站才会使用这个间隔。

4.5.4　802.11 帧结构

802.11 标准定义了 3 种不同类型的帧：数据帧、控制帧和管理帧。每一种帧都有一个头，头部包含了与 MAC 子层相关的各种字段。除此之外还有一些头被物理层使用，但绝大多数头被用来处理传输所涉及的调制技术，所以这里不讨论它们。

数据帧的格式如图 4.22 所示。首先是帧控制字段，有 11 个子字段。其中第一个子字段是协议版本（Protocol Version），正是有了这个字段，使协议的 2 个不同版本可以在同一单元内同时工作。接下来是类型字段（Type，如数据、控制或管理帧）和子类型字段（Subtype，如 RTS 或 CTS）。To DS 和 From DS 标志位表明了该帧是发送到或来自于跨单元的分布式系统（如以太网）。更多段（More Fragment，MF）标志位意味着后面还有更多的分片，重传（Retry）说明该内容为以前某一帧的重传。电源管理字段（Power Management，Pwr）标志位表明发送方还有更多的帧需要发送给接收方。"More 域"（More）表示了发送方还需要发送更多的帧给接收方。W 位制定了该帧的帧体已用 WEP（Wired Equivalent Privacy）算法加密过了。最后，O 位告诉接收方凡是该位已被设置为 1 的帧序列必须严格按照顺序处理。

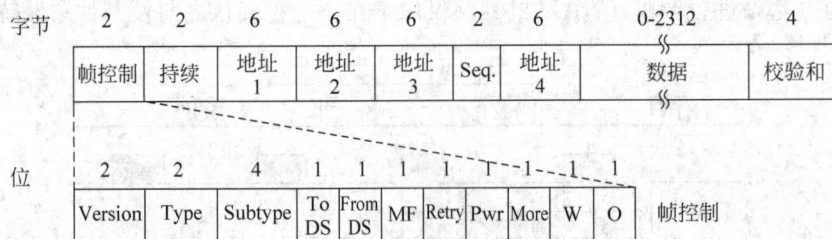

图 4.22　数据帧格式

数据帧的第二个字段为持续时间（Duration）字段，提供了该帧和它的确认帧将会占用新到的时长。该帧也会出现在控制帧中，其他站通过该域来实现 NAV 机制。帧头中包含了 4 个地址，这些地址都是标准的 IEEE 802 格式。源和目标地址是必不可少的，对于跨单元的通信流量，另外两个地址被用于源和目标基站。

序号（Sequence）字段使得帧可以被编号。在 Sequence 字段的 16 位中，4 位标识该字段，12 位标识了帧。数据字段包含了有效载荷，其长度可以达到 2312 字节，后面跟着常用的校验和字段。有效载荷中前面部分字节的格式称为逻辑链路控制(Logical Link Control, LLC)。这层是一个黏胶层,标识有效载荷应该递交给哪个高层协议处理(如 IP)。最后是帧校验序列(Frame check sequence)字段,与我们在其他地方看到的 32 位 CRC 相同。

管理帧与数据帧的格式非常类似,唯一不同的是,管理帧少了一个基站地址,因为管理帧被严格限定在一个单元中。控制帧也要短一些,它只有一个或两个地址,没有 Data 域,也没有 Sequence 字段。对于控制帧,大多数关键信息都转换成 Subtype 字段,如 RTS,CTS 或者 ACK。

4.5.5 服务

802.11 标准声明了每个符合标准的无线 LAN 必须提供 9 种服务。这些服务可以分成两类:5 种分发服务和 4 种站服务。分发服务涉及对单元的成员关系的管理,并且会影响单元之外的站。站服务则只与一个单元内部的活动有关系。

5 种分发服务是由基站提供的,它们处理站的移动性:当移动站进入单元时,通过这些服务与基站关联起来;当移动站离开单元时,通过这些服务与基站断开联系。这 5 种分发服务如下:

(1) 关联(association):移动站利用该服务连接到基站上。典型情况下,当一个移动站进入到一个基站的无线电距离范围之内时,这种服务就会被用到。当一个站到来时,就会宣告它的标识符和能力。站的能力包括所支持的数据率、对 PCF 服务的需要(即表决)和电源管理需求。基站可能会接受,也可能会拒绝该移动站。如果该移动站被基站接受,那么它必须证明它自己的身份。

(2) 分离(disassociation):一个站在离开或者关闭之前,应该先使用这项服务。同样,基站在停下来进行维护之前也可能会用到该服务。

(3) 重新关联(reassociation):利用这项服务,一个站可以改变它的首选基站。这项服务对于那些从一个基站移动到另一个基站的移动站来说非常有用,就像蜂窝网络中的切换。只要这项服务使用正确,那么数据在移交过程中不会丢失。当然,和以太网一样,这也只是一种尽力传递型服务。

(4) 分发(distribution):这项服务决定了如何路由那些发送给基站的帧。如果帧的目标对于基站来说是本地的,则该帧将被直接发送到空中,否则它们必须通过有线网络来转发。

(5) 融合(integration):在需要通过一个非 802.11 的网络来发送数据时,这项服务可以将 802.11 格式的帧翻译成目标网络所要求的帧格式。

余下的 4 种服务都是在单元内部进行的,只与一个单元内部的活动有关。当关联过程完成之后,这些服务才可能会用到。这 4 种服务如下:

(1) 认证(authentication):因为未授权的站很容易就可以发送或者接收无线通信流量,所以任何一个站必须首先证明了自己身份之后才允许发送数据。当基站接受了一个移动站的关联请求之后,基站将给它发送一个特殊的质询帧,以确定该移动站是否知道原先分配给它的密钥(口令)。移动站只要加密质询帧,并送回给基站,就可以证明它是知道密钥的。如果结果正确,则移动站就被完全接纳。在初始的标准中,基站不必向移动站证明自己的身份,但是目前正在修补标准中的这个缺陷。

（2）解除认证(deauthentication)：如果一个原先已经通过认证的移动站要离开网络，则它需要解除认证。在解除认证之后，该移动站可能就不再使用网络了。

（3）私密性(privacy)：这项服务管理加密和解密。指定的加密算法是 RC4，其发明者是 MIT 的 Ronald Rivest。

（4）数据传送(data delivery)：帧真正的目的是传输数据。由于 802.11 参考了以太网的模型，而以太网的传输过程并不保证 100％ 可靠，所以 802.11 的传输过程也不保证可靠性。上面的层必须处理检错和纠错工作。802.11 单元中有一些参数是可以被检测的，在有些情况下还可以被调整。这些参数涉及加密、超时间隔、数据速率、信标帧周期等。

有了这些服务，802.11 为附近移动客户端连接到因特网提供了丰富的功能集。这是一个巨大的成功，标准已多次被修订，增加了更多的功能。

4.6 交换式局域网与虚拟局域网技术

4.6.1 交换式以太网、交换机和集线器

随着以太网中的站越来越多，流量也急剧上升。最终，LAN 将会达到饱和。一种办法是提高速度，例如将 10Mb/s 换成 100Mb/s。但是，随着多媒体数据的快速增长，即使 100Mb/s，或者 1Gb/s 的以太网也会变得饱和。同时，在之前的共享式以太网中，共享带宽、不支持多种速率、不支持高级网络功能，都对以太网的性能造成了严重的制约。

好在还有别的方法可以处理不断增长的载荷：交换式以太网。这种系统的核心是一个交换机(switch)，它包含一块高速的底板，以及一个往往可以容纳 4～32 块插线卡的空间，每块插线卡包含 1～8 个连接器。绝大多数情况下，每个连接器有一个 10Base-T 双绞线接口，可以连接到一台主计算机上。图 4.23 所示为交换机结构图。

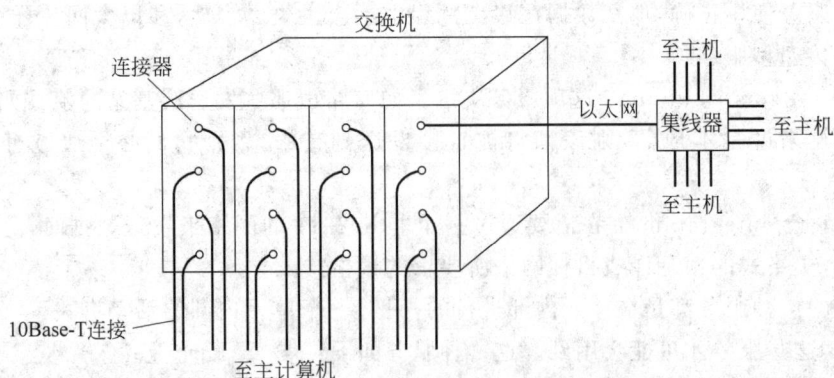

图 4.23 交换机结构图

当一个站希望传送一个以太网帧时，它向交换机送出一个标准帧。获得该帧的插卡可能会检查这一帧的内容，看它的目标站是否也连接在同一块卡上。如果是，该帧将被复制到那里；如果不是，则通过交换机的高速底板，该帧被送到目标站的插卡中。通常底板会使用私有的协议，它的运行速度可以达到好几个吉比特每秒。

如果两台机器连接到同一块插卡,并且它们同时传送数据,这就要取决于这块插卡的构造方式。一种可能是,卡上的所有端口都用线连在一起,从而构成了一个卡上局域网。对于这种发生在卡上 LAN 中的冲突,检测和处理方法与 CSMA/CD 网络中的其他冲突是一样的:利用二元指数后退算法进行重传。对于这种类型的插卡,任何时刻每块插卡只能有一个传输任务,但是所有的插卡可以并行传输。在这种设计中,每块插卡构成了它自己的冲突域(collision domain),与其他的插卡完全独立。如果每个冲突域只有一个站,则冲突不可能发生,因而可以提高性能。

在另一种类型的插卡中,每个输入端口支持缓存功能,所以进来的帧在到达之后被保存在插卡的 RAM 中。这种设计方案允许所有的输入端口同时接收和传送帧,它们可以并行地、全双工地工作,这是单信道的 CSMA/CD 所不可能做到的。一旦一帧已经被完全接收了,插卡对它进行检查,看它的目标站是同一插卡上的另一个端口,还是一个远程端口(位于其他的插卡上)。在前一种情况下,该帧可以直接被传送到目的地;而在后一种情况下,必须要通过底板才能将这一帧传送给正确的插卡。在这种设计中,每一个端口是一个独立的冲突域,所以冲突不会发生。总的系统吞吐量通常可以比 10Base-5 提高一个数量级。

由于交换机只要求每个输入端口接收标准的以太网帧,所以有可能将某些端口用作集线器。当帧到达集线器时,它们将会按照通常的方法竞争信道,包括冲突和二元指数后退过程。成功的帧将会到达交换机,在交换机上它们会像其他进来的帧一样被处理:通过高速的底板被交换到正确的输出线路上。集线器比交换机要便宜得多,但是由于交换机的价格不断下降,所以集线器很快将被淘汰。然而,有一些遗留下来的集线器仍然在使用。

这里再次对集线器进行比较系统的说明。集线器的主要功能是对接收到的信号进行再生整形放大,以扩大网络的传输距离,同时把所有节点集中在以它为中心的节点上。它工作于 OSI 参考模型的物理层,与网卡、网线等传输介质一样,属于局域网中的基础设备,采用 CSMA/CD 机制。集线器每个接口简单地收发比特,收到 1 就转发 1,收到 0 就转发 0,不进行冲突检测。所有的输入线在逻辑上都是连在一起的,从而构成了一个冲突域,因而所有的标准规则包括二元指数后退算法,都是适用的。这样的系统仍然像老式的以太网那样工作,它也不具备交换机所具有的 MAC 地址表,所以它发送数据时都是没有针对性的,而是采用广播方式发送。也就是说当它要向某节点发送数据时,不是直接把数据发送到目的节点,而是把数据包发送到与集线器相连的所有节点。

以太网交换机实际上是一种高性能的多端口网桥。一般的网桥基于软件实现,每个网桥只能有一个生成树且接口最多 16 个。然而交换机在硬件上实现其功能,所以可以有更多端口,包含多个生成树。对于以太网帧的转发,交换机的交换逻辑要明显高效许多。由于在交换式以太网中,通常会有多个节点共用服务器,所以端口可以采用交换集线器来达到更高的效率,在交换集线器中有额外的缓冲来处理速度不匹配问题。同时,也可以采用具备全双工模式的交换机来进一步提高效率,同时做到数据的接收与发送。以全双工方式连接到以太网端口的站永远不会检测到存在冲突,且吞吐量是原来的一倍。

4.6.2　虚拟局域网

交换式以太网不但提高了网络性能,还引入了 VLAN(Virtual LAN)技术,即虚拟局域网技术。虚拟局域网只是交换式局域网提供给用户的一种服务,并不是一种新的局域网。

所谓的虚拟局域网建立在交换技术的基础上,将网络上的主机按工作需要划分成若干个逻辑工作组而无需考虑其所处的物理位置,那么每一个工作组就组成了一个虚拟局域网。IEEE 802.1Q 定义了虚拟局域网的标准。

谁连在哪一个 LAN 真的很重要吗?毕竟,在几乎所有的组织中,所有的 LAN 都是相互连接的。简单的回答是肯定的,谁在哪一个 LAN 很重要。网络管理员希望将 LAN 上的用户分成适当的组,以便反映用户的组织结构,而不是大楼的物理布局结构。他们有很多个理由这么考虑,其中一个就是安全性。一个 LAN 上可能驻扎着 Web 服务器,这个服务器供其他计算机公共访问;另外一个 LAN 或许连接着包含人力资源部门记录的计算机,这些资料不能被流传到部门之外。在这种情形下,把所有的计算机放在一个 LAN 中,并且不让任何服务器被 LAN 以外的用户访问是很有意义的。管理层如果听到网络管理员无法这样安排局域网的答复时一定会颇感不悦。

第二个理由是负载。有些 LAN 比其他的 LAN 有更重的载荷,所以有时希望将它们隔离开。例如,研究人员在运行各种试验时可能大量消耗网络资源,从而使他们的 LAN 流量达到饱和。这时,正在开视频会议的管理部门人员可能并不愿意贡献出他们的容量来帮助研究部门,而且,这还会给管理部门留下一个需要安装一个更快网络的印象。

第三个理由是广播流量。大多数 LAN 支持广播,而且,许多上层协议也大量使用这种特性。随着越来越多的 LAN 相互连接起来,LAN 内计算机的数目增多,广播数目也随之增多。每次广播消耗的容量比一个常规帧消耗的容量多得多,因为这个广播流量要传递给 LAN 中的每台计算机。将 LAN 保持在不需要那么大的规模,可降低广播流量的影响。

与广播有关的一个问题是,偶然情况下网络接口崩溃之后将会产生无休止的广播帧流量。这种广播风暴(broadcast storm)的后果是:①整个 LAN 的通信容量将被这些帧占用;②这些互连的 LAN 上的所有机器将忙于处理和丢弃这些广播帧,从而使得网络和机器的能力被削弱。

而每一个虚拟局域网上的主机都不能直接向其他虚拟局域网的主机传送信息,包括广播信息。这样,虚拟局域网限制了接收广播信息的主机数量,使得网络不会因为传播过多的广播信息(广播风暴)而引起性能恶化。由于虚拟局域网是用户和网络资源的逻辑组合,因此可以按照需要将有关设备资源非常方便地重新组合,使局域网更加灵活。

1. IEEE802.1Q 标准

IEEE802.1Q 不需要抛弃所有原来的以太网卡,802.3 委员会甚至未能使人们接受"将 Type 域改变为 Length 域"的做法。当新的以太网卡进入到市场上时,期望这些网卡将会与 802.1Q 兼容,它们将正确地填充 VLAN 域。

如果最初的发送方并没有生成 VLAN 域,转发该帧过程中第一个支持 VLAN 的网桥或交换机加入 VLAN 域,下行路径中最后一个支持 VLAN 的网桥或交换机将这些 VLAN 域去掉。第一个网桥或交换机可以给一个端口分配 VLAN 号,可以查看 MAC 地址或检查净荷域(应该是禁止的)。在这里一个比较现实的期望是,所有的千兆以太网卡从一开始就是 802.1Q 兼容的,当人们升级到千兆以太网时,802.1Q 将自动被引入进来。至于帧长超过 1518 字节的问题,802.1Q 只是将限制值提高到 1522 字节。

在传递过程中,许多网络环境中有一些遗留的机器(往往是传统的以太网或快速以太网),它们不能理解 VLAN,而其他的机器(往往是千兆以太网)则可以理解 VLAN。这种情况如图 4.24 所示,其中阴影符号能够理解 VLAN,而空心符号则无法理解 VLAN。为了简单,假定所有的交换机都能够理解 VLAN。如果不是这样的情形,那么第一个可理解 VLAN 的交换机将会根据 MAC 或 IP 地址加上相应的标签。

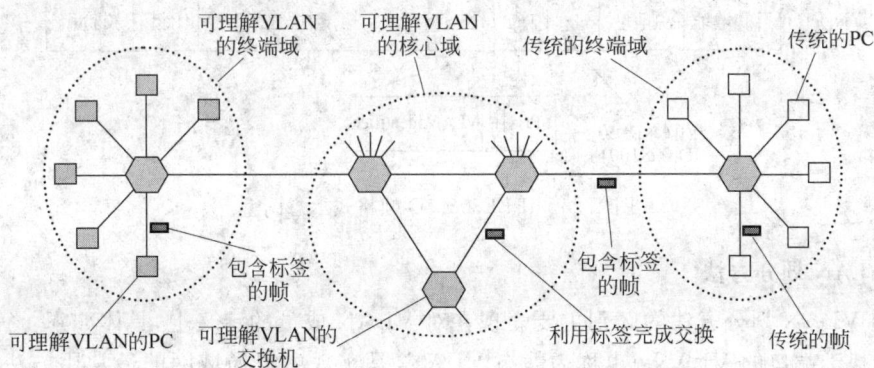

图 4.24 传统以太网到可理解 VLAN 以太网的传递过程

在图 4.24 中,可理解 VLAN 的以太网卡直接生成了包含标签(即 802.1Q)的帧,并且在进一步交换时用到了这些标签。为了完成交换工作,交换机必须要知道在每个端口上哪些 VLAN 是可达的,就如同以前一样。只有当交换机知道了哪些端口连接到灰色 VLAN 上的机器之后,知道一帧属于灰色 VLAN 才是有意义的。因此,交换机需要一张由 VLAN 来索引的表,它可以指明应该使用哪些端口,以及它们是否可以理解 VLAN。

当一台传统的 PC 将一帧发送到一个可理解 VLAN 的交换机时,该交换机根据它对于发送方 VLAN 的认识建立一个新的包含标签的帧。类似地,如果一个交换机需要将一个包含标签的帧递交给一台传统的机器,那么在递交之前它必须将这一帧重新格式化成传统的格式。

在 IEEE802.1Q 协议中定义扩展的帧格式为:在传统以太网的帧格式中插入一个 4 字节的标识符 TAG,位于源地址和长度之间,用来指明发送该帧的计算机属于哪个 VLAN。因此帧从 PC 发送到交换机时,将加入标签 TAG;再从交换机发往计算机时去掉标签,如图 4.25 所示。

第一个 2 字节域是 VLAN 协议 ID,它的值总是 0x8100。由于这个数值大于 1500,所以所有的以太网卡都会将它翻译成一种类型(type),而不是一个长度(length)。第二个 2 字节域包含三个子域。最主要的是 VLAN identifier(VLAN 标识符)域,它占用低 12 位,指出了这一帧属于哪一个 VLAN。3 位长度的 Priority(优先级)域与 VLAN 没有一点关系,这个域使得交换设备有可能区分硬的实时流量与软的实时流量,以及对于时间不敏感的流量,这样做的目的是在以太网上提供更好的服务质量。最后一位规范的格式指示器 (Canonical Format Indicator,CFI)应该称为"团体自我指示器"(Corporate Ego Indicator,CEI),它最初的意图是:指明 MAC 地址是 little-endian 还是 big-endian 字节序,但是在其他一些争论过程中,这种用法渐渐被丢掉。现在,这一位置"1"标志着:净荷中包含一个冻结了的 802.5 帧,它希望在目标处能找到另一个 802.5 LAN,而中间则是由以太网来承载的。

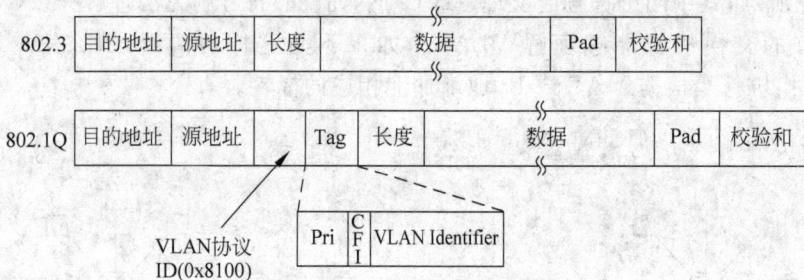

图 4.25　IEEE802.1Q 帧格式示意图

2. VLAN 划分方法

不同 VLAN 划分方法的区别主要表现在对 VLAN 成员的定义上,具体如下:

(1) 基于端口的 VLAN:也称为静态 VLAN,是实现虚拟局域网的最常用方法。这种方法可以认为一个虚拟局域网实际上是一些交换机端口的集合。这样的虚拟局域网构造简单,一般每个端口只能属于一个 VLAN。

(2) 基于 MAC 地址的 VLAN:这是根据 MAC 地址来划分 VLAN 的一种方法,可以把每个 VLAN 看成一些 MAC 地址的集合。这种 VLAN 允许一个主机同时属于多个 VLAN,并且当主机在网络中移动时虚拟局域网可以自动识别,因为 MAC 地址是全球唯一的。

(3) 基于 IP 地址的 VLAN:这种方式采用 IP 子网来构造虚拟局域网。划分 VLAN 时将每台主机的 MAC 地址和 IP 地址对应关联起来,使用 IP 来配置 VLAN。使用这种方法时,通常需要交换机能够处理 IP 数据。这种方法的优点在于:用户可以随意移动节点而无需重新配置 IP 地址,一个 VLAN 可以扩展到多个交换机的端口上,甚至一个端口对应多个 VLAN。而缺点是:与基于 MAC 地址相比而言,检查网络层地址要花费更多的时间,造成延迟且会因为地址表的维护而增加管理负担。

(4) 基于策略的 VLAN:这种方法可以使用上面提到的任何一种划分方法并进行组合。当一个策略被指定到一个交换机时,该策略就同时被应用到整个网络上,而相应的主机也就被划分进不同的 VLAN 中。常用的 VLAN 策略还有:按以太网协议类型或是按网络的应用来划分。

VLAN 与普通局域网从原理上并没有太多不同,但从用户使用和网络管理角度来说,差异主要体现在:VLAN 并不局限于某一物理网络,VLAN 用户可位于网内任何区域。总之,VLAN 的优势在于简化了网络管理、控制了广播活动并且能提供较好的网络安全性、可控性和灵活性,减少了管理费用,增加了集中管理的功能。

4.7　局域网互联和网桥

许多组织有多个 LAN,往往会通过一种称为网桥(bridge)的设备被连接起来。网桥运行在数据链路层上,它们通过查看数据链路层的地址来完成帧转发的任务。由于它们不应该检查所转发的帧的净荷域,所以它们可以传输 IPv4(现在的因特网中使用的分组)、IPv6

（将来的因特网中的分组）、AppleTalk、ATM、OSI或者任何其他类型的分组。相反,路由器要检查分组中的地址,并根据此地址进行路由。然而,交换式以太网又让这样明显的区别产生了混淆。在这一节中,将会讨论局域网互联、网桥与交换机用于不同 802 LAN 的情形。

在讨论网桥技术之前,先介绍一些适合使用网桥的常见情形。将列举出 6 个理由来说明为什么一个组织不应该再维持多个 LAN 的局面。

（1）许多大学和公司的部门都有自己的 LAN,这些 LAN 主要将部门内部的个人计算机、工作站和服务器连接起来。由于各个部门的目标不同,所以,不同的部门选择不同的 LAN,往往不会顾及其他部门所做的事情。但迟早部门之间要相互沟通,所以就会用到网桥。在这个例子中,多个 LAN 之所以存在是因为各个部门需要自己管理内部的网络。

（2）一个组织可能分布在几个大楼,这些楼之间有一定的地理距离。在每一个楼内有一个独立的 LAN,然后通过网桥和光纤链路将这些 LAN 连接起来,这种做法比起在整个地理范围内运行一个网络（用一条电缆或光缆连接起来）要经济实惠得多。

（3）有时可能有必要将一个逻辑上的单个 LAN 分成多个独立的 LAN 以便适应网络的载荷。例如,在许多大学中,需要几千台工作站供学生和教师使用。通常文件被保存在文件服务器上,然后在需要时被下载到用户的机器上。这个系统的规模很大,因而不适合把所有的工作站都放在一个 LAN 中——所需要的总带宽太高了。相反,可以通过网桥将多个 LAN 连接起来,如图 4.26 所示。每个 LAN 包含一组工作站,并且有它自己的文件服务器,所以,绝大多数流量被限制在单个 LAN 之中,从而不会给骨干网增加载荷。

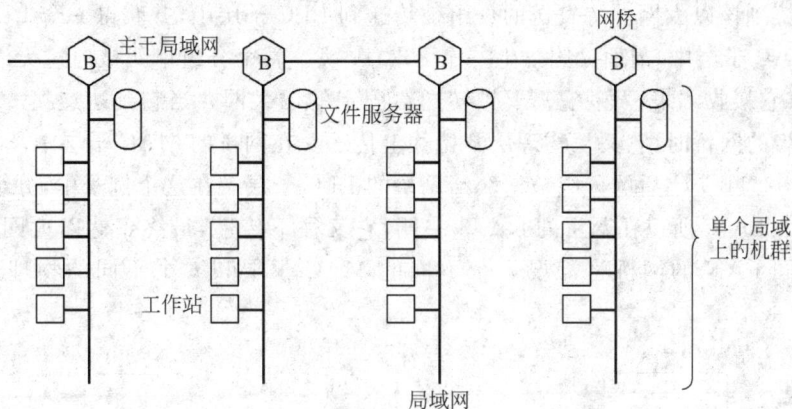

图 4.26 通过骨干网将多个 LAN 连接起来

虽然在画 LAN 时用多分支的电缆来表示,但是现在往往都会使用集线器（hub）或者交换机来实现 LAN。然而将多台机器直接接在一根长长的多分支电缆上,这种做法与将机器连接到一个集线器上的做法在功能上是等价的。在这两种做法中,所有的机器都属于同一个冲突域,它们都要使用 CSMA/CD 协议来发送帧。然而,交换式的 LAN 有所不同,以前曾经看到过,稍后还会看到这种 LAN。

（4）在有些情况下,从载荷的角度而言,一个 LAN 足够了。但是,相距最远的机器之间的物理距离太大了（如超过以太网的限制 2.5km）。即使铺设电缆非常容易,这样的网络也无法正常工作,因为往返时延太长。唯一的解决方案是将 LAN 分成多个段,段之间用网桥连接起来。因此,使用了网桥之后,网络所能概盖的总物理距离可以成倍增加。

（5）还存在可靠性问题。在一个单独的 LAN 上，如果一个有缺陷的节点持续不断地往外发送垃圾数据流，则它可能会明显地削弱 LAN 的能力。可以在一些关键的地方插入一些网桥，这样可以避免一个失控的节点降低整个系统的性能。网桥与中继器（repeater）不一样，中继器的功能是复制所有它所看到的数据，而网桥可以被编程，使它能区别对待那些该转发和不该转发的数据。

（6）网桥可以提升一个组织的安全性。绝大多数的 LAN 接口都有一种混杂模式（promiscuous mode）。在这种模式下，所有的帧都被送给计算机，而不是只将目标地址指向该计算机的帧才送给它。所以，系统管理员可以在各个地方插入网桥，并且小心地对网桥进行配置，让它不要转发那些敏感的流量，这样做可以隔离网络的各个部分，从而每部分的流量不会落入坏人例如间谍之手。

理想情况下，网桥应该是完全透明的，这意味着可以将一台机器从电缆的一段移动到另一段上，而无需改变任何硬件、软件和配置表。而且，任何一段上的机器也应该可以与另一段上的机器进行通信，并且无需关心这两段所使用的 LAN 的类型是什么，也不用关心这两段中间的那些段上的 LAN 的类型。这个目标有时可以达到，但并不总能达到。

4.7.1 从 802.x 到 802.y 的网桥

图 4.27 演示了一个简单的两端口网桥的操作过程。主机 A 位于一个无线 LAN（802.11）之中，它有一个分组要发送给主机 B，而主机 B 位于一个固定的以太网（802.3）中，无线 LAN 通过网桥连接到该以太网。待发送的分组被传递到 LLC 子层中，并获得一个 LLC 头，然后被传递到 MAC 子层中，前面又附加上一个 802.11 头。整个分组单元被通过无线电波发送出去，基站将它接收下来，发现它需要被转送给固定的以太网。当它到达连接 802.11 网络和 802.3 网络的网桥时，它又从物理层开始往上传送。在网桥的 MAC 子层中，802.11 头被剥掉，剥掉 802.11 头之后的分组被递交给网桥的 LLC 子层。在这个例子中，分组的目的地是一个 802.3 LAN，所以在网桥的 802.3 一侧，它又往下传递，最终到达以太网。请注意，连接 k 个不同 LAN 的网桥将需要 k 个不同的 MAC 子层和 k 个不同的物理层，每一种 LAN 各需要一个。

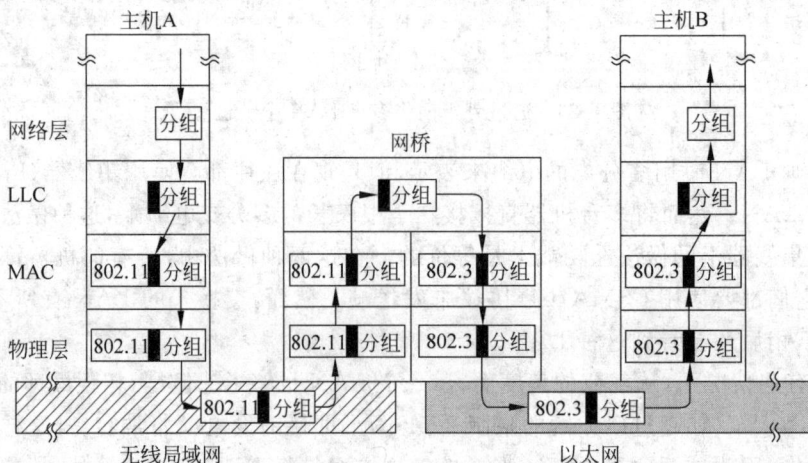

图 4.27　802.11 到 802.3 LAN 网桥流程

看起来将一帧从一个 LAN 传送到另一个 LAN 是非常容易的事情,实际上并不是这样。在这一节中,将看到,为不同的 802 LAN 建立网桥时将会碰到许多困难。把焦点集中在 802.3、802.11 和 802.16,但是,其他的网络之间的连接也会有一些问题,每一种网络都有它自己独特的问题。

首先,每一种 LAN 使用了不同的帧格式(图 4.28)。以太网、令牌总线和令牌环网之间的差异是由于历史和大公司利益的原因而造成的,例如 802.11 中的持续时间域是由于 MACAW 协议的原因,它在以太网络中是没有意义的。因此,在不同 LAN 之间的复制操作需要重新填充格式,这将会占用 CPU 时间,并且还需要计算新的校验和,而且有可能由于网桥的内存中的数据位错误而导致在转发过程中引入无法检测的错误。

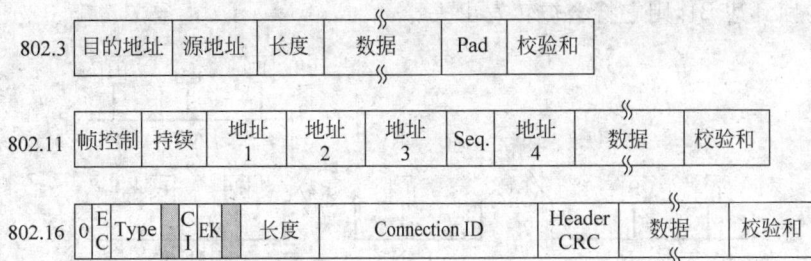

图 4.28　802 部分帧格式差异

第二个问题是,相互连接的 LAN 之间并不一定工作在一个数据速率上。网桥不可能按照接收帧的速率来处理这些帧。即使连接在一个网桥上的多个 LAN 都运行在同一速度上,那么几个 LAN 试图往同一个 LAN 输出数据也会造成一样的问题。

第三个问题是不同的 802LAN 有不同的最大帧长度限制,这也是最严重的一个问题。如果一个 LAN 无法接收另一个 LAN 发出的较长帧,那么就需要将帧分割成多个片。尽管已经存在这样的协议,但是这并不是这一层该解决的问题,数据链路层也没有协议提供这样的功能。基本来说,如果需要转发的帧实在太大,那么它将只能被丢弃。

另一个问题是安全性。802.11 和 802.16 都支持数据链路层的加密功能,但以太网不支持。这意味着,当网络流量经过了一个以太网络以后,无线网络所采用的各种加密服务都不再有效。更麻烦的是,如果一个无线站使用了数据链路层加密特性,那么当它的流量经过一个以太网到达目的地时,就无法对数据进行解密了。针对安全问题的一个解决方案是:在更高的层执行加密过程。但是,一个 802.11 站必须知道它是否在跟 802.11 网络中的另一个站进行通信(是,则使用数据链路层加密特性;不是,则不使用),让终端站做这样的选择将会破坏透明性。

最后一点是服务质量。802.11 和 802.16 都提供了服务质量特性,但是形式不同。802.11 使用 PCF 模式;而 802.16 使用常数位速率的连接;以太网没有服务质量的概念。所以当数据流量经过了以太网络之后,无论从哪里来,还是到哪里去,服务质量的特性都会丢失。

4.7.2　本地网络互连

4.7.2 节讨论了通过一个网桥来连接两个不同的 IEEE 802 LAN 时所碰到的一些问

题,然而即使是几个相同的 LAN 相连也会存在一些问题。理想情况下应该是:出去购买专门针对 IEEE 标准而设计的网桥,然后将连接器插到网桥的插口上,于是一切都应该可以正常工作了。不需要有任何硬件上的变化、软件上的变化,也不需要设置地址交换,更不用下载路由表或者参数,而且原有的 LAN 操作也根本不会受到网桥的影响。总之,网桥应该是完全透明的(对于所有的硬件和软件都是不可见的),而这实际上是有可能的。

在最简单的情形下,一个透明网桥工作在混杂模式下,它接受所有与它相连的 LAN 上传送的帧。例如考虑图 4.29 中的配置,网桥 B1 被连接到 LAN 1 和 LAN 2、网桥 B2 被连接到 LAN 2、LAN 3 和 LAN 4。如果在 LAN 上有一个目标地址为 A 的帧到达网桥 B1,则该帧被立即丢弃,因为它已经在正确的 LAN 上了;但是如果在 LAN 2 上有一个目标地址为 C 或 F 的帧到达 B1,则它将会被转发出去。

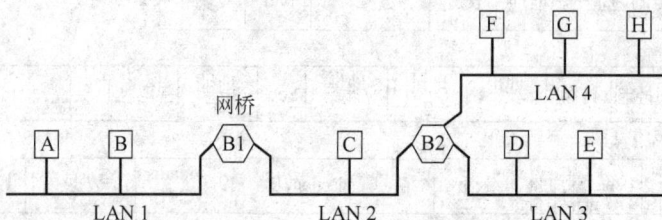

图 4.29　包含 4 个 LAN 与 2 个网桥的配置图

当一帧到达时,网桥必须决定将该帧丢弃还是转发,如果是转发还必须决定将它转发到哪个 LAN 上。网桥通过在其内部的一张表(散列)中查寻一帧的目标地址来做出这样的决定,该散列表列出了每一个可能的目标地址,并且指明了它属于哪一条输出线路。当最初网桥被插入进来时,所有的散列表都是空的,所有的网桥都不知道哪个目标地址该往哪里去。所以网桥使用了一种扩散算法(flooding algorithm):对于每一个发向未知目标地址的进入帧,网桥将它输出到其他所有的 LAN 中。随着时间的推移,这些网桥将会学习到每个目标地址都往哪里去,其过程将在下面描述。一旦知道了一个目标地址以后,以后发送给该地址的帧将只被放到正确的 LAN。

透明网桥所用的算法是逆向学习法(backward learning)。正如上面所提到的,网桥工作在混杂模式下,所以它们可以看得到每个 LAN 上发送的所有帧。通过检查这些帧的源地址,网桥就可以识别出通过哪个 LAN 可以访问到哪台机器,然后在散列表中构造一个表项进行注明。当机器和网桥被加电或停电,或者从一个地方移动到另一个地方时,网络拓扑结构会发生变化。为了处理这种动态的拓扑结构,在构造一个散列表项时,该帧的到达时间也被记录到表项中。当一帧到达时,如果它的源地址已经在散列表中了,那么对应表项中的时间值被更新为当前时间。因此,与每个表项相关联的时间值反映了最后看到该机器上发送出一帧的时间。

对于一个进入的帧,它在网桥中的路由过程取决于它在哪个 LAN 上到达(源 LAN),以及它的目标地址在哪个 LAN 上(目标 LAN)。如果目标 LAN 与源 LAN 相同,则丢弃该帧;如果目标 LAN 与源 LAN 不同,则转发该帧;如果目标 LAN 未知,则使用扩散法。

4.7.3　生成树网桥

为了提高可靠性,有些站点在 LAN 对之间并行地使用两个或多个网桥,如图 4.30 所示。这种做法也引入了一些新的问题,因为它导致拓扑结构中产生了回路。

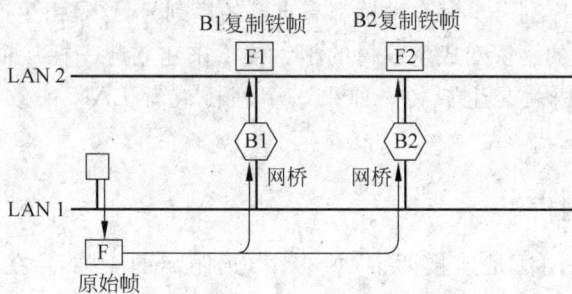

图 4.30 2个并行透明网桥结构

考虑如果 A 给以前没有观察到的某个站发帧,这个帧将会如何被处理。每个网桥遵循着常规的处理规则:对于未知目的地的帧,每个网桥都采用扩散法。把从 A 到达网桥 B1 的帧称为 F0。网桥把这个帧复制到所有其他端口(除了它来的那个端口)。只考虑连接 B1 到 B2 的网桥端口(虽然帧还将被发送到其他端口)。因为有两条链路从 B1 连到 B2,因此 F0 的两个副本将到达 B2。它们显示为图 4.30 中的 F1 和 F2。

很快,网桥 B2 接收到这些帧。然而,B2 不知道(也无法知道)这些帧是同一个帧的副本,它把它们当作两个前后到达的不同帧来处理。因此网桥 B2 将 F1 副本发送到所有其他端口,同样把 F2 的副本发送到所有其他端口,由此产生了 F3 和 F4,这两个帧又沿着两条链路发送回网桥 B1。然后 B1 看到两个未知目的地址的新帧,同样复制它们后泛洪。这个循环将会无限进行下去。

这个难题的解决途径是让这些网桥相互之间进行通信,然后用一棵可以到达所有 LAN 的生成树覆盖实际的拓扑网络。实际上,为了构造一个虚拟的无环拓扑结构,LAN 之间一些潜在的连接被忽略掉了。例如在图 4.31(a)中,看到 9 个 LAN 通过 10 个网桥相互连接起来。可以将这种网络配置抽象成一幅图,每个 LAN 为一个节点。如果两个 LAN 之间有一个网桥连接,则将它们用一条弧连接起来。如图 4.31(b)所示,通过去掉虚线弧,整个图可以被简化为一棵生成树。利用这棵生成树,从每个 LAN 到任何其他的 LAN 总是恰好只有一条路径。一旦所有的网桥统一使用同一棵树,则 LAN 之间所有转发都将沿着这棵树进行。由于从每个源到每个目标都只有唯一的路径,所以环是不可能产生的。

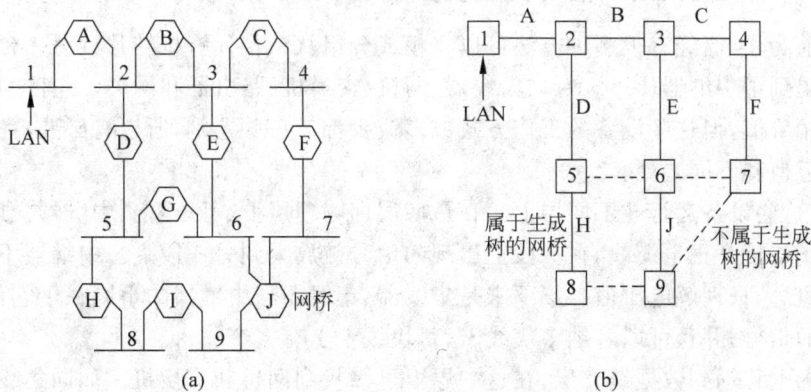

图 4.31 生成树构建示意图

为了建立生成树,首先这些网桥要选择其中之一作为树的根。它们的选择方法是,让每个网桥广播它自己的序列号。每个网桥都有自己的序列号,这是由生产商指定的,可以保证全球唯一最低序列号的网桥变成生成树的根。接下来建立起一棵从根到每个网桥和 LAN 的最短路径树,这棵树就是生成树。如果一个网桥或者 LAN 失效了,则再计算一棵新的树。

4.7.4 远程网桥

网桥的一种常见用法是连接两个(或多个)远距离的 LAN。在理想情况下,所有的 LAN 都应该相互连接起来,从而整个系统就好像一个大的 LAN 一样。可以在每个 LAN 上安放一个网桥,并且用点到点的线路将每一对网桥连接起来。图 4.32 演示了一个具有 3 个 LAN 的简单系统,在这里应用了常规的路由算法。最简单的方法是把 3 条点到点线路想象成无线 LAN,然后它就变成了一个具有 6 个 LAN、用 4 个网桥连接起来的系统(必须有主机连接)。

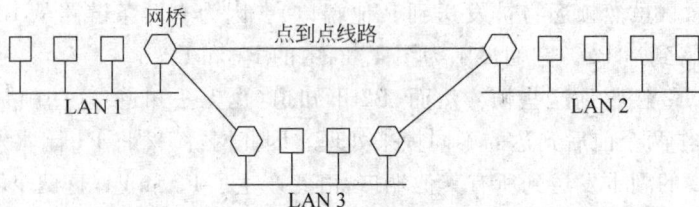

图 4.32 远程网桥连接远距离 LAN 示意图

在点到点线路上可以使用各种协议。一种可能的做法是选择某一个标准的点到点数据链路协议,如 FFP,由该协议把完整的 MAC 帧放到净荷域中。如果所有的 LAN 都是同类型的,那么这种策略可以工作得很好,唯一需要解决的问题是将帧转发到正确的 LAN 中。另一种做法是,在源网桥一端将 MAC 头和尾剥掉,把剩下的部分放在点到点协议的净荷域中。然后,在目标网桥一端,生成一个新的 MAC 头和尾。这种做法的缺点是:到达目标主机上的校验和并不是源主机计算得到的校验和,所以网桥内存中的坏数据位所引起的错误很难被检测到。

4.7.5 中继器、集线器、网桥、交换机、路由器和网关

到目前为止,已经有很多种方法可以将帧或分组从一台计算机转移到另一台计算机上。我们已经提到了中继器(repeater)、集线器、网桥、交换机、路由器和网关,所有这些设备都有实际的应用价值,但这些设备的工作方式或多或少有一些差别,所以有必要看一下它们工作方式的近似和不同之处。

首先,这些设备运行在不同层上。在最底层即物理层上,可以看到中继器。中继器是模拟设备用于连接 2 根电缆线,在一段上出现的信号被放大到另一段上。中继器不理解帧、分组和头的概念,只理解电压值。接下来是集线器,集线器与中继器的不同在于它们通常不会放大进入的信号,并且可以容纳多块线卡,每块线卡上有多个输入。

现在向上移动到数据链路层,在这一层上可以找到网桥和交换机。如同集线器一样,现代的网桥也有线卡,每块线卡通常支持某种特定类型的 4 条或 8 条输入线路,针对不同的网

络类型和不同的速度。在一个网桥中,每条线路有其自己的冲突域,这与集线器不同。交换机与网桥类似,主要区别在于:交换机常常被用来连接独立的计算机。由于交换机的每个端口通常连接到一台计算机上,所以交换机必须有足够的空间,以便容纳比网桥更多的线卡数量,毕竟网桥的设计目标是连接 LAN。每一块线卡都提供了缓冲区空间,以便将在它的端口上到达的帧缓存起来。由于每个端口都有其自己的冲突域,所以交换机永远不会由于冲突而丢失帧。然而,如果帧到达的速度超过了这些帧被重新传送出去的速度,那么交换机可能会用完缓冲区空间,从而不得不开始丢帧。

为了能够减轻这个问题,现代的交换机这样来处理:一旦目标头域(即头部中的目标域)已经进来,尽管帧的其余部分还没有到达,则只要输出线路可以使用,交换机就开始转发该帧。这些交换机并没有使用"存储-转发"的交换方式。有时它们被称为直通型交换机(cut-through switch)。通常直通转发过程完全是由硬件来完成的,而传统上,网桥往往包含一个实际的 CPU,存储-转发的交换过程由软件来实现。但是由于所有现代的网桥和交换机都包含了特殊的、用于交换的集成电路部分,所以交换机和网桥之间的差别更是一个市场因素,而并非技术因素。

现在往上转移到路由器,它不同于所有前面提到的设备。当一个分组进入到一个路由器中时,帧头和帧尾被剥掉,位于帧的净载荷域中的分组被传递给路由软件。路由软件利用分组的头信息来选择一条输出线路。对于一个 IP 分组,分组头将包含一个 32 位(IPv4)或128 位(IPv6)的地址,而不是 48 位的 802 地址。

再往上一层可以找到传输网关。它们将 2 台使用了不同的面向连接传输协议的计算机连接起来。传输网关可以将分组从一个连接复制到另一个连接中,并根据需求对分组重新格式化。

最后,应用网关理解数据的格式和内容,并将消息从一种格式转译为另一种格式。

4.8 局域网的研究发展现状和展望

随着个人数据通信的发展,为实现便携终端等随时、随地数据通信的目标,通信网络已由有线向无线、由固定向移动、由单向业务向多媒体业务演进,无线局域网技术随之快速发展,无线局域网也成为局域网技术乃至通信技术重要新兴领域。无线局域网络可以不依靠任何介质和线路来实现数据与网络的信号连接,在网络发送和接收的过程中确保无线局域网络的网络稳定性。

4.8.1 无线局域网技术现状

从目前来看,市场上现存的无线局域网络产品中主要依托的标准为 UERE2.14,实际工作达到了 2.5MHz,目前用来提供实际传输的速度达到了 12Mb/s,目前,大部分该领域行业的相关技术已经得到了实际技术认可,同时使用范围也在进一步扩大,具有较为明显的市场应用发展潜力。首先,在公共家庭服务领域中,我国现在大部分的公共场所已经开始普及无线局域网络技术,开始为群众提供无线网络服务,同时也实现了家庭的无线局域网络覆盖,由此也进一步省略了线路的连接存在的麻烦和问题,提升了整体网络线路连接和应用的实际难度,可以为人们提供良好的网络应用便利。

4.8.2 无线局域网技术发展趋势

1. 提高无线局域网的吞吐容量

从相关调查研究分析可以发现,如今使用的网络信息设备的实际吞吐量出现较大幅度波动,实际吞吐量也存在较大差异,所以在进行无线局域网络应用和推广的过程中应通过低速无线局域网络与高速无线局域网络的良好连接、改进调度策略等实现整体网络的连接和发展,有效提升整体的网络连接和应用稳定性,并最大限度上提升无线局域网络的实际传输速度。

2. 提高无线局域网的安全性

在任何一种网络通信过程中,无线或有线网络都必须关注到网络实际应用的安全性,需要以无线网络电磁波的实际发散特点来控制网络连接,不仅仅要在实际网络连接管理的基础上进行调节和控制,还需要在用户应用的过程中采取合理的扩充编码调整,在接收和发送的同时实现数据的良好保护,同时还可以通过单一数据网络控制进行加密处理。所以,应该在后期的无线网络应用和开发的过程中找到无线局域网络传递与传统有限网络传递的良好结合,实现硬件、软件的合理连接,综合发挥良好网络信号传递功能,方便人们的生活和工作。

3. 加强与蜂窝移动通信技术之间的深度融合

随时随地上网已成为日常生活的一部分,人们通过 3G、4G 等蜂窝移动通信技术上网或无线局域网技术上网,虽然技术不同,但给人们体验类似,二者正逐渐走向融合,目前技术融合由移动通信产业主导,在网络侧和无线侧层面并行发展,其融合发展方向从松耦合到紧耦合,涉及网络侧融合和无线侧融合,未来的网络应用将会是二者在技术、标准层面、芯片终端层面、网络设备层面、运营层面的深度融合,提升整体通信网络发展水平。

4.9 小结

有些网络只有一个信道用于通信,而关键问题在于如何使用这唯一通道在不同站的竞争间进行分配。目前许多信道的分配算法如表 4.4 所列。

表 4.4 公用信道分配方法表

方　　法	说　　明
FDM	为每个站专门分配一段频率
WDM	针对光纤的动态 FDM 方案
TDM	为每个站分配一个时槽
纯 ALOHA	任何时候都不进行同步传输
分槽 ALOHA	在明确定义的时槽内随机传输
1-持续 CSMA	标准的载波检测多路访问

续表

方　法	说　明
非持续 CSMA	当信道被检测到忙时随机延迟
P-持续 CSMA	CSMA,但是持续的概率为 P
CSMA/CD	CSMA,但是在检测到冲突之后就放弃
位图	用一个位图进行轮循
二进制倒计数	在所有准备就绪的站中,下一个是编号最大的站
树径协议	通过选择机制来减少竞争
MACA,MACAW	无线 LAN 协议
以太网	支持二进制指数后退算法的 CSMA/CD
FHSS	跳频扩频
DSSS	直接序列扩频
CSMA/CA	避免冲突的 CSMA

最简单的信道分配方案是 FDM 和 TDM。而当站的数量比较大而且可变,或者流量具有突发性变化时,FDM 和 TDM 就不合适了。另一种可以选择的方案是 ALOHA 协议,包括分时槽的和不分槽的 ALOHA 协议。ALOHA 及其许多变种方案都已经应用于许多实际系统中。

如果信道的状态可以被检测到,那么,当一个站正在传输时,其他站就可以避免同时也启动一个传输过程。这项技术称为载波检测,它已经产生了许多种协议,分别应用于 LAN 和 MAN 中。

有一类非常知名的协议可以完全消除竞争,或者至少可以极大地减少竞争。二进制倒计数法可以完全消除竞争;自适应树搜索协议动态地将站划分成两个不相交的组,一个组允许传输,另一个组不允许传输,从而减少了竞争。它划分站的做法是:循环地划分下去,直到只有一个站允许发送帧。

以太网是最为主流的局域网连接方式。它使用 CSMA/CD 来分配信道。老式的局域网使用一根电缆将机器串接起来,但是现在最为普遍的是采用双绞线连接到集线器和交换机的方式,速度从 100Mb/s~1Gb/s 不等,而且现在还在继续提高。

无线 LAN(WLAN)有它们自己的问题和解决方案,而最大的问题是由隐藏的站引起的,所以 CSMA 无法正常工作。其中一类以 MACA 和 MACAW 为代表的解决方案是,试图激发出目标站周围的传输过程,以使 CSMA 工作得更好,跳频扩频和直接序列扩频也可以使用。IEEE 802.11 将 CSMA 和 MACAW 结合起来产生了 CSMA/CA。无线 LAN 已经变得很普遍了,在这个领域中 802.11 占据了统治地位。它的物理层允许 5 种不同的传输模式,包括红外、各种扩频方案和一个多信道的 FDM 系统。在每个单元中存在一个基站的情况下,802.11 可以工作;如果没有基站,它也可以工作。所用的协议是 MACAW 的一个变种,采用了虚拟载波检测机制。

既然有了这么多不同的 LAN,自然就需要一种将它们相互连接起来的途径。网桥和交换机正好可以担当此任。利用生成树算法可以建立即插即用的网桥。在 LAN 互连的领域中,一个新的发展是 VLAN,它可以将多个 LAN 的逻辑拓扑结构与它们的物理拓扑结构分离开来。为此而引入了一种新的以太网帧格式 802.1Q,通过此格式(前文已经介绍)可以使现有的组织更加方便地引入 VLAN。

习题

4-1 如果在低载荷下,纯 ALOHA 与分槽 ALOHA 哪个延时更高? 为什么?

4-2 现在有多个站需要共享一个 56Kb/s 的纯 ALOHA 信道。每个站平均每秒输出一个 100 位的帧(即使前面的帧还没有被送出)。请问最多有多少个站时,该想法是成立的?

4-3 已知有 10000 个站正在竞争使用一个分槽的 ALOHA 信道。这些站平均每小时发出 45 次请求。时槽为 $100\mu s$。总的信道载荷大约是多少?

4-4 一大群 ALOHA 用户每秒产生 40 个请求,包括原始的请求和重传的请求。已知时槽的单位为 50ms,请问恰好第 p 次冲突后成功的概率为多少?

4-5 最常用的局域网拓扑是哪一种? 相比其他拓扑结构其优点在哪里?

4-6 如今,与接入到传输媒体有关的内容都放在 MAC 子层,这样做的好处是什么?

4-7 试说明 100BASE-T 中的"100"、"BASE"和"T"所指的含义。

4-8 CSMA/CD 是以什么方式接入到共享信道中的? 这样做的优势相比于传统时分复用 TDM 好在哪里?

4-9 假定 1km 长的 CSMA/CD 网络的数据率为 0.8Gb/s。设信号在网络上的传播速率为 200000km/s,那么使用此协议的帧长不能少于多少?

4-10 一个 1km 长、10Mb/s 的 CSMA/CD LAN 的传播速率为 200000km/s。在这个系统中没有中继器,且数据帧的长度为 256 位,其中包括 64 位的头部、校验和以及其他的开销。在一次成功的传输之后,第一个位时槽将被预留给接收方,以便它抓住信道并发送一个 64 位的确认帧。假定没有冲突,请问不包括各种开销的有效数据率为多少?

4-11 一个办公楼有 6 层,每一层有 12 个相邻的办公室。每个办公室的前面墙上有一个终端插口,这些插口会在垂面上构成一个矩形网格。已知在水平方向和垂直方向上,插口之间均有 4m 距离。在任何一对相邻插口之间,无论是水平或垂直方向,都可以拉一根直接的电缆,请问需要多少米电缆可将所有的插口通过 802.3 的形式连接起来?

4-12 有 7 个站,编号从 A~G,它们使用 MACA 协议进行通信。请问有可能同时发生两个传输操作吗?

4-13 以太网交换机有何特点? 它与集线器有何区别?

4-14 请说明以太网交换机和网桥的异同。

4-15 从损坏帧的角度而言,存储-转发型交换机比直通型交换机是否更具有优点? 为什么?

4-16 以太网最大帧的长度是 1518 帧还是 1500 帧? 请说明理由。

4-17 考虑在一条 10km 长的电缆上建立一个 1Gb/s 速率的 CSMA/CD 网络,信号在电缆中的速度为 200 000km/s。请问最小的帧长度为多少?

4-18 以太网的帧长度至少需要达到 64 字节,以便当电缆的另一端发生冲突时,传送方仍然还在发送过程中。快速以太网也有同样的 64 字节最小帧长度限制,但是传输速度可以达到普通以太网的 10 倍。请问它是如何维持同样的最小帧长度限制的?

4-19 为什么有些网络使用纠错码,而不是检验+重传机制?

4-20 请说明直通型交换机和存储-转发型交换机之间的区别,以及各自应用的场合。

4-21 千兆以太网每秒能够处理帧的范围是多少?

4-22 假设一个 802.11b LAN 正在通过无线信道传送一批连续的 64 字节的帧,位错误率为 10^{-7},那么平均每秒内被损坏的帧会有多少?

第**5**章

网 络 层

网络层最重要的工作是将分组从源端传输至目标端。在这一过程中,顺着网络路径通常会经由不少中间路由器,一般将这样的过程称为跳(hop)。这样的功能相比于数据链路层显然是完全不同的,因为数据链路层只是把帧从线的一端传输到另一端,而从网络层开始才会解决端到端数据的传输问题。

事实上这种功能的实现和网络的拓扑结构有很大关系。网络由许多个通信子网构成,而通信子网则由最基本的路由器来搭建。端到端数据的传输,就需要靠网络层在这样的复杂结构中选出最合适的路径,同时还需要考虑该线路和相关路由器的负载问题,避免出现负载过重或整个网络中负载过分不均衡的问题。源端和目标端处于不同的通信子网时,还会有新的问题等待解决。本章会讨论这些关于网络层实现和架构的议题,并且利用因特网和网络层协议(IP 协议)来进一步解释这些问题的解决方案。

5.1　网络层与 IP 协议

5.1.1　存储-转发分组交换

在本章的最开始,需要先对网络层及协议的运行环境进行简要的认识,基本内容如图 5.1 所示。位于系统最中心,也就是处在阴影椭圆内的,是来自网络承运商的设备及线路,而外围则是客户的设备。主机 H1 和 H2 需要进行网络层的传输,假设 H1 由一条租用线路直连到承运商的路由器 A,而 H2 则通过某家客户 LAN 上的主机 F 与承运商相连。从配属上说,F 在椭圆外且并不属于承运商;但是从软件、协议和实现功能的层面来看,F 与承运商的路由器或许是一致的。在本章内容的讨论中,由于我们会更关心算法而不是路由器具体的从属问题,所以客户网络周边诸如 F 的路由器都暂且被当做是子网的一部分。

这种网络配置的使用大致可以这样描述:如果有一台客户计算机需要发送一个分组,那么第一步它就会将这个分组交给最近的路由器。这个路由器一般会在自己的 LAN 上,

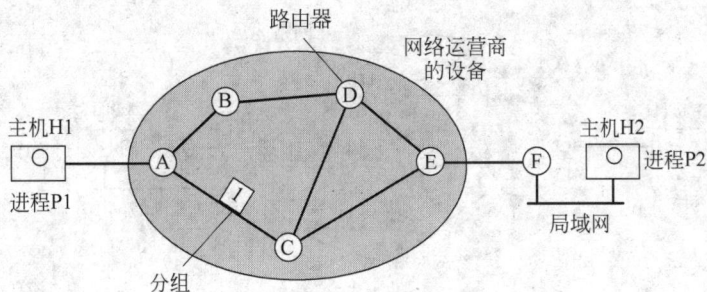

图 5.1　网络层协议环境图

或是通过一条点到点的链路与承运商相连。这个分组将被暂时存储在这个路由器上，直到整个分组都完全送达，然后由路由器检验它的校验和。接着，分组会沿着路径，被路由器转发给下一台路由器，一步步直至到达目标主机。最后，在目标主机上对应的进程获得网络层递交的这一分组，这整个过程所形成的机制称为存储-转发机制。

5.1.2　向传输层提供的服务

在网络层和传输层的接口上，网络层会向传输层提供服务。人们在设计过程中总结出了一些基本设计目标和要求：

(1) 提供的服务应该独立于路由器技术；

(2) 路由器的数量、类型和拓扑关系在传输层应是不可见的；

(3) 传输层使用的网络地址应该有一个统一的编址方案，以跨越多个 LAN 和 WAN。

部分人认为，路由器的任务应该仅仅是传送分组。他们认为无论子网如何，从本质上讲都是不可靠的，因此主机应该默认这样的事实而由自己来实现错误控制和流量控制任务。这种观点很显然会导致网络服务的无连接性，特别是分组的排序和流量控制不在这里完成，因此每个分组必须携带完整的目标地址且独立于其他分组。

而另一些人认为子网必须提供可靠的、面向连接的服务，他们觉得服务质量是网络最主要的因素之一。当然，从事实来看，虽然现在的因特网与 ATM 不同，提供的是面向无连接的网络层服务，可随着服务质量越来越重要，因特网也在不断自我完善，正在吸纳一些通常和面向连接服务关联在一起的特性。

1. 无连接服务的实现

如前所述，如果提供的是无连接服务，那么所有的分组都会被独立地送到子网中，且独立于路由，不需要提前搭建任何辅助设施。这里的分组通常称为数据报(datagram,类似于电极)，而子网称为数据报子网(datagram subnet)。而如果使用了面向连接的服务，那就一定要先建立一条从源路由器到目标路由器之间的虚电路(virtual circuit,VC)，而这里的子网则称为虚电路子网(VC subnet)。

图 5.2 举例说明数据报子网的工作流程：假设图中进程 P1 有一个很长的消息要发送给 P2，它将消息递交给传输层，传输层代码运行在 H1 上，它将消息加上传输头并交给网络层。可以再一次假设消息的长度是最大分组的 4 倍，网络层会将消息分割成 1、2、3、4 这 4个分组，然后利用一种点到点协议(如 PPP)将它们发送给路由器 A。

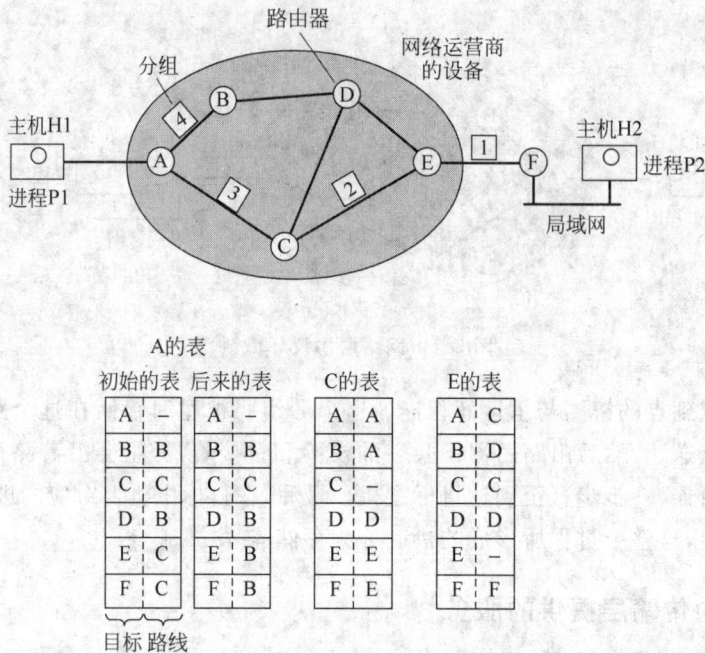

图 5.2 数据报子网路由

在进入网络承运商的范围后,承运商将传输任务接管过来。在这里需要说明的是:每台路由器都有一个内部表,用于指明针对每一个可能的目标地址应该将分组送到哪条线路。表中的每个表项都包含 2 个元素:一个是目标地址,另一个是针对该目标地址所对应采用的直接输出线路。当分组 1,2 和 3 到达 A 时,它们都会被暂时保存起来,直至 4 到达后检验校验和。然后根据 A 的路由表,这 3 个分组被转发给了 C。然后分组 1 被转发给 E,进一步被转发给 F。当它到达 F 时,就被封装到一个数据链路层的帧中,通过 LAN 被发送给 H2。如果没有意外,分组 2 和 3 经过的路径会和分组 1 相同。

然而,分组 4 的线路出现了差异。当它到达 A 之后,尽管它的目标也是指向 F,但是由于某些原因它被发送给路由器 B。可能是因为,A 察觉到了在 ACE 路径上发生了流量拥塞,所以更新了路由表,在图中的表里可以看到分组 4 的传输路径。在此过程中,路由器需要管理这些路由表并做出路由选择,实现此功能的算法称为路由算法(routing algorithm)。

2. 面向连接服务的实现

对于面向连接的服务,上文中已经说明,首先就需要一个虚电路子网。隐藏在虚电路背后的思想是:不必每一次为每一个分组选择一条新的路径,相反,可以建立一个连接,并选出一条从源端到目标端间的合理路径来作为连接的一部分,保存在中间路由器的内部表中。对于所有在这个连接上通过的流量,与电话系统的工作方式一样,都自动默认使用这条路径。当连接被释放后,这条虚电路也随之终结。在面向连接的服务中,每个分组都包含了一个用于指明其从属于哪条虚电路的标识符。

考虑图 5.3 的案例:主机 H1 与主机 H2 之间已经建立了一条连接 1。在每一个路由表中,这一连接都被记录在第一个表项中。A 的路由表的第一行表明:如果一个分组包含了连接标识符 1,并来自 H1,则它会被发送到 C,并继续赋予连接标识符 1。同样,C 中的第一个表项将该分组路由到 E,也赋予连接标识符 1。

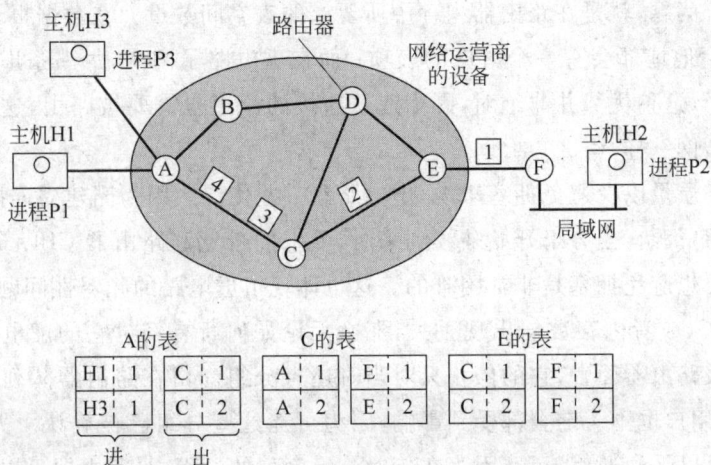

图 5.3 虚电路子网路由

再考虑，如果 H3 也想与 H1 建立连接，H3 选择连接标识符 1（因为这是它可以发起的唯一连接），并请求子网建立虚电路。然而这就会导致路由表中的第二行发生冲突，因为尽管 A 能够区分来自于 H1 的连接 1 分组和来自于 H3 的连接 1 分组，但是路由器 C 却无法区分。为了解决这一问题，A 会给第二个连接的输出流量分配另一个不同的连接标识符。这种避免冲突的做法也称为标签交换（label switching）。

3. 数据报子网和虚电路子网的对比

表 5.1 大致列出了数据报子网和虚电路子网的不同之处。在子网内部，虚电路和数据报间也设置了几种折衷：一种是路由器内存空间和带宽间的平衡。虚电路机制使得分组只要包含电路号即可，不需要包含完整目标地址的做法显然可以使效率有所提高，尤其是分组本身都不长的情况下。可以说，虚电路通过付出路由器内部的表空间，而提高了数据传输的效率。另一种折衷是建立虚电路和地址解析的时间花费，虚电路必然存在一个建立阶段，这个阶段既要花费时间，也要消耗资源。对比而言，虚电路子网中处理一个数据分组的方法就会简单很多：路由器只需使用电路号，向内部表中查找该分组的目标去向即可。

表 5.1 数据报和虚电路子网比较

比较项目	数据报子网	虚电路子网
建立电路	不需要	要求
地址信息	每个分组包含完整的源地址和目标地址	每个分组包含一个很短的 VC 号
状态信息	路由器不保留任何有关连接的状态信息	每个 VC 都要求路由器为每个连接建立表项
路由	每个分组被独立地路由	当 VC 建立时选择路径，所有的分组都沿着这条路径
路由失败的影响	没有，除非在崩溃过程中分组丢了	所有经过此失效路由器的 VC 都将终止
服务质量	很难实现	如果有足够的资源就可以提前分配给每一个 VC，则很容易实现
拥塞控制	很难实现	如果有足够的资源就可以提前分配给每一个 VC，则很容易实现

还存在一个问题,就是在路由器内存中所要求的表空间数量。在数据报子网中,针对每一个可能的目标地址都会有一个对应的表项;而在虚电路子网中,每一条虚电路才只花费一个表项。然而,这种优势并非绝对,因为建立连接的分组也需要被路由,这其中的做法也会如同数据报子网一样。

从保证服务质量以及避免拥塞来说,虚电路有一些优势。因为当建立连接时,虚电路子网可以提前预留资源。当分组开始陆续到来时,要求的带宽和路由器 CPU 资源都已到位。而数据报子网要想避免拥塞是非常困难的。这也体现了虚电路的脆弱性问题。如果其中一台路由器崩溃了,或者内存数据出现丢失,那么无论如何所有经过它的虚电路都必将被中断。对于数据报路由器而言,它的停止只对当时还有分组尚留在路由器队列中的用户产生影响,甚至这些用户也不一定全部受到影响,因为可能这些分组已被确认。另外,数据报子网中的路由器可以平衡通信流量,因为在传输分组序列的过程中,路由器可以随时在半途中改变传输路径。

5.1.3 网际协议 IP

网际协议 IP 是 TCP/IP 体系中两个最主要的协议之一,也是最重要的因特网标准协议之一。IP 协议用于连接多个交换网络,在源地址和目标地址间传送数据包,还提供对数据大小的重新组装功能。与 IP 协议配套使用的还有 4 个协议:

(1) 地址解析协议:ARP(Address Resolution Protocol)

(2) 逆地址解析协议:RARP(Reverse Address Resolution Protocol)

(3) 网际控制报文协议:ICMP(Internet Control Message Protocol)

(4) 网际组管理协议:IGMP(Internet Group Management Protocol)

图 5.4 给出了网络层功能和相关协议,在这一层中,ARP 和 RARP 在最下层,IP 协议会经常使用到这两个协议。而 ICMP 和 IGMP 则位于 IP 的上层,它们均被封装在 IP 协议中来实现,可以认为是 IP 协议的补充协议。

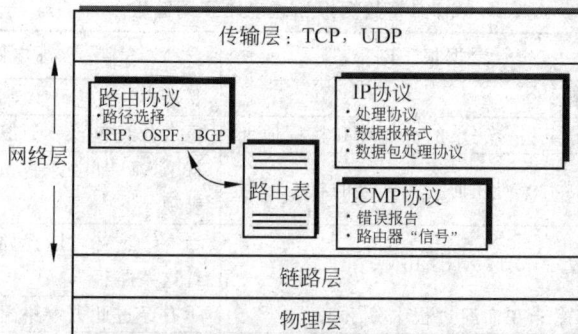

图 5.4 网络层功能与协议说明图

5.2 路由算法

本节将讨论网络层软件中重要的一部分：路由算法（routing algorithm），它决定了每一个到达路由器的分组应被传送到哪一条输出线路上。如果子网内部使用了数据报，那么路由器必须为每一个到达的分组重新选择路径；如果子网内部使用了虚电路，那么只有当一个新的虚电路被建立时，才需要确定路由路径，这种情形也称为会话路由（session routing），因为在一个完整的用户会话过程中，传输路径必须保持有效。

在讨论路由算法之前，需要先区分路由和转发。前者通常指确定该使用哪一条路径，而后者则是在一个分组到达时所采取的动作。可以认为路由器的内部有两个进程，一个在分组到达时对其处理，从内部表中找到该分组的输出线路，也就是转发（forwarding）。而另一个进程负责填充和更新路由表，这才是路由算法起效之处。

无论是针对每个分组独立地选择路由路径，还是只在建立新连接时选择路由路径，这些不同种类的路由算法都被期望具备正确性、简单性、鲁棒性、稳定性、公平性和最优性等共同特性。正确性和简单性一目了然，对鲁棒性的要求则需要说明。一旦一个重要的网络投入运营，就有可能需要不间断地连续运行数年，绝不能有全局性的失败。在此期间，网络的各个组成部分都有可能出现各种不同的硬件和软件失败：主机、路由器和线路可能会需要重启，网络拓扑结构也可能会多次发生变化。路由算法需要在大部分主机仍然工作的情况下，能够处理拓扑结构和流量方面的各种变化。单独某一个网络组成部分，例如某台路由器的崩溃，也不会造成过于严重，乃至整个网络重新启动的后果。

稳定性对于路由算法来说也是一个重要的目标，一个稳定的算法需要维持相对的稳态不变。可能有一些不成熟的路由算法，在运行之后永远也不会达到平衡，这显然也会造成网络的动荡。公平性和最优性听起来很容易理解，可在现实中两者往往是两个相互矛盾的目标，在全局效率和单个连接的公平性之间必须有一种折衷的处理办法。

在试图找到这种折衷之前，首先必须确定要优化的具体目标。一种很显然的选择是使分组的平均延迟最小，但是使网络总的吞吐量最大化也可以是另一种可行的选择。这两个目标通常也是相互冲突的，因为对于任何一种队列系统，在接近容量的情况下进行操作就决定了会有很长的排队延迟。所以一种折中方案就是，许多网络选择让一个分组必经的跳数达到最小。降低了跳数实际上也就减小了延迟，同时也减少了所消耗的带宽数量，最后实现吞吐量的提高。

路由算法可以分成两大类：非自适应的和自适应的。非自适应算法（non-adaptive algorithm）也称为静态路由（static routing），不会根据当前测量或估计的流量和拓扑结构来调整它们的路由决策。非自适应算法所使用的路由选择都是提前在离线时就计算好的，在网络启动时算法会被下载到路由器中。

与此相反，自适应算法（adaptive algorithm）则会改变它们的路由决策，以反映出拓扑结构的变化，通常也会反映出流量的变化情况。不同的自适应算法在获取信息的来源、改变路径的时间策略、用于优化的度量等许多方面都有所不同。

5.2.1 优化原则

在讨论具体算法前,可以先总结一条原则——最优化原则(optimality principle)。简单来说,如果路由器 B 是在从路由器 A 到路由器 C 的最优路径上,那么从 B 到 C 的最优路径也必定沿着同样的路由路径。可以用简单的反证法进行证明:将从 B 到 C 的路径部分记作 r_1,余下的路径部分记作 r_2。如果从 B 到 C 还存在一条路由路径比 r_2 更好,那么它一定可以与 r_1 串联形成一条更好的从 A 到 B 的路由路径,这与 $r_1 + r_2$ 是最优路径的假设相违背。

最优化原则的一个直接结果是:从所有源端到一个指定目标的最优路径的集合构成了一棵以目标节点为根的汇集树(sink tree),如图 5.5 所示。当然,这样的汇集树未必具有唯一性,也有可能存在其他树的路径长度与其相同。

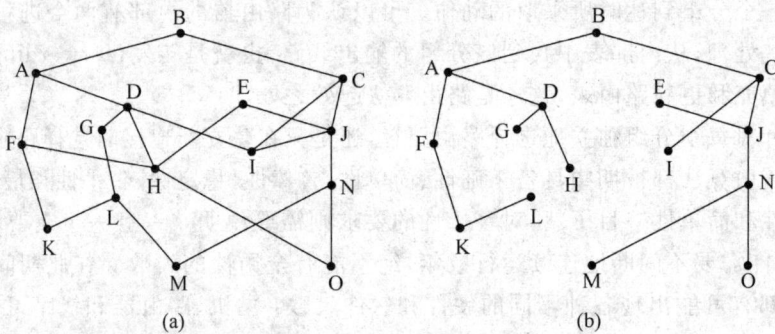

图 5.5 汇集树示意图

由于汇集树的特性,确定了其不会包含任何环,所以分组一定会在有限跳数内被递交给目标主机。当然实际情形不会这般容易:在运行过程中,链路和路由器可能会断开或停止工作,所以不同的路由器对于当前的拓扑结构可能会有不同的选择。而且,在设计路由器时也应该决定:路由器是否有权利独立获取汇集树的计算信息,或是通过其他的方法来间接收集。

5.2.2 最短路径路由

最短路径路由是一种非常简单且易于理解的路由算法,也在现实中得到了广泛的应用。最短路径路由的基本思路很简单,就是先建立一个子网图,图中的每个节点代表一台路由器,每条弧代表一条通信链路。为了实现路径选择,最短路径路由只需在图中找到这对节点之间的最短路径即可。

最短路径的概念在不同网络中可能会有所不同。一种衡量路径长度的方法是跳数,那么图 5.6 中的 ABC 和 ABE 是等长的。另一种度量是以千米为单位的地理距离,在等比例作图的情况下,ABC 显然比 ABE 长了很多。

除此之外,其他许多度量也可能被用到。一般而言,弧段上面的标记可以是距离、平均队列长度、平均流量、延迟、带宽、通信开销以及其他因素综合构成的一个函数,其中各个分量的权重也可以对应改动。

根据图 5.6 来说明标记算法的实现流程,假设需要求出从 A 到 D 的最短路径,在开始时第一步会将节点 A 标记为永久节点,以一个实心圆指代。然后依次检查与 A 相邻的所有

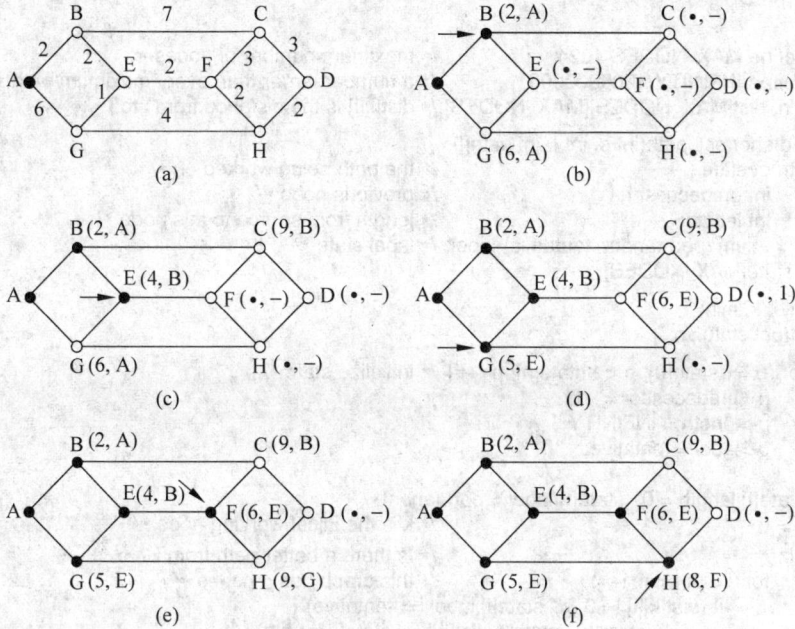

图 5.6 最短路径路由算法实例图

节点,并用其与 A 的距离重新对其标记,标记时也要记录发起的节点。在检查完与 A 相邻的节点后,这些相邻节点中具有最小标记的节点也会成为永久节点,并成为新的工作节点,如图 5.6(b)所示。

图 5.6(b)中,B 节点被标记成了永久节点,对 B 同样进行上述操作。对于与 B 相邻的节点,如果 B 上的标记加上从 B 到该节点的距离小于该节点原来的标记,那么要对该节点重新标记。在检查完所有与工作节点相邻的节点,且在所有可能下改完暂时性标记之后,算法搜索到具有最小标记的暂时性节点,并将其变为永久性节点,然后作为下一轮的工作节点。

再看图 5.6(c),E 节点刚刚成为永久性节点。假设存在一条比 ABE 更短的路径,如 AXYLE,则对于 Z 还有两种可能:是永久性节点,或尚未变成永久性节点。如果 Z 是前者,那么 E 已被探查过,所以路径 AXYZE 不会脱离搜索范围,因而它不可能是最短路径。如果 Z 还是暂时性节点,那么需要比较 E 和 Z 的标记大小。若 Z 上标记值更大,则说明 AXYZF 不会比 ABE 更短;若 Z 上标记小于 E,则首先应使 Z 而非 E 成为永久节点。

5.2.3 扩散法

扩散法(flooding)是另一种常用的静态路由算法:每个进来的分组将被转发到除去来时路径外的所有输出线路上。这样的举措无疑会导致大量的重复分组,如果不进行抑制,甚至会产生无限多的分组在整个网络中扩散。一种抑制扩散技术是在每个分组的头中加入一个计数器来记录跳数,每经 1 跳计数器减 1 直至归零时该分组被丢弃。理想情况下,跳计数器的初始值可以等于源端到目标端的路径长度,该数值未知的情况下也可以是最坏情形下长度,一般是子网直径。

程序 5.1 扩散法算法实例

```c
#define MAX_NODES 1024          /* maximum number of nodes */
#define INFINITY 1000000000     /* a number larger than every maximum path */
int n, dist[MAX_NODES][MAX_NODES];/* dist[i][j] is the distance from i to j */

void shortest_path(int s, int t, int path[])
{ struct state {                         /* the path being worked on */
    int predecessor;                     /* previous node */
    int length;                          /* length from source to this node */
    enum {permanent, tentative} label;   /* label state */
} state[MAX_NODES];

int i, k, min;
struct state *p;

for (p = &state[0]; p < &state[n]; p++) { /* initialize state */
    p->predecessor = -1;
    p->length = INFINITY;
    p->label = tentative;
}
state[t].length = 0;  state[t].label = permanent;
k = t;                                    /* k is the initial working node */
do {                                      /* Is there a better path from k? */
    for (i = 0; i < n; i++)               /* this graph has n nodes */
        if (dist[k][i] != 0 && state[i].label == tentative) {
            if (state[k].length + dist[k][i] < state[i].length) {
                state[i].predecessor = k;
                state[i].length = state[k].length + dist[k][i];
            }
        }

    /* Find the tentatively labeled node with the smallest label. */
    k = 0; min = INFINITY;
    for (i = 0; i < n; i++)
        if (state[i].label == tentative && state[i].length < min) {
            min = state[i].length;
            k = i;
        }
    state[k].label = permanent;
} while (k != s);

/* Copy the path into the output array. */
i = 0;  k = s;
do {path[i++] = k; k = state[k].predecessor; } while (k >= 0);
}
```

还有一种抑制扩散的方法是对已被扩散过的分组进行记录,对于这些分组不再进行多余的扩散。这样的方法在具体实施时也有不同的手段,可以让源路由器在它接收的分组中都放置一个序列号。然后在每个路由器上,针对源路由器都通过列表列出那些已经接收过的、来自于该源路由器的序列号。如果一个分组已位于列表中,那就不必再为其扩散。同时也要防止这一列表无限地变大,这类列表可以采用一个计数器 k 作为上限,表征直到 k 的所有序列都遍历。而 k 以下的整个列表视情况可以不再需要,因为 k 次计数已经能有效对分组进行归纳。

更切合实际的还有一种选择性扩散(selecting flooding),也就是路由器不会将每个分组都转发到全部线路上,而是只发送向那些大体与目标地址抑制的方向和线路上。除非这里的网络拓扑结构复杂,而路由器内也已经有了这样先验性的了解。

5.2.4　距离矢量路由

如今计算机网络的路由算法在绝大多数情况下都是动态的,而非上述的静态算法。因为在实际应用中,静态算法忽略了当前网络的负载状态,这对于网络的运作是有相当大的影响的。在动态算法中,最常见的要属距离矢量路由算法和链路状态路由算法。下面从距离矢量路由算法开始介绍,然后再介绍链路状态路由算法。

距离矢量路由(distance vector routing)算法,也叫分布式 Bellman-Ford 路由算法或 Ford-Fulkerson 算法,这是根据其设计者来命名的。算法的实现可以这样来简单说明:每个路由器维护一张矢量表,列出当前已知的到每个目标地址的最短距离和所选路径。通过在相邻路由器间的相互信息交换,每个路由器都会不断地更新这张矢量表。距离矢量路由算法最早运用于 ARPANET,后来在因特网的 RIP 协议中有所体现。

在距离矢量路由算法中,这样的路由表以子网中的每个路由器为索引,且分别对应一个表项。该表项包含了前往此目标路由器的选取路径和到达所需的时间/距离估计值。这里的度量可以是以 ms 为单位的时延,也可以是跳数等其他计量方法。可以认为路由器知道它到所有相邻路由器的距离,那么对于时延的计量,它一般发送一个特殊的 ECHO 分组,在接收方加上时间戳,然后即刻送回。对于跳数计量,很显然它到相邻路由器的跳数是 1。

大致更新过程可以参见图 5.7。其中左边为一个子网,右边部分的前 4 列是 J 从邻居路由器接收到的延迟矢量。从第一列起,A 记录它到 B 的延迟为 12ms,到 C 则为 25ms,依次类推。假定 J 已经得到了它到相邻的 A、I、H 和 K 的延迟分别为 8ms、10ms、12ms 和 6ms,然后需要考虑到达路由器 G 的路径选择。

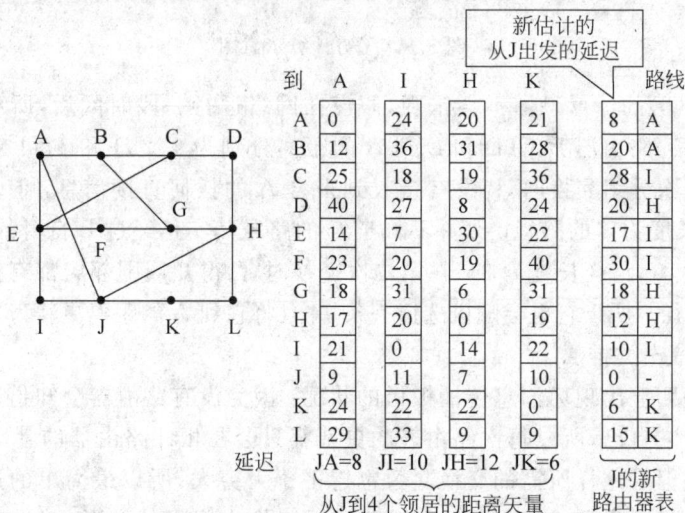

到	A	I	H	K	新估计的 从J出发的延迟	路线
A	0	24	20	21	8	A
B	12	36	31	28	20	A
C	25	18	19	36	28	I
D	40	27	8	24	20	H
E	14	7	30	22	17	I
F	23	20	19	40	30	I
G	18	31	6	31	18	H
H	17	20	0	19	12	H
I	21	0	14	22	10	I
J	9	11	7	10	0	-
K	24	22	22	0	6	K
L	29	33	9	9	15	K
延迟	JA=8	JI=10	JH=12	JK=6	J的新 路由器表	

从J到4个领居的距离矢量

图 5.7　距离矢量算法实例图

J 已知的是它 8ms 内可以到达 A,而 A 声明能在 18ms 内到 G,所以 J 可以得出,将分组由 A 发往 G,总延迟应为 26ms。同理可得,J 经过 I、H 和 K 到达 G 的延迟分别 41ms、18ms 和 37ms。经过归纳,所有可行路径中 18ms 时延最短,以此作为表项的内容,且所选路径经过 H。对于其他所有目标,J 会进行相同的计算,最后得到新路由表,如图 5.7 最后一列。

下面介绍无穷计算问题。

距离矢量路由算法理论可行,但也存在缺陷,尤其网络中一旦出现"坏消息",虽然最后能得到正确的结果,但完成这样的算法收敛会非常缓慢。假设这样一个网络中的路由器 A,它到目标 X 的最佳路径非常大。如果在下一次交换信息时,相邻路由器 B 突然声明它到 X 的时延变得很短,那么只需要经过 1 次信息交换,A 就可以成功更改向 X 的路由表。

对于这样的所谓"好消息",可以参照图 5.8 中的 5 节点直线型子网。当 A 最初处于停机状态时,其他所有路由器到 A 的延迟记录都是无穷大。当 A 启动后,很快在第一次交换时,B 就知道了与它相邻的 A 到本身的延迟为 0。于是 B 在路由表中建立一个表项,记录 A 在其 1 跳的位置上,此时 B 右边的所有路由器仍保持 A 停机的表项记录,如图 5.8(a)中第 2 行所示。在接下来的第二次交换中,C 知道了 B 到 A 的跳数为 1,同时也更新表项指明它与 A 间的跳数为 2……显然,"好消息"在每一次信息交换后都会向远处传播一跳。如果一个子网中的最长路径是 N 跳,则经过 N 次交换后每个路由器都将知道新恢复的线路和路由器。

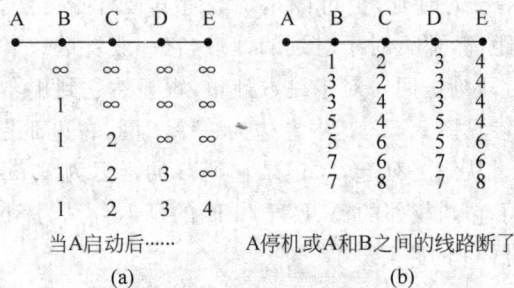

A	B	C	D	E		A	B	C	D	E
●—	●—	●—	●—	●		●—	●—	●—	●—	●
	∞	∞	∞	∞			1	2	3	4
	1	∞	∞	∞			3	2	3	4
	1	2	∞	∞			3	4	3	4
	1	2	3	∞			5	4	5	4
	1	2	3	4			5	6	5	6
							7	6	7	6
							7	8	7	8

当 A 启动后……　　　　　　　A 停机或 A 和 B 之间的线路断了

(a)　　　　　　　　　　　　(b)

图 5.8　无穷计算示意图

不过图 5.8(b)的情形恐怕不会乐观,假设在网络运行一段时间后,所有的线路和路由器都在工作状态。路由器 B、C、D 和 E 到 A 的距离分别为 1、2、3 和 4,可突然 A 由于故障停机了。在第一次分组交换时,B 没有接收到来自 A 的任何直接信息,可 C 依然会声明有一条通向 A 的长度为 2 的路径。B 并不知道 C 的路径其实是经过 B 自身的,因此 B 认为它可以通过 C 到达 A,路径长度为 3。在第二次交换时,C 得知周围邻居都有声明一条通向 A 的长度为 3 的路径。所以它也会随机选择一条,并且将它到 A 的距离更新为 4,如图 5.8(b)中的第 3 行所示,依次类推。

从图 5.8 中明显出现坏消息传播极慢的状况:因为没有路由器会知道其相邻路由器所选路径是否经过它自己,所以每次路由表的更新都只会在相邻路由器的基础上加 1,然后逐渐趋于无穷大。但是这样所需的交换次数也近乎于无穷大,所以最简单的避免方式就是将无穷大的上限值设置为最长路径加 1。对于以时延作为度量的情形,就没有这样定义的上限值,而是需要一个较大值来表征无穷大,还可以避免将一条时延很长的路径当作断路处理。上述问题称为无穷计算(count-to-infinity),现在有许多方法试图很好地解决这一问题(例如 RFC 1058 中的毒性逆转的水平分裂法),但是总体而言效果都不尽如人意。

5.2.5　链路状态路由

鉴于距离矢量路由算法对于坏消息的缺陷问题,这种算法已经逐渐被链路状态路由

(link state routing)算法所替代。直至今日,链路状态路由算法的许多变种算法都已得到了广泛的应用,如 IS-IS 算法及 OSPF 算法等。链路状态路由算法的说明可以从 5 个部分入手,即每个路由器需要能够进行以下工作:

(1) 发现其相邻节点,并知道其网络地址;

(2) 测量到各相邻节点的延迟或开销;

(3) 构造一个分组,分组中包含所有其最新知道的信息;

(4) 将该分组发送给所有其他的路由器;

(5) 计算出到其他所有路由器的最短路径。

1. 发现相邻节点

当一个路由器启动时,它首先要做的是找出一共有哪些相邻的路由器。通过向每条线路发送一个特殊的 HELLO 分组,它就可以接收到它想要的信息。因为所有收到 HELLO 分组的路由器都会送回一个应答来说明自己身份,而这些身份名都具有全局的唯一性。

当多个路由器通过一个 LAN 连接在一起时,情况可能会更复杂些。可以参考图 5.9(a) 中的情形:一个 LAN 上连有 3 个路由器 A、C 和 F。现在对这个 LAN 建模,如果将 LAN 也当作一个节点 N 来看,可以得到图 5.9(b)中的结果。在 LAN 上可以实现从 A 到 C 的路径,而在图中则表示为 ANC。

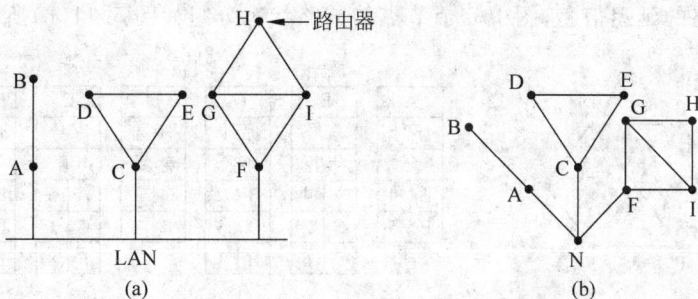

图 5.9 多个路由器通过一个 LAN 连接

2. 线路开销

链路状态路由算法需要知道路由器到各相邻节点间的开销,或者至少是一个接近的估计值。为了得到线路上的延迟信息,最容易想到的方法就是发送一个 ECHO 分组然后另一端即刻送回应答。在进行多次试验后,将得到的往返时间均值除以 2,就是一个较为合理的延迟估计值。这种方法易于实现,可也默认了线路双向延迟的对等,而在实际线路中这样的假设往往并不成立。

因流量负载而产生的延迟也被计算在结果中,这样做出的选择可以得到更良好的性能。当一个路由器面对两条具有相同带宽但负载不同的线路时,路由器会将负载较轻的一条作为更短路径来采用。然而这样的做法也不是十全十美,以图 5.10 中的子网为例进行说明。这个子网可以分为东西两个部分,中间由线路 CF 和 EI 负责连接。

假设两部分间的流量大多通过 CF 传输,那么 CF 的负载就会很重,延迟也较大。在计算最短路径时无疑 EI 更具优势。然而当新的路由表建立后,东西部的绝大多数流量又都以 EI 传输了,这条线路负载随即迅速加重,从而使 CF 再次成为最短路径。这样的子网会因为

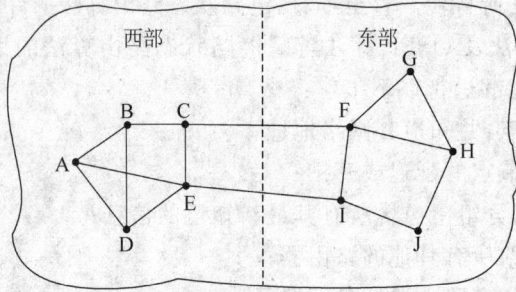

图 5.10　负载影响延迟图

负载的反复转移而不停振荡,进而产生一系列其他的路由或潜在问题。如此看来,忽略负载因素得不到良好性能,将负载分散在多条线路上,又无法充分利用最短路径。所以,更加明智的方法是:收集最短路径等先验知识,据此将负载恰当地分散在多条线路上。

3. 创建链路状态分组

一旦所需交换的信息都已得到,路由器就能建立一个分组来容纳所有这些数据。这一分组首先包含了发送方的标识,然后是序列号(Seq)和年龄(Age),以及一个相邻列表。对于每个相邻节点,都记录了到此节点的延迟。图 5.11(a)展示了一个子网实例,每条线路上标注的是该线路的延迟信息,图中 6 个节点的链路状态分组如图 5.11(b)所示。

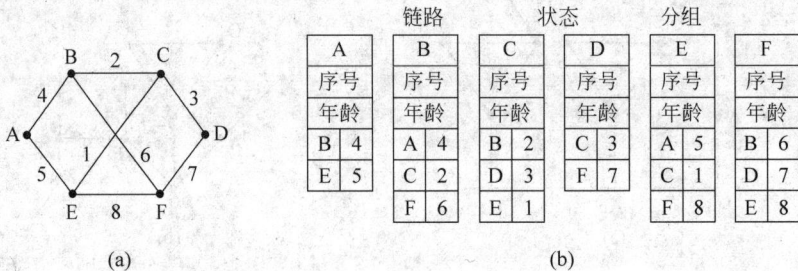

图 5.11　子网及链路状态分组

创建链路状态分组并不难,难点在于确定创建分组的时间。定期创建分组是一种常见的方法,也可以是在某些重要的时刻才创建分组。例如当一条线路,或一个路由器状态发生变化时,包括线路断开、路由器停机等。

4. 发布链路状态分组

链路状态路由算法最具技巧的环节,是将链路状态分组进行可靠发布。当分组被发布,然后被安装后,最先得到分组的路由器将以此改变路由路径,从而产生不同路由器使用不同版本拓扑结构的情况,这会导致不一致性,环不可达的机器端等各种问题。

下面从最基础的发布算法开始介绍,然后在此基础上对其改进和优化。发布算法对于链路状态分组的发布一般会采用扩散的方法。为了对扩散进行适当抑制,每个分组都会包含一个随新分组依次递增的序列号。当一个新的链路状态分组到达时,路由器会在已知的分组列表中检查这个新分组,这张分组列表记录下路由器所得到的所有源路由器与序列号对。如果这一路由状态分组是新的,那么它将会在其他所有的线路上进行转发;如果该分组被检查出重复,则将它丢弃。此外,若该分组序列号小于当前已知来自其源路由器的最大序列号,则它会被认为是过时分组而遭到拒绝,因为路由器此时已获得了更新的数据。

这样的想法还过于简单,需要对一些问题进行解决,不过都是能够完善的。首先,若序列号已递增至最大整数值后再加1,就会再次回到最小值,这样可能会因此产生混淆。对这一情况的解决方案是采用较长的的序列号,一般可以是 32 位,那么即使每秒都产生一个链路状态分组,也需要 137 年才可能到达最大整数值。

其次,如果存在路由器崩溃的状况,那么这个路由器会丢失所有的序列号记录。这样再次从 0 开始,则会使得下一个分组被认为重复而遭到拒绝。最后,如果存在序列号损坏的情况,例如一个序列号为 4,在传输过程中意外产生了 1 位跳动,此时接收方得到的就可能会是 65540。于是其他从序列号为 5 到 65540 的分组都会被当作过时分组而拒绝。

对于这些问题,可以通过在每个序列号后加上年龄信息(age)来解决,每秒钟年龄将会自动减 1。当年龄到 0 时,来自这个路由器的信息将被丢弃。一般情况下,每隔一段时间例如 10s,新的分组就会到达,这样就可以及时发现超时的问题。在初始扩散中,路由器也需要递减 age,保证无分组丢失,且生存周期定长。

对这一算法还可以进行进一步的改进,而使之更加稳健。当一个链路状态分组被扩散到某个路由器时,首先可以将它存入保留区等待一定时间。如在此分组被转发之前,另一个来源于同一源路由器的链路状态分组也已到达,则需要对两者序列号进行比较,将更早或重复的分组丢弃。为防止线路传输过程中出现错误,所有链路状态分组必须被确认。当一条线路存在空闲,路由器就会对其保留区进行循环扫描,选取一个合适的分组或确认进行转发。

还以图 5.11 的子网结构为例,路由器 B 采用的数据结构可以参照图 5.12。图中每一行对应一个刚到达,且还未处理完的链路状态分组。从左到右的每一列依次记录了这些分组的来源、序列号、年龄和数据。例如在第二行中可以看到,从 F 到 A,C 和 F 的三条线路中,都记录有发送或确认标志。发送标志代表了该分组必须在指定线路被转发,确认标志代表了分组必须在此线路被确认。

源	序列号	年龄	发送标志 A	C	F	确认标志 A	C	F	数据
A	21	60	0	1	1	1	0	0	
F	21	60	1	1	0	0	0	1	
E	21	59	0	1	0	1	0	1	
C	20	60	1	0	1	0	1	0	
D	21	59	1	0	0	0	1	1	

图 5.12　路由器 B 分组缓冲区说明

图 5.12 中的标志位可以说明,来自 A 的链路状态分组可以直达,而 B 则需要将其转发给 C 和 F,同时向 A 送回确认。同样,来自 F 的分组必须被转发给 A 和 C,并且向 F 送回确认。然而第三个来自 E 的分组并不相同,该分组到达了两次,分别经过 EAB 和 EFB,因此它只需被发送给 C,而向 A 和 F 确认。

如果一个重复分组到来时,原分组仍然在缓冲区中,则相应标志位需要作出改变。例如,在图 5.12 中的第 4 个表项被转发前,C 的状态有一份重复分组从 F 到达,那么这 6 位将被改为 100011,以表明该分组也必须要向 F 确认,但不用转发给 F 了。

5. 计算新的路由路径

一旦路由器获得了所有的链路状态分组后,那么每条链路都可以被表示,而一张完整的子网图也就得以构成。在子网图中,每条链路被表示了两次,源端、目标端两方向各一次。在实际应用中,可以对这两个值取平均,也可以对其分开使用。

假设一个子网中具有 n 台路由器,每个路由器有 k 个邻居,那么每台路由器需要具备的内存必须与 kn 成正比,这对于规模较大的子网会有相当的影响。另外,出于硬件或软件的问题,也会对这种算法造成破坏。例如一台路由器声明了一条线路,而事实上并不存在;或者存在这样一条线路但是并未声明,那么算法计算出的子网图无疑将是错误的。又或者一台路由器转发功能出现了错误,或者在转发时破坏了这些分组,那么同样会对结果造成影响。最后,过多的表项使得路由器耗尽了内存,或在路由计算中偶发错误……如果子网规模高达几十万个节点或更多时,某一台路由器的偶尔失败就不能忽视了。无法避免这样的事故发生,但可以在解决错误的同时尽可能将损害降低到最小。

现在在用的链路状态协议主要有两种,除去接下来会讲述的 OSPF 算法外,还有一种就是中间系统对中间系统(Intermediate System-Intermediate System,IS-IS)。它专门为了 DECnet 而设计,后又被 ISO 采纳,用于无连接网络层协议 CLNP。后来,IS-IS 也被修改用于处理其他协议,包括广为人知的 IP 协议,或是一些因特网骨干网及数字蜂窝系统。

简单来说,IS-IS 分发了一个路由器拓扑结构图,从这张图中路由器可以计算得到最短路径。每个路由器都会在其链路状态信息中声明它可以直达的网络层地址,这些地址可以是 IP、IPX、AppleTalk 或任何其他的地址,IS-IS 甚至能够同时支持多种网络层协议。

后来,OSPF 也采纳了 IS-IS 设计中的许多创意,包括:一种扩散链路状态更新信息的自稳定方法、在 LAN 上指派路由器(designated router)的概念、计算路径分裂和支持多种度量标准的方法。所以,现在的 IS-IS 和 OSPF 间的差异非常小,而其中最主要的区别可能在于,在 IS-IS 的编码中同时携带多个网络层协议的信息更为简单,而 OSPF 不具备这样的特性。IS-IS 的这种特性使得它对于大型的多协议环境更有价值。

5.2.6 分级路由

随着网络规模的扩大,路由器的路由表也必须以同样的速度增长。路由表不仅更加消耗内存,还需要更多的 CPU 时间来扫描查询,需要更多的带宽来发送状态报告。当网络增长到一定规模后,可能每个路由器都已经无法再为其他所有路由器维护一个表项。因此,路由选择必须通过分级来解决这一问题,这种想法可能来源于电话网络。

使用分级路由后,子网中的路由器被划分为不同区域(region),每个路由器只需记录自己所在区域内目标地址的分组路由即可,无须对其他区域的内部结构有任何了解。对于更大型网络来说,两级的分层结构可能还不够用,可以再将区域组织成群(cluster),将群组织成区(zone),将区组织成组(group),等等,直至可以顺畅工作为止。

图 5.13 是一个 2 级分级的子网实例,子网包含了 5 个区域。如果这一子网没有分级,则路由器 1A 的完整路由表可以如图 5.13(b)所示,总共有 17 个表项。而在采用分级路由后,路由表见图 5.13(c),仅有 7 个表项。其中,所有对于自身区域内的路由器表项并未发生变化,而所有其他区域全部压缩到单个与本区域相连的路由器中。由图 5.13 可见,所有

目标为区域 2 的流量必经 1B-2A 线路,其余远程流量则由 1C-3B 线路传输。在这个简单的例子中,可以发现,当区域数与各区域内路由器数目之比越大时,得以节省的表空间也会越多。

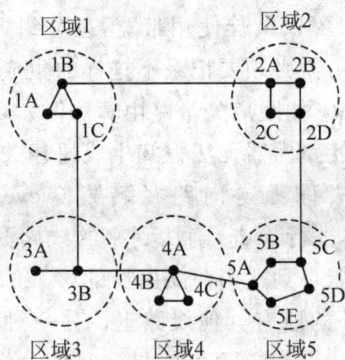

	1A的完整路由表			1A的分层路由表	
目标	线路	跳数	目标	线路	跳数
1A	–	–	1A	–	–
1B	1B	1	1B	1B	1
1C	1C	1	1C	1C	1
2A	1B	2	2	1B	2
2B	1B	3	3	1C	2
2C	1B	3	4	1C	3
2D	1B	4	5	1C	4
3A	1C	3			
3B	1C	2			
4A	1C	3			
4B	1C	4			
4C	1C	4			
5A	1C	4			
5B	1C	5			
5C	1B	5			
5D	1C	6			
5E	1C	5			
(a)	(b)			(c)	

图 5.13 分级路由

然而,这样空间的节省并非没有代价,这种做法的另一个后果就是增加了路径长度。还以图 5.13 为例,原本从 1A 到 5C 的最佳路径经过区域 2;而分级路由后,由于对区域 5 中大多数目标而言,经过区域 3 更为合理,所以到 5C 的路径自然也就改为经由区域 3。

5.2.7 广播路由

在现代的许多应用中,一台服务器主机可能会给其他许多主机发送消息,这样最简单的方法是:将消息广播给其他所有主机,而不同客户则根据需求是否读取数据。这种在同一时间将同一分组发送给所有目标的行为,通常也称为广播(broadcasting)。

一种最无脑的广播方法就是,源主机对每一个目标都单独发送这个分组。这样的行为既浪费带宽,也必须要求源主机拥有所有完整的目标地址。在实际应用中,这种做法最为简单,但想必也是我们最不希望的选择。

扩散法也可以用来实现广播,尽管它在普通的点到点通信中可能不太合适。扩散法带来的问题,也是上文中作为点到点路由算法时产生的问题:扩散导致了过多的重复分组,且过于消耗带宽。

第三种方法是多目标路由(multi-destination routing)。要想实现这种方法,每个分组就需要包含一组目标,或是一个位图,用于指定所期望的目标。在工作过程中,路由器会检查所有目标,以确定必要的输出线路,这样必要的一条输出线路必须至少是一个目标的最佳路径。路由器为每条必要的输出线路生成一份新的副本,记录需要使用这一线路的所有目标。实际操作中,原来的目标集合会被分散到这些线路,而每个分组在一段时间后都只送往一个目标,所以能被当作普通的分组。多目标路由与单个地址的分组近似,只是当多个分组要沿同一路径传输时,只需要一个分组承担全部费用,其他分组都可以得以免费。

第四种广播算法构建了以源路由器为根的汇集树(sink tree),或者使用其他适合的生成树(spanning tree)结构。这样的生成树在前文中已有过叙述,即一个子网的子集,含有全部路由器,但不具有任何环路结构。生成树中的每一个节点路由器,都可以将广播分组复制到除该分组源线路外的所有生成树线路上。这种方法可以最佳使用带宽,且分组数量也一定是所需数量的最小值。但唯一的问题在于,每个路由器必须要记录下这样的生成树,有时这些信息容易获取(如链路状态路由时),而有时则未必(如距离矢量路由算法时)。

最后一种广播算法的想法来源于上一种,考虑即使路由器无法得知生成树相关信息时,也试图达到上一种方法的近似效果,而这种想法称为逆向路径转发(reverse path forwarding)。当一个广播分组到来时,路由器将对其进行检查,确认到来的线路是否是通常所用的最短路线。如果是,那么这个广播分组很可能是到达当前路由器的第一份副本,需要路由器将这一分组转发到除了到来的那条线路之外的所有其他线路上。另一种情况下,如果广播分组是从其他非首选线路到达的路由器,这一分组就很可能是重复的分组而将被丢弃。

下面具体举例介绍逆向路径转发算法,图 5.14(a)部分为一个子网,图(b)为子网中路由器 I 的一棵汇集树,图(c)则是逆向路径算法的运行结果。由图(b)很明显可以看出,在第 1 跳时,I 发送分组给 F、H、J 和 N,正如图(c)中汇集树的第二行。这些分组都是通向 I 的首选路径,图(c)中字母外的圆圈就表示这样的分组。在第 2 跳时,一共会产生 8 个分组,而这 8 个分组都到达了不曾访问过的路由器。其中 5 个字母外画了圆圈,说明是沿首选线路到达的。在第 3 跳的分组中,只有 3 个是沿首选路径(E、C 和 K)到来的,其他都是重复分组。在经过 5 跳和 24 个分组以后,广播过程终止了。如果完全沿着汇集树传播,效果会更好而只需要 4 跳和 14 个分组。

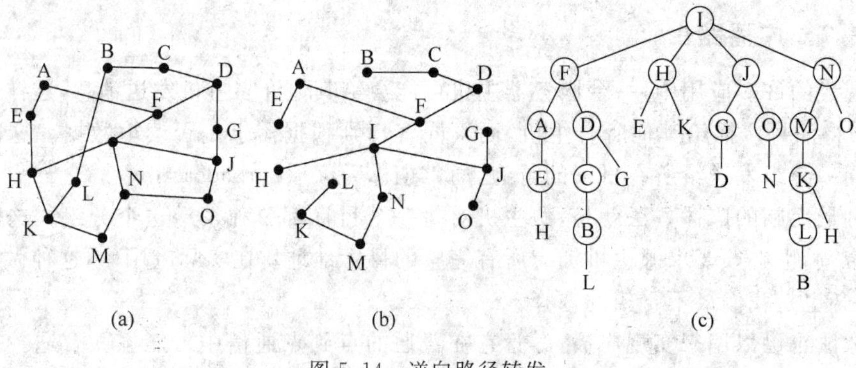

图 5.14 逆向路径转发

逆向路径转发优点在于:效率相对合理,而实现方法也比较简单。它无须对路由器有生成树的要求,也不需要分组包含目标列表或位图开销。这种算法可以自然终止,而无须像扩散法那样要求特殊机制抑制或终止广播过程。

5.2.8 多播路由

有时候,多个分散在不同位置的进程可能会需要协同工作,例如实现一个分布式数据库系统。在这样的要求下,单一的进程不可避免会给其他所有成员发送消息。当这些主机具备一定规模时,点到点的传输方式代价就会显得昂贵,而运用广播机制效率又会很低,因为大多数其他主机并不需要这样的消息。为此,需要一种能为这样有明确定义的计算机组发送消息的方法,这些组的成员规模比不上一个网络,但又有一定数目。这种发送消息的过程称为多播(multicasting),其路由算法称为多播路由(multicast routing)。

多播路由首先需要对组进行管理,对组进行创建和销毁,同时在工作中允许其他主机加入或退出。路由算法并不考虑这一点,它只需在某个进程加入组以后,把这一结果告知主机。对于路由器而言,所有主机分别属于哪些组非常重要。当主机与组的从属关系出现改变,主机必须及时告诉路由器,或由路由器定期询问对应主机,即主机与组的从属信息要在整个子网中传播开来。

为了实现多播路由,路由器需要计算一棵覆盖其他所有路由器的生成树。以图5.15(a)中的子网为例,现有两个组1和2。每个路由器上都标明了其属于的组,有的路由器属于组1,有的则属于组2,还有的同时属于1和2或同时都不属于。假设对于最左边路由器的生成树已经被正确计算出来,其结果如图5.15(b)所示。

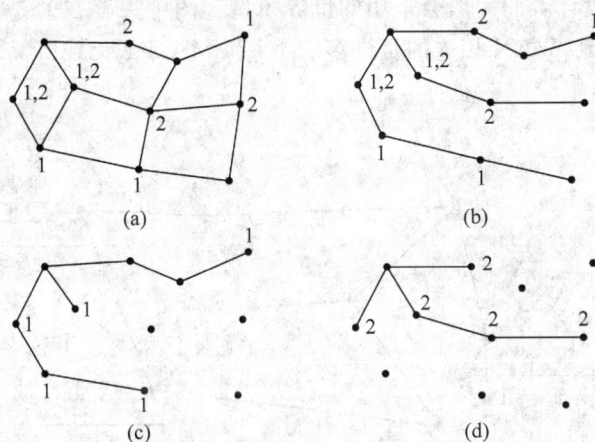

图5.15 多播路由生成树

当某个进程给对应组发送多播分组时,第一个路由器会检查它的生成树,并进行针对性的修剪,去掉所有与该组成员无关的线路。在图5.15中,图(c)显示了针对组1修剪后得到的生成树,同理可得图(d)中,对于组2剪枝之后的生成树。而每个组的多播分组只沿着对应修剪过的生成树被转发。

修剪生成树有许多种方法,其中一种方法用于链路状态路由的网络。这种子网中的每个路由器都记录有完整的拓扑结构,也记录了主机各自从属于哪些组。于是,修剪工作可以从所有路径的末端开始,然后向根路由器发展,一步步去掉不属于相应组的路由器。

对于采用了距离矢量路由算法的计算机子网,修剪策略或许完全不一样。这样的子网中算法主要是逆向路径转发,然而假设路由器收到某个特定组的多播消息,而主机又对此并不关心,而且它更没有连接到其他的相关路由器。对于这种情形,路由器需要以一条PRUNE消息进行应答,于是发送方之后就不会再进行这样的多播。如果路由器本身的主机全都不是组成员,并且其他所有线路上都接收到了这样的PRUNE消息,那它也将以

PRUNE 消息作为应答。以此进行递归,子网就会被逐步修剪成生成树。

然而这种方法很难扩展到大型的网络,若一个网络有 n 个组,每个组大约有 m 个成员,那么总共就需要有 mn 棵树。在大规模的情况下,存储这些树的开销巨大。所以另一种方法考虑了核心树(Core-Based Tree,CBT)。在此针对每个组只计算一棵生成树,其中的核心大致在组的中间位置。如果组里的一台主机想要发送多播消息,那么只需发送给核心路由器,然后由核心路由器沿生成树进行多播转发。尽管这样的核心树无法保证所有的路径都是最优,但将每个组的存储开销从 m 降低到 1 仍具有重要意义。

5.2.9 移动主机的路由

如今,几乎所有的大学生、白领人士都会拥有自己的笔记本电脑。通常,他们要求在任何地方都能够连接因特网,以便于他们处理 E-mail、移动办公或在线课程的学习。这些移动主机带来了计算机网络的新问题:如何让网络发现这些移动主机,如何将分组路由到这些移动主机。在这一节中将概括性地对这些问题进行列举与讨论,并给出从最简单到更实用的解决方案。

图 5.16 是网络设计者们一般会采用的世界模型。图中央存在的是 WAN,包含了一些路由器和主机。周围和 WAN 相连的是许多 LAN 和 MAN 或无线蜂窝单元。

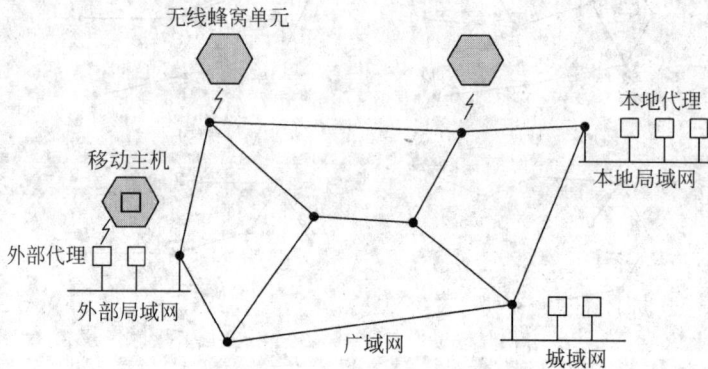

图 5.16 网络世界模型

将在网络结构中永不移动的主机叫做固定主机(stationary host)。固定主机往往都会通过铜线或光纤连接到网络中。按照这样的分类,还可以定义其他两种计算机:一种是迁移主机(migratory host)。迁移主机不会随意移动,但可能会从一个固定站点迁移至另一个固定站点。在迁移完成后迁移主机在物理上会再次连接到网络,这时它们才又能够使用网络。另一种是漫游主机(roaming host),也就是能够在移动过程中保持与网络连接并实现其功能的移动主机。用移动主机(mobile host)来代表这两类计算机,也就是那些离开原站点(home)后仍希望连接网络的计算机。

可以假设任何一台主机都有一个对应的永久性主场所(home location)。而这些主场所的地址就是这些主机的主地址,就好像每个电话号码都代表了主人居住地所在的区域一样。对于移动主机的路由算法,需要能够为移动主机的主地址发送分组,这样无论这些主机在何时何地,被递交的分组都可以被成功送达。当然,这种方法的关键依然是迅速准确地找到这些移动主机。

在图 5.16 的世界网络模型中,通常会按照地理位置将其划分为很多小的区域,每个区域是一个 LAN 或无线蜂窝系统。在这个区域中会有若干个外部代理(foreign agent),它们用于记录所有此时正在访问本区域的移动主机。与外部代理相对应,每个区域还会有一个本地代理(home agent),记录下所有主地址在本区域,而当前正访问其他区域的主机。

当一台移动主机进入某个区域时,无论它的物理连接是以何种方式,都必须在外部代理处进行注册,这一过程可以理解为:

(1) 外部代理会周期性地广播一个分组,声明它的存在及地址。一个新到达的移动主机需要等待这样的消息。当然,移动主机也可以定期广播一个询问分组来询问外部代理;

(2) 移动主机向外部代理请求注册,需要提供它本身的主地址、当前的数据链路层地址,以及必要的安全信息;

(3) 外部代理将与移动主机的本地代理联系,表明移动主机的当前位置。这一消息一般会包含外部代理的网络地址和必要的安全信息;

(4) 本地代理对安全信息进行检查,信息中的时间戳可以表明该消息的产生时间。如果安全检查通过,则本地代理应答外部代理同意继续进行;

(5) 在外部代理得到移动主机本地代理的确认后,它将在本地表中加入一个表项,完成注册并通知该移动主机。

理想情况下,当移动主机想要离开当前区域时,它也应当声明自己的离开请求,然后让外部代理注销自己。然而实际过程中,许多用户在完成工作后往往会直接关闭计算机,而在交通工具上的计算机也无法得知自己的确切位置。

当一个分组被发送给移动主机时,它将被路由到移动主机的本地 LAN 中(图 5.17 中第 1 步)。然后本地代理的工作是:①将该分组封装到另一外送分组的净荷域中,并将其发送给外部代理(图 5.17 中第 2 步),此机制也叫做隧道。外部代理得到了该外送分组后,从净荷域中提取出原分组,并且作为数据链路帧发送给移动主机。②本地代理告知发送方,以后移动主机发送的分组可以直接被封装到新分组的净荷域中,而新分组的显式地址为外部代理地址(图 5.17 第 3 步)。这样,后续分组就能通过外部代理直接路由给移动主机(图 5.17 第 4 步),无须经过移动主机的主地址。

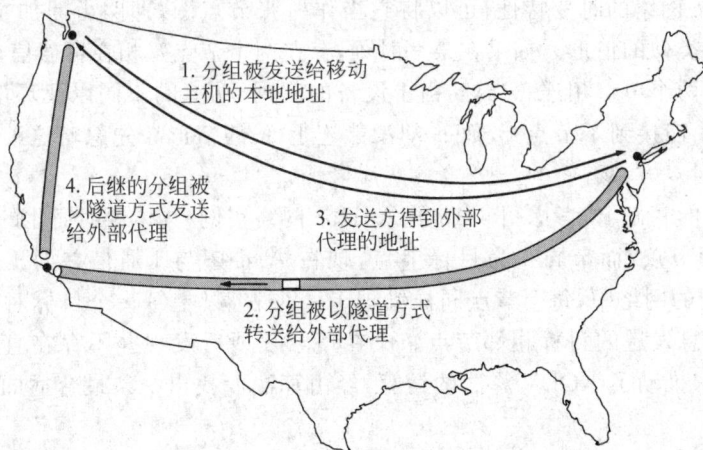

图 5.17 发送给移动主机的分组路由

现在已有的各种方案或多或少还有一定的差异。首先,协议中工作对路由器和主机的分配问题,而属于主机的工作又要交由哪几层进行完成。其次,在一些方案里,沿途路由器能够记录下映射地址,从而在过程中有可能截获并重定向这些分组。再次,在另一些方案里,每个来访的主机都能得到一个唯一的临时地址;而在其他方案中,此临时地址指向一个代理,由该代理来处理所有来访主机的流量。此外,存在一些分组其目标地址与真正被递交地址并不一致,各种方案对此也会有各自的解决办法:有的会选择改变分组的目标地址,然后重新传送修改后的分组;而另外的可能会将整个分组连同主地址和所有包含的信息都封装到另一个分组的净荷域中,然后将新分组转发到临时地址。最后,在安全问题层面,各种方案也有不同的做法。

5.2.10 AdHoc 网络中的路由

如果在一个网络中,所有的节点都正好是两两相邻的,那么这个网络可以叫做 AdHoc 网络或 MANET(Mobile AdHoc NETworks,移动 AdHoc 网络),在这一节中,将对 AdHoc 网络进行介绍。

AdHoc 网络与之前的其他有线网络都有明显的不同,区别在于 AdHoc 网络的拓扑结构会不停地发生变化。对于上述的绝大部分有线网络而言,所有的子网结构、相邻节点、IP 与场所的关系都是不变的,而这一切在 AdHoc 网络都不成立。在 AdHoc 网络中,路由器可以不停移动,从一个地点出现在另一个地点,这也就造成了任何一条通往目标地址且在当前有效的路径,都有可能在下一时刻失效。

针对这样一种网络,许多路由算法也已经问世,而值得一提的是一种名为 AODV 的(AdHoc On-demand Distance Vector)路由算法。这种算法与 Bellman-Ford 距离矢量算法十分接近,但经过改动后可以在移动环境中正常计算,甚至还考虑到了移动主机方可能存在的有限带宽和电源寿命等情况。更有意思的是,AODV 是一种按需算法,只有存在需要向目标地址发送分组的情况下,这种算法才会工作。下面,可以按步骤简述这种算法的工作方式,以及与 Bellman-Ford 算法的具体差别。

1. 路径发现

由于 AdHoc 网络的时变特性,可以将它当作一张节点图,即路由器加主机的形式,并且每一时刻都是类似的情形。如果在某一时刻,存在两个节点互相在可通信半径范围内,那么在图中就将这两个节点相连。当然,由于设备的不同、功率的不同以及环境的影响,也很可能出现节点 A 连接到了节点 B,而 B 却没能连上 A 的情形。先忽略这种情况以便于讨论,认为连接是对双方都有效的。

在上述假设的基础上,考虑图 5.18 的 AdHoc 网络实例,具体说明简化的 AODV 算法。假设节点 A 为源节点,而节点 I 为目标节点,现在 A 希望与 I 通信并向 I 发送分组。在 AODV 算法实现的网络中,每个节点同样维护了一张表,只是每一个目标对应表项包含的信息主要是对信息发送的目标相邻节点。A 在搜索表项后发现并不存在直接通向 I 的路径,所以这种需求推动了 AODV 算法的运算,经由算法而找出一条最合适的通向 I 的路由路径。

在下一步的过程中,A 构造一个特殊的 ROUTE REQUEST 分组,并将其对外广播出去。这个 ROUTE REQUEST 分组在第一跳时如图 5.18(a)所示,只能到达 B 和 D,因为也

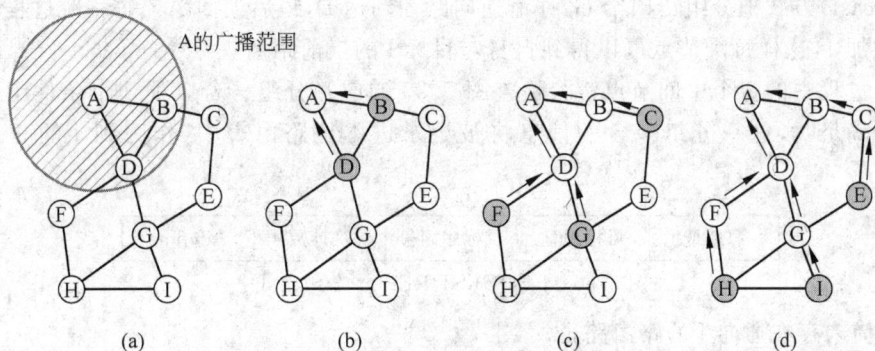

图 5.18　AODV 算法

只有 B 和 D 在 A 的通信范围内。

图 5.19 是 ROUTE REQUEST 分组的具体格式,第一和第三个域中包含了源和目标地址(通常为 IP 地址)。分组的第二个域是一个 Request ID,代表了一个由每个节点单独维护的本地计数器,在每次广播 ROUTE REQUEST 后该计数器会加 1。

源地址	请求 ID	目标地址	源序列号	目标序列号	跳计数

图 5.19　ROUTE REQUEST 分组格式

除维护请求 ID 计数器外,每个节点同时存在着序列计数器,用于在发出 ROUTE REQUEST 分组后加 1。图 5.19 中的第四块部分即代表了序列计数器。第五个域是节点所见过的、最近的目标节点的序列号值(若从未见过则为 0)。最后一个域是计该分组已经过的跳数,从 0 开始计数。

当 ROUTE REQUEST 分组到达一个节点时,该节点将会进行以下操作:

(1) 在本地表中查找源地址和请求 ID 对。如果确认为重复分组则直接丢弃,否则将这一对信息写入表中。

(2) 在路由表中查找分组所需的目标地址。如果存在一条较新的目标路径,则给源节点送回一个 REQUEST REPLY 分组。较新,则意味着存储在路由表中的目标序列号必须大于或等于 ROUTE REQUEST 分组中的目标序列号。如果小于,则执行第(3)步。

(3) 若接收节点并不知道通向目标的近期路由路径,则接收节点增加跳计数域,并重新广播 ROUTE REQUEST 分组。同时,接收节点也会从分组中提取出数据,作为一个新表项保存在逆向路由表中,用于构建逆向路由路径。对于每个逆向路由表项,都会存在一个定时器,定时器归 0 则表项将被删除。

返回上述实例,由于 B 与 D 未与 I 相邻,所以分别重新广播了分组,并创建对应 A 的逆向路由表项。在这一过程中,跳计数器置 1。由 B 转发的广播分组将会到达 C 和 D。D 对于这一重复分组采用删除处理,C 则重复上一步 B 的操作。依此类推,接下来 F 和 G 会收到来自 D 的广播分组,最后 E、H 和 I 也会收到。这时,到达 I 的 ROUTE REQUEST 分组终于得到了目标节点 I 的所在位置,也就是 I 节点自己。

I 接收到 ROUTE REQUEST 分组后,就会马上创建一个 REQUEST REPLY 分组作为应答,分组格式如图 5.20 所示。应答分组中的源地址和目标地址都直接提取自接收到的请求分组。应答分组的跳计数器置 0,Lifetime 域决定这一路径的有效存在时间。I 节点用单播(unicast)方式把分组传回给 G,并沿逆向路径到达 D,最后返回 A。每一跳过程中跳计数器都被加 1,这样每个节点可以得到自身与目标 I 的当前距离。

返回过程中的每个中间节点都会检查图 5.20 的应答分组。若以下 3 个条件中的 1 个或更多个满足时,这一分组包含的信息将被记录进本地路由表中,作为到 I 的一条路由路径:

源地址	目标地址	目标序列号	跳计数	Lifetime

图 5.20 REQUEST REPLY 分组格式

(1) 尚未存在通向 I 的路由路径;

(2) 在 REQUEST REPLY 分组中 I 的序列号大于路由表中的值;

(3) 序列号相等,但新路径更短。

通过这一往返的过程,不仅节点 A,同时路径上所有的节点都得到了当前通向 I 的最优路径,其他不位于逆向路径上的节点在广播过程中也会收到分组,但当相关定时器归零时,逆向路由表中的这一表项也就被删除了。在规模较大的网络中,AODV 算法会生成大量的广播分组,都是通过发送节点将 IP 分组的 TTL 域(Time To Live)初始化为期望的网络直径来抑制广播的数量。在每一跳上 TTl 域被减 1,而归零时分组即被丢弃。

2. 路径维护

之前也已经提到过了,在 AdHoc 网络中节点除了自身的关闭,还会有移动的情形,所以网络拓扑结构很容易发生未知的变化。所以对于每一条已经得到的路由路径,路由算法还需要对其进行必要的维护。为此,每个节点将定期广播一个 HELLO 消息,并由其相邻节点做出应答。若应答没有按时到来,则节点就认为这一相邻节点已离开可通信范围,不再与自己相连。同理,若节点试图向某一相邻节点发送分组而没能得到应答,则同样认为该相邻节点已失效。

这样的判断是很有必要的,可以用来及时清除失效的路由路径。对于所有的目标,任意节点 N 都会选择如下节点进行记录:记录所有在最近 ΔT 秒内 N 曾经发送往或接收到分组的邻节点,这些邻节点也称为活动邻节点(active neighbor)。N 将据此建立一个以目标节点为关键字的路由表,表项内容为到达该目标的输出节点(outgoing node)、最近目标序列号、跳计数以及针对此的活动邻节点列表。在上述实例的拓扑中,可以进一步假设节点 D 的路由表如图 5.21(a)所示。

当 N 的一个邻节点不再是可到达时,N 会检查其路由表,选出所有目标中需要用到该相邻节点的路由路径。对于这些路径,N 都必须通知在路径上的活动邻节点,告知这些路径已经失效,必须从路由表中清除。接着,活动邻节点又会进一步告知它们的活动邻节点,直至所有依赖于这个不可达节点的路径全部清除。

以图 5.21 为例,可以考虑 G 突然停机的状况,图 5.21(b)为改变后的拓扑结构。当 D 发现 G 已失效,经过检查路由表后得知到达 E、G 和 I 的路径都要用到 G,在 E、G 和 I 通路上的活动邻节点集合是(A,B)。也就是说,A 和 B 的关于 E、G、I 的路由路径依赖于 G,因而 D 将通知这些路径失效。D 给(A,B)发送一些分组通知它们的相关路径需要更新,(A,B)在收到这些分组后就会在路由表进行变动,而 D 本身也会从自己的路由表中清除 E、G 和 I 的表项。

目标	下一跳	距离	活动邻居	其他的域
A	A	1	F,G	
B	B	1	F,G	
C	B	2	F	
E	G	2		
F	F	1	A,B	
G	G	1	A,B	
H	F	2	A,B	
I	G	2	A,B	

(a)

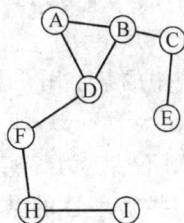

(b)

图 5.21 出现停机的路由

在上述实例中,仔细观察可以发现 AODV 和 Bellman-Ford 间的关键差别:在 Bellman-Ford 算法中,路由器节点会周期性地发送广播信息以广播整个路由表的变化,而在 AODV 算法中并没有。因此 AODV 算法节约了带宽和电源的消耗,虽然 AODV 算法本身具备广播和多播路由的功能。

5.2.11 对等网络中的节点查询

在计算机网络中,对等网络(peer-to-peer network,P2P 网络)对于大家来说或许已经不再陌生,尤其是对喜欢下载和分享资源的人来说,P2P 网络是非常重要的一种渠道。这些用户往往通过永久的有线连接接入因特网中,进行资源的共享和交流。这与路由问题有些近似,但与纯粹的路由问题并不完全等同。

对等网络是完全分布式的,这一网络的概念很简单,即所有节点都是对等的。在对等网络中,不存在中心控制,或是任何层次组织。网络上的每个用户都包含一些自己的信息与资源,或许会让其他用户感兴趣。这些用户之间往往并不认识,他们只是想要获取自己感兴趣的信息或资源,而这些资源并不存在于一个中心数据库或中心索引中,所以这些用户面临的问题,就是如何找到另一个包含了特定信息的用户节点。

这样的算法现在已经非常普遍了,而我们将从一种名为 Chord 的算法开始说起。这种 Chord 系统由 n 个对等网络中的用户构成,每个用户在保存了一些信息或资源的同时,也会保存一些索引便于其他用户查询。每个节点不可或缺地存在自己的 IP 地址,通过一个散列函数 hash,将该 IP 地址映射为一个 m 位的数值。Chord 使用一种 SHA-1 密码算法作为散列函数:实参为一个变长的字节串,返回一个高度随机的 160 位数值,这一数值称为节点标识符(node identifier)。

这种算法将总共 2^{160} 个节点标识符以升序方式构成一个圆环。其中的少数节点标识符对应于参与网络的节点,而大多数则没有。以图 5.22(a)进行说明,只有标识符为 1、4、7、12、15、20 和 27 的那些节点(在图中以阴影圆表示)对应于实际网络节点,而其他节点则并无对应关系。接下来定义函数 successor(k),令其返回值为从圆上节点 k 开始沿顺时针方向第一个实际节点的节点标识符。在图中,可以得到:successor(6)=7,successor(8)=12,successor(22)=27。

记录名也通过 SHA-1 函数进行散列处理,得到的 160 位数值称为键(key)。其中的关系可以表示为 key=hash(name)。如果针对某一名字存在多条记录于不同节点上,则其关联信息将保存于同一节点,依次类推,对等网络的索引信息将被随机地保存在各个节点。抛开我们的简化实例,进一步考虑到容错问题时,还可以通过 p 个不同散列函数,将每一对关联信息保存在 p 个节点上。

当 Chord 系统中的某个用户想要查找 name 时,他首先会对 name 进行散列运算求出 key,然后计算 successor(key),即为保存其索引关联信息节点的 IP 地址。第一步的求解非常方便,而第二步则不然。为了实现第二步由给定 key 得到对应 IP 地址的这一过程,每个节点还必须维护一些管理性的数据结构,包括在节点标识环上后继节点的 IP 地址。在图 5.22 中举例来说,也就是节点 1 的后继节点是 4,节点 4 的后继节点是 7。

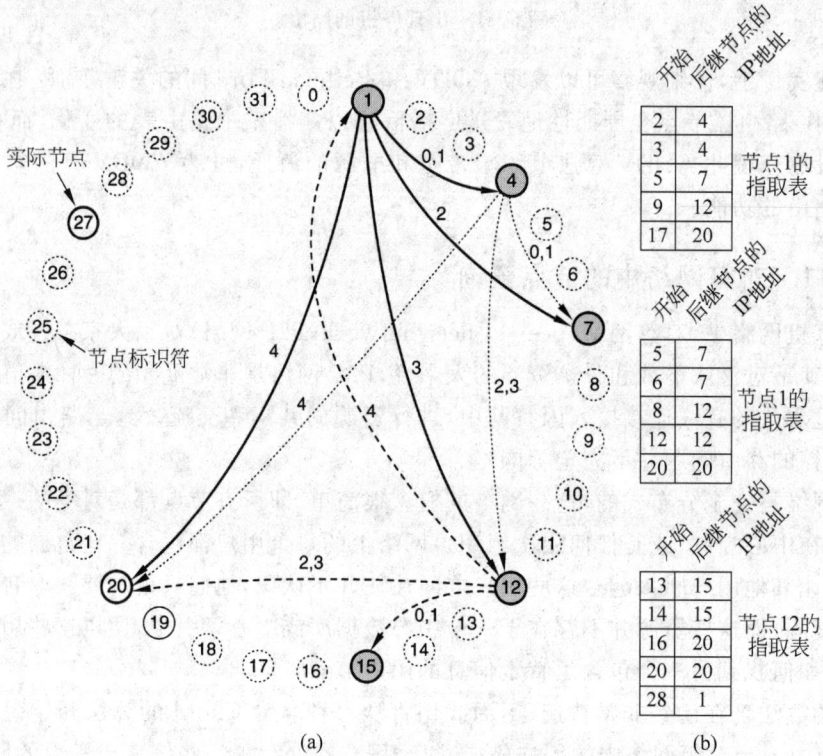

图 5.22 对等网络节点查询

于是,可以开始进行查找工作。发送请求的节点将一个分组发往它的后继节点,分组内容为请求节点的 IP 地址及待查找的键。分组会沿环向前传输,到达查询节点标识符所代表的后继节点。后继节点在收到分组后,根据待查找的键,查询自己可能存在与键匹配的信息。如果后继节点中已经包含所需信息,则可以根据分组中的请求节点 IP 将信息发回,分组是否继续传播可以再行设置。

如果每个节点同时保留顺时针和逆时针情况下的后继节点 IP 地址,则在环路中还能够进行双向传递。此外,指取表(finger table)也被用于加快这一查找过程。在每个节点的指取表中,会存有 m 个索引从 0 到 $m-1$ 的表项,每个表项有两个域:start 和 successor(start) IP 地址,代表了每一个不同的节点。图 5.22(b)中为 3 个节点的指取表示例,域的具体计算如下所示:

$$start = k + 2^i \pmod{2^m}$$

successor (start[i])的 IP 地址

可以发现,若 key 在(k,successor(k))间,则 successor(k)节点必定拥有关于 key 的信息,于是搜索可以停止。否则,只需要找到 start 域在 key 前而最接近于 key 的表项,将请求直接发送给该表项中的 IP 地址即可。由于这一节点更接近 key,所以搜索的工作量会小很多。在实际应用中,每次查询都可以减少到目标距离的一半左右,所以这种方法可以将查找次数限制在 $\log_2 N$。

还是以图 5.22 的实例进行考虑,假设节点 1 需要查找 key=14。很显然 14 远大于 4,所以通过查询指取表可以得到最近的节点是 9。因此在这种条件下,请求会被直接转发给表项 9 中即节点 12 的 IP 地址。节点 12 在收到请求后,确认 14 在它和后继节点 15 之间,所以节点 12 会返回节点 15 的 IP 地址。

将查询范围扩大,考虑在节点 1 进行查找 key=16。由于节点 1 中指取表的下一个表项 17 在 16 之后,所以节点 1 依然会将请求发送给节点 12。由于目标节点 16 也不在节点 12 和它的后继节点之间,所以需要在此从指取表中找出 start 域中最接近 16 但是在 16 之前的表项。这一次,表项 14 即节点 15 的 IP 地址将会收到这一请求,然后重复上一例子中的过程,最后节点 15 会将节点 20 的 IP 地址返回给请求节点 1。

由于在对等网络中,可能每一时刻都存在节点的加入或离开,所以 Chord 还需要对这些变化进行维护。当一个新的节点 r 想要加入时,r 必须与某一个已在环上的节点进行沟通,确定为自己查找、successor(r)的 IP 地址,并让 successor(r)查找它的前继节点,最后可以将自己插在这两者之间。当一个节点离开时,这一过程也是类似的,即先将本节点在环上与前继节点、后继节点断开,将它的键移交给后继节点,然后通知前继节点打开链接,将新链接链接到它的后继节点上。

此外,为了进行差错控制从而修正一些可能出错的指取表,每个节点还需要运行一个后台进程。进程会定期重新计算每一个表项,计算过程也就是不断调用 successor 函数。在有节点更新的情况下,这些调用也就可以更新对应的表项。然而,当一个节点崩溃时,问题还是会存在:这个节点的前继节点不再能够指向有效的后继节点。一种有效的解决办法是:每个节点还可以与后续 s 个后继节点都保持联系,这样可以对连续 $s-1$ 台设备的崩溃进行容错控制。

5.3　拥塞控制算法

当子网的某些信道同时收到过多分组时,就有可能出现拥塞(congestion)现象。如果分组数量在子网信道的容量范围内时,这些分组只要不出现错误,那么都是可以被递交的。这时发送的分组越多,被递交的分组也就越多,子网的效率也就越高。然而,当分组数目超过路由器可以处理的数量时,路由器迫不得已会出现丢失分组的情况。考虑到大量分组产生的冲突以及丢失分组的重传,这时子网的效率会进一步降低,甚至出现没有分组能被递交的状况。

发生拥塞的原因有很多种,首先可以看一下路由器的内存因素。通常来说,一台路由器连接的线路可以有多条。如果在每一条线路上都同时存在多个分组到达并需要转发,那么

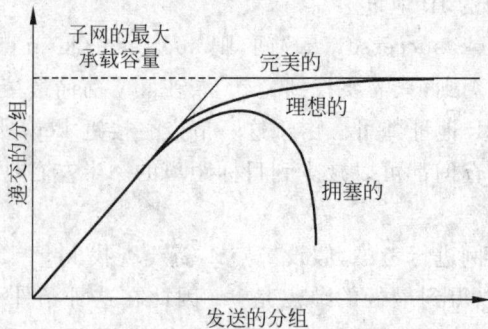

图 5.23　拥塞情况性能说明

路由器的内存可能并不足以保存这些所有的分组,于是就会出现分组的丢失。也许将路由器的内存进行扩大,就会减少这样的情况发生。然而当路由器内存达到一定程度后,再增加它的内存可能只会适得其反。Nagle(1987)发现,如果路由器内存无上限,所有分组在到达队列前端后都会被立即转发,即使这些分组已经超时,这样的行为反而会造成整条路径的负载更大。

其次,再看一下路由器的处理器因素。低速的处理器显然会影响到路由器必要的维护工作,缓冲区的队列处理、路由表的更新等都离不开处理器的工作能力。如果线路的负载还不严重,反而队列中的分组无法及时处理,这也会造成拥塞的发生,所以有必要保证处理器对维护工作的快速完成。不过在此基础上继续提升处理器的性能就没有那么必要了,因为影响拥塞的瓶颈因素已经从处理器转移到了系统的其他部分。

总而言之,对于拥塞控制的期望是尽量提高子网全局的承载流量,所以对于子网中的主机、路由器、存储转发过程等所有可能造成拥塞的因素都要综合考虑。根据这些因素,可以建立一个拥塞控制的通用模型,然后对照模型讨论如何避免发生拥塞,以及在拥塞出现之后的动态处理算法。

5.3.1　拥塞控制的通用原则

拥塞控制的关键在于控制,所以先从控制论的角度讨论这一问题。控制论中的解决方案总体上可以分成两类:开环(open loop)和闭环(close loop)控制。开环控制的思想是试图建立一个良好的设计来避免问题的发生,所有对于系统的调整都在系统运行之前完成,系统运行后不再有中途的修正。在开环控制中可以预先调整的内容包括:接收和丢弃分组的时间和分组的选择性丢弃,以及子网不同节点的调度决策等。

与此不同的是,闭环控制则通过反馈环路来实现其功能。首先,闭环控制系统会检测拥塞的发生,然后将这一信息传递给系统的实施部分,最后由实施部分调整系统的运行,解决已出现的拥塞问题。检测拥塞可以从很多角度进行,包括因缺少缓冲而丢弃分组的占比、平均队列长度、超时与重传分组数,以及平均分组延迟,等等。在反馈机制中,实施部分对系统运行的调整要保证系统的稳定性,不能因为太大的变动而造成系统的振荡。同时,反馈的实施必须及时完成,否则可能不会出现应有的效果。

为了能够将许多不同的拥塞算法整合起来加以利用,Yang 和 Reddy 提出了一种更为具体的分类方法。除去开环算法和闭环算法的区分以外,他们进一步将开环算法分成了两类：一类在源端实施,另一类在目标端实施。闭环算法也被分成了两类：显式反馈和隐式反馈。显式反馈即从拥塞点向源端发送分组以警告源端,而隐式反馈则是源端利用本地观察来推断拥塞存在与否。

因为拥塞可以归纳为当前负载超过了系统某一部分资源的处理能力,所以对于拥塞的解决也就是增加资源或降低负载。增加资源的方法可以是子网临时增加某些线路的带宽,也可以是把流量分散到多条路由路径上,而不绝对使用最优路径。最后从系统容错考虑,可以在严重拥塞发生时,把空闲备用的路由器运行起来,这样也可以增加系统资源以提高系统的处理能力。在增加资源无法实现的情况下,降低负载的方法可能更加消极,例如拒绝部分用户请求、降低部分用户服务质量,等等。

5.3.2 拥塞预防策略

先从开环系统入手,研究拥塞控制的方法。表 5.2 是各种可能会影响到拥塞的数据链路层、网络层和传输层策略,这些策略不会任由拥塞发生后再进行动作,而是从开始就降低拥塞发生的可能性。

表 5.2 影响拥塞策略

层	策 略
传输层	• 重传策略 • 乱序缓存策略 • 确认策略 • 流控制策略 • 确定超时的策略
网络层	• 子网内部的虚电路与数据报策略 • 分组排队与服务策略 • 分组丢弃策略 • 路由算法 • 分组生存期管理
数据链路层	• 重传策略 • 乱序缓存策略 • 确认策略 • 流控制策略

再从底层的数据链路层说起,首先重传策略就有待区分。例如,比起选择性重传的策略而言,回退 n 步的策略无疑会带来更多的负载。同时,确认策略也会影响到拥塞,因为确认分组会带来额外的流量。可如果确认消息被保存而在反向流量中捎带回去,这也可能带来额外的超时和重传。因此,一个紧凑的流控制方案或许会有助于缓解拥塞。

在网络层上,虚电路或数据报的选择也会影响到拥塞,因为许多拥塞控制算法只能在虚电路子网上实现。其他诸如分组排队、服务策略和丢弃策略的优化也能缓解拥塞的局面,路由算法可以将流量分散到其他线路上。最后,分组生存期管理策略影响到丢弃分组对于路由器工作的影响以及可能重传的概率,这些也需要仔细考虑。

在传输层中,除去与数据链路层相同的问题外,想要确定超时间隔会更加困难。因为跨越一个网络的传输时间,比两台路由器之间线路上的传输时间更加复杂。如果超时间隔太短,则可能会需要发送不必要的额外分组;而如果太长,又会导致丢失分组的响应时间加长。

5.3.3 虚电路子网中的拥塞控制

上节曾经说到,一些拥塞控制算法只能在虚电路子网上实现,所以先来介绍几种在虚电路子网中较为常见的动态拥塞控制方法,然后再讨论数据报子网中拥塞控制算法的实现问题。

准入控制(admission control)是一种在虚电路子网中被广泛应用,并能有效抑制拥塞恶化的方法。准入控制的做法最为直接:一旦在虚电路子网中出现了拥塞,则子网将不再创建任何虚电路,直到拥塞情况得到改善。因为在拥塞的情况下,更多的请求只会让子网拥塞进一步加重,所以这种直接的方法虽然显得有些粗野,但易于实现且相当有效。在电话系统中,交换机在超过负载后仍会采用准入控制的方法,不再送出拨号音。

另一种方法会更温和一些,它允许在子网中建立新的虚电路,但是新的虚电路路由必须绕开所有发生拥塞的区域。可以以图 5.24(a)为例,子网中出现了两台路由器发生拥塞的情况,而此时路由器 A 需要与路由器 B 建立一个连接。为了避免路由路径包含拥塞区域,这时算法会重画整个子网,如图 5.24(b)所示,忽略掉所有拥塞的路由器和相关线路。这时,路由算法才会选择建立一条新的虚电路,如图(b)中虚线所代表的路径。

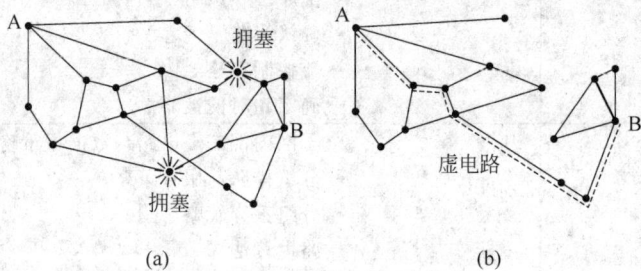

图 5.24　拥塞子网新建路由示意图

与虚电路相关的还有另一种开环控制方法:当建立虚电路时,主机和子网会进行协商,规定虚电路流量的容量和形状、所要求的服务质量和其他参数。在建立电路时,子网就会根据这份约定,在沿途预留必要的资源,包括路由器中的表空间和缓冲区,以及线路带宽等。由于资源全部按照约定预留,所以新建立的虚电路基本不会发生拥塞。

这种做法虽然能够很好地避免拥塞,但是预留资源的做法也会导致资源的浪费。为每一条虚电路预留的带宽不可能每时每刻都正好用完,而这些空余的带宽却不可能为其他的虚电路服务。另外,当一些虚电路需要预留的资源占满了整条线路,那么线路上就将无法再建立新的虚电路。

5.3.4 数据报子网中的拥塞控制

介绍完了只能在虚电路子网上工作的拥塞控制算法后,再来讨论能够兼容于数据报子网中的相关算法。事实上,子网中的路由器是很容易就能监视到输出线路和其他资源使用情况的。例如,路由器可以给每一条线路都定义一个利用率实变量 u,取值为 $0.0 \sim 1.0$,路由器可以定期对线路的瞬时利用率 f 进行采样,然后对 u 进行更新:

$$u_{新} = a u_{旧} + (1-a)f$$

式中,a 为路由器刷新历史情况的速度。每当 u 超过预先设定的阈值时,这条输出线路就会进入警告状态。而所有路由器都会对到来的分组进行检查,查看其输出线路是否处于警告状态。对于处于警告状态的分组和线路,路由器可以采用以下不同的方式进行处理,以进行拥塞控制。

1. 警告位

旧 DECNET 体系有一种处理方法:在分组头中设置一位来指示警告状态,在帧中继(frame relay)网络中也是如此。当被设置了警告位的分组到达目标端时,这一位还会被复制到下一个确认分组中送回到源主机,源主机得知后即会削减流量。

处于警告状态的路由器会在所有分组中设置警告位,因而所有向该路由器发送分组的源主机都会收到这样的确认分组。源主机通过监视设置了警告位的确认分组比例,来调节其数据发送速率,减少发送的分组数目。直到警告位确认分组减少到某一阈值时,说明线路上所有的路由器问题都已被排除,源主机才会恢复到原先的传输流量。

2. 抑制分组(choke packet)

除此之外,路由器还可以直接给源主机送回一个抑制分组(choke packet),指明原分组所在的目标地址。原分组被加上一个标记(设置头部中的一位),从而在之后的路径上不会产生其他抑制分组。除此以外,分组的转发过程一切照常。

当源主机收到抑制分组后,必须对对应的指定目标减少百分之 x 的流量。由于发送给这一目标的分组可能不止一个,而有几个都已在传输过程中了,因而源主机收到的抑制分组可能也不止一个。在这一段固定的时间间隔内,源主机可以忽略其他所有重复的抑制分组。过了这一段间隔后,源主机需要继续监听下一段时间间隔内的抑制分组,以确认线路是否还处于拥塞状态。该协议中暗含的反馈信息有利于防止拥塞,而又不影响正常的分组流。

主机通过调整策略参数(如窗口大小)来控制减慢流量的比例。一种最常见的可能是:第一个抑制分组将减少 0.50 的数据率,第二个抑制分组则是 0.25,依次类推。增加数据率的幅度要小得多,这样可以避免很快又发生拥塞。

3. 逐跳(hop-by-hop)抑制分组

当网速较快而子网直径较大时,路由器给源主机发送抑制分组可能会耗费大量的时间。可以假设一台主机 A 正向远处的主机 D 发送数据,速度为 155Mb/s。如果 D 用完了缓冲区,则抑制分组需 30ms 才能返回 A 处,抑制分组的传播过程如图 5.25(a)的第 2、3、4 步所示。在此期间 A 又会给 D 发送大约 4.6Mb 数据,即使主机 A 在收到抑制分组后立刻停机,沿途的 4.6Mb 数据也会陆续到来,影响到 D 的拥塞状态。直到图 5.25(a)中的第 7 张图时,D 的路由器收到的分组流才会真正减慢。

如图 5.25(b)的序列则显示了另一种可以逐跳抑制分组的实现方法。在图中可以看到,只要抑制分组到达 F,则 F 必须减慢向 D 的分组流。然而源主机还在全速发送数据,所以这样做可以缓解 D 的压力,但却使 F 不得不提供更多的缓冲区。在下一步中,抑制分组到达 E,此时 E 也会减慢向 F 的分组流。这样 E 的缓冲区要求有所增加,而在上一步中变

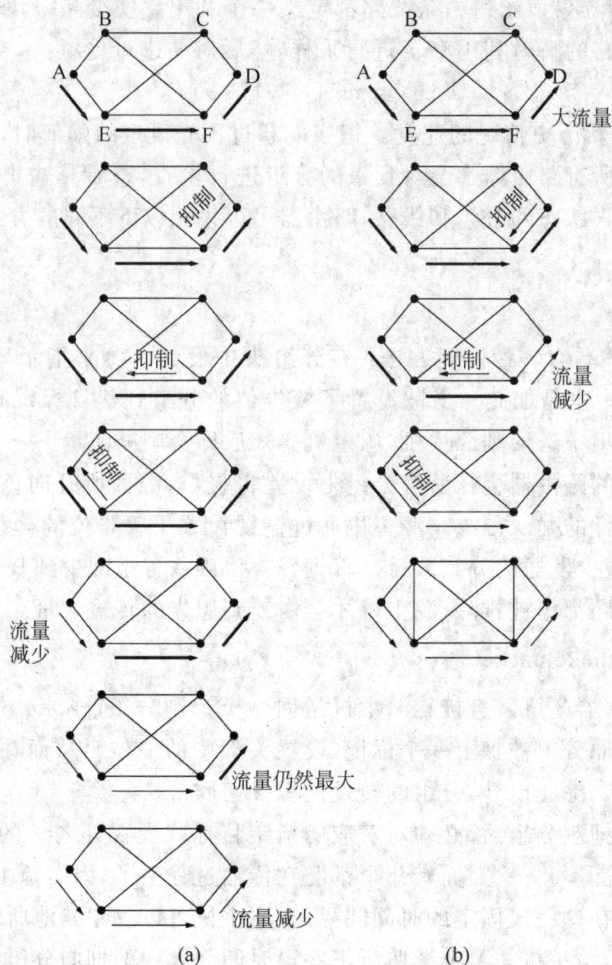

图 5.25　两种抑制分组实现示意图

得紧张的 F 则得到了缓解。最后,抑制分组到达源主机的路由器 A,分组流最终全部得到减慢。这种逐跳抑制分组的方法可以让拥塞点上的拥塞现象立刻得到缓解,但代价是上游路径上的每一个非拥塞节点都需要消耗更多的缓冲区空间。这种方法的合理使用,可以将拥塞缓解在萌芽状态,而又不需要产生丢失分组的后果。

5.3.5　负载丢弃

当以上所有方法都无法缓解拥塞时,路由器可以使用最重要的一种手段,也就是负载脱落(lead shedding)。负载脱落是指当路由器因来不及处理分组而被淹没时,就采取将这些分组丢弃的手段。相较于随机丢弃一部分分组,选择更有价值的分组进行保留显然更加明智。一般来说,对于文件传输而言,老分组比新分组更有价值,因为一个分组的丢弃可能意味着需要对其后所有的分组进行重传。而对于流媒体来说,新分组会比老分组更具价值,实时的音频和视频播放只对当前的分组有要求。

为了实现这样的智能选择丢弃策略,应用程序必须在分组中标明优先级,以指明这些分组的重要性。这样在路由器不得不丢掉分组时,可以首先丢掉最低优先级的分组,以降低丢弃的损失。另一种方案是:允许用户超越在建立虚电路时协商好的限制值,但所有超出部分流量被标记为低优先级。这样的策略可以充分利用空闲资源,而在总体资源紧张时则得不到这些资源的使用权。

下面介绍随机早期检测。

如果能在拥塞出现的一开始就检测到并采取措施,显然比等到拥塞严重影响工作后再行动要来得可靠。所以,可以在路由器实际耗尽所有的缓冲区空间之前就开始丢弃分组,这样一种算法称为随机早期检测(Random Early Detection,RED)。为了确定开始丢弃分组的时间,路由器需要维护自己队列最近的平均长度值。当某一条线路上的队列平均长度超过一定阈值时,则该线路被认为是拥塞的,从而采取相应的行动。

事实上,之前给源主机发送抑制分组的做法也存在一定问题,它在已经拥塞的网络上引入了更多的负载。所以一种更直接的方法是,路由器直接将选取出来的分组丢弃,而不向源主机报告。在一段时间间隔后,源主机会发现缺少了确认,从而得知拥塞的现象并减少分组流的发送。另外,这种隐式的反馈机制在无线网络中可能并不适用,因为 WIFI 的大多数分组丢失是空中链路的噪声造成的。

5.3.6 抖动控制

对于音频流和视频流的传输,只要保证每个分组的传输时间恒定,对于传输过程造成的延时可能并不会太在意。分组到达时间的标准偏差称为抖动(jitter),只有在高抖动的情况下,声音或电影的质量才会出现不稳定。图 5.26 为抖动的示意图,可以看到分组到达时间的标准偏差越大,抖动就越大;图(b)中的低抖动显然对于音频和视频流效果更好。

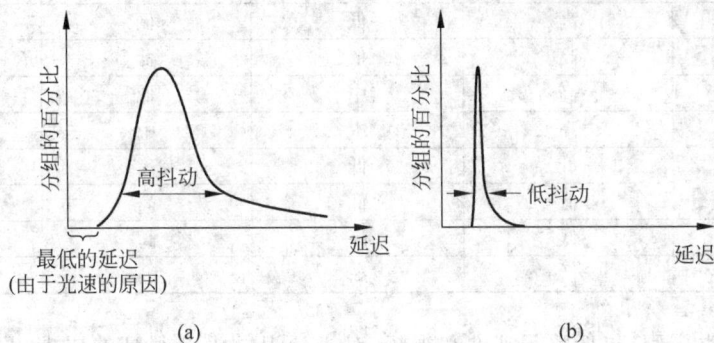

图 5.26 抖动示意图

通过计算出沿途每一跳的期望传输时间,可以对抖动加以控制。当一个分组到达路由器时,路由器可以对这个分组的到达时间进行检查。如果该分组比预期提前到达,则它将多停留一段时间,以便回到预设的时间点上。如果该分组到达晚了,则路由器将尽快、优先将它转发。按照这种方法,所有的分组都将向着预定的时间点靠拢,这样就可以减缓抖动的程度。

在有些应用中,例如视频播放(video on demand),也可以使用这样的做法来消除抖动:接收方先将分组缓存,然后从缓冲区中获取数据并输出到显示器上,而不是实时地从网络上获取数据。然而对于其他一些用户需要实时交互的应用,例如因特网电话和视频会议,因缓存而带来的延迟是不可接受的。

5.4　服务质量

随着网络中多媒体连接数目的不断增长,通过网络和协议的设计来保证服务质量也越来越重要。本节将研究如何在保证网络性能的情况下,提供与应用程序功能相匹配的服务质量。

5.4.1　需求

从一台源主机到一台目标主机的分组流(stream)称为一个流(flow)。在面向连接的网络中,同属于一个流的所有分组将会走同样的路由路径;而在面向无连接的网络中则并不一定。但无论如何,这些流的服务质量(Quality of Service,QoS)都可以用以下 4 个参数来说明:可靠性、延迟、抖动和带宽。表 5.3 列出了一些常见类型的应用,以及它们对这 4 个参数的不同要求级别。

前 4 种应用对于可靠性有很高的要求,数据中的每一位都需要被正确递交,因而发送方会计算每一个分组的校验和,接收方通过校验和进行验证。对于在传输过程中损坏的分组,通常都无法通过校验和的验证,因而发送方需要重传此分组。而后面 4 种(音频/视频)应用对于错误没有前者那么高的要求,所以也不必用到校验和。

表 5.3　各种应用服务质量需求

应用	可靠性	延迟	抖动	带宽
电子邮件	高	低	低	低
文件传输	高	低	低	中
Web 访问	高	中	低	中
远程登录	高	中	中	低
音频点播	低	低	高	中
视频点播	低	低	高	高
电话	低	高	高	低
视频会议	低	高	高	高

文件传输类应用,包括电子邮件和视频,对于延迟并没有很高的要求,只要所有分组的延迟能够相对统一,就不会出现因延迟造成的问题。然而一些交互应用,例如 Web 浏览和远程登录,则对于延迟比较敏感。而另一些实时的应用,包括电话和视频会议,则对延迟有非常严格的要求。

表中第 4 列是分组到达接收方的抖动问题,前 3 种应用对于抖动要求很低。远程登录应用则对此较为敏感,因为远程连接的抖动可能会造成连接的不稳定,屏幕上的显示也会时快时慢。而最后视频和音频,尤其是音频,受抖动的影响最大。

最后,是不同应用所占带宽的大小问题。电子邮件和远程登录应用并不需要高带宽,但视频应用因为视频文件的大小,一般都需要较高的带宽。

ATM 网络把数据流分成 4 大类,分类的依据是它们对于 QoS 的要求,如下所示:

(1) 位速率为常数的应用(如电话);

(2) 位速率可变的实时应用(如压缩的视频会议);

(3) 位速率可变的非实时应用(如通过因特网观看电影);

(4) 最大可用位速率的应用(如文件传输)。

5.4.2 获得好的服务质量所应用的技术

在实际应用中,并不存在一种能以最优方式来提供高效、可靠 QoS 的技术。服务质量只能以相对较为可靠的程度来实现,而且实现的过程往往还需要将多种技术结合运用,所以需要对这些技术进行整理。

1. 过度提供资源

首先是资源提供的问题。如果系统能够提供足够的路由器容量、缓冲区空间和带宽,那么分组的顺利通过就能得到充分的保证。然而这样做的代价也是巨大的,在现实设计中会更倾向于求取足量资源的合理值乃至最低值,以减少这部分不必要的花销。

2. 缓冲能力

缓冲能力是指数据流在到达接收方后先不被递交,而是先被缓存起来。将数据流缓存的做法虽然会增加额外的延时,但不会影响数据的可靠性和带宽问题,还能够消除数据流中存在的抖动。所以这种方法对于音频和视频的点播十分有帮助。

图 5.27 显示了一个数据流到达、缓存然后被递交的过程,很显然这个分组流在刚到达时有明显的抖动。分组 1 在 $t=0$ 时被发送,并于 $t=1s$ 时到达目标地址;分组 2 则在传输过程中耗费了 2s。这些先到达的分组都被缓存在了用户的主机上,直到用户开始播放。

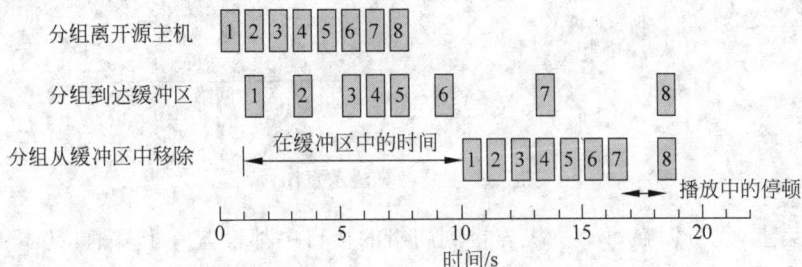

图 5.27 缓存分组以平滑输出流示意图

当 $t=10s$ 时,播放开始,此时分组 1~6 都被缓存,而后续的分组还未到达。这时,播放器可以平滑地将分组 1~6 播放出来。直到播放到分组 8 时,分组 8 由于延时过长还没能到达,因此播放就出现了停顿。如果将起始时间再延迟一些,就可以缓解这个问题,但同时这需要一个更大的缓冲区。现在,提供流式音频或视频服务的商业 Web 站点所使用的播放器在开始播放之前,都会先缓存 10s 以上的流数据。

3. 流量整形

相对于缓冲方法在客户端对流量进行平滑处理,流量整形(traffic shaping)技术则可以在服务器端进行这一操作。因为如果能够让服务器以恒定速率发送数据,同样可以使服务质量进一步提升。

流量整形,顾名思义,就是是指调节数据传输的平均速率以及突发性。和以前所学的滑动窗口协议相比较而言,滑动窗口协议是限制同一时刻正在传输的数据量,而流量整形则是限制这些数据被发送的速率。简单来说,当一个连接建立时,用户和网络承运商会对于他们之间电路上的流量模式达成一致,这一协议也被叫做服务等级协定(service level agreement)。只要顾客根据协定的模式发送分组,履行协定中的相关义务,则承运商就会负责适时将分组递交到目的地。流量整形技术可以减少拥塞,因此也有助于承运商完成其职能。这样的协定对于有严格服务质量要求的实时数据传输尤为重要,如音频和视频等。

4. 漏桶算法

漏桶算法是网络世界中流量整形或速率限制时经常使用的一种算法。可以形象地将这种算法想象成一个底部有小洞的木桶,如图5.28(a)所示,而流量则是图中的水。无论木桶有多快的进水速度,水从底部小洞流走的速度始终是一个常数 P。只有当桶里没水时,底部的小洞才不会有水流出。而且一旦木桶中的水满了,再往里加水也只会从旁边溢出,而不是从底部的小洞中流走。

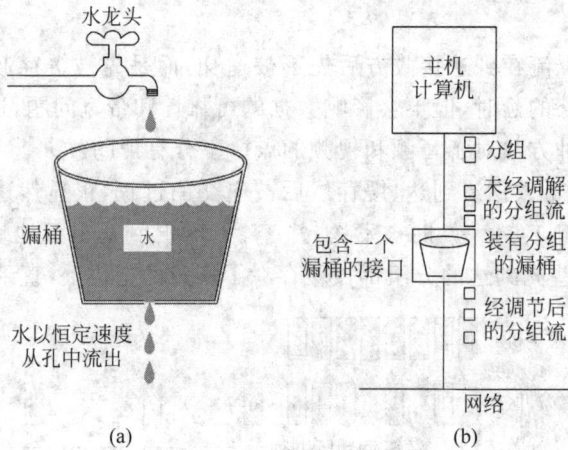

图 5.28 漏桶算法示意图

而在网络上,也可以在每个主机连接到网络的接口中都设置一个漏桶,具体从实现来说也就是一个有限长度的内部队列。进队列的速度由分组的到达来决定,而出队列的速度则是固定且平滑的。当队列满时,其后到达的分组将会被丢弃。这种机制既通过硬件接口来实现,也可以由主机的操作系统进行模拟,采用这种思想的算法也就称为漏桶算法(leaky bucket algorithm)。

原始的漏桶算法构成并不复杂,只要是一个有限长队列就可以实现,而支持字节计数的漏桶算法几乎也是一样。在每个周期的开始,队列计数器初始化为 n,接着将队列中第一个分组字节数与 n 进行比较。如果分组字节数小于 n 则该分组被发出,且计数器计数值减去该字节数。然后依次判断剩下的分组,将小于计数值的分组继续发出,直到计数值小于队列中下一个分组为止。这时,传输过程结束,需要等待重置下一个周期计数器。

现在举例分析漏桶算法的工作过程。假设一台计算机可以按照 200Mb/s 的速率产生数据,而网络的速度也是如此。然而路由器只能在短时间内以这样的速率接收数据,而长期的最佳工作速率不超过 16Mb/s。如果数据以 1MB 大小的突发方式到来,每秒钟会有一次 40ms 的突发数据。为了将平均速率降低到 2MB/s,可以采用这样一个漏桶: $\rho=2\text{MB/s}$,容量 C 为 1MB。这意味着即使是高达 1MB/s 的突发数据,都可以被毫无丢失地处理完。不管这些突发数据进来的速度有多快,它们都被分布到 500ms 的时间段上。在图 5.29(a)中,看到进入到漏桶的数据速率为 25MB/s,持续时间为 40ms。在图(b)中,看到排出去的数据流以均匀的速率 2MB/s 持续了 500ms。

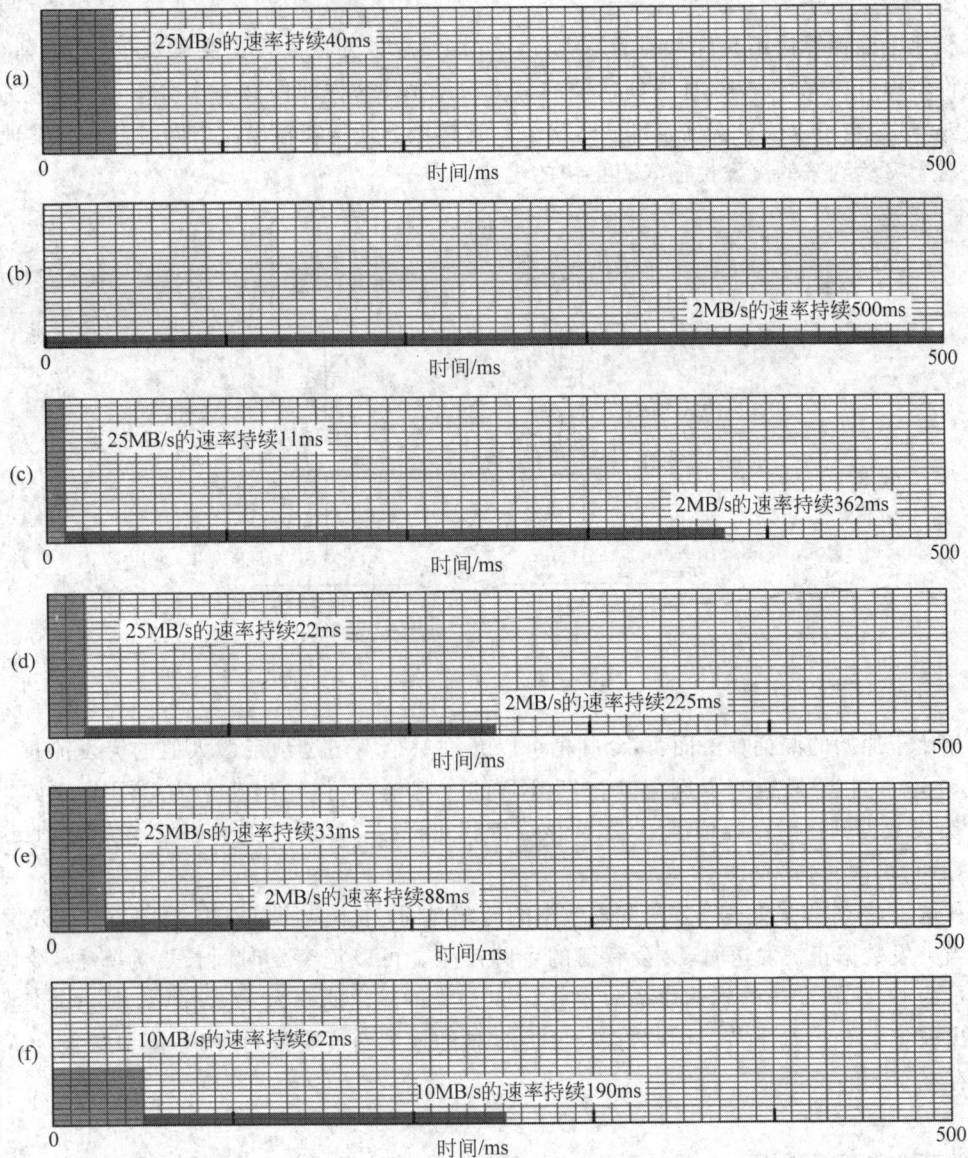

图 5.29　漏桶算法实例图

5. 令牌桶

不过,漏桶算法强迫输出模式保持严格均匀速率的做法,对于通信流量的突发性还欠缺了一些考虑。对于许多实际应用,可能在当大量突发数据到来时,需要允许输出流适当加快,所以采用的这种算法称为令牌桶算法(token bucket algorithm)。与漏桶算法的区别在于：漏桶中保存的是由时钟产生的令牌,每隔 ΔT 秒就产生一个。以图 5.30(a)为例,可以发现一个令牌桶中有 3 个令牌,同时有 5 个分组正在等待传送。如果一个分组要被发送,这个分组必须要抓取一个令牌并在传送后将其销毁。于是在 3 个令牌被用完以后,也就是到了图 5.30(b)中,这 5 个分组中有 3 个已经被传发送出去,而另外剩下的 2 个分组还在等待更多的令牌生成出来。

相比于漏桶算法不允许空闲的主机将许可权保存以便以后发送突发数据,令牌桶算法则允许将许可权保存起来,直至到达桶的最大尺寸 n。这样即便有 n 个分组的突发数据同时需要发送,也可以被一次性全部发送出去。这样做会使得在输出流中同时存在突发现象,而且对于突然到来的突发性输入有更快的响应。

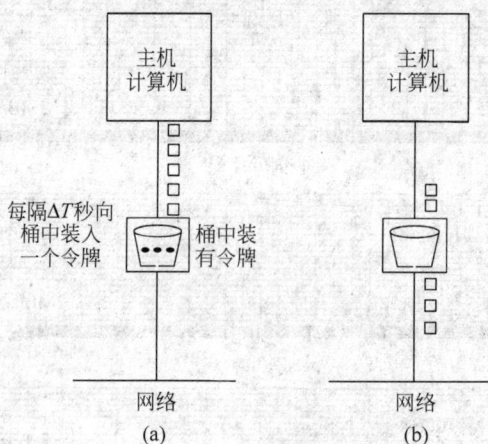

图 5.30　令牌桶示意图

相比于原始的漏桶算法而言,令牌桶可以允许一个不超过预定最大值的突发流量。请看图 5.30(a)中令牌桶的示例：一个 250KB 的令牌桶,允许输出速率为 2MB/s。如果当 1Mb 突发数据到达时令牌桶满了,那么该令牌桶可以以 25MB/s 的速率发送大约 11ms 时间,然后它再次回到 2MB/s。

在这里,计算以最大速率发送突发数据的持续时间,并不是简单地用 1MB 除以 25MB/s。因为当突发数据正被发送时,又会有新的令牌产生。可以记突发时间长度为 S 秒,令牌桶的容量为 C 字节,令牌的到达速率为 ρ 字节/s,最大的输出速率为 M 字节/s,则一次突发性的输出就将是 $C+\rho S$ 字节。同时,在长度为 S 秒的最大速度突发过程中,字节数量为 MS,因此存在下式的关系：

$$C+\rho S = MS$$

关于令牌桶算法的一个潜在问题是,虽然通过谨慎选择 ρ 和 M,可以将最大的突发时间间隔调整到合理值。但令牌桶算法送出的数据依然可以是大量的突发数据。为了能够降低尖峰速率,使流量更加平滑,往往还可以在令牌桶后再插入一个漏桶。这个漏桶的速率虽然低于网络的最大速率,但是会高于令牌桶。

6. 资源预留

一旦流建立了特定的路径之后,路由器就可以在这条路径上预留资源,以确保能达到预定的传输容量。有 3 种潜在的资源可以被保留：

（1）带宽；

（2）缓冲区空间；

（3）CPU 周期。

带宽是最显而易见的。如果一个流的要求是 1Mb/s，而输出线路的容量为 2Mb/s，那么在这条线路上无论如何也无法直接发送 3 个这样的流。因此结论就是，预留带宽对任何一条线路都不能超出线路的额定输出。

第二种常常短缺的资源是缓冲区空间。当一个分组到来时，很可能会被缓存在网络接口卡上，这由硬件本身完成。然后，这个分组会被路由器复制到一个 RAM 缓冲区中，在缓冲区中进行排队等待处理，然后在选择的输出线路上被发送出去。如果没有足够的缓冲区空间，则该分组会因无处存放而只能被丢弃。对于比较好的服务质量，路由器会为一个流保留固定的缓冲区空间，这样这个流就不必跟其他流争用缓冲区空间。因此，只要该流需要使用缓冲区空间时，它总是可以得到缓冲区，直到分配的最大限额用完为止。

最后，CPU 周期也是一种稀缺资源。处理每一个分组的工作，都离不开路由器的 CPU，所以一台路由器一段时间内只能处理有限多个分组。为了保证路由器始终能够正常工作，不耽误分组的实时处理，就必须要确保 CPU 不会过载。

7. 准入控制

要决定接受或拒绝一个分组流，其实并不仅仅关系到路由器当前这 3 种资源的剩余容量，路由器需要考虑的问题还要复杂得多。首先，很多应用或许知道对带宽的要求，但是很少会计算对于缓冲区和 CPU 周期的要求，所以路由器至少要用一种恰当的方式来描述这些流。

其次，有的应用能够允许发生偶然性错误。最后，有的应用可能希望对流参数进行协商，而其他的应用则可以不必。因为流协商过程中会涉及发送方、接收方，以及沿途所有的路由器，所以在描述流时必须要通过一组流规范（flow specification）参数来精确说明。当这份流规范沿着路径传播时，沿途每台路由器都会对其进行检查，并根据自身修改相应的参数。对参数的修改只可以降低该流的质量，而不能提高它的质量，当流规范到达另一端时，参数的协商也就完成了。

表 5.4 为流规范实例，建立在 RFC 2210 和 2211 的基础上。图中的流规范有 5 个参数，第一个是令牌桶速率，代表每秒进入令牌桶中的字节数，这也可能是最大的发送方长时间持续传输速率。第二个参数是令牌桶的大小，以字节为单位。第三个参数是尖峰数据率，代表在较短时间内，算法可容忍的最大传输速率，即发送方的发送速率绝对不得超过这个参数，哪怕只是很短时间也不行。最后两个参数分别指定了分组的最大和最小长度，包括传输层和网络层的头。

表 5.4 流规范示例

参　　　数	单　　　位
令牌桶速率	字节/s
令牌桶大小	字节
尖峰数据率	字节/s
最小分组大小	字节
最大分组大小	字节

对于路由器如何将一个流规范转变成一组特定的资源预留设置,这种映射关系并没有被标准化,它与特定的实现相关。流规范越是严密,则对于分组传输的要求也越高,但对路由器也就越有用。如果一个流规范声明了令牌桶速率为 5MB/s,但是分组的大小可以在 50~1500 字节之间变化,那么分组速率将可以在 3500~105000 分组/秒之间波动。对于后者过大的数值,路由器很可能会拒绝。如果将最小分组长度调整为 1000 字节,那么 5MB/s 的流就基本会被接受了。

8. 比例路由

对于大多数路由算法而言,它们的目标都是找出到达每个目标的最佳路径,然后将所有相关流量都沿着最佳路径进行发送。然而也有一种不同的方法,其设计初衷就是为了提供更高的服务质量,而将到达每个目标节点的流量分散到多条路径上。由于路由器通常不可能了解整个网络中的流量情况,所以唯一可行的做法就是使用本地已知的局部信息。通过这些信息,可以将流量平均分配到输出链路上,或根据这些链路的容量按比例进行分配。

9. 分组调度

如果一台路由器正在处理多个流,那么就可能会出现这样的问题:一个流占用了过多的系统资源,而其他的流得不到资源。而如果按照分组到达的顺序来处理分组,那么又可能会使一个激进活跃的发送方占用沿途路由器上的大多数资源,这显然也会降低其他发送方的服务质量。为了避免发生这样的情况,各种分组调度算法逐渐被研究并应用。

第一种分组调度算法是公平排队(fair queueing)算法。路由器为每一条输出线路使用一组队列,每个流一个队列。当有一条线路空闲时,路由器轮流扫描这些队列,从下一个队列中取出第一个分组。如果有 n 台主机争用一条输出线路,那么在每发送出的 n 个分组中,每台主机各有一个分组,即使其中任意一台主机发送再多也会提高这个比例。这种算法存在的问题是:那些使用大分组的主机,依然可以比其他使用小分组的主机获得更高的带宽。

在此之后,Demers 等(1990)提出了一种改进算法。这种算法以轮流循环扫描逐个字节来代替逐个扫描分组的操作。这种改进算法能够以字节为单位,反复地扫描队列,直到找到每个分组的结束时刻。然后,算法再按照每个分组结束时刻的顺序对其进行排列,并且按照同样的顺序发送这些分组。可以通过图 5.31 的实例来说明这种算法。

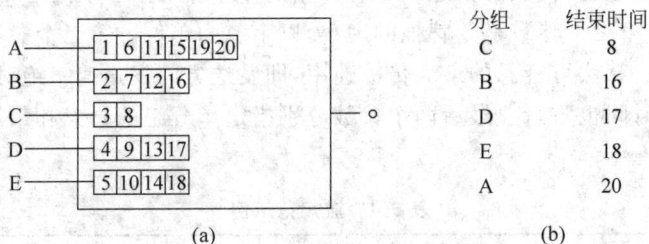

图 5.31　改进后的公平排队算法

在图 5.31(a)中显示了 5 个分组,长度分别从 2~6 字节不等。在 1 时刻,线路 A 上的分组的第一个字节被发送出去,然后是线路 B 上的分组的第一个字节,依此类推。经过 8 个时钟周期后,分组 C 将会结束发送,则图(b)即为每个分组的结束时间。在没有新分组到来的情况下,这些分组将按照图中列出的顺序被发送出去,即从 C 到 A。

这个算法对于所有的主机都是同等的优先级,然而有时候视频服务器比普通的文件服务器需要更多的带宽,因而它们需要一次安排两个或更多的字节。这样修改之后的算法称为加权公平排队(weighted fair queueing)算法,已经被广泛使用。

5.4.3 综合服务

从 1995—1997 年,IETF 尽了很大努力来设计流式多媒体的体系结构。这项工作最后产生了 20 多个 RFC,从 RFC 2205~2210 开始,这项工作一般称为基于流的算法(flow-based algorithm)或综合服务(integrated service),同时针对单播和多播应用。接下来将重点介绍多播,因为单播可以看作是多播的一个特例。在许多多播应用中,组中的成员可能会动态地变化,所以让发送方提前预留带宽的做法并不能很好地工作。对于一个拥有上百万个观众的电视传输系统而言,预留带宽的做法明显不够合理。

下面介绍资源预留协议。

在综合服务体系结构中,主要的 IETF 协议是资源预留协议(Resource Reservation Protocol, RSVP),在 RFC 2205 和其他部分 RFC 文档中描述。RSVP 协议可以完成资源预留工作,但如果要发送数据还需使用其他协议。RSVP 允许多个发送方给多个接收组传送数据,也允许接收方单独自由地切换信道,并在优化使用带宽的同时消除拥塞的发生。

在最简单的 RSVP 协议实现中,通过生成树来进行多播路由,也就是为每个组都分配一个组地址。如果要给一个组发送分组,发送方就会把这个组的地址放到这些分组中。接下来,由标准的多播路由算法构造一棵覆盖所有组成员的生成树。需要注意的是,这里的路由算法并非 RSVP 的一部分。与一般多播不同之处在于:这里的多播传输将包含一些额外的信息,这些信息会被周期性地多播给生成树中的所有路由器,告诉它们在内存中维护特定的数据结构。

可以通过图 5.32(a)中的网络进行说明,主机 1 和主机 2 是多播发送方,主机 3、4 和 5 是多播接收方。在实例中,假设发送方和接收方是分离的,当然通常两者很有可能是重叠的。据此建立生成树,主机 1 和主机 2 的多播树分别如图 5.32(b)和图(c)所示。

为了获得更好的接收效果并消除拥塞,组中的任何一个接收方还可以向发送方发送一条预留消息。这条预留消息主要用来让路由器预留资源,可以通过逆向路径转发算法,沿着树传播到发送方。在沿途每一跳,路由器都能看到这个预留要求,因而预留出必要的带宽,若带宽不够则往回报告失败。当预留消息成功到达多播源时,从发送方到接收方生成树沿途都已经预留了带宽。

看图 5.33(a)显示的资源预留实例,主机 3 请求一条通向主机 1 的信道。只要这条信道建立成功,则从主机 1 到主机 3 的分组流将不会出现拥塞。不过接下来,主机 3 为了要同时与主机 2 进行通信,还需要预留一条通向主机 2 的信道,因而第二条路径将会被预留,如图(b)所示。这时可以看到,从主机 3 到路由器 E 之间需要两条独立的信道,因为有两个独立的流需要通过这条路径。

之后,主机 5 也决定与主机 1 建立信道,如图 5.33(c)所示,所以它也请求预留资源。这时,从主机 5 到路由器 H 间,会有特定的带宽被预留出来。然而路由器 H 会发现,它已经有了一份来自主机 1 的流,所以如果必要的带宽已经被预留,则无须再次预留了。需要注意的是,主机 3 和 5 请求的带宽可能并不相同,所以被预留的带宽数量必须足够大,以便满

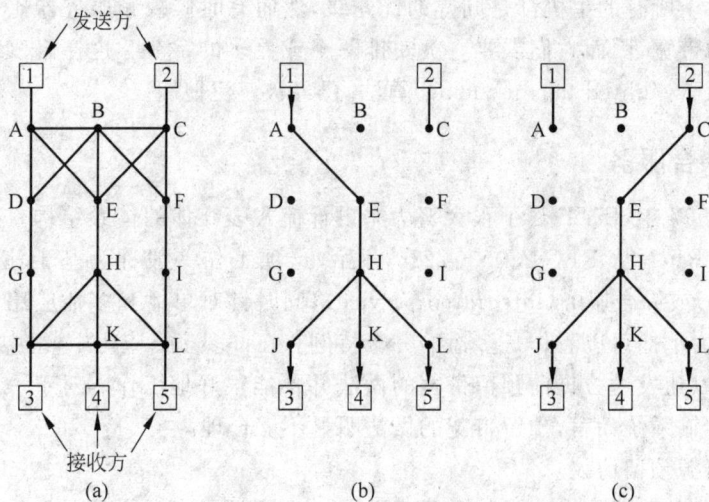

图 5.32 多播生成树示意图

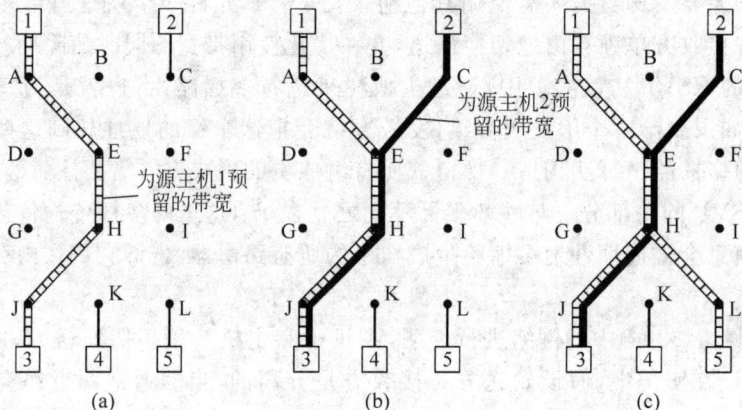

图 5.33 资源预留示例

足最大需求的接收方。

在进行资源预留的过程中,接收方还可以有选择地指定一个或多个期望的数据源,同时也可以指定这些数据源是否会有改动。路由器能够利用这些信息来优化带宽的分配,尤其是如果两个接收方都确认不再改变数据源,则可以直接共享一条路径。在完全动态的情形下,采用这种策略是比较明智的,目的是将被预留的带宽与数据源的选择分离开。一旦接收方已经预留了带宽,那么它可以切换到另一个数据源,并且保留现有的路径上对于新数据源仍然有效的那一部分。

5.4.4 区分服务

上述基于流的算法通过在路由路径上预留必要资源,来为多个流提供较好的服务质量。然而这些算法有一个显著的要求,也就是需要提前建立每一个流。当在应用中存在过多的流时,这种做法将不得不被放弃。此外,路由器需要为每个流维护一份内部状态,一旦路由器崩溃也会对算法造成很大影响。最后,这些算法还要求路由器代码做实质性的改变,甚至牵涉到路由器之间复杂的消息交换。因此,RSVP甚至类似RSVP的算法在现实中几乎很难看到。

后来,IFTF设计了另一种更加简单的服务质量方法,即不要求提前建立流,不牵涉到整条路径,由每台路由器在局部范围内就可以实现,这种方法称为基于类别(class-based)的服务质量。IETF也已经对这种方法的体系结构进行了标准化,称为区分服务(differentiated service)。RFC 2474、2475和其他一些RFC文档对区分服务进行了描述,接下来对区分服务进行介绍。

区分服务(DS)可以由一组路由器来提供,这些路由器构成了一个管理域。管理规范中定义了一组服务类别,每个服务类别与相应的转发规则相对应。如果一个客户已经申请了区分服务,那么进入到该管理域的客户分组中就会携带一个服务类型(type of service)域。在管理域中,一些具有高级服务类型的分组可以比其他的类别获得更好的服务。对于每一种类别的通信流量,都需要经过处理变更为特定的形状特征,例如通过一个具有特定输出速率的漏桶。运营商可以对每一个高级服务类别的分组收取额外的费用,或者每个月收取固定的额外费用并允许最多N个高级类别的分组。由于这种方案并不要求提前建立通道,没有资源预留,也不需要为每个流进行端到端的协商,所以DS更加容易实现。

1. 快速型转发

一般情况下,由于大多数分组会在不同运营商的子网间进行转发,所以IETF还定义了与网络无关的服务类别。我们将从其中最简单的服务类别,也就是是快速型转发(expedited forwarding)开始说起。

快速型转发把服务类别简单分为两种:常规的和快速的。一般的通信流量都会属于常规流量,只有小部分分组能够归属于快速类别。快速类别的分组有特别的预留带宽可以进行传输,因此能够直接通过子网,而无须和其他任何分组一样进入常规队列。虽然所有的分组都在一条物理线路上,但是可以将这种做法理解为一个双信道的系统,就如图5.34所示一样。

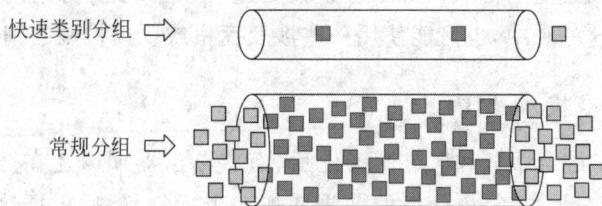

图5.34　快速类别分组通过网络

实现这种策略做法通常会是在编写路由器程序时,为每条输出线路设置两个输出队列,一个用于常规分组,另一个用于快速类别分组。当一个分组到来时,根据它的类别排入相应的队列,而路由器则会将资源倾向于快速类别的分组。可以假设如果10％的通信流量属于快速类别,而剩余90％的流量是常规类别,那么可以把20％的带宽专门分配给快速类别的分组,剩下的带宽分配给常规分组。于是,快速类别的流量得到了2倍于其本身所需的带宽,从而大大降低了所产生的延迟。另一种实现方法是:如果所有不同类别的分组长度差距都不大,那么每隔4个常规分组传输1个快速类别分组也可以实现同样的效率。究其本质而言,快速型转发的目标在于:即使子网的实际负载已经很重时,也要保证快速类别的分组仍然处于低负载的情况下。

2. 确保型转发

确保型转发(assured forwarding)比起快速型转发的策略来得更加精细,这部分内容在RFC 2597 中可以看到。确保型转发规定了 4 种优先级别,每种级别都有各自的资源。另外,对于每一级别的分组,在遇到拥塞情况时还定义了 3 种丢弃概率:低、中、高。也就是说,在确保型转发的机制中,一共有 12 种服务类别。

图 5.35 是在确保型转发环境下一种处理分组的方法:首先将分组分类,每个分组被归入 4 种优先级别中,这可以是如图 5.35 中所示在发送主机上完成的,也可以在第一台路由器上完成。前者优点在于,主机可以利用更多的信息来确定哪些分组属于哪些流。

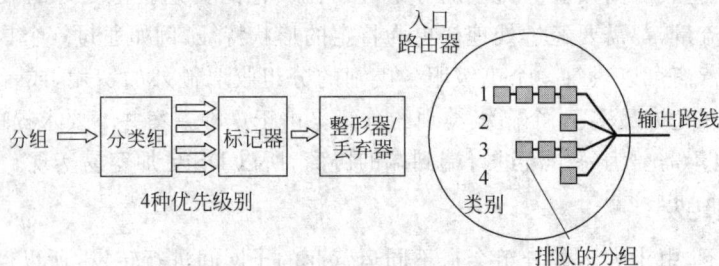

图 5.35　确保型转发示例

然后,根据所有这些分组的类别,在分组头部的一个域中进行标记。具体来说,也就是在 IP 分组中有一个 8 位的服务类型域会被使用,后文中将会详细介绍 IP 分组的各个域。RFC 2597 规定了这 8 位中的 6 位被用于指定服务类别,从而为过去的服务类别和将来的服务类别保留了必要的编码空间。

最后,将分组通过一个整形器/丢弃器,在这里可能会进行延迟或丢弃一部分分组,以便将分组流调整到可以接受的形状。如果分组数目过多,那么根据分组的丢弃类别,有些分组可能会被丢弃。在这一步中,也可能使用一些涉及度量或反馈机制的细致方案。

5.4.5　标签交换和 MPLS

当 IETF 完成了综合服务和区分服务之后,有些路由器厂商还在努力提出更好的转发方法。其中一种思路是:在每个分组的前端增加一个标签,然后根据这个标签而不是根据目标地址进行路由。如果将这个标签做成内部表中的一个索引值,那么对于最优路径的选择就会变成简单的表格查询。利用这样的技术,路由过程可以迅速完成,而且沿途预留必要的资源也更容易做到。

这种交换思想一般称为 label switching 或 tag switching(标签交换),后来 IETF 也开始对这种思想进行了标准化,所采用的名字是多协议标签交换(Multi-Protocol Label Switching,MPLS)。在 RFC 3031 和其他许多 RFC 文档中,描述了 MPLS。

由于 IP 分组并不是针对虚电路设计的,所以在 IP 头中并没有可以存放虚电路号的空间。这样就导致为了对标签进行插入,还必须要在 IP 分组的前端加上一个新的 MPLS 头。可以以图 5.36 为例进行简单说明,如果从一台路由器到另一台路由器之间的线路使用 PPP

作为帧协议,那么,帧格式中会包含 PPP、MPLS、IP 和 TCP 头。从这种意义上讲,MPLS 位于 2.5 层上。

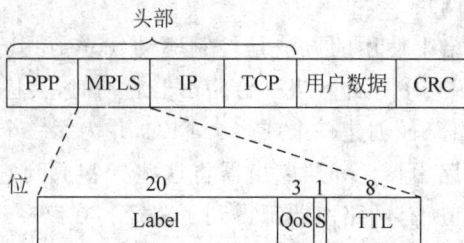

头部

| PPP | MPLS | IP | TCP | 用户数据 | CRC |

位

| | 20 | 3 | 1 | 8 | |
| | Label | QoS | S | TTL | |

图 5.36 MPLS 头说明图

可以看到,MPLS 头中有 4 个域。其中最重要的是 Label 域,它存放的是索引。QoS 域指明了服务的类别。S 域涉及在层次网络中叠加多个标签的做法,如果 S 为 0,则该分组被丢弃,这个特性可以防止在路由不稳定的情况下无限循环的问题。因为 MPLS 头既不属于网络层分组,也不属于数据链路层的帧,所以 MPLS 是一个独立于这两层的扩展。因此建立起的 MPLS 交换既能够转发 IP 分组,也可以转发 ATM 信元,这都只取决于转发数据的类型。这也正是 MPLS 名字中多协议的内涵。

当一个经过 MPLS 设置的分组或信元到达一台支持 MPLS 的路由器时,它的标签会被当作内部表中的一个索引,用以确定数据的输出线路,以及分组需要使用的新标签。这里的标签交换是必需的,因为一个标签只应拥有局部的含义。简单来说,2 台不同的路由器会将 2 个不相关但具有相同标签的分组,转发往同一条输出线路上的另一台路由器。而在另一端,为了能够区分这些分组,在每一跳上必须重新映射标签。

MPLS 与传统虚电路的一个区别是聚集的级别。在通过子网时,路由器还可能会将多个目标端相同的流组合起来,并为这些流使用同一个标签。这些被组合起来,共享同一个标签的分组流称为一个转发等价类(Forwarding Equivalence Class,FEC)。FEC 不仅规定了这些分组的去向,同时也包含了它们的服务类别。如果使用传统的虚电路路由方法,要想把几条具有不同目标端(end point)的独立路径组合到同一个虚电路标识符上是不可能的,因为在目标端无法将它们区分开。如果使用 MPLS,那么由于分组中除标签外,仍然包含它们的最终目标地址,所以在标签路径的末端,标签头可以被去掉,然后利用网络层的目标地址,按照常规的方法继续向前转发。

MPLS 方案和传统的 VC 设计之间还有一个主要的区别是如何建立转发表。在传统的虚电路网络中,一个连接的建立首先要发送一个专门的构建分组(setup packet)到网络中,将路径创建并建立转发表的表项。然而在 MPLS 中并没有采用这种需要提前为每个连接建立路径的工作方式,因为这样可能将会打破现有的因特网软件工作方式。与此不同的是,在 MPLS 中有自己的两种创建转发表项的方法。第一种是数据驱动(data-driven):当一个分组到来时,第一台接收该分组的路由器与该分组下一跳的下游路由器联系,请它为这个分组流生成一个标签。这种方法被递归地应用到沿途的路由器上,实际上这是一种按需创建虚电路的做法。

完成这项扩散工作的协议必须小心避免环路的产生,所以路由器通常会使用一种称为有色绳索(colored thread)的技术。FEC 的后向传播就好比是一条每个环节都具有唯一颜色的绳索,最后又被拉回到子网中。如果一台路由器看到了一种它已经见过的颜色,那么就可以认为环路已经产生了,于是采取相应的补救措施。这种数据驱动的方法主要也用于底层传输技术采用 ATM 的网络。

另一种在非 ATM 网络中使用的方法是控制驱动(control-driven)的方法,这种方法有一些变种,在这里简单介绍其中一种。当一台路由器启动时,会检查哪些路径的最终目标是自己。然后,它为这些路由路径创建一个或多个 FEC,并为每一个 FEC 分配一个标签,再将这些标签传递给它的邻居路由器。邻居路由器将这些标签放到它们的转发表中,并发送新的标签给它们的邻居,直到所有的路由器都得到了路径。在路径建立过程中,路由器也可以预留资源,以便保证适当的服务质量。

MPLS 也可以同时运行在多个层次上,在最高层次上可以将每个网络承运商看作一种元路由器(meta router)。在源端和目标端间有一条路径通过多个元路由器,这条路径可以使用 MPLS。而在每个承运商的网络中,也可以使用第二层次的标签来实现 MPLS。一个分组可以携带一个完整的标签位选,对于最低层次的标签,该位被设置为 1;对于所有其他的标签,该位被设置为 0。这也主要被用来实现虚拟私有网络和递归隧道。

5.5 IPv4 协议和 IPv4 地址

学习因特网网络层最恰当的开始之处是 IP 数据报的格式,因为 IP 数据报本身的格式就能够间接说明 IP 协议所具备的功能。

5.5.1 IPv4 协议

图 5.37 是 IP 数据包的完整格式,每个 IP 数据报包含一个头部和一个数据部分。头部有一个 20 字节的定长部分和一个可选的变长部分。

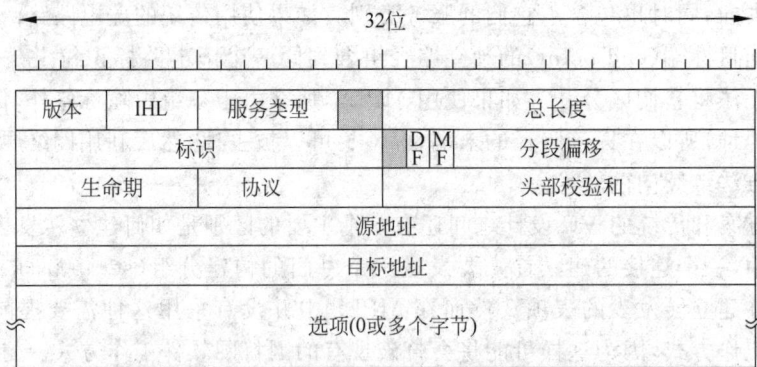

图 5.37 IPv4 头部结构

版本(Version)域一共占 4 位,指明了 IP 协议的版本,通信双方使用的 IP 协议的版本必须一致。由于每个数据报中包含了版本信息,所以版本之间的迁移过程就有可能持续很多年。在此过程中,有的机器运行老的版本,而其他的机器运行新的版本。目前正在进行从IPv4 到 IPv6 的版本迁移过程,虽然已经进行多年,但是还没有结束的迹象,甚至有人认为这个迁移过程永远也不会结束。关于版本编号的问题，IPv5 是一个试验性的实时流协议，它一直没有被广泛应用。

由于头部的长度不固定，所以需要头部的 IHL 域指明该头部的具体长度。IHL 域占 4 位，数值以 32 位字长度为单位。IHL 的最小值为 5，表明头部没有可选项；最大值为 15，这限制了头部的长度最大为 60 字节，因此选项（即 Option 域）最多为 40 字节。对于某些选项而言，例如记录一个分组的沿途路径，40 字节往往太小了，这使得这样的选项其实没有什么用处。当 IP 分组的首部长度不是 4 字节的整数倍时，必须利用最后的填充字段加以填充，因此数据部分永远在 4 字节的整数倍时开始，以便于 IP 协议的实现。

服务类型域是少数几个其含义后来略有改变的域之一，这个域占 8 位，用来获得更好的服务。最初，这个域包含了一个 3 位的 Precedence 域以及 3 个标志 D、T 和 R。Precedence 域是一个从 0（普通级别）至 7（网络控制分组）的优先级，占 16 位。通过 3 个标志位，源主机可以指定它需要的延迟（Delay）、吞吐量（Throughout）以及可靠性（Reliability）。理论上，这些域使得路由器可以在多种选择之中做出路由决定，例如选择一条高吞吐量、高延迟的卫星线路，或者选择一条低吞吐量、低延迟的租用线路。这个域主要影响可靠性和速度的各种组合，例如，对于数字化的话音数据，速度比精确性更为重要；对于文件传输，准确性比速度更加重要。而事实上，当前的路由器通常完全忽略了这个服务类型域，其功能根本没有被用到。

1998 年 IETF 把这个字段改名为区分服务（Differentiated Services，DS），只有在使用区分服务时，这个字段才起作用。这些位用于表示每个分组所属的不同服务类别。这些类别包括 4 个排队优先级、3 种丢弃可能性和一些历史类别。

总长度（Total Length）域包含了该数据报中的所有内容，即头部和数据之和的长度，单位为字节。总长度字段为 16 位，因此数据报的最大长度为 65535 字节。目前情况下，这样的上界还是可以容忍的，但是将来有了千兆网络之后，可能会需要更大的数据报。另外，在 IP 层下的每一种数据链路层都有其自己的帧格式，其中包括帧格式中数据字段的最大长度，称为最大传送单元（Maximum Transfer Unit，MTU）。当一个 IP 数据报封装成链路层的帧时，此数据报的总长度（即首部加上数据部分）一定不能超过下面的数据链路层的 MTU 值。

标识（Identification）域占 16 位，用途是让目标主机确定一个新到达的分段属于哪一个数据报。当数据报由于长度超过网络的 MTU 而必须分段时，这个标识字段的值就被复制到所有的数据报分段的标识域中。同一个数据报的每个分段都有相同的标识字段值，这样能够确保最后的数据报分段能正确地重组为原来的数据报。

标志（Flag）占 3 位，但目前只有两位有意义。先是一个未使用的位，然后是两个 1 位域。DF 代表不能分段，这是针对路由器的一条命令，它让路由器不要分割该数据报，因为目标主机无法将分片重组回原来的数据报。MF 代表还有其他分段。除了最后一个分段以外其他所有的分段必须设置这一位。这样，接收方才能确定一个数据报的所有分段都已到达。

分段偏移（Fragment offset）域占 13 位，它指明了该分段在当前数据报中的位置。除了一个数据报的最后一个分段外，其他所有的分段都规定必须是 8 字节的倍数，所以 8 字节是基本的分段单位。由于该域有 13 位，所以每个数据报最多可以包含 8792 个分段。因此，最大的数据报长度为 65536 字节,比 Total Length 域还要大 1。

生存时间(Time to live,TTL)域占 8 位,是一个用于限制分组生存期的计数器。这里的计数时间单位为秒,因此最大的生存期为 255s。当计数器递减到 0 时,分组会被丢弃,而路由器给源主机送回一个警告分组。这项特性可以避免当路由表被破坏后,数据报可能长时间地逗留在网络中。

随着技术的进步,路由器处理数据报所需的时间不断在缩短,一般都远远小于 1s。后来,TTL 字段的单位便不再是秒,功能也变成了跳数限制,这指明数据报在因特网中至多可经过多少个路由器。显然,数据报能在因特网中经过的路由器最大数值是 255;而若把TTL 的初始值设置为 1,就表示该数据报只能在本局域网中传送。

头部校验和(Header checksum)域占 16 位,只对头部进行校验,但不包括数据部分。这样做法既减少了工作量,又可以检测出因路由器中坏内存而产生的错误。当数据到达时,算法会将所有的 16 位(半字)累加起来,然后再取结果的补码。如果头部没有变动,则计算结果应该为 0,于是这个数据报得到保留。需要注意的是:在每一跳上,头部校验和都应重新计算,因为至少有一个域总是要改变的,但是通过一些技巧可以加速计算。

源地址(Source arldress)域和目标地址(Destination address)域各占 32 位,分别表示网络号和主机号。我们将在下一节介绍因特网地址。选项(Option)域的设计意图是:提供一种途径允许后续版本的协议包含一些原来的设计中没有包含的信息;允许试验新的想法;避免为那些不常使用的信息分配头部域。选项域是变长的,每个选项的第一个字节是一个标识码,它标明了该选项。有的选项后面跟着一个 1 字节的选项长度域,然后是一个或多个数据字节。最初的时候定义了 5 个选项(表 5.5),后来又加入了一些新的选项,并且 Option域会被补齐到 4 字节的倍数。

表 5.5 IP 选项说明

选　项	说　明
安全性	规定了数据报的秘密程度
严格的源路由	给出了必须要遵循的完整路径
宽松的源路由	给出了一组路由器,路由过程中不能漏掉这些路由器
记录路径	让每台路由器都附上它的 IP 地址
时间戳	让每台路由器都附上它的地址和时间戳

安全性(Security)选项指明了信息的机密程度。理论上,军用路由器可以使用这个域来指定路由线路的范围,从而杜绝通过某些在军事上被认为是敌对国家的可能。而在实际使用中,所有的路由器都忽略该选项,这个域唯一的实际用途可能就是帮助间谍们寻找材料。

严格的源路由(Strict source routing)选项给出从源到目标的完整路径,其形式是一系列 IP 地址,数据报必须严格地沿着这条路径向前传输。对于系统管理员而言,这一点是十分有益的。严格的源路由可以帮助他们在路由表被破坏时发送紧急分组,或者用这个选项来测量时间。

宽松的源路由(Loose source routing)选项要求该分组穿越所指定的路由器列表,并要求按照列表中的顺序前进,但是在途中也允许经过其他的路由器。通常情况下,宽松的源路由往往只为少数路由器提供服务,以强制分组沿某一条特殊路径传输。

记录路径(Record route)选项用于告知沿途路由器,将其 IP 地址附到该选项域中,使得系统管理员可以跟踪路由算法中的错误。当 ARPANET 刚开始建立起来时,没有一个分组会经过 9 台以上的路由器,所以 40 字节的选项在当时是足够的。然而现在看来,40 字节已经显得不够用了。

最后是时间戳(Time stamp)选项,每台路由器除了记录 32 位 IP 地址以外,还要记录一个 32 位时间戳,这个选项主要也被用于调试路由算法。

5.5.2 IP 地址

因特网上的每台主机和路由器都有一个 IP 地址,包含了网络号和主机号。理论上,这样的 IP 地址都是唯一的,也是因特网上每一台主机或路由器的每一个接口,在全世界范围具有唯一性的 32 位标识符。其中需要注意的是:IP 地址引用的并不是一台主机,相反它真正引用的是一个网络接口。如果一台主机同时位于两个网络上,那么它就必须拥有两个 IP 地址。现在,IP 地址由非营利性机构——因特网名字与号码指派公司 ICANN(Internet Corporation for Assigned Names and Numbers)进行分配。ICANN 把部分地址空间委托给各种区域性的权威机构,然后这些权威机构又将 IP 地址分配给 ISP 和其他的公司。

过去几十年来,IP 地址被分成了 5 大类,具体类别如图 5.38 所示。这种分配方案称为分类的编址方案(classful addressing)。现在这种方案已经不再使用了,但是在文献中仍然经常引用这种方案。所谓分类编址方案,就是将 IP 地址划分为若干个固定类,每一类地址由网络号(net-id)和主机号(host-id)构成。网络号表示了主机或路由器所连接的网络,这个网络号在整个因特网范围内也是唯一的。而主机号代表了这台主机或路由器,这个主机号需要在其对应网络号所指明的网络范围内唯一表示。

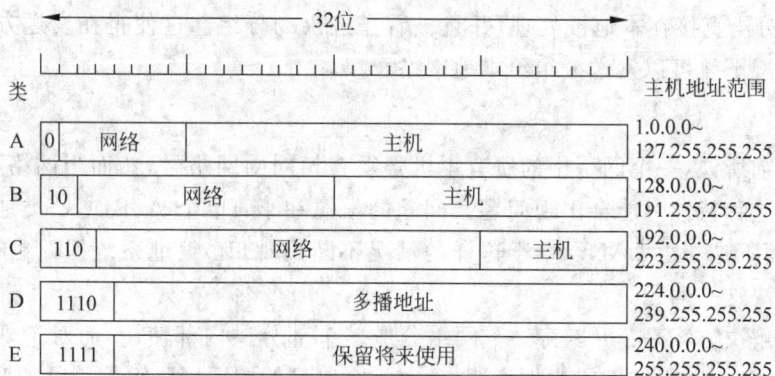

类			主机地址范围
A	0 网络	主机	1.0.0.0~ 127.255.255.255
B	10 网络	主机	128.0.0.0~ 191.255.255.255
C	110 网络	主机	192.0.0.0~ 223.255.255.255
D	1110 多播地址		224.0.0.0~ 239.255.255.255
E	1111 保留将来使用		240.0.0.0~ 255.255.255.255

图 5.38 IP 地址格式

A 类、B 类和 C 类地址的网络号字段分别为 1、2 和 3 字节长,而在网络号字段的最前面有 1~3 位的类别位,其数值分别规定为 0、10 和 110。A 类、B 类和 C 类地址的主机号字段分别为 3、7 和 1 个字节长。D 类地址用于多播,而 E 类地址,也就是以 1111 开头的地址是保留地址,以备将来使用。

A、B、C 和 D 类地址的格式分别允许多达 128 个网络,每个网络 1600 万台主机;或者 16384 个网络,每个网络 64000 台主机;或者 200 万个网络(如 LAN),每个网络多达 256 台主机(部分地址存在特殊性)。不过,现在连接到因特网的网络超过了 500 000 个,而且还在逐年增长。

为了简化表示,32 位数值的网络地址通常也写作点分十进制标记法(dotted decimal notation)。在这种格式中,4 个字节中的每个字节用十进制表示,从 0~255。最低的 IP 地址是 0.0.0.0;最高的 IP 地址是 255.255.255.255。部分 IP 地址的值,如 0 和全 1 有特殊的含义(见图 5.39):值 0 表示当前网络,或者当前主机;而值-1 被用作广播地址,其含义是所指网络中的所有主机。

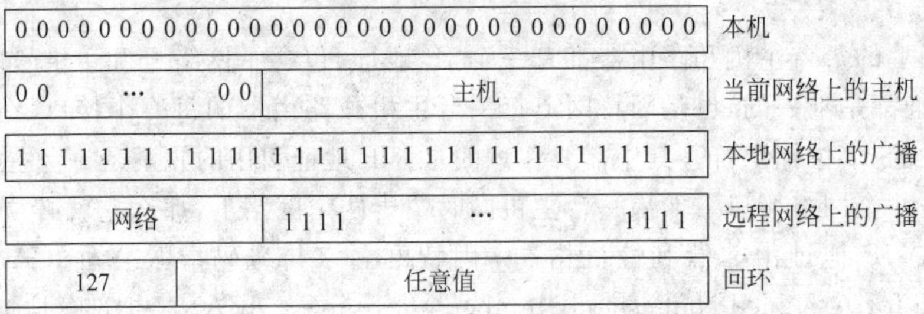

00000000000000000000000000000000	本机
00 ... 00 | 主机	当前网络上的主机
11111111111111111111111111111111	本地网络上的广播
网络 | 1111 ... 1111	远程网络上的广播
127 | 任意值	回环

图 5.39 部分特殊 IP 图

当主机启动时,所使用 IP 地址是 0.0.0.0。用 0 作为网络号的 IP 地址表示当前的网络,这些地址使得网络内的机器在不知道网络号的情况下就可以引用自己所在的网络。由全 1 构成的地址允许在本地网络(通常是一个 LAN)上进行广播。如果 IP 地址中的网络号部分指向一个适当的网络,而主机域部分全部为 1,那么通过这样的地址可以向因特网上的任何远程网络发送广播分组。不过,许多网络管理员会禁止使用这种特性。最后,所有形如 127.xx.yy.zz 的地址都被保留用作回环测试。发送至这类地址的分组都不会被输出到线路上;这些分组直接在本地被处理,并且被看作进入的分组。这使得在发送方不知道本地网络号的情况下就可以发送分组给本地网络。

1. 子网

正如之前所说,一个网络中的所有主机必须有相同的网络号,然而当网络不断增长,IP 编址方案的这种特性可能会出现问题。问题的根源在于:单个 A、B 或 C 类地址只能引用一个网络,而不是一组 LAN。鉴于这样的情况不断出现,IP 编址系统据此也被稍做修改,从而能够解决这一问题。

问题的解决方案是:可以将一个网络分成多个部分供内部使用,而对于外部则仍是单个网络。以图 5.40 中的网络为例说明,现在一个典型的校园网络可能就是如此。一台主路由器连接到一个 ISP 或者一个区域网络,而大量的以太网络遍布在学校的各个系。每个以太网都有它自己的路由器,该路由器连接到学校的主路由器上。

在这里我们采用一个 B 类地址,它不再是 14 位网络号和 16 位主机号,而是从主机号中拿出一些位构成一个子网号。例如,如果该大学有 35 个系,那么,它可以使用 6 位子网号和 10 位主机号,从而最多可以支持 64 个以太网,每个以太网最多可以容纳 1022 台主机(0 和 1 保留)。

为了实现这样对子网支持的表示,主路由器需要一个子网掩码(subnet mask)来代表网络+子网号,以及主机号间的分割方案。子网掩码也可以用点分十进制标记法来表示,外加

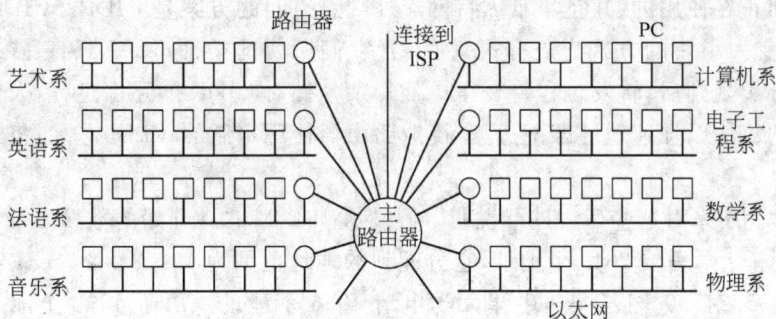

图 5.40 一种典型的校园网络图

上一个"/",并跟上"网络＋子网"部分的位数,例如图 5.41 中的子网掩码可以写成 255.255.252.0。还有一种标记是用"/22"来表示子网掩码有 22 位长。

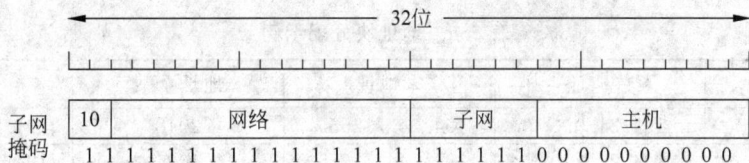

图 5.41 一个被分为 64 个子网的 B 类网络地址图

在网络的外部,子网是不可见的,所以网络在分配子网时,无须和 ICANN 联系,也不用改变任何外部的数据库。我们假设有 3 个子网,第 1 个子网的 IP 地址可能从 130.50.4.1 开始,第 2 个子网的 IP 地址可能从 130.50.8.1 开始,第 3 个子网可能从 130.50.12.1 开始,依此类推。这 3 个子网对应的二进制地址如下所示,可以看出它们都是按 4 递进的:

子网 1：10000010 00110010 000001|00 00000001

子网 2：10000010 00110010 000010|00 00000001

子网 3：10000010 00110010 000011|00 00000001

其中,竖线"|"代表子网号与主机号之间的边界。竖线的左边是 6 位子网号,右边是 10 位主机号。在引入子网划分以后,路由表也变了,它加入了形如(当前网络,子网,0)和(当前网络,当前子网,主机)的表项。这样,一台位于子网 k 内的路由器才能得知如何到达所有其他的子网,也知道如何到达子网 k 内的所有主机。而这台路由器不必知道关于其他子网内主机的详细情况。实际上,所做的改变是让每台路由器做一个布尔与(ANI)操作,将分组的目标地址与网络的子网掩码进行"与"操作可以消除主机号,然后在路由表中查找此结果地址。因此,划分子网的技术实际上建立了一个由网络、子网和主机构成的下级层次结构,从而降低了路由器的表空间。

2. 无类别域间路由(Classless Inter Domain Routing,CIDR)

在之前的几十年里,IP 已经被广泛应用且一直工作得很好,因特网用户的指数级增长也正说明了这点。但是,正是由于用户的逐年增长,它的地址快要耗尽了。虽然 IP 的总地址数超过 20 亿个,但实际上由于地址空间被分类,所以有数百万个地址被浪费了。而且对于大部分群体而言,一个 A 类网络有 16M 个地址太大了,而一个 C 类网络只有 256 个地址又太小了。

一种目前正在使用的、并且给了因特网额外喘息空间的方案是 CIDR。CIDR 将剩余的 IP 地址以可变大小块的方式进行分配,而不管它们所属的类别,RFC 1519 描述了这种思想。在放弃分类规则后,转发过程将变得更加复杂。针对 CIDR 的路由过程,人们已经提出了一些复杂的算法以加速地址匹配过程,商业路由器使用定制的 VLSI 芯片,将这些算法嵌在硬件中。

下面通过例子来对这些算法进行说明。假设从 194.24.0.0 开始的数百万个地址都是可以使用的。剑桥大学需要 2048 个地址,它分配到的地址范围为 194.24.0.0～194.24.7.255,掩码为 255.255.248.0。接下来,牛津大学申请 4096 个地址。由于 4096 个地址的块必须位于 4096 的字节边界上,所以,牛津大学申请的地址不可能从 194.24.8.0 开始。相反,他们获得了 194.24.16.0～194.24.31.255 的地址块,掩码为 255.255.240.0。现在,爱丁堡大学申请 1024 个地址,它获得了 194.24.8.0～194.24.11.255 的地址块,掩码为 255.255.252.0。表 5.6 概括了这些地址块的分配情况。

表 5.6　地址块分配示例

大学	首地址	末地址	地址个数	记作
剑桥(Cambridge)	194.24.0.0	194.24.7.255	2048	194.24.0.0/21
爱丁堡(Edinburgh)	194.24.8.0	194.24.11.255	1024	194.24.8.0/22
(可分配)	194.24.12.0	194.24.15.255	1024	194.24.12/22
牛津(Oxford)	194.24.16.0	194.24.31.255	4096	194.24.16.0/20

用二进制表示为:

地址　　　　　　　　　　　　　　　　掩码

C：11000010 00011000 00000000 00000000　11111111 11111111 11111000 00000000

E：11000010 00011000 00001000 00000000　11111111 11111111 11111100 00000000

O：11000010 00011000 00010000 00000000　11111111 11111111 11110000 00000000

那么,现在考虑当一个目标地址为 194.24.17.4 的分组到达一台路由器时的情形,该目标地址用二进制表示如下:

11000010 00011000 00010001 00000100

首先,它与剑桥大学的掩码进行布尔与操作,得到:

11000010 00011000 00000000 00000000

该值与剑桥大学的基地址并不匹配。所以,接下来将原来的目标地址分别与爱丁堡大学和牛津大学的掩码进行布尔与操作,最后与牛津大学进行布尔与操作得到:

11000010 00011000 00010000 00000000

这次与牛津大学的基地址完全匹配。如果接下来没有再找到匹配的表项,那么路由器将使用牛津大学的表项,该分组沿着此表项中指定的输出线路被发送出去。此外,1 台路由器上的软件得到了前面 3 个新的 1 表项之后,它注意到,上述这 3 个表项可以合并到同一个聚集表项(aggregate entry)中,其二进制地址和子网掩码如下所示:

11000010 00000000 00000000 00000000　11111111 11111111 11100000 00000000

这个表项指示路由器,可以将所有指向这 3 个大学网络的分组发送到纽约的输出线路上。通过将下个表项聚集起来,这台路由器的路由表中减少了两个表项。关于这个例子最后需要说明的是,这台路由器中的聚集表项也会将"目标地址位于一段尚未分配的地址范围"的分组发送到纽约。只要这一段地址还没有被真正分配,这种情况就不会发生,因为这些地址还没有被分配,所以就不会存在这样的分组。然而,如果后来这一段地址被分配给加利福尼亚州的一家公司,那么就需要增加一个表项 194.24.12.0/22 来专门处理这样的分组。

由于一个 CIDR 地址块中有很多地址,所以在路由表中就利用 CIDR 地址块来查找目标网络。这种地址的聚合常称为路由聚合(route aggregation),它使得路由表中的一个项目可以表示原来传统分类地址的很多个路由,也叫做构成超网。网络前缀越短,其地址块所包含的地址数就越多。

由于在使用 CIDR 时采用了网络前缀这种记法,IP 地址由网络前缀和主机号这两个部分组成,因此在查找路由表时可能会得到不止一个匹配结果。而正确的匹配结果是:应当从匹配结果中选择具有最长网络前缀的路由,这也被叫做最长前缀匹配(longest-prefix matching)。

3. 网络地址转换(NAT)

由于 IP 地址的缺乏,一个 ISP 互联网服务提供商可能只有一个/16(即以前 B 类)的地址空间,因此可以有 65534 个主机号。当 ISP 的用户数量超过这个上限时,就将无法正常工作。对于那些通过拨号连接因特网的家庭用户,解决这个问题的一种方法是动态分配 IP 地址,也就是当计算机拨号并登录进来时给它分配一个 IP 地址,当会话结束时再把 IP 地址收回。这样这个/16 的地址空间可以同时处理 65534 个活动用户,这对于一个拥有几十万用户的 ISP 来说可能已经非常不错了。当一个会话终止时,它的 IP 地址又可以被重新分配给另一个呼叫者。对于一个家庭用户数量不算太多的 ISP 来说,这种策略非常有效。

然而和家庭用户不同的是,商业客户总是期望在工作时间保持持续在线的状态。这些商业客户一般都会拥有多台计算机,并且通过一个 LAN 将这些计算机连接起来。这种连接方式意味着每台计算机必须有它自己的 IP 地址,并全天使用该 IP 地址。实际上对于一个 ISP 来说,所有商业客户拥有的计算机的总数不能够超过该 ISP 所拥有的 IP 地址的数量。如果 ISP 有一个/16 的地址空间,那么计算机的总数不得超过 65534。如果 ISP 有几万个商业用户,那么这个限制很快就会被突破。

而且,越来越多的家庭用户也开始包租 ADSL 或通过电视网络连接因特网。这些服务有两个特点:①用户得到一个永久的 IP 地址;②不存在连接费用(只有月租费),所以许多 ADSL 用户或有线电视用户往往会长久登录在网络上。这些技术的发展加剧了 IP 地址短缺的局面,像针对拨号用户那样动态分配 IP 地址的做法现在已很难奏效,因为在任何一个时刻,正在使用的 IP 地址数量都可能远远超过该 ISP 所拥有的地址数量。

对于整个因特网而言,最根本的解决方案是迁移到 IPv6 上,而 IPv6 有 128 位地址。这个迁移过程早已在进行中,但进展仍显缓慢,可能还需要很多年才能完成。因此,我们需要一个能在短时期内有效的快速修补方案,最终这种方案以网络地址转换(Network Address Translation,NAT)的形式出现,在 RFC 3022 中进行了描述。

NAT 的基本思想是:为每个公司分配 1 个 IP 地址用于传输因特网流量。而在公司内部,每台主机另外采用一个唯一的 IP 地址来传输内部流量。当一个分组离开公司的网络发向 ISP 时,会需要执行一个地址转换。为了保证方案的可行性,现在有 3 段 IP 地址范围已

经被声明为私有地址,任何一家公司可以在他们内部使用这些地址,但这些地址无法被用在因特网上。这 3 段保留的地址为:

10.0.0.0	—10.255.255.255/8	(16777216 个主机地址)
172.16.0.0	—172.31.255.255/12	(1048576 个主机地址)
192.168.0.0	—192.168.255.255/16	(65536 个主机地址)

NAT 的操作过程如图 5.42 所示。在公司内部,每台机器有一个形如 10.x.y.z 的地址。然而当一个分组离开公司时,它首先要通过一个 NAT 盒(NAT box)。NAT 盒将内部 IP 源地址(图中为 10.0.0.1)转换成该公司拥有的真实 IP 地址,在本例中为 198.60.42.12。NAT 盒通常和防火墙组合在一起,并被提供一层安全性,它控制了哪些流量可以进入公司的网络,哪些流量可以离开公司的网络。另外,NAT 盒也可以被集成到公司的路由器中。

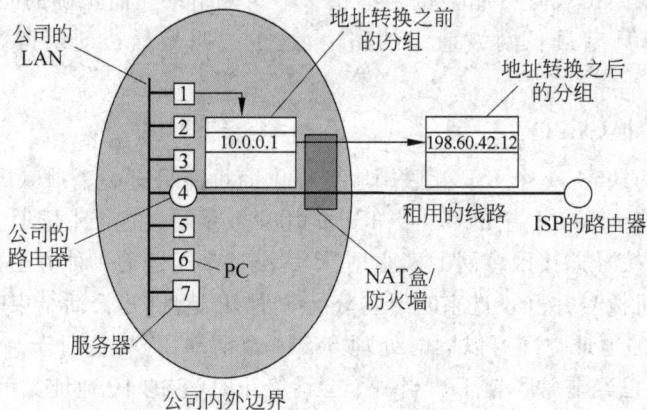

图 5.42 NAT 示例

NAT 的设计者注意到,大多数 IP 分组携带的要么是 TCP 净荷,要么是 UDP 净荷。所以,以 TCP 端口进行讨论,而这些内容也同样适用于 UDP 端口。这里的端口是 16 位的整数,它指示了 TCP 连接从哪里开始,以及从哪里结束。正是这些端口域,才使得 NAT 能够工作。

当一个进程希望与另一个远程进程建立 TCP 连接时,它绑定到一个本地机器尚未使用的 TCP 端口上,该端口称为源端口(source port)。凡是属于该连接的进来分组,都会被发送给这个进程。这个进程也要提供一个目标端口(destination port)以指明分组被送到远程机器上之后转交的对象。0~1023 的端口都是保留端口,用于一些知名的服务。每个向外发送的 TCP 消息都包含一个源端口和一个目标端口。这两个端口合起来标识出了客户端和服务器端正在使用该连接的进程。

source port(源端口)域可以解决之前 IP 地址的映射问题。当一个向外发送的分组进入 NAT 盒时,源地址 10.x.y.z 会被公司的真实 IP 地址所替换。而 TCP 的 source port 也会被一个索引值取代,这个索引值指向 NAT 盒的地址转换表中 65536 个表项之一,表项包含了原来的 IP 地址和原来的源端口。最后,NAT 盒重新计算 IP 头和 TCP 头的校验和,并将校验和插入到分组中。这里要替换 source port 域的原因,在于从机器 10.0.0.1 和 10.0.0.2 出发的连接可能碰巧使用了同一个端口,所以仅仅使用 source port 还不足以唯一标识发送进程。

当一个分组从 ISP 到达 NAT 盒时,NAT 盒从 TCP 头中提取出源端口,以此作为索引值从 NAT 盒的映射表中找到对应的表项,从该表项中提取出内部 IP 地址和原来的 TCP source port,并将它们插入到分组中。然后重新计算 IP 和 TCP 校验和,并插入到分组中。最后将该分组传递给公司内部的路由器,使用 10.x.y.z 地址进行正常的路由。

虽然使用 NAT 也缓解了 ADSL 和有线电视用户的 IP 地址短缺问题,但是 IP 社团中的许多人认为它也确实存在一些缺陷:第一,NAT 违反了 IP 的结构模型,IP 的结构模型声明了每一个 IP 地址均唯一标识了一台主机,然而采用了 NAT 之后,会有许多台主机可能会使用地址 10.0.0.1。

第二,NAT 将因特网从一个无连接的网络改变成一个面向连接的网络。NAT 盒必须为每一个从它这里经过的连接维护必要的映射信息,这是面向连接的网络特性,而不是无连接网络的特性。如果 NAT 盒崩溃,则对应的映射表就会丢失,而它的所有 TCP 连接都会被破坏。可以说,在使用了 NAT 之后,因特网就如同电路交换的网络一样,变得十分脆弱。而在不使用 NAT 时,路由器的崩溃不会影响 TCP。

第三,NAT 违反了最基本的协议分层规则,违背了层与层之间的独立性。如果 TCP 后来又升级到 TCP-2,它的头结构有所不同(如使用 32 位的端口),那么 NAT 将无法再工作。分层协议的总体思想是,保证每一层内部的变化都不会对另一层造成影响,而 NAT 破坏了这种独立性。

第四,因特网上的进程并不一定总是使用 TCP 或 UDP。如果主机之间采用一种新的传输协议进行通信,则由于 NAT 的介入会导致这一过程无法工作,而 NAT 盒也无法正确地定位到 TCP 的源端口。

第五,有些应用会在正文内容中插入 IP 地址,然后接收方从正文中提取出这些地址并进行使用。然而 NAT 对这些地址一无所知,也不可能替换这些地址,所以远端系统根据这些地址的操作多半就会失败。标准的文件传输协议(File Transfer Protocol,FTP)就是以这种方式来工作的,除非对 NAT 打上补丁才可以与 FTP 一起工作。但是,每次有新应用出现时,都要为 NAT 盒打补丁也并不理想。

第六,由于 TCP source port 域是 16 位的,所以至多只有 65536 台主机可以被映射到同一个 IP 地址上。实际这个数值还要略小一些,因为前 4096 个端口被保留作特殊的用途。然而,如果可以使用多个 IP 地址,那么每个地址可以处理多达 61 440 台主机。

RFC 最终讨论了 NAT 的这些问题以及其他一些问题。不过 NAT 的反对者们依然认为,通过用一种临时的劣等手段来修补 IP 地址不足的问题,从而缓减实现真正方案(即迁移到 IPv6)的压力,可能并不是一件好事。

5.6 因特网的网络层

在讨论因特网网络层之前,有必要先看一些最初驱动因特网设计、并使得因特网如此成功的原则。RFC 1958 中列出了这些原则,并且对它们进行了讨论。现在概要地列出我们所认为的前 10 条原则(按照重要性递减顺序排列)。

(1) 保证正常工作;
(2) 尽可能简单化;

（3）做出明确选择；

（4）尽可能模块化；

（5）期望具备异构性；

（6）避免使用固定不变的选择和参数；

（7）寻找一个好设计，不必是最完美的；

（8）对于发送操作一定要严格，而对于接收操作要有一定的容忍度；

（9）考虑伸缩性；

（10）考虑性能和代价。

现在放下这些一般原则，开始讨论因特网网络层的细节。在网络层上，可以将整个因特网看作是一组相互连接的子网络（subnetwork）或者自治系统（Autonomous Systems，ASes）的集合。因特网的网络层并没有实际的结构，只有一些较大的骨干网络。这些骨干网络由高带宽的线路和快速路由器构成，连接在骨干网络上的是一些区域（中等规模）网络，连接在区域网络上的是许多大学、公司和因特网服务供应商的 LAN。图 5.43 给出了半层次结构的组织示意图。

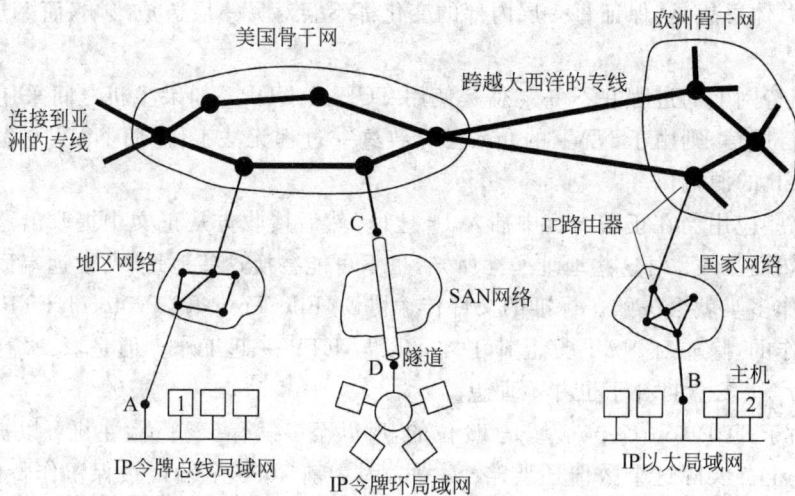

图 5.43　因特网半层次组织结构

将因特网这些子网连接在一起的，便是网络层协议 IP（Internet Protocol），也叫作网际协议 IP。它与很多旧式的网络层协议不同在于：IP 协议从设计之初就考虑到了网络互联的需求。IP 的任务是提供一种尽力投递的（best-efforts，但不提供任何保证）方法将数据报从源端传输到目标端，而不关心源端主机和目标端主机是否在同样的网络中，也不关心它们间的其他任何网络。

因特网的通信过程大体是这样的：传输层接收数据流，并且将数据流分装到数据报中。理论上每个数据报最多包含 64KB，但是实际中数据报一般不会超过 1500 字节（正好容纳于太网帧中）。每个数据报被传输到因特网上，在途中有可能被分成更小的单元。当所有这些分段最终到达目标端时，它们又会被网络层重新组装起来，恢复成原来的数据报。然后该数据报被递交给传输层，传输层将它插入到接收进程的输入流中。

之前已经介绍过了有关 IPv4 的协议以及地址相关内容，下面将对互联网层的控制协议、外部网关协议以及之前提到过的 OSPF 等内容进行探讨。

5.6.1　因特网控制协议

在因特网的网络层上,除了 IP 用于数据传输以外,其他还有一些协议,包括 ICMP、ARP、RARP、BOOTP 和 DHCP 等。本节将依次讨论这些协议。

1. 因特网控制消息协议

为了更有效地转发 IP 数据报和提高交付成功率,在网际层使用了网际控制报文协议 ICMP(Internet Control Message Protocol,因特网控制消息协议)来报告有关的事件或测试因特网。ICMP 允许主机或路由器报告差错情况并提供有关异常情况的报告。ICMP 报文作为 IP 层数据报的数据,加上数据报的头部,组成 IP 数据报发送出去。已经定义的 ICMP 消息类型有 10 多种,表 5.7 中列出了最重要的一些消息类型,每一种 ICMP 消息类型都被封装在一个 IP 分组中。

表 5.7　主要的 ICMP 消息类型

消息类型	描　　述
终点不可达	数据分组无法被送达
超时	生存时间归零
参数问题	无效的头部域
源点抑制	抑制分组
重定向	告知路由器有关地理信息
回显请求	检查一台机器是否存活
回显应答	告知存活
时间戳请求	同回显请求,带有时间戳
时间戳应答	同回显应答,带有时间戳

ICMP 报文的前 4 字节是统一的格式,共有 3 个字段:类型、代码和校验和。接着的 4 字节内容与 IP 的类型有关,最后面是数据字段,其长度取决于 ICMP 的类型。

当子网或路由器不能定位到一个分组的目标,或者当一个设置了 DF 位的分组由于途中经过一个分组大小限制为较小分组的网络而不能被递交时,路由器会使用终点不可达的消息(DESTINATION UNREACHABLE)来报告情况。

当一个分组由于其计数器统计的生存时间归零而被丢弃时,路由器发送超时消息(TIME EXCEEDED)。这种事件也可能是因为以下原因造成:分组进入了路由循环,或者有大量的拥塞,或者定时器的值设置得太小。

参数问题消息(PARAMETER PROBLEM)用于指明在头部域中检测存在字段值不正确。这个问题说明发送主机的 IP 软件或是中途路由器的软件中存在错误,需要将该数据报丢弃,并向源端发送参数问题报文。

源点抑制消息(SOURCE QUENCH)一度被用于抑制发送太多分组的主机。当路由器或主机由于拥塞而丢弃数据报时,就向源端发送源点抑制报文,使源端知道将数据报的发送速率放慢。不过这种消息现在已经很少使用了,因为当拥塞发生时,这些分组无疑是火上浇油。现在,因特网中的拥塞控制任务主要是在传输层完成的。

当路由器发现到一个分组被错误转发,或是有一条更好的路由线路可以被采用时,重定向消息(REDIRECT)可以将这一情况告诉发送方主机。

ECHO 和 ECHO REPLY 消息可以用来判断一个指定的目标是否可达,以及是否还在生存周期。目标主机接收到 ECHO 消息之后,它应该送回一个 ECHO REPLY 消息。TIMESTAMP REQUEST 和 TIMESTAMP REPLY 消息的用途类似,只不过在应答消息中包含了请求消息的到达时间和应答消息的发出时间。此项设施可以用来测量网络的性能。

2. 地址解析协议(Address Resolution Protocol,ARP)

尽管因特网上的每台机器都有一个 IP 地址,但是真正在发送分组时使用的并不是 IP 地址,因为数据链路层硬件并不理解因特网地址。现在公司和大学的绝大多数主机都通过一块接口卡连接到 LAN 上,该接口卡只能理解 LAN 地址。以太网卡的厂家从一个中心权威机构申请一块地址,这样可以保证任何两块网卡都不会有相同的地址。网卡根据其 48 位以太网地址来发送和接收数据帧。它们对于 32 位 IP 地址完全一无所知。也就是说,我们需要解决一个已知 IP 地址而需要找出其对应物理地址,或是已知其物理地址而需要找出对应 IP 地址的问题。

图 5.44 中的示例是一个规模较小的大学,它只包含了几个 C 类(现在称/24)网络。其中有两个以太网,一个在计算机系,IP 地址为 192.31.65.0;另一个在电子工程系,IP 地址为 192.31.63.0。这两个网络都连接到一个校园骨干环(如 FDDI)上,骨干环网的 IP 地址是 192.31.60.0。以太网上的每台机器都有一个唯一的以太网地址,我们将它们标记为 E1~E6;FDDI 环上的每台机器都有一个 FDDI 地址,将它们标记为 F1~F3。

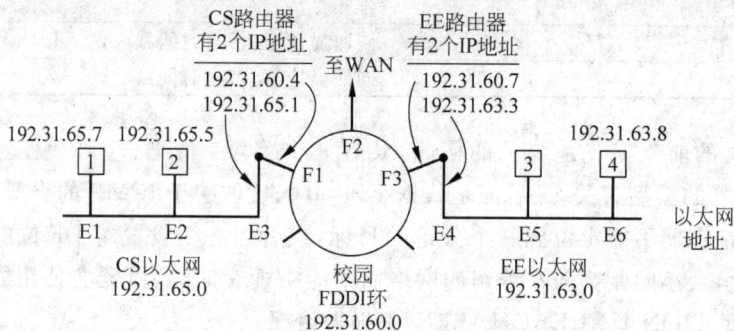

图 5.44 ARP 示例图

假设主机 1 上的用户需要给主机 2 上的用户发送分组,需要找到的地址是 eagle.cs.uni.edu,然后再以此获得主机 2 的 IP 地址。这个查找过程可以通过域名系统(Domain Name System,DNS)来完成,这将会在第 7 章中进行介绍。现在忽略这一步,认为 DNS 返回主机 2 的 IP 地址 192.31.65.5。

接下来,主机 1 会发送一个广播分组到以太网络上,询问 192.31.65.5 所对应的主机。广播分组会到达以太网 192.31.65.0 上的每一台主机,并且每台主机都会检查自己的 IP 地址。只有主机 2 会用自己的以太网地址(E2)作为应答,这样主机 1 就可以得知 IP 地址 192.31.65.5 所在主机的以太网地址为 E2 了。而这样广播询问以及得到应答的过程,所使用的协议称为 ARP。因特网上几乎每一台机器都在运行这个协议,在 RFC 826 中定义了 ARP。

为了提高 ARP 的工作效率,还有许多优化处理可以添加。首先每一台主机都可以设有一个 ARP 高速缓存(ARP Cache),一旦主机运行 ARP 就能将结果缓存,以便稍后继续用于通信。在 ARP 高速缓存中,存放了一个从 IP 地址到硬件地址的映射表,并且这个映射表还会动态更新。这样,主机能够将自己的"IP-以太网"地址映射关系包含在广播的 ARP 分组当中,以便其他主机缓存并使用。这样的操作大大减少了主机在通信时需要广播的次数,当然对于高速缓存中表项的生存周期还需要具体设置。

请注意,上述的 ARP 协议解决了同一个局域网上的主机或路由器的 IP 地址和硬件地址的映射问题。如果所要找的主机和源主机不在同一个局域网上,那么问题还需要进一步讨论。回到之前的例子,这一次假设主机 1 希望给主机 4(192.31.63.8)发送分组。如果只是使用上述的 ARP 将会失败,因为主机 4 看不到发出的广播消息。

这里可以有两种解决方案:第一,可以对计算机系的路由器进行配置,让它也响应对于网络 192.31.63.8 的 ARP 请求。这样,主机 1 会在 ARP 缓存中增加一项(192.31.63.8,E3),这种方案称为代理 ARP(proxy ARP)。第二种方案是让主机 1 立即看到目标主机在另外一个远程网络上,并且将所有这样的流量都发送给一个默认的以太网地址,由它负责处理所有的远程流量,在本例中即是 E3。

无论采用哪一种方法,主机 1 都要将 IP 分组包装到一个目标地址为 E3 的以太网帧的净荷域中。当计算机系的路由器接收到此以太网帧时,它从净荷域中提取出 IP 分组,然后在它的路由表中查找该分组的 IP 地址。它发现发给网络 192.31.63.0 的分组应该首先到达路由器 192.31.60.7。如果它还不知道 192.31.60.7 的 FDDI 地址,那么就广播一个 ARP 分组到环网上,得到 192.31.60.7 的 FDDI 地址为 F3。然后,它将该分组插入到一个目标地址为 F3 的 FDDI 帧的净荷域中,并将该帧发送到环网上。

由于全世界存在着各式各样的网络,它们使用不同的硬件地址,所以要使这些异构网络能够互相通信就必须进行非常复杂的硬件地址转换工作。但统一的 IP 地址把这个复杂问题解决了,连接到因特网的主机可以根据统一的 IP 地址,使各自之间的通信就像连接在同一个网络上那样简单。这一复杂的过程由计算机软件自动调用 ARP 来完成,因而给用户带来了极大的便利。

3. RARP、BOOTP 和 DHCP

ARP 解决的问题是:给定一个 IP 地址,如何找到对应的物理地址。而同样的反向问题也必须得到解决。第一个设计的解决方案是使用反向地址解析协议(Reverse Address Resolution Protocol,RARP),这在 RFC 903 中进行了定义。该协议允许一台新启动的机器广播自己的以太网地址,并询问自己的 IP 地址。RARP 服务器看到请求后,会在其配置文件中查找该以太网地址,并将对应的 IP 地址送回给这台机器。

RARP 的一个缺点在于:它使用全 1 的目标地址(受限的广播)来与 RARP 服务器进行通信。然而,路由器并不会转发这样的广播消息,所以每个网络都需要配一台 RARP 服务器。为了解决这个问题,发明了另一个称为 BOOTP 的启动协议,在 RFC 951 和 1084 中描述了 BOOTP 协议。与 RARP 不同的是,BOOTP 使用 UDP 消息,而 UDP 消息可以被路由器转发。

再后来,人们又对 BOOTP 进行了扩展,并且给它一个新的名字:动态主机配置协议

（Dynamic Host Configuration Protocol，DHCP）。DHCP 既允许手工分配 IP 地址，也允许自动分配 IP 地址，避免了 BOOTP 中极易出错的手工步骤。在 RFC 2131 和 2132 中描述了 DHCP 协议，现在的在大多数系统都已经用 DHCP 取代了 RARP 和 BOOTP。

如同 RARP 和 BOOTP 一样，DHCP 的基本思想也是用一台专门的服务器来为每一台发出请求的主机分配 IP 地址，这台服务器与发出请求的主机可以不在同一个 LAN 上。由于通过广播消息可能无法到达 DHCP 服务器，所以每个 LAN 上需要一个 DHCP 中继代理（DHCP relay agent），操作过程大概如图 5.45 所示。

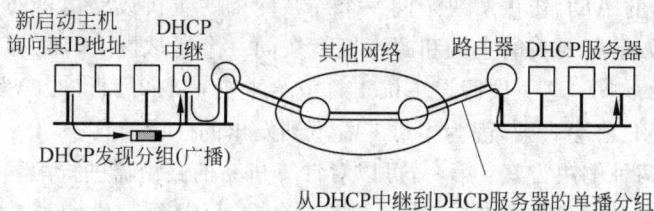

图 5.45　DHCP 操作过程

对于一台新启动的主机，它首先需要广播一个 DHCP DISCOVER 分组。它所在 LAN 上的 DHCP 中继代理在发现 DHCP DISCOVER 分组后，它用单播方式将该分组发送给 DHCP 服务器，而 DHCP 服务器可能位于一个远程网络上。中继代理需要的唯一信息，只是 DHCP 服务器的 IP 地址。

5.6.2　内部网关路由协议

正如之前所说，因特网是由大量的自治系统（AS）构成的，每个 AS 由不同的组织来运行，其内部可以使用自己的路由算法。在这一节中，将学习 AS 内部的路由算法，也叫作内部网关协议（interior gateway protocol），而 AS 之间的路由算法称为外部网关协议（exterior gateway protocol）。这样统一的标准既有助于内部路由，同时也简化了 AS 间边界上的路由实现，并允许代码重用。

1988 年，因特网工程任务组织（Internet Engineer Task Force，IETF）开始开发了开放的最短路径优先（Open Shortest Path First，OSPF）协议，它于 1990 年成为标准。现在许多路由器厂商都支持 OSPF，并且它已经成为最主要的内部网关协议。有关详细的信息，请参考 RFC 2328。

OSPF 最主要的特征就是使用分布式的链路状态协议（link state protocol），而不是像 RIP 那样的距离向量协议。OSPF 会采用洪泛法（flooding），向本自治系统中的所有路由器发送信息，也就是与本路由器相邻所有路由器的链路状态与花费。并且只有当链路状态发生变化时，路由器才会向所有路由器发送这样的信息。由于各路由器间频繁交换链路状态信息，因此所有的路由器最终都能建立一个链路状态数据库（link state database），这个数据库也就是全网的拓扑结构图。

OSPF 支持 3 种连接和网络：

（1）两台路由器之间的点到点线路；

（2）支持广播传送的多路访问网络（如大多数 LAN）；

（3）不支持广播传送的多路访问网络（如大多数分组交换的 WAN）。

　　所谓多路访问(multi-access)网络是指这样的网络,它有多台路由器,每台路由器可以直接与其他所有的路由器进行通信。所有的 LAN 和 WAN 都有这个特性。图 5.46(a)中显示了一个包含所有这 3 种网络的 AS。

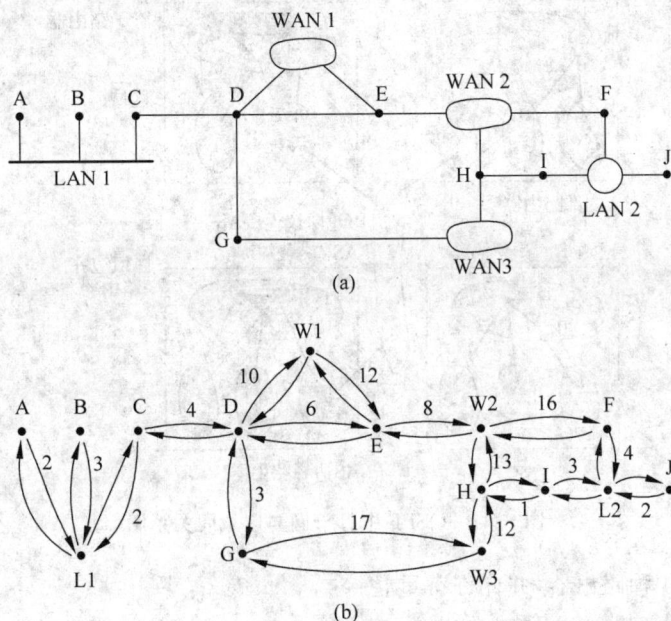

图 5.46　一个 AS 的 OSPF 示例图

　　OSPF 的工作方式是:将实际的网络、路由器和线路抽象到一个有向图中,并且给图中的每条弧分配一个开销值(距离、延迟等),然后它根据这些弧段上的权值计算出最短路径。两台路由器之间的串行连接可以用一对弧来表示,每个方向各一段弧。两个方向上的权值可能不同。于是,一个多路访问网络可以这样来表示:网络本身是一个节点,每台路由器也是一个节点。从网络节点到路由器节点之间的弧段权值为 0,因此这样的弧段在图中被省略掉。

　　图 5.46(b)给出了图 5.46(a)中的网络的图表示法。除非特殊标记,否则权值都是对称的。OSPF 所做的本质工作是,用一个像这样的图来表示实际的网络,然后计算出从每台路由器到其他任一台路由器之间的最短路径。因特网中的许多 AS 本身就非常庞大,而且不便于管理。OSPF 可以将这样的 AS 划分成编号的区域(area),每个区域是一个网络,或者一组邻近的网络。区域不能相互重叠,但是也不必覆盖所有的网络或路由器。

　　每个 AS 都有一个骨干区域(backbone area),称为 0 号区域。所有的区域都连接到骨干区域上。所以从 AS 的任何一个区域出发,经过骨干区域,总是有可能到达该 AS 的任何其他区域。在图表示法中,隧道也用一个弧段来表示,并且有一个权值。同时连接到两个或多个区域的路由器都属于骨干区域。如同所有其他的区域一样,骨干区域的拓扑结构对于其外部也是不可见的。OSPF 中骨干网与区域间关系如图 5.47 所示。

　　在正常的交换路径中,可能需要 3 种路径:区域内路径、区域间路径和 AS 间路径。区域内路径最简单,而区域间路径则总是按 3 步进行:从源路由器到达骨干网;跨过骨干网到达目标区域;最后到达目标路由器。这种算法使得 OSPF 上建立了一个星形配置结构,其中骨干网是中心,而其他的区域是向外辐射点。这些传输的分组没有被封装,也没有经过隧道传输,除非图中骨干网到该区域的连接本身就是一条隧道。

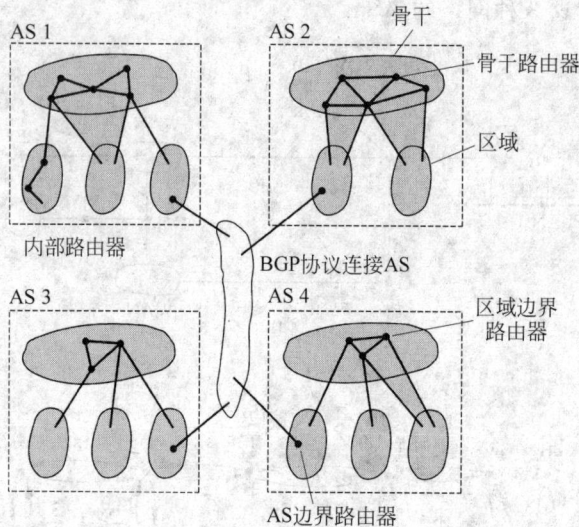

图 5.47 OSPF 中骨干网与区域间关系图

OSPF 区分 4 种路由器,并允许有重叠:

(1) 内部路由器,完全在区域内部;

(2) 区域边界路由器,连接 2 个或多个区域;

(3) 骨干路由器,位于骨干区域上;

(4) AS 边界路由器,与其他 AS 中路由器通信。

OSPF 协议需要在邻接的路由器之间相互交换信息才能工作,邻接(adjacent)路由器与相邻路由器不是同样的概念。尤其是让一个 LAN 中的每台路由器都与 LAN 中的其他每台路由器进行通话显然是非常低效的。为了避免这样的情形,OSPF 要求从一个 LAN 中选举出一台路由器作为指派路由器(designated-router)。指派路由器与该 LAN 上所有其他的路由器都是邻接的,并且与它们交换信息。如果两台邻居路由器不是邻接的,则它们相互之间并不交换信息。有一台备用指派路由器总是保持最新的状态数据,以便当主指派路由器崩溃时,可以立刻切换并取代原先的主指派路由器。

在正常过程中,每台路由器周期性地扩散链路状态更新消息到它的每台邻接路由器。这条消息提供了它的状态信息、花销以及代表了本信息时间的序列号,另外消息需要被确认以保证可靠性。通过时间序列号,路由器在收到一条链路状态更新消息后,可以判断出这条消息中信息的时效程度。当一条线路刚刚启用,或者停止使用,或者花销改变时,路由器都要发送链路状态更新消息。

通过使用链路状态更新消息,每一对邻接路由器中的任意一台路由器都可以向另一台路由器请求链路状态信息。这个算法的总体结果是:每一对邻接路由器都可以检查并获取最新的数据,最新的数据以这种方式被传播到整个区域中。所有这些消息都是以原始的 IP分组被发送出去的,包括表 5.8 中概括的 5 种消息。

表 5.8 OSPF 的 5 种消息说明

消 息 类 型	描 述
Hello	用来发现所有邻居
Link state update	提供发送者到其邻居的成本
Link state ack	确认链路状态更新
Database description	声明发送者链路状态更新情况
Link state request	请求链路状态信息

最后,把所有的片断整理到一起。通过扩散法,每台邻接路由器就会把它邻居的信息和开销告诉给它的区域中所有其他的路由器。这些信息使得每台路由器都可以构建出它的区域的拓扑图,并且计算出最短路径。骨干区域也是同样,而且骨干路由器也接收来自区域边界路由器的信息,这样可以计算出从每台骨干路由器到其他每台路由器的最优路径。这些信息又被传回到区域边界路由器,区域边界路由器再将这些信息广播到它们的区域中。利用这些信息,一台路由器选择最优的出口路由器到达骨干区域。

5.6.3 外部网关路由协议

在一个 AS 内部,推荐使用的路由协议是 OSPF;对应在 AS 之间,则可以使用另一个协议:边界网关协议(Border Gateway Protocol,BGP)。前者所需要做的事情是,尽可能有效地将分组从源端传送到目标端。然而对于 BGP 而言,在设计时都提供了许多种路由策略,这些策略可被强制用于那些跨越 AS 的流量。典型的路由策略可能会涉及政治、安全或经济方面的考虑因素。关于 BGP 的定义可以参考 RFC1771-1774,而下面是一些需要路由限制的例子:

(1) 对于经过某些特定 AS 的流量,不提供传输服务;

(2) 尽量不将相对而言敌对的国家放在同一条线路;

(3) IBM 起始或终止的流量不应该经过 Microsoft。

通常,这些策略以手工的方式被配置到每台 BGP 路由器中,它们本身并不是协议的一部分。根据 BGP 对于中转流量的用途,可以将网络分成三大类:第一类是末端网络(stub network),它与 BGP 图之间只有一个连接。中转流量不可能使用这些网络,因为另一端没有路由器接应。然后是多连接网络(multi-connected network),除非这些网络拒绝中转流量,否则就可以利用它们来传输中转流量。最后一种网络是穿越网络(transit network),例如骨干网,它们都愿意处理第三方的分组,不过可能会有些限制条件,而且通常需要付费。

BGP 路由器对之间通过建立 TCP 连接来相互通信。使用这种方法既提供了可靠的通信,又隐藏了有关中途网络的所有细节情况。BGP 基本上是一个距离向量协议,但是它与大多数其他的距离向量协议(如 RIP)又有明显的不同。每一台 BGP 路由器并不仅仅维护它到每个目标的开销值,而且还记录下所使用的路径。同样,每一台 BGP 路由器并不是定期地告诉相邻路由器关于到每个可能目标的估计开销值,而是告知它所用的确切路径。

假设在图 5.48(a) 的子网中,路由器 F 使用 FGCD 作为到达 D 的路径。图(b)为 F 的相邻路由器告知的路由信息,即对应的完整路径。在所有的完整路径都被 F 收到后,F 对这些路径进行检查,看哪一条路径最优。首先来自 I 和 E 的路径会被丢弃,因为这些路径都经过 F 本身。同时,每一台 BGP 路由器都包含这样一个模块:用于检查所有到给定目标的路径,并返回 1 个数代表其距离或花费。如果一条路径违反了某一项策略限制,则它的分值就会被设置为无穷大。然后路由器采用距离或花费最少的那条路径。这样的评分函数并不属于 BGP 协议的一部分,而可以是系统管理员设置的任何一个函数。

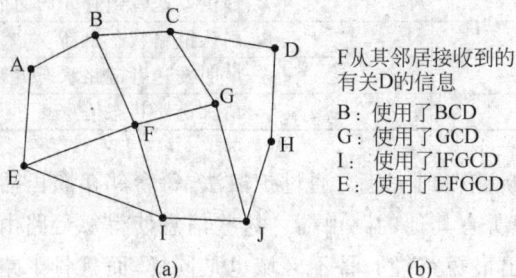

图 5.48　BGP 示例图

因此,BGP 很容易地解决一直困扰着其他距离向量路由算法的计数到无穷的问题。因为其他的距离向量算法大多都无法辨别哪些相邻路由器具有通向目标的独立路径,而哪些邻居又没有。

5.6.4　因特网多播

IP 通过 D 类地址来支持多播。每个 D 类地址标识了一组主机,总共有 28 位可用于标识多播组,所以可以有 250M 多个组同时并存。当一个进程给一个 D 类地址发送分组时,网络会尽力将它投递给指定的组中的所有成员,但是并不保证一定投递成功,有些成员可能收不到该分组。

IP 支持两种组地址:永久地址和临时地址。永久组地址总是可以使用,无须事先建立组。每个永久组都有一个永久组地址。下面是一些永久组地址的例子:

224.0.0.1:一个 LAN 上的所有系统

224.0.0.2:一个 LAN 上的所有路由器

224.0.0.5:一个 LAN 上的所有 OSPF 路由器

224.0.0.6:一个 LAN 上的所有 OSPF 指派路由器

临时组则有所不同,只有在创建了临时组之后才可以使用它们。一个进程可以要求它的主机加入到某一个指定的组中。以后,它也可以要求它的主机离开该组。当一台主机上最后一个进程离开一个组时,此主机不再属于这个组。每台主机都记录了它的进程当前属于哪些组。

与单播相比,在一对多的通信中,多播可大大节约网络资源。如果以单播的形式进行一对多通信,需要将分组复制多份才能够实现。而如果局域网具有硬件多播功能,便不再需要复制分组,而局域网上的多播组成员都能收到这个分组。

多播可以分为两种,一种是只在本局域网上进行硬件多播,另一种则是在因特网的范围进行多播。因为现在大部分主机都是通过局域网接入到因特网的,所以前者相对简单而更重要。在因特网上进行多播的最后阶段,还是要把多播数据报在局域网上用硬件多播交付给多播组的所有成员。

IP 多播是通过一些特殊的多播路由器来实现的,这些多播路由器可能与标准的路由器在同一台机器上,也可能不是。每台多播路由器差不多每分钟一次向它所在 LAN 上的主机(地址为 224. 0.0.1)发送一条数据链路层的硬件多播消息,请求进程当前属于哪些组的信息。每台主机会在收到消息后送回应答,告诉多播路由器自己对哪些 D 类地址感兴趣。

这些查询和应答分组使用了一个称为因特网组管理协议(Internet Group Management Protocol,IGMP)的协议,该协议大致上与 LCMP 类似,在 RFC 1112 和 3376 描述了 IGMP 协议。IGMP 具有两种分组:查询和请求,每一种分组各有一个简单且固定的格式。其中在净荷域的第一个字中包含了一些控制信息,在第二个字中包含了一个 D 类地址。显然,多播地址只能用于目的地址,而不能用于源地址。此外,对多播数据报不产生 ICMP 差错报文。因此,若在 PING 命令后面键入多播地址,将永远不会收到响应。

虽然在 TCP/IP 中 IP 多播协议已成为建议标准,但多播路由选择协议则尚未标准化。多播路由是通过生成树来完成的。为了让每一台多播路由器都能够为每个组建立起一棵覆盖所有组成员的生成树,每一台多播路由器都使用一种被修改过的距离向量协议,与它的相邻路由器交换信息。在多播过程中一个多播组中的成员是动态变化的,所以多播路由选择协议需要使用各种优化措施来对这棵树进行修剪,以消除那些对特定的组并不感兴趣的路由器和网络。多播路由协议也大量使用了隧道技术,以避免干扰那些不在生成树上的节点。

为了适应交互式音频和视频信息的多播。从 1992 年起,在因特网上开始试验虚拟的多播主干网(Multicast Backbone,MBone)。MBone 将分组传播至地点分散但属于一个组的许多个主机,而现在已经有了相当的规模。

5.7 移动 IP 协议和 IPv6 协议

5.7.1 移动 IP

现在的许多因特网用户都有了自己的笔记本电脑,他们往往希望在旅途中或是在外地的时候也能够连接因特网。然而,IP 的编址系统使得异地连接的功能在实现上存在了许多困难,我们将在这一节讨论这些困难及其解决方案。

问题应该从 IP 编址方案本身开始讲起。我们已经学习过了,每个 IP 地址都包含了一个网络号和一个主机号。如果使用某地址的一台主机,突然间从原来的位置转移到了另一个远方的因特网站点中,那么发送给该地址的分组仍然被路由到它原来的 LAN(或路由器)中。主机用户将收不到这些新的信息,除非为它分配一个可在新网络中使用的新 IP 地址,但这么做将需要通知很多程序和数据库。

另一种办法是,让路由器在路由时使用完整的 IP 地址,而不仅仅使用网络号信息。然而,这种策略将要求每一台路由器维护成千上百万的表项,这样的开销对于因特网来说简直是一个天文数字。为此,IETF 建立了一个工作组来寻求解决方案。他们很快整理出了这个方案应该达到的一系列目标,其中最主要的有:

(1) 每台移动主机必须能够在任何地方使用它的主 IP 地址(home IP address);

(2) 对于固定的主机,不允许要求改动它们的软件;

(3) 不允许要求改动路由器软件和路由表;

（4）发送给移动主机的大多数分组不应该绕道而行；

（5）当移动主机在主场所时，不应该有任何额外的开销。

实际上，之前在移动主机路由中已经介绍了所选中的解决方案，现在简短地回顾一下。如果一个站点希望它的用户能够漫游，那么它必须创建一个本地代理（home agent）。如果一个站点允许其他的访问者进到它的网络中，那么它必须创建一个外部代理（foreign agent）。当移动主机在一个外地站点中启动时，它与当地的外部代理联系，并且进行注册。然后，外部代理与该用户的本地代理进行联系，并且交给它一个移交地址（care-of address），通常这是外部代理自身的 IP 地址。

对于一台主机而言，当一个分组到达用户的本地 LAN 中时，它被转送给某一台与 LAN 相连接的路由器。然后，该路由器试图按照常规方法来寻找目标主机。具体来说，它会发送一个 ARP 广播分组，查询某个 IP 地址所对应的以太网地址是什么。本地代理用它自己的以太网地址来响应此查询请求。然后，路由器将目标地址为该 IP 的分组全部发送给本地代理。本地代理又通过隧道方式将这些分组转送到移交地址，它会将这些分组封装到一些新 IP 分组的净荷域中，并将新分组发送给外部代理。然后外部代理将原来的分组提取出来，并传递给移动主机的数据链路层地址。此外，本地代理也将移交地址告诉给发送方，所以后来的分组可以直接以隧道方式发送给外部代理。这种方案也就是问题的解决方案，可以说它满足了上面列举的所有要求。

还有一个小细节，当移动主机移动时，路由器有可能将这个即将失效的以太网地址缓存起来了。通过一种称为主动 ARP（gratuitous ARP）的技术，就可以用本地代理的以太网地址来取代原来缓存的以太网地址。这是一种特殊的、主动发送给路由器的 ARP 消息，其目的是为了替换掉缓存中一个特定的映射表项。此时，要替换掉的是正要离开的移动主机的映射表项。当移动主机以后回来时，它可以使用同样的技巧再一次更新路由器缓存中的映射表项。

IETF 的移动主机方案也解决了其他许多尚未提及的问题，例如如何发现代理。一种方案是，每个代理定期地广播它的地址和它愿意提供的服务类型（例如本地代理、外部代理，或者兼有）。当一台移动主机到达某一个地方时，它只要监听这些广播分组即可，这些广播分组也称为广告分组（advertisement）。另一种方案是，移动主机可以主动广播一个分组，以宣告自己的到来，并且期望当地的外部代理做出回应。

另一个必须要解决的问题是，移动主机可能没有声明自己的离开就断开了连接。对于这一问题的解决方案是：每一次注册之后只保持在一段固定的时间内才有效。如果它没有定期刷新，那么它将超时，外地主机可以清除掉有关它的状态表信息。

安全性是另外一个问题。如果本地代理接收到一条消息，请求它将所有给某用户的分组统统转发给某一个 IP 地址。那么，除非它能够确认这个请求真的是该用户发送的，并且没有人在伪装成他，否则最好不要贸然答应这个请求。基于密码学的认证协议可以实现这样的身份认证任务，我们将在第 8 章中学习这样的协议。

最后一点是，IETF 工作组也考虑到了移动性的级别。请想象有一架飞机上的以太网，主要用于导航和将各种航空计算机设备连接起来。在这个以太网上，一台标准路由器通过无线链路与地面上的有线因特网进行通话。如果在飞机的所有座位上都安装上以太网连接器，那么那些携带笔记本电脑的旅客们也可以通过这些插头上网了。

现在我们有了两级移动性：飞机自身的计算机对于以太网来说是固定的，而旅客们的计算机对于以太网来说是移动的。另外，飞机上的路由器相对于地面上的路由器而言也是移动的。如果系统 A 是移动的，另一个系统 B 相对于系统 A 也是移动的，那么这种嵌套的移动性可以利用递归的隧道技术来处理。

5.7.2 IPv6 协议

1990 年，IETF 看到了 IPv4 的各种技术和需求问题，于是开始启动 IP 新版本的设计工作，新版本的 IP 将有用不完的地址，并且还将解决许多其他的问题，同时也更加灵活和高效。概括来说，IPv6 的主要目标是：

(1) 即使地址空间的分配效率不高，也需要支持几十亿台主机；

(2) 降低路由表的大小；

(3) 对协议进行简化，以便路由器更加快速地处理分组；

(4) 提供比当前的 IP 更好的安全性（认证和隐私）；

(5) 更加关注于服务的类型，特别是针对实时数据的服务类型；

(6) 允许通过指定范围来支持多播传输；

(7) 允许主机在不改变地址的情况下就可以漫游；

(8) 允许协议未来还可以发展；

(9) 允许新老协议共存多年。

在经过多次讨论和修订之后，IEEE Network 发表的 Deering 和 Francis 两份提案被组合起来又做了修改，然后得到一个现在称为增强的简单因特网协议（Simple 因特网 Protocol Plus，SIPP）的协议，最终它被选中进行使用，并且称其为 IPv6。

IPv6 很好地满足了以上列出的设计目标。它保持了 IP 的优良特性，丢弃或削弱了 IP 中不好的特性，并且在必要的地方增加了新的特性。一般而言，IPv6 并不与 IPv4 兼容，但是它与其他一些辅助性的因特网协议则是兼容的，包括 TCP、UDP、ICMP、IGMP、OSPF、BGP 和 DNS，有时可能会要求一些小小的改动（大多数改动是为了处理更长的地址）。下面将讨论 IPv6 的主要特性，有关更多 IPv6 的信息可以查询 RFC 2460-2466。

首先也是最重要的一点是，IPv6 有比 IPv4 更长的地址。IPv6 的地址有 16 字节长，这解决了 IPv6 一开始就想要解决的问题：使用一个能有效地提供几乎无限因特网地址的空间。

IPv6 第二个主要的改进是对头部进行了简化，它只包含 7 个域，而相比之下 IPv4 有 13 个域。这一变化使得路由器可以更快地处理分组，从而提高了路由器的吞吐量，并缩短了延迟。

第三个主要改进是更好地支持选项，这一变化对于新的头部来说是本质性的。以前那些必需的域，现在变成了可选的，而且选项的表达方式也有所不同，这使得路由器可以非常简单地跳过那些与它无关的选项，此特性也加快了分组的处理速度。

第四个改进代表了 IPv6 的重大进步，即在安全性方面的改进。在 IPv6 的设计过程中，新 IP 的认证和隐私是关键的特征。后来，这些特征还被引回到了 IPv4 中，所以现在 IPv6 和 IPv4 的安全性差异也没有那么大了。

最后，更加值得关注的是服务质量。过去，人们在这方面已经作了大量的努力，现在随着因特网上多媒体的增长,服务质量的需求也更加紧迫。

1. IPv6 主头部

IPv6 的头部如图 5.49 所示。对于 IPv6,第一个版本(Version)域总是 6(对于 IPv4 则总是 4)。在从 IPv4 到 IPv6 的迁移过程中,路由器通过检查该域来确定分组的类型。由于这样的检查在关键路径中需要浪费少量的指令,所以许多实现软件可能会试图避免此过程。它们的做法是:利用数据链路头中的某个域来区分 IPv4 分组和 IPv6 分组,所有的分组可以被直接传递给相应的网络层处理器。然而,让数据链路层了解网络分组类型,这种做法完全违背了基本的设计原则,即每一层不应该了解上层给它传递过来的数据位的含义。这种在做得正确(Do it right)与做得快速(Make it fast)两大阵营间的讨论,无疑将会既漫长又激烈。

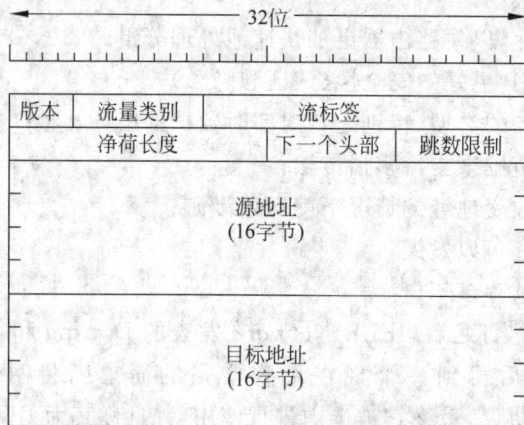

图 5.49　IPv6 头部结构图

流量类别(Traffic class)域可以用于按照各种不同的实时递交需求,将分组区分开。在 IP 中专门为这个目的而设置一个域是一开始就有的想法,但实际上只有少数路由器实现了这个域。现在还存在一些实验用于确定如何更好地将这个域用于多媒体数据的递交过程。

流标签(Flow label)域也是试验性的,但在将来仍然有用处。通过该域,源端和目标端可以建立一个具有特殊属性和需求的伪连接。例如,从某台特定主机上的一个进程到另一台主机上的一个进程之间的分组流可能有严格的延迟要求,因此需要预留带宽。这时可以提前建立一个流(flow),并分配一个标识符。当一个 Flow label 域非 0 的分组出现时,所有的路由器都在自己的内部表中查找该 Flow label 值,看它要求哪一种特殊的待遇。实际上,这样的流是两种传输模型相结合的一种尝试:数据报子网的灵活性和虚电路子网的质量保证。

每个流是通过源地址、目标地址和流编号来指定的,所以在给定的一对 IP 地址之间,可以同时有许多个活动的流。而且按照这种方法,来自不同主机的两个流即使有相同的流标签,当它们通过同一台路由器时,路由器也能够利用源地址和目标地址将它们区分开。流标签的选取最好是随机的,而不是从 1 开始顺序分配,因此路由器最好对它们进行散列处理。

净荷长度(Payload length)域指明了紧跟在图 5.49 所示的 40 字节头之后还有多少字节数。在 IPv4 中该域的名字为总长度(Total length),之所以改成现在的名字是因为其含义略有不同：40字节的头部不再像以前那样作为长度中的一部分。

下一个头部（Next header）域显示了IPv6的关键之处。IPv6头部之所以能够得以简化，是原因它还可以有附加可选的扩展头。该域指明了如果当前头之后还有扩展头，该扩展头是哪一种扩展头（当前已经定义了6种扩展头）。如果当前的头是最后一个IP头，那么Next header域指定了该分组将被传递给哪一个传输协议处理器。

跳数限制（Hop limit）域被用来限制分组的生存周期，这在实践中与IPv4中的生存期（Time to live，TTL）域是一样的。也就是说，在每一跳上该域中的值都要被递减。IPv4中的TTL域理论上是一个以秒为单位的时间值，但是所有的路由器都不按照时间值来使用该域。所以，在IPv6中将名字改过来，以便反映出它的实际用法。

接下来是源地址（Source address）和目标地址（Destination address）域。在Deering的原始提案中，他使用了8字节地址。但是在后来修订的过程中，许多人认为如果用8字节作为IPv6中的地址，那么在几十年之内地址空间可能将再次被用完；而如果使用16字节的地址，则不会再存在这个问题。经过激烈的争论之后，最终做出的决定是采用固定长度的16字节地址，这也是最好的折衷方案。

为了便于书写16字节的IPv6地址，IETF也设计了一种新的标记法：16个字节被分成8组来书写，每一组4个十六进制数字，组之间用冒号隔开，如下所示：

8000：0000：0000：0000：0123：4567：89AB：CDEF

由于许多地址的内部可能有很多个0，所以对于IPv6地址还有3种优化方法。第一种是在一个组内，前导的0可以省略，例如，0123可以写成123。第二，16个"0"位构成的一个或多个组可以用一对冒号来代替。因此，上面的地址现在可以写成：

8000：：123：4567：89AB：CDEF

第三，IPv4地址现在可以写成一对冒号再加上老式的点分十进制数，例如：

：：192.31.20.46

讲完了IPv6头的这些域，我们再来比较一下IPv4与IPv6头部的区别，看看在IPv6中省略了哪些内容。IHL域不再出现了，因为IPv6头有固定的长度。协议（Protocol）域也被去掉了，因为Next header域指明了最后的IP头后面的内容。所有与分段相关的域也都被去掉了，因为IPv6采用另一种方法来实现分段的功能，对于所有遵从IPv6的主机都应该能够动态地确定将要使用的数据报长度。

此外，当主机发送了一个非常大的IPv6分组时，如果路由器不能转发这么大的分组，它并不是对该分组进行分段，而是送回一条错误消息。路由器通过此消息告诉主机，所有将来发送给这一目标的分组都要分解得更小一些。从根本上来讲，让主机从一开始就发送合适大小的分组，比让沿途的路由器动态地对分组进行分段有效得多。

最后，校验和（Checksum）域也被去掉了，因为计算校验和会极大地降低性能。现在往往使用的是可靠网络，而且数据链路层和传输层通常有它们自己的校验和。所以在网络层上再使用校验和，往往是多余且不值得的。去掉了所有这些特性之后得到的是一个精简的网络层协议。因此，这份设计方案已经满足了IPv6的目标，即一个快速但仍然灵活，并且具有足够大地址空间的协议。

2. 扩展头部

有些省略掉的IPv4域偶尔还会有用，所以，IPv6引入了可选用的扩展头（extension

header)概念。这些扩展头可以用来提供一些额外的信息,但是它们的编码方式更加高效。现在已经定义了6种扩展头,如表5.9中所列。每一种扩展头都是可选的,但是如果有多个扩展头出现,那么它们必须直接跟在固定头部的后面,而且最好使用表中列出的顺序。

长度(Length)域是一个单字节域,它说明了值域有多长(0～255字节)。值(Value)域是任何必要的信息,可以长达255字节。

表5.9 IPv6扩展头描述

扩展头	描　　述
逐跳选项	路由器的各项信息
目标选项	目标的附加信息
路由	访问路由的宽松列表
分段	数据报分段管理
认证	确定发送方身份
加密的安全净荷	关于加密内容的信息

逐跳头(hop-by-hop header)包含沿途所经路线上所有路由器必须检查的信息。到现在为止,已经定义了一个选项:巨型净荷选项,即对超过16位净荷长度的数据报的支持,该头的格式如图5.50所示。当使用这种扩展头时,固定头中的净荷长度(Payload length)域被设置为0。

下一个头部	0	194	4

巨型净荷长度

图5.50 逐条扩展头示意图

与所有的扩展头一样,逐跳扩展头的起始字节也指定了接下去是哪一种头。该字节之后的字节指示了当前逐跳扩展头有多长,其中不包括起始的8字节,因为这8字节是必需的。所有的扩展头都是以这种方式开始的。

接下去的两个字节表明了"该选项定义的是数据报的长度(代码194)",以及"长度值是一个4字节的数值"。最后4字节给出了数据报的长度。小于65535的长度值是不允许的,第一台路由器将会丢弃这种短于65535的分组,并且送回一个ICMP错误消息。使用这种扩展头的数据报称为超大数据报(jumbogram),对于那些必须要通过因特网来传输千兆字节数据的超级计算机应用,超大数据报非常有用。

目标选项扩展头(destination options header)的用途是针对那些只需要在目标主机上被翻译的域。在IPv6的初始版本中,唯一定义的选项是空选项(null option),利用空选项可以将一个头拉长到8字节的倍数,所以最初它将不会被使用。当初之所以将它包括进来,是为了确保新的路由软件和主机软件可以对它进行处理,也许有一天有人会想到一种新的目标选项。

路由扩展头列出了在通向目标的途中必须要访问的一台或多台路由器,它非常类似于IPv4的宽松源路由机制。在宽松源路由机制中,凡是列出来的地址,必须要严格按顺序被访问到,但是这些地址中间也可以经过一些没有列出来的其他路由器。路由扩展头的格式如图5.51所示。

下一个头部	头扩展长度	路由类型	剩余段数
特定类型数据			

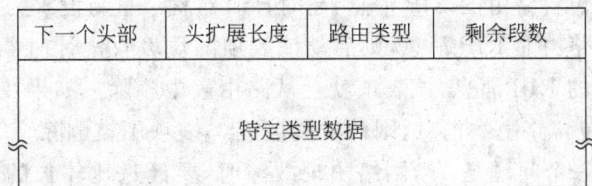

图 5.51 路由扩展头示意图

路由扩展头的前 4 个字节包含了 4 个单字节整数。下一个头(Next header)和头扩展长度(Header extension length)域如上面所述。路由类型(Routing type)域给出了该扩展头剩余部分的格式。类型为 0 则表示在第一个字后面是一个保留的 32 位字,然后是一定数量的 IPv6 地址,将来根据需要还可以开发其他的类型。最后,剩余段数(Segment left)域记录了在地址列表中还有多少个地址尚未被访问到,每次当一个地址被访问到时,该域中的数值减 1。当它被减到 0 时,该分组就完全自由了,它不需要再遵循任何路由路径。通常到这个时候它离目标已经非常接近,所以最佳路径也非常显然了。

分段扩展头(fragment header)涉及与分段有关的事项,其处理方法与 IPv4 中的做法非常类似。该扩展头保存了数据报的标识符、分段号,以及有一位指明了后面是否还有更多的分段。然而与 IPv4 中不同的是,在 IPv6 中只有源主机才可以将一个分组进行分段,沿途的路由器可能不会进行分段。正如上面所提到的,如果路由器面临一个太大的分组,那么它可以丢弃该分组,并向源主机送回一个 ICMP 分组。这一信息将使源主机把该分组分割成小的片段,然后再试着重新发送。

认证扩展头(authentication header)提供了一种"让分组的接收方确定分组发送方身份"的机制。加密的安全净荷扩展头使得有可能加密一个分组的内容,所以只有真正的接收方才可以读取分组中的内容。这两个扩展头使用密码学技术来完成它们的任务。

5.8 补充介绍

5.8.1 路由信息协议

路由信息协议(Routing Information Protocol,RIP)是一种基于距离向量的路由协议,以路由跳数作为计数单位的路由协议,比较适用于比较小型的网络环境。它是应用较早、使用较普遍的内部网关协议,也是典型的距离向量协议。有关 RIP 的说明文档可见 RFC1058 和 1723。

此协议是由施乐公司在 20 世纪 80 年代推出的,主要用于一个 AS 内的路由信息的传递。RIP 协议通过广播 UDP 报文来交换路由信息,每 30s 发送一次路由信息更新,并且提供跳跃计数(hop count)作为尺度来衡量路由距离,计数最大值为 15。如果到相同目标有两个不等速或不同带宽的路由器,但跳跃计数相同,则 RIP 认为这两个路由是等距离的。

RIP 协议对过时路径的处理是采用了两个定时器:超时计时器和垃圾收集计时器。当路由表每添加一个新表项时,就相应地增加两个计时器。初始化时超时计时器设为 0,并开始计数。每当接收到包含路由的 RIP 消息,超时计时器就被重新设置为 0。如果在 180s 内都没有接收到包含该路由的 RIP 消息,则启动该表项的垃圾收集计时器。如果在 120s 后,还没有接收到该路由的 RIP 消息,该表项就会从路由表中删除。如果在垃圾收集计时器到 120s 之前,接收到了包含路由的消息,则计时器被清 0,表项不被删除。

RIP 协议存在的一个问题是:当网络出现故障时,要经过比较长的时间才能将此信息传送到所有的路由器,这也就是所谓的坏消息传递问题。像这种网络出现故障的传播时间往往需要较长的时间,这是 RIP 的一个主要缺点。同时,RIP 的路由学习及路由更新将产生较大的流量,占用过多的带宽,当有多个网络时还会出现环路问题,所以在大型网络中也并不适用。

5.8.2 无线传感器网络

现代意义上的无线传感器网络(Wireless Sensor Network,WSN)发源于 20 世纪 90 年代末期的美国,也是通信、计算机和自动化领域的重要研究方向。在这一节中,将对无线传感器网络进行介绍。

无线传感器网络由廉价、微型的传感器节点组成,是一个分布式的测控系统(图 5.52 所示)。大量这样的智能节点通过先进的网状联网(mesh networking)方式,可以灵活紧密地部署在被测对象的内部或是周围。一个典型的无线传感器网络包含了 3 种类型的节点:传感器节点(sensor node)、汇聚节点(sink node)以及任务管理节点(task manage node)。

无线传感器网络主要应用于军事、环境监测、家居和医疗等多个方面。在军事中,火力及弹药检测、目标跟踪、战斗损失等都可以通过无线传感网实现测定,即使部分节点遭到破坏的情况下也能保证网络畅通。此外,无线传感网还可以分布在一片广袤的区域,用于监测环境中的各项参数指标,或是将其布置于病人的周身,用于监测病人的心跳、血压、呼吸等各种生理数据。

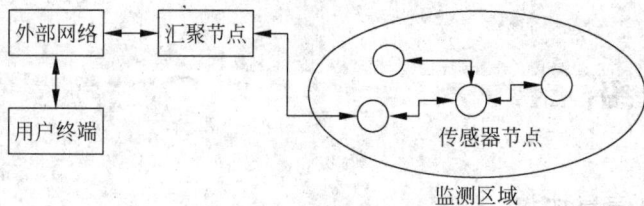

图 5.52　无线传感网系统图

无线传感器网络的拓扑控制是其中的一项重要关键技术。目前主要的研究问题是:在满足网络覆盖度和联通性的条件下,通过功率控制和骨干网络节点的选择,剔除节点间不必要的无线通信链路,生成一个高效的数据转发结构。

1. 无线传感器网络的层次

物联网是指将世界上的所有事物通过信息传感设备及其网络,与互联网连接,实现对物理世界自治的、动态的智能化感知、采集、处理、识别和控制,形成更加智慧的生产生活体系。我们可以从物联网的架构来讨论无线传感器网络的所属层次,主要包含 3 个层次:感知层、传输层和应用层。

感知层,就是传感器网络所在的层次,也是物联网的基础设施层。这一层次以信息传感设备为主,主要实现信息的智能化网络化传感、采集、收发与处理等,其中核心的技术就是WSN、RFID、MEMS、嵌入式计算技术和智能信息处理技术等。

网络层与OSI中的定义一致,在物联网中主要用于实现海量数据的动态传输、云存储、云计算等多种服务。应用层和我们之后将要学习的应用层也是一致的,也是物联网决策和控制终端所在的最上层。

2. 移动传感网络

移动传感器网络(Mobile Sensor Network)是具有可控机动能力的无线传感器网络,主要由分散的移动节点组成。每个节点除了具有传统静态节点的传感、计算和通信功能外,还增加了一定的机动能力,这样的节点才能够用于完成自部署(self-deployment)、自修复等复杂任务。

移动传感器网络虽然本身是属于无线传感网的一种演化,但它的研究还涉及了分布式机器人领域的相关技术。两者的交互在于:网络作为机器人的通信、传感和计算媒体,而机器人提供机动性。这样的交互使得移动传感网更多地应用在了事故现场紧急搜救、有毒有害物质泄漏检测等危险场合。

这看上去与移动通信中的移动自组织网络(Mobile AdHoc)十分相似,但事实上还是有所区别的。AdHoc的移动性对于系统并不产生太大的影响,系统也并没有试图去控制这种移动。而移动传感网络的移动性是由系统自主发起的,在需要消耗许多资源的同时,也可以带来更多的新功能。

鉴于MSN的良好发展前景,IEEE机器人与自动化协会(IEEE Society of Robotics and Automation)的网络机器人技术委员会(Technical Committee on Networked Robots)已经加入了MSN的内容。

3. 多移动机器人体系结构

先来简单介绍一下多移动机器人的体系结构。一般来说,机器人之间的协作主要分为3种:集中式、分散式和分布式。

集中式控制结构由单一的主控机器人来规划,该主控机器人具有关于系统活动的所有信息。这种控制方式是基于规划与决策的自上而下的层次结构,系统协调性较好,但实时性、动态性不足,对环境变化的影响力较差。

分散式控制结构中各移动机器人自己已具备高度的自主自治能力,个体能够独立完成信息处理、规划决策与任务执行。每一个个体都会与其他智能个体通信并协调各自的行为能力,而没有任何集中控制单元。这种结构容错能力与扩展能力较强,但对于通信要求较高,且多边协商效率低下,无法保证全局目标。

分布式控制介于前两者之间,是一种全局意义上各移动机器人等同的自主分布式分层结构,而局部则采用集中的结构方式。这种结构方式是分散的水平交互和集中式的垂直控制相结合的产物,既提高了协调效率,又不会影响系统的实时性、动态性、容错性和可扩展性等多种性能。

每个个体间的通信也存在了不同的方式,可以只是在环境上的共享,也可以是通过传感器的相互检测来获取对方信息,最可靠的还可以采用点对点或广播进行精确的通信。根据距离的远近,个体间的通信还可以由单跳变为多跳。

4. ZigBee

ZigBee 技术是一种短距离、低复杂度、低功耗、低数据率、低成本的双向无线通信技术,也是移动传感网中常用的通信技术。该技术是基于 IEEE 802.15.4 无线标准研制的,是有关组网、安全和应用软件方面的通信技术。

根据设备所具有的通信能力,可以分为全功能设备(FFD)和精简功能设备(RFD)。FFD 与 FFD、RFD 都可以通信,而 RFD 只能与 FFD 通信。RFD 主要用于简单的控制应用,传输数据少,对通信资源要求不高的设备。

而对于网络设备而言,IEEE 802.15.4 将其分为 PAN(Personal Area Network)协调器、协调器和一般设备。PAN 协调器是 FFD 设备,也是网络的中心节点,一个 IEEE 802.15.4 的网络中只能有一个 PAN 协调器。PAN 协调器除了直接参与应用外,还要负责其他网络成员的身份管理、链路状态信息管理以及分组转发等功能。协调器也是 FFD 设备,它通过发送信标提供同步服务,而 PAN 协调器则属于特殊的协调器。一般设备可以根据需要被制作成 FFD 或 RFD。在 ZigBee 中,PAN 协调器、协调器和一般设备也就对应了网络协调器、网络路由器和网络终端设备。

ZigBee 网络根据需要,可以组成星形、网状和簇状 3 种结构的网络拓扑结构。在星形网络中,所有设备都要与 PAN 协调器通信,这种网络更适用于家庭等小范围室内应用。网状网络只要在信号覆盖范围内,任何 2 台 FFD 都可以直接通信,可以将其认为是路由器设备,也都可以实现报文转发。簇状网络是由更加复杂的多个星形结构组成的,较之网状网络构造相对简单,所需资源也更少,但通信规模比星形网络更大。

ZigBee 网络中每个节点都有两种选址模式:MAC 地址或是 16 位短地址。MAC 地址在 MAC 子层中已经说明,而 16 位短地址则用于本地设备的标识,当一个节点加入网络时,网关会为其分配短地址。

ZigBee 网络在建立过程中,网关负责通信协议的初始化、地址的分配、射频通信信道的选择,以及网络 ID 的选择。在网关建立网络后,节点会搜索通信范围内的网关,并申请加入网络。网络建立后,还要定义节点和网关间的通信数据格式,包括网关向节点模块发送的下行数据格式和节点模块向网关发送的上行数据格式。数据格式一般都只包含头部、数据长度、数据内容以及尾部,区别在于上行数据内容为节点模块发送给网关的状态信息,而下行数据则是网关发出的控制命令。

不过后来,互联网标准化组织 IETF,尤其是 Cisco 的工程师基于开源的 uIP 协议实现了轻量级的 IPv6 协议,使得 IPv6 不仅可以运行在低功耗资源受限的设备上,而且比 ZigBee 更加简单。之后基于 IPv6 的无线传感器网络技术得到了迅速发展。IETF 已经完成了核心的标准规范,包括 IPv6 数据报文和帧头压缩规范 6Lowpan、面向低功耗、低速率、链路动态变化的无线网络路由协议 RPL,以及面向无线传感器网络应用的应用层标准 CoAP,相关的标准规范已经发布。

基于 IPv6/6Lowpan 的网络可以运行在多种介质上,如低功耗无线、电力线载波、WiFi 和以太网,有利于实现统一通信。IPv6 可以实现端到端的通信,无须网关,降低成本。6Lowpan 中采用 RPL 路由协议,路由器可以休眠,也可以采用电池供电,应用范围广。而 ZigBee 技术由于路由器不能休眠,在应用领域上受到了限制。

5. B/S 模式数据管理系统

B/S(Browser/Server)模式也称为浏览器/服务器模式,其结构如图 5.53 所示。为了减少安装开发软件的过程,无线传感器网络有时也可以使用 B/S 模式来实现终端的数据管理。客户端主机只需要装有 Web 浏览器,即可向 Web 服务器发送请求,由 Web 服务器来完成命令与数据的传达。这种模式利用不断成熟的浏览器技术,节约了开发成本,统一了客户端,也简化了系统的升级、维护和使用。

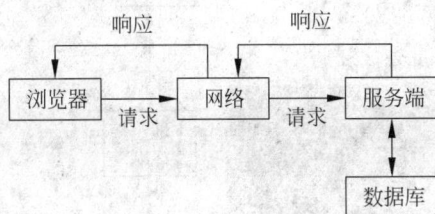

图 5.53　B/S模式结构图

与常见的 C/S 模式相比,B/S 可以更方便地建立在广域网上,也无须专门的网络硬件环境,在升级和维护上也更加轻松。C/S 模式的升级往往基于整体性的要求,因此升级困难,维护的时间周期也比较长;而 B/S 一般只需要对相应的部分构件进行升级即可,系统维护也更加灵活。此外,相比于 C/S 偏重于系统整体性的考虑,B/S 由于多重结构的设计构件有相对独立的功能,软件重用性更好。其中一方面就是,B/S 的信息流向可变化,可以是B-B、B-C 以及 B-G 等。当然,B/S 在安全控制能力上还是有所欠缺的,这也是运用浏览器必须付出的代价。

实例: 港口集装箱远程管控系统

现在,我们以一个港口集装箱远程管控系统为例,系统方案结构如图 5.54 所示,对物联网尤其是移动传感网络和网络层路由进行具体介绍。在这一实例中,传感器节点与移动信息采集节点之间可进行通信,这在其他移动传感网中,也是不可或缺的。

1) 感知层/移动传感网

港口集装箱远程管控系统的感知层以 WSID 标签为核心,结合移动机载 GPS/WSID 信息采集节点、移动机载 GPS/WSID 信息处理传输节点所建立的智能感知系统。该系统通过3 轴加速度传感器、GPS 定位系统,对集装箱所存货物信息、地理位置信息和振动信号等参数进行智能监测。

从底层的硬件架构来看,感知层(包括部分网络层)的基本单元主要有:

WSID 标签: 安装在集装箱箱体上,用于对箱体振动、箱内货物等信息进行采集,并通过 433MHz 频段 WSID 网络传输给本地终端。标签以大容量内置锂电池供电,并设有太阳能充电电路,以保持长时间的持续工作。

移动机载 GPS/WSID 信息采集节点: 安装在正面吊吊头位置,由 GPS 定位系统采集集装箱位置信息并通过 433MHz 频段 WSID 网络发送给移动机载 GPS/WSID 信息处理传输节点,该节点由车载电源供电。

移动机载 GPS/WSID 信息处理传输节点: 安装在正面吊驾驶室内或运输车辆上,用于将得到的位置信息和货物信息打包后,由 GPRS 传输单元通过 2G/3G 网络传输给远程终端。

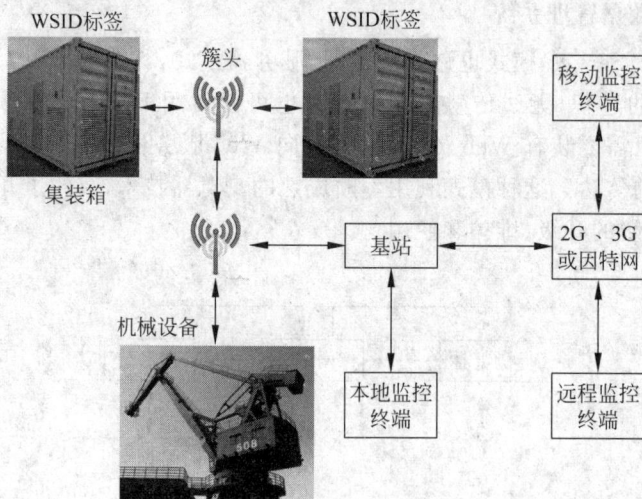

图 5.54　系统方案结构图

WSID 节点：安装在港口堆场的墙壁上，由堆场基础供电设施进行供电。由于港口堆场的范围大且金属集装箱摆放过高，容易对无线传输造成影响，所以设置 WSID 节点便于标签通过自组网方式将信息传输给 WSID 网关。

WSID 网关：安装在堆场的路灯上，由堆场基础供电设施进行供电。网关将作为 WSID 网络时间同步的时间基准点，完成对 WSID 节点和 WSID 标签的时间同步处理。同时，WSID 网关会一直保持侦听状态，作为根节点负责接收数据信号，并将信号发送至 WSID 中继节点。

WSID 中继节点：安装在堆场的路灯上，由堆场基础供电设施进行供电。用于在 WSID 网关和 WSID 基站间实现数据转发功能。

WSID 基站：安装在监控室内，是无线传感器网络信息汇聚和命令控制的中心。WSID 基站的无线通信单元接收到数据后，通过 RS-232 接口传输给监控室内的 PC 计算机上，PC 会根据数据进行分析并做出相应处理。

2）网络层

网络层负责将底层数据信息传输给服务器，主要通过两种方式实现：①由 WSID 标签通过 433MHz 频段 WSID 网络将集装箱货物和振动信息传输给 WSID 基站，再由 WSID 基站传输给接入互联网的主机；②由 WSID 标签通过 433MHz 频段 WSID 网络将数据传输给 GPS/WSID 信息处理传输节点，得到的运输车辆位置信息和所运集装箱信息再经由移动 2G/3G 网络发送给远程终端。

由于 WSID 能量较低、处理能力有限、存储空间有限、网络节点数目大而且具有很强的应用相关性，所以传统的无线网络例如 AdHoc、无线局域网等路由协议并不十分适用。相比较而言，WSID 网络具有以下特征：

（1）能量优先：网络节点的能量问题决定了网络的生存周期，因而设计的首要目标就是降低网络节点的能量损耗、均衡网络的能量使用；

（2）基于局部拓扑信息：由于 WSID 节点运算、存储能力有限，因而不能进行复杂的路由计算，只能基于局部路由信息；

（3）应用相关性强：WSID 网络应用环境复杂，路由协议应与环境紧密相关，用于在不同的监测区域完成不同的任务。

WSID 网络通常依赖于某些面向数据汇聚服务的路由协议，将监测节点的数据包汇聚发送到根节点，汇聚树路由协议（Collection Tree Protocol，CTP）是一种十分实用的方法。CTP 提供了一种尽力的、多跳的将网络中每个节点的小数据发送到根节点的传输机制。首先，CTP 会在网络中设置若干汇聚根节点，然后节点通过与邻节点交换链路质量估计信息，来选择父节点作为下一跳，从而建立起一种可靠的路由路径。

本实例中选用 TinyOS 中的 CTP 以模块化的形式分解汇聚服务，其实现包含了 3 个主要的模块：①链路估计器，负责估计单跳的期望传输值，即 ETX（Expected Transmissions）；②路由引擎，根据链路估计和网络层的拥塞情况来决定下一跳的选择；③转发引擎，维护发送包队列，判断是否发送及发送时间。转发引擎不仅要发送自身的数据包，也要转发从其他节点发送过来的消息包。

链路质量估计采用两种机制来估计链路质量：周期性的 LEEP（Link Estimation Exchange Protocol，链路估计交换协议，B 估计）和数据包（D 估计）。链路质量估计器把基于这两种估计的估计值合并在一起，形成指数权重的移动平均线，为每个节点估计从本节点到邻节点的双向链路质量 ETX。

路由引擎负责计算到汇聚树根节点的路由，选择路径期望 ETX 总和最小的邻节点作为数据传输的下一跳，根节点的 ETX 值为 0，其他节点的 ETX 值等于邻节点 ETX 值加上本地节点到该邻节点的链路 ETX。而邻节点的 ETX 由链路质量估计提供，通过 LinkEstimator 接口和 CompareBit 接口与链路质量估计器交流。

路由的具体工作机制如下：

（1）当节点收到来自子节点的数据包时，首先对数据包已存活时间＋1（THL＋1），然后检查发送队列和发送缓存确定数据包是否重复，若不重复则进入（2），否则丢弃。

（2）检查自身是否为根节点，若为根节点，则触发 receive 事件；若不是根节点，则调用 forward 函数将数据包送入发送队列，检测是否存在路由环，转至（3）。

（3）若存在路由环，则通过触发路由引擎广播路由帧，如发送节点收到该广播帧后更新路由表并打破环结构。若无环存在，则立即启动 sendTask 任务。

（4）数据包发送完毕后会触发事件检查发送结果。如收到 ACK 确认消息，则将数据包从队列移除。若数据包是本地产生的，则向上层触发 sendDone 事件；若数据包为转发，则将包移送至缓冲区用于检查重复。

（5）若队列还存在一些未被 ACK 确认飞剩余包，若该数据包未超过最大传输次数，则通过随机定时器 Timer 重传；若已达到最大重传次数，则将其移出发送队列并丢弃。

3）应用层

港口集装箱远程管控系统的应用层主要用于实现集装箱运输的调度、防盗、进出港管制和运输车辆的远程监控等功能，最终的形式是一个具备精确定位、动态跟踪和可视化、过程管理的信息化平台，其系统结构如图 5.55 所示。

平台为 B/S 模式，以 Java EE 通过 MyEclipse、Tomcat 和 SQL Server 2005 建立。主要包含了用户登录和注销模块、集装箱信息录入模块、集装箱实时数据查询模块、集装箱实时分布查询模块、集装箱历史数据查询模块、集装箱调度表设置模块、集装箱异常情况智能报警模块和集装箱实时定位跟踪模块。

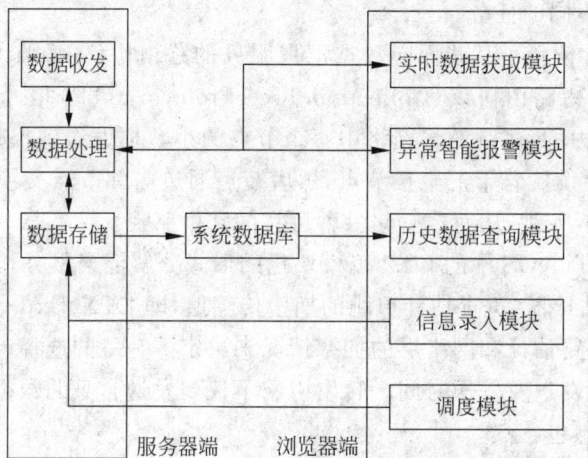

图 5.55　应用层管控系统结构图

平台也提供了不同通信的测试模块,用于测试系统通信是否畅通。在新建用户时,需要对用户的权限进行相应设置,可以设置该账号对上述所有功能模块的使用和访问权限。

5.9　小结

网络层向传输层提供服务,它既可以建立在虚电路基础之上,也可以建立在数据报基础之上。在这两种情形下,它的主要任务是将分组从源端传送到目标端。在虚电路子网中,路由决策是在建立虚电路的时候做出的;而在数据报子网中,路由决策是针对每一个分组而做出的。

在计算机网络中用到了许多路由算法。静态的算法包括最短路径路由算法和扩散算法。动态算法包括距离向量路由算法和链路状态路由算法。大多数实际的网络使用其中某一个算法。有关路由的其他重要话题包括分级路由、移动主机的路由、广播路由、多播路由和对等网络中的路由等。

子网很容易变得拥塞起来,从而增加了分组的延迟,降低了分组吞吐量。网络设计者企图通过正确的设计来避免拥塞,用到的技术包括重传策略、缓存、流控制等。如果拥塞真的发生了,那么它必须要被处理,既可以采用送回抑制分组的方法,也可以采用脱落负载的方法,或者使用其他的方法。

下一步还需要考虑如何获得所承诺的服务质量。用于实现服务质量的方法包括客户端的缓冲、流量整形、资源预留,以及准入控制。专门被设计用于提供好的服务质量的几种途径包括综合服务(包括 RSVP)、区分服务和 MPLS。

不同的网络在很多方面有所不同,所以,当多个网络相互连接起来时,问题就来了。有时候,通过隧道方式让分组穿越一个异类网络,问题就可以得到解决。可如果源网络和目标网络属于不同类型,这种方法就会失败。当不同的网络具有不同的最大分组长度时,有可能需要用到分段机制。

因特网有各种各样的与网络层相关的协议。其中既包括数据传输协议 IP，也包括控制协议 ICMP、ARP 和 RARP，以及路由协议 OSPF 和 BGP。因特网的 IP 地址将很快被用完，所以 IETF 开发出了一个 IP 的新版本协议：IPv6。

习题

5-1 网络层向上提供的服务有哪两种？分别举例说明其优缺点。

5-2 请问面向连接的服务会不会出现以乱序的方式来递交分组？如果有请举例说明；如果没有请阐述理由。

5-3 请问在建立连接时需要协商的参数有哪些？

5-4 如果所有的主机和路由器都正常工作，并且软件也都没有出现错误，那么是否会存在数据包被递交到错误目的地的情况呢？

5-5 在一个有 40 个路由器的全双工网络中，每个路由器与其他 3 个路由器相连。如果成本以 8 位数字表示，并且距离向量每秒钟交换两次，试问每条线路有多少带宽被这个分布式路由算法所消耗？

5-6 请计算下面网络中路由器 C 的组播生成树。组成员分布在路由器 A，B，C，D，E，F，I 和 K 上。

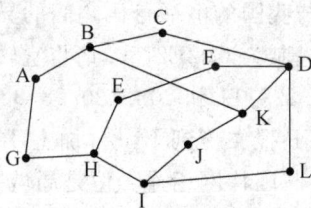

图 5.56 习题 5-6 图

5-7 考虑下图中的网络。使用距离向量路由算法，路由器 C 刚刚收到下列向量：来自 B 的(5，0，8，12，6，2)；来自 D 的(16，12，6，0，9，10)；来自 E 的(7，6，3，9，0，4)。从 C 到 B，D 和 E 的链路成本分别为 6，3 和 5。请给出 C 的新路由表，包括使用的出境线路和成本。

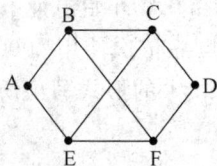

图 5.57 习题 5-7 图

5-8 作为中间系统，转发器、网桥、路由器和网关有何区别？

5-9 一个路由器每秒钟可以处理 200 万个数据包，其负载目前为每秒钟 120 万个数据包。如果从源端到接收方的路径上有 5 个路由器，试问路由器花在排队和服务上的时间为多少？

5-10 已知一个数据报网络允许路由器在必要的时候丢弃数据包。路由器丢弃一个数据包的概率为 p。假如源主机连接到源路由器,源路由器连接到目标路由器,然后目标路由器连接到目标主机。其中任何一台路由器丢掉了一个数据包,则源主机最终会超时,然后再重试发送。如果主机至路由器以及路由器至路由器之间的线路都计为一跳,那么请问:

(1) 数据包的平均传输次数是多少?

(2) 每个接收到数据包所需的平均跳数是多少?

5-11 针对两个拥塞避免方法 ECN 和 RED,请给出它们之间的两个主要区别。

5-12 假如采用一种令牌桶方案,每 $2\mu s$ 一个新的令牌被放入桶中,每个令牌刚好用于一个短数据包,数据包包含 32 个字节数据。试问最大的可持续数据率是多少?

5-13 在一个 10Mb/s 网络上有一台主机,其流量通过一个令牌桶进行调整。令牌桶的填充速率为 1Mb/s。初始时令牌桶被填满到容量 10MB。试问该计算机能以 6Mb/s 的全速率传输多长时间?

5-14 请至少说出 4 个与 IP 相关的协议,并说明各自的作用与特点。

5-15 主机 A 发送 IP 数据报给主机 B,途中经过了 7 个路由器。试问在 IP 数据报的发送过程总共使用几次 ARP? 分别会在哪里使用?

5-16 IP 地址可以分成几类? 每一类之间都如何区分?

5-17 请说明 IP 地址与物理地址的区别。

5-18 请说明 IP 地址方案与我国的电话号码之间的异同点。

5-19 一个 IP 地址的十六进制为 C02E2780,请将它转换成点分十进制表示法。

5-20 已知两个地址块 208.128/11 和 208.130.28/22,请问它们之间存在什么关系?

5-21 一个 3200 位长的 TCP 报文传到 IP 层,加上 160 位的首部后成为数据报,经过一个局域网由路由器与因特网相连。但是局域网所能传送的最长数据帧中的数据部分只有 1600 位。试问局域网向其上层传送多少比特的数据?

5-22 在 IP 中,校验和包括了帧的哪些部分? 为什么会这样设计?

5-23 当某个路由器发现收到的一个 IP 数据报的校验和出错时,是否会要求源站重传该数据报? 为什么?

5-24 因特网上一个网络的子网掩码为 255.255.248.0。试问它最多能够容纳多少台主机?

5-25 假设有 4 家公司从 192.16.0.0 开始申请了大量连续的可用 IP 地址。这 4 家公司 A,B,C 和 D 将按照顺序依次使用 4000,2000,4000 和 8000 个地址。对于每一个申请,请以 w.x.y.z/s 的形式写出所分配的第一个 IP 地址、最后一个 IP 地址以及掩码。

第**6**章

传　输　层

传输层是整个 TCP/IP 协议层次中核心的一层,它负责向上面的应用层提供通信服务,是面向通信部分的最高层和用户功能中的最低层。

本章讨论传输层的功能和服务,还将重点介绍传输层最重要的两个协议:用户数据报协议 UDP 和传输控制协议 TCP。

6.1　传输层服务

本节讨论传输层为其上一层应用层提供的服务。将讨论一个假想的传输层原语集合和因特网中常用的接口,来具体说明这一问题。

1. 向上层提供的服务

传输层从它下面的网络层获取服务,然后向应用层提供通信服务。在传输层中,保证该服务高效、可靠和高质量的硬件或软件称为传输实体。传输实体可能是在操作系统内核中的,也有可能是包含在网络应用程序中的,还有可能位于网络接口卡上。网络层、传输层和应用层之间的关系如图 6.1 所示。

前面提到过,网络层有面向连接和无连接的两种不同类型的服务,传输层提供的传输服务类型也一样。另外,这两层的编址和寻址以及流控制也是类似的。但物理层、数据链路层和网络层组成的通信子网为网络环境中的主机提供点对点的服务,传输层则为网络环境中的主机提供端对端的服务。这两种服务的区别在于:通信子网只提供两台主机之间的服务,而传输层提供的是两个主机中的应用进程间的通信。

这就意味着,在网络层中,用户并没有实际的控制权,服务质量差的问题也难以得到解决。例如,在一个面向连接的子网中,在执行一个时间较长的传输过程时,网络层连接意外终止,由于分组仅交付给了主机,网络层无法得知当前正在传输的数据情况,而在传输层中,传输实体可以与远程的传输实体建立起新的网络层连接。利用新连接,可以通过查询得知当前的传输情况。所以,传输层提供的传输服务是比网络层更加可靠的。

主机1

应用
(或会话层)

传输地址 — 应用/传输接口

传输实体 — 段

传输/网络接口

网络层地址

网络层

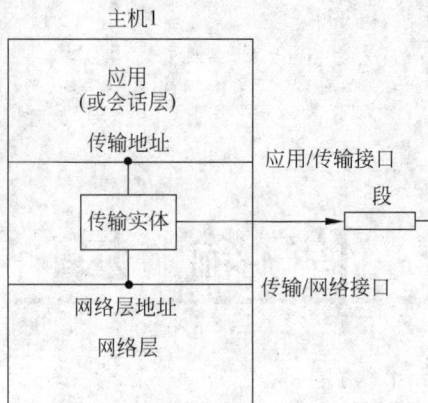

图 6.1　网络层、传输层和应用层

而且,传输服务原语可以通过调用库过程(函数)来实现,从而使得这些原语独立于网络服务原语。在不同的网络之间,网络服务原语可能有很大的差别,将网络服务隐藏在一组传输服务原语的背后,一旦改变了网络服务,只要求替换一组库过程即可,新的库过程使用了不同的底层网络服务,但是实现了同样的传输服务原语。

在 TCP/IP 协议体系中,进程间的通信采用的是客户/服务器模式。在该模式中,客户向服务器发出服务请求,服务器响应客户的请求,为其提供服务,如图 6.2 所示。

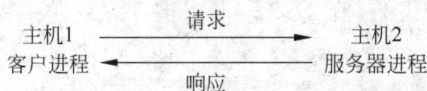

主机1　　　请求　　　主机2
客户进程　←　响应　←　服务器进程

图 6.2　客户/服务器模式示意图

在网络分层中,常把第 1 层～第 4 层看作传输服务提供者,第 4 层之上看作传输服务用户。也就是说,传输层是面向通信部分的最高层,同时也是用户功能中的最底层,是十分关键的一层。

2. 传输服务原语

服务原语指的是用户和协议实体间的接口,实际上是一段程序代码,具有不可分割性。服务原语与协议的不同在于:服务原语用于服务提供者和服务用户之间,而协议用于服务用户之间的通信。传输服务原语就是传输层为应用程序提供的传输服务接口,使用户能够访问传输服务。

传输服务与网络服务不同,它能够在不可靠的网络上提供可靠的分组,而网络服务一般并不可靠。另外,网络服务不可见,而传输服务原语是可见的,所以用起来更加方便。

表 6.1 是一个简单传输服务的 5 个原语。它完成的工作是:建立连接,使用连接和释放连接。

简要叙述其过程:首先,服务器执行 LISTEN 原语,一般的做法是,调用一个库过程,由它执行一个系统调用,并且阻塞该服务器,直到某个进程试图与它建立连接时,执行 CONNECT 原语。在 CONNECT 原语中,传输实体阻塞调用方,并且给服务器发送一个分组。

表 6.1 一个简单的服务原语

原语	发送的分组	意 义
LISTEN	（无）	阻塞直到某个进程试图连接
CONNECT	CONNECTION REQ.	主动尝试建立一个连接
SEND	DATA	发送信息
RECEIVE	（无）	阻塞直到一个数据分组到达
DISCONNECT	DISCONNECTION REQ.	请求释放连接

从一个传输实体发送至另一个传输实体的消息称为传输层协议数据单元（TPDU）。图 6.3 给出了 TDUP 结构及与 IP 分组、帧结构的关系。传输实体间传送的数据包含在 TPDU 有效载荷中，在之前加上 TPDU 头，形成 TPDU 传输层协议数据单元。TPDU 传送到网络层后，加上 IP 分组头后形成 IP 分组。IP 分组传送到数据链路层后，加上帧头和帧尾形成帧。当一帧到达时，数据链路层对帧头进行处理，然后把分组的净荷域向上传递给传输实体。

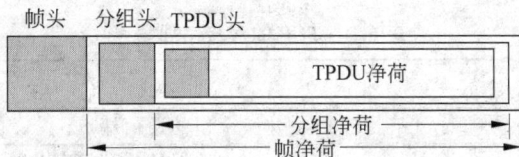

图 6.3 TPDU、分组和帧的嵌套关系

客户的 CONNECT 调用的作用是传输实体发送一个 CONNECT REQUEST TPDU 给服务器，服务实体执行检查，看服务器是否正被阻塞在 LISTEN 调用中，然后解除服务器的阻塞，并且给客户送回一个 CONNECTION ACCEPTED TPDU。当这个 TPDU 到达客户端时，客户也被解除阻塞，于是建立起了连接。之后双方就可以通过 SEND 和 RECEIVE 原语交换数据。

传输层上的数据传输比网络层要复杂得多，主要是由于传输层连接建立过程和数据报传输过程更加复杂。这就导致传输层协议和网络层协议有很大不同。

当不再需要该连接时，传输用户将其释放。释放连接有两种方式：非对称的和对称的。在非对称方式中，任何一方都可以执行 DISCONNECT 原语，然后该方的传输实体发送 DISCONNECT TPDU 给远程的传输实体。远程的一端收到该 TPDU 之后，连接就被释放了。在对称方式中，连接的两个方向彼此独立，每个方向需要单独被关闭。一方执行 DISCONNECT 时，表示它不能再发送数据，但仍能接收数据。只有当双方都执行了 DISCONNECT，该连接才真正被释放。

图 6.4 给出了一个用以上给出的原语来建立和释放连接的状态图。假定每一个 TPDU 都是单独确认的，采用对称的连接释放模型，并且由客户先释放连接。

3. Barkeley Socket（伯克利套接字）

本节介绍另一组广泛应用于因特网程序设计中的传输原语——Berkeley UNIX 中使用的 TCP 套接字原语。表 6.2 列出了这些原语。

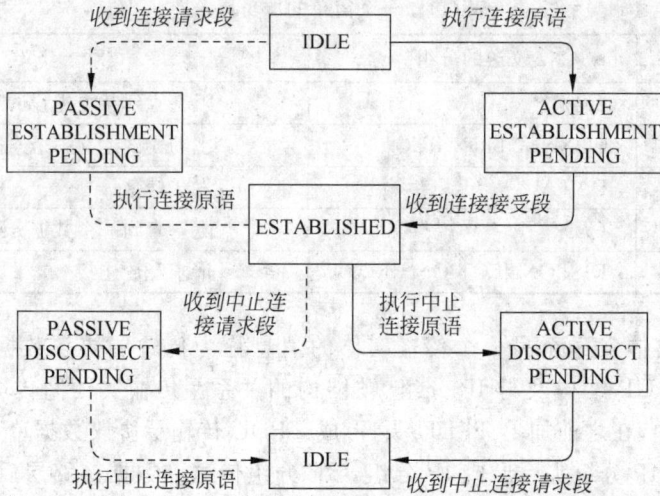

图 6.4 一个简单的连接管理方案

因分组到达而引起的迁移用斜体字标注;实线显示了客户的状态序列;虚线显示了服务器的状态序列

表 6.2 TCP 的套接字原语

原语	意 义
SOCKET	创建一个新的通信端点
BIND	将一个本地地址与套接字关联
LISTEN	声明愿意接受连接,给出队列长度
ACCEPT	阻塞直到一个连接请求到达
CONNECT	主动尝试建立一个连接
SEND	通过连接发送一些数据
RECEIVE	通过连接接收一些数据
CLOSE	释放连接

　　SOCKET 原语创建一个新的端点,并且在传输实体中为它分配相应的表空间。在此调用中,参数规定了以后将会用到的地址格式、期望的服务类型以及所用的协议。SOCKET 调用成功后,它返回一个普通的文件描述符,以便在后续的调用中使用。BAND 原语为新创建的套接字分配网络地址。服务器为一个套接字绑定了一个地址之后,远程客户就能够与它建立连接。LISTEN 原语分配一定的空间以便对进来的连接请求进行排队,因此多个客户可以同时发起连接请求。为了阻塞等待一个进来的连接,服务器执行 ACCEPT 原语。

　　在客户端,先使用 SOCKET 原语创建一个套接字。由于服务器并不在意它所用的地址,所以不必调用 BAND 原语。CONNECT 原语阻塞调用方,并且主动发起连接过程。当 CONNECT 调用完成后,客户进程被解除阻塞,于是就建立起连接。现在双方都可以使用 SEND 或 RECV,在新建立起来的全双工连接上发送或接收数据。如果 SEND 和 RECV 调用不要求特殊选项,服务器或客户也可以使用标准的 UNIX 系统调用 READ 和 WRITE。

　　在套接字模型中,连接的释放是对称的。当双方都执行了 CLOSE 原语之后,连接就释放了。

6.2 传输层与传输层协议

传输服务是通过两个传输实体之间所使用的传输协议来实现的。传输协议与之前学习过的数据链路协议相似,都要处理错误控制、顺序管理和流控制等问题。但由于工作环境不同,两者还有一些重要差别。如图 6.5 所示,在数据链路层上,路由器之间直接通过一条物理信道进行通信,每条路线指定了一台专门的路由器;在传输层上,物理通道被子网所代替,要求指定目标的地址,并且子网具有一定的存储容量。

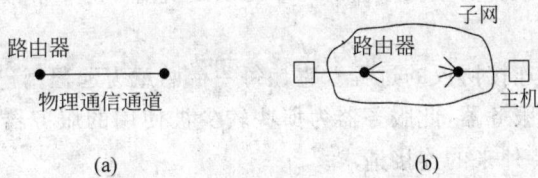

图 6.5 数据链路层和传输层环境比较

(a) 数据链路层的环境;(b) 传输层的环境

数据链路层和传输层之间的另一个重要区别是处理数据的数量的不同。传输层上往往会出现大量动态变化的连接,所以传输层需要使用与数据链路层中不同的方法。

1. 编址

建立连接时,需为监听连接请求的进程定义相应的传输地址。在因特网上,这些端点称为端口(port)。在 ATM 网络中,它们称为 AAL-SAP。我们将使用一般化的术语 TSAP(传输服务访问点),网络层上类似的端点称为 NSAP(网络服务访问点)。IP 地址是 NSAP 的特例。

图 6.6 显示了 NSAP、TSAP 和传输连接之间的关系。

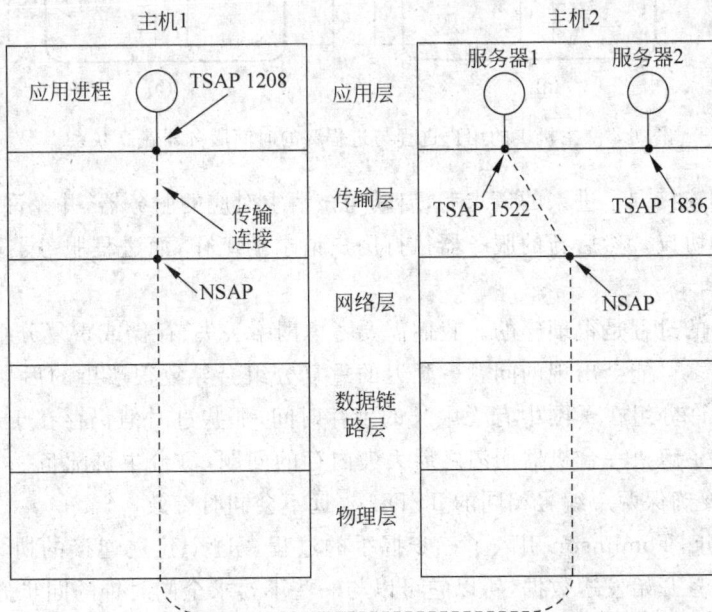

图 6.6 TSAP、NSAP 和传输连接

针对传输连接,一种简单的情景是如下过程:

(1) 主机 2 的时间服务进程将自己关联到 TSAP1552 上,以等待进来的连接请求;

(2) 主机 1 上的应用进程发出 CONNECT 请求,同时指定 TSAP1208 作为源,TSAP1522 为目标;

(3) 应用进程发送一个请求,希望知道当前的时间;

(4) 时间服务器进程,用当前时间作为响应;

(5) 传输连接被释放。

2. 建立连接

上一节中提到的方案需要全天候监听一个 TSAP 地址,是非常浪费资源的。我们需要一种更好的方案。

图 6.7 展示了初始连接协议的过程。它让每一台愿意为远程用户提供多个服务的机器都使用一个特殊的进程服务器,此服务器为那些较少被使用的服务器提供代理功能。它同时监听一组端口,以等待外来的连接请求。

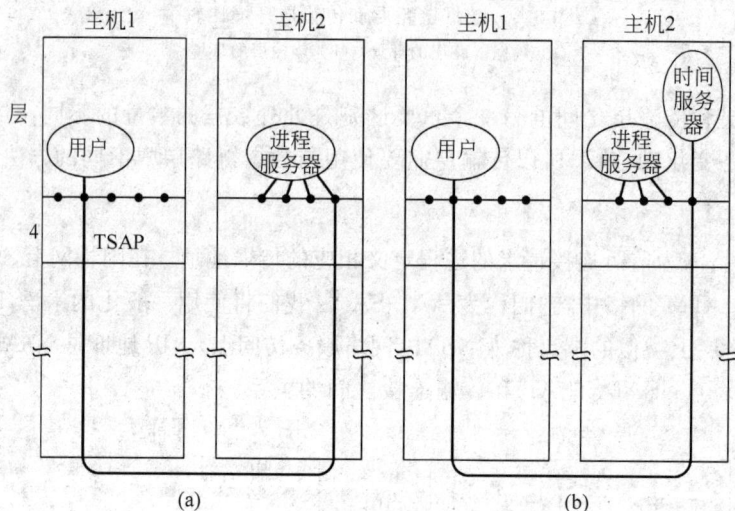

图 6.7 主机 1 的用户进程与进程 2 的时间服务器建立联系

进程服务器连接到了进来的请求后,启动与该请求对应的服务器,并允许它继承自己与用户之间已有的协议。然后新的服务器执行用户请求的工作,而进程服务器则继续监听新的请求。

而建立连接的过程是很琐碎的。我们需要考虑网络丢失、存储或重复分组,网络中存在延迟的分组等很多可能会出现的问题。延迟的重复分组会导致很严重的后果。为此,采用的方法是:不允许分组在子网中有无限长的生存时间,那些过时但仍存在于子网中的分组会被消灭。而为了解决一台机器崩溃之后丢失内存的问题,每台主机配备一个报告时间的时钟。另外,还要确保两个编号相同的 TPDU 永远不会同时有效。

于是,1975 年,Tomlinson 引入了三步握手的过程。这个建立连接的协议并不要求双方以同样的序列号开始发送数据,所以它可以与一些不要求全同时钟的同步方法一起使用。图 6.8(a)显示了当主机 1 发起连接时的正常建立过程。主机 1 选择一个序列号 x,并且发送一个包含 x 的 CONNECTION REQUEST TPDU 给主机 2。主机 2 回应一个 ACK TPDU 作为对 x 的确认,并且在 ACK TPDU 中包含它自己的初始序列号 y。最后,主机 1 在它发送的第一个数据 TPDU 中,对主机 2 选择的初始序列号进行确认。

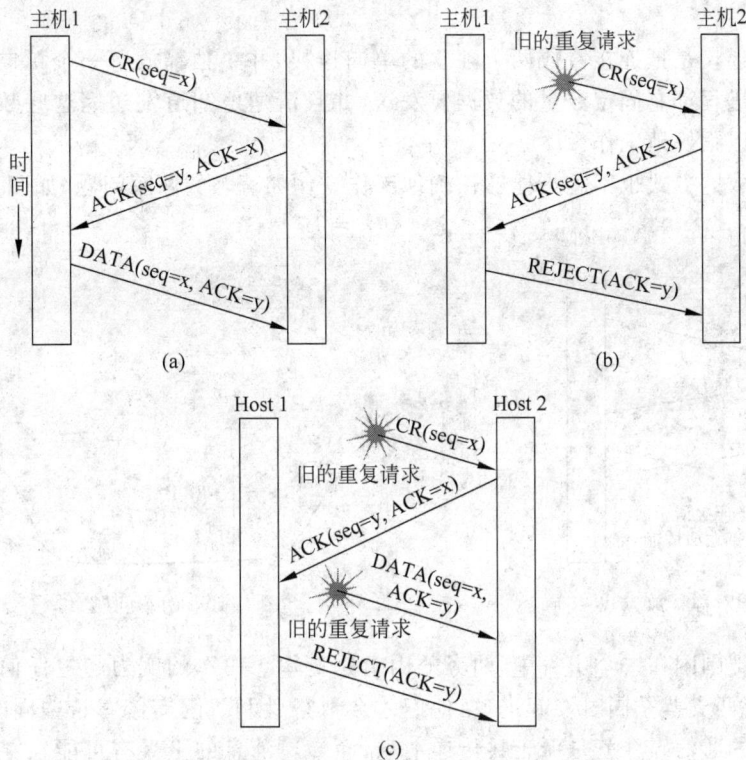

图 6.8 使用三步握手法建立连接的 3 个协议场景

(a) 正常的操作;(b) 老的 CONNECTION REQUEST 重复 TPDU 出现了;(c) CONNECTION REQUEST 重复 TPDU 和 ACK 重复 TPDU 出现了

当延迟的、重复的控制 TPDU 出现时,如图 6.8(b)所示,第一个 TPDU 是来自于老的连接中并且被延迟了的重复 CONNECTION REQUEST,该 TPDU 到达主机 2。主机 2 对这个 TPDU 的回应是给主机 1 发送一个 ACK TPDU,可用来验证一下主机 1 是否真的请求建立一个新的连接。这时,主机 1 将会拒绝主机 2 的连接建立请求,于是放弃连接。也就是说,一个延迟的重复 TPDU 并没有任何伤害。

当延迟的 CONNECTION REQUEST 和 ACK 同时出现在子网中时,这种情形如图 6.8(c)所示。与图 6.8(b)一样,主机 2 得到一个延迟的 CONNECTION REQUEST,并回应了它。这里的关键点是,主机 2 已经建议使用 y 作为从主机 2 到主机 1 之间流量的初始序列号,同时也要知道,现在已经没有包含序列号为 y 的 TPDU 或者对 y 的确认了。当第二个延迟的 TPDU 到达主机 2 时,主机 2 看到 z 已被确认而不是 y,这个事实让主机 2 知道了这也是一个老的重复分组。因此,所有老的 TPDU 的组合都不能够让协议失败,也不能导致在无人期望的情况下偶然建立一个连接。综上,使用三步握手法建立连接是十分稳妥的。

3. 释放连接

释放连接有两种方式：非对称释放和对称释放。

非对称释放连接是指一方中断，连接就中断，这种方式容易导致数据丢失，如图 6.9 所示。

对称释放连接是把连接看成两个独立的单向连接，并单独释放每一个单向连接。在连接两端的每个进程都有固定数量的数据要发送，并且清楚地知道发送完这些数据的时间对称释放方法可以很好地工作。

但对称释放的方式也不总是能够正确地工作。例如著名的两军问题，如图 6.10 所示。

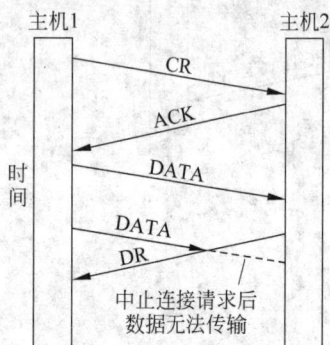

图 6.9 非对称释放方式

图 6.10 两军问题

一支白军被围困在一个山谷中，两旁的山上是蓝军。白军的实力超过任何一支蓝军单独的实力，只有两支蓝军同时发起进攻，他们才会取得胜利。两支蓝军希望同时发起进攻，然而他们唯一的通信媒介就是派士兵传递消息，而传递消息的士兵有可能在穿越山谷时被抓住，导致信息丢失。那么，存在一个让蓝军必胜的协议吗？

为此提出三步握手法，如图 6.11 所示。

图 6.11（a）是正常的情形，主机 1 发送一个 DR（DISCONNECTION REQUEST）TPDU，主机 2 送回一个 DR TPDU，并启动一个定时器。当这个 DR 到达时，主机 1 送回一个 ACK TPDU，并且释放连接。最后，当 ACK TPDU 到达时，接收方也释放连接。释放一个连接意味着传输实体将有关该连接的信息从它的内部表中删除，并且通过某种方式通知该传输用户。这个动作与传输用户发出一个 DISCONNECT 原语有所不同。

如果最后的 ACK TPDU 丢失，则如图 6.11（b）所示，这种情形可以通过定时器来补救。如果定时器超时，则释放连接。

如果第二个 DR 丢失，则如图 6.11（c）所示。主机 1 将接收不到期望的应答，超时后再次尝试释放连接。

在图 6.11（d）所示场景中，假设由于丢失 TPDU 的原因，因而所有重传 DR 的尝试也失败；除此以外，其他的情况与图 6.11（c）中相同。经过 N 次重试之后，发送方放弃了，并且释放连接。同时，接收方超时，于是退出。

4. 流控制和缓冲

我们已经了解了连接的建立与释放过程，在连接的使用过程中，流控制也很重要。如果接收方同意使用缓冲，缓冲区大小也有不同的可能。

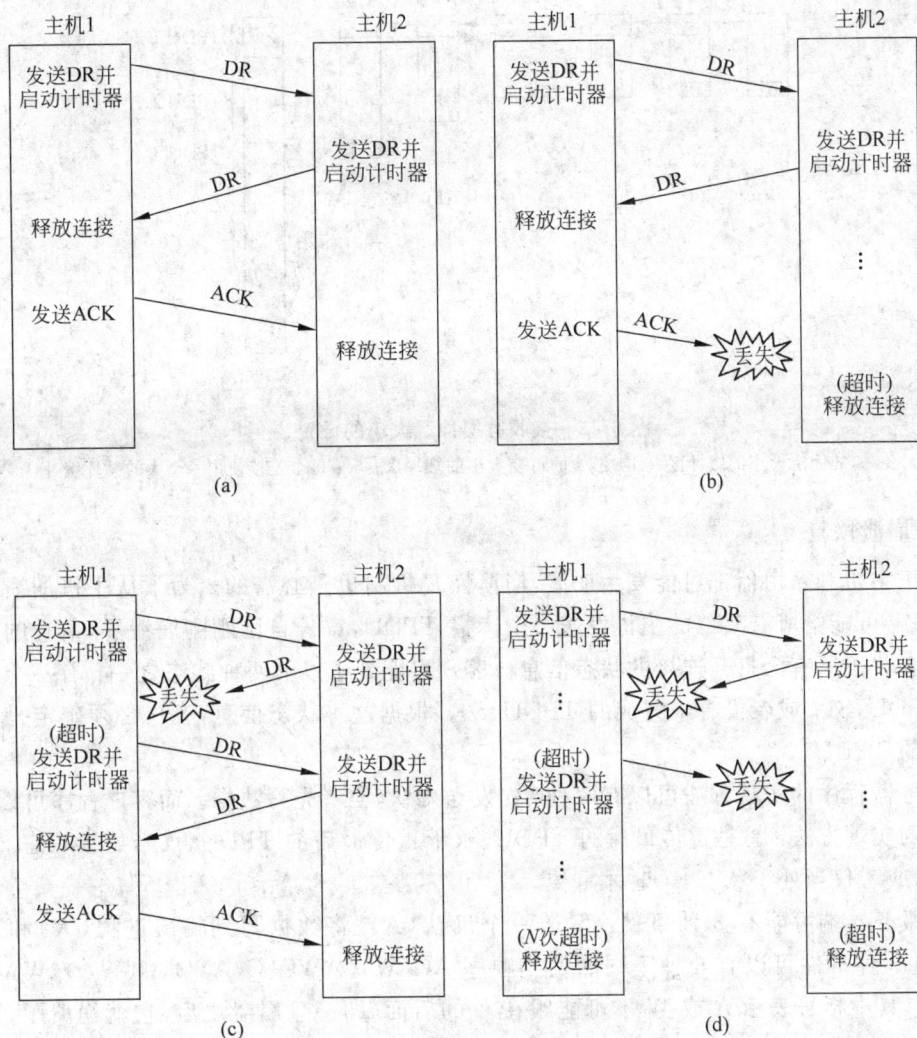

图 6.11 释放连接的 4 种情况

(a) 一般情况下的三步握手法；(b) 最后的 ACK 丢失了；(c) 应答丢失了；(d) 应答和后续的 DR 都丢失了

当大多数 TPDU 的长度都差不多时，则将缓冲区组织成一个相等大小缓冲区的池，每个缓冲区容纳一个 TPDU，如图 6.12(a) 所示。在 TPDU 长度不同时，还有另一种方法，使用可变大小的缓冲区，如图 6.12(b) 所示。这种方法有更好的内存利用率，付出的代价是使缓冲区的管理更加复杂。第三种可能的方案是为每个连接使用一个大的循环缓冲区，如图 6.12(c) 所示。如果所有连接的负载都很重，则此系统能够很好地利用内存，但如果这些连接的负载较轻，则系统的内存使用情况很差。

为了管理缓冲区分配过程，较为通用和合理的做法是将缓冲过程与确认机制分离。动态的缓冲区管理实际上意味着一个可变大小的窗口。开始时，发送方根据它所了解到的需求情况，请求一定数量的缓冲区。然后，接收方根据它的能力分配尽可能多的缓冲区。每次当发送方传输一个 TPDU 时，它必须减小缓冲区分配数，当分配数到达 0 时停止发送。然后，接收方在反向流量中独立地捎带确认信息和缓冲区分配数。

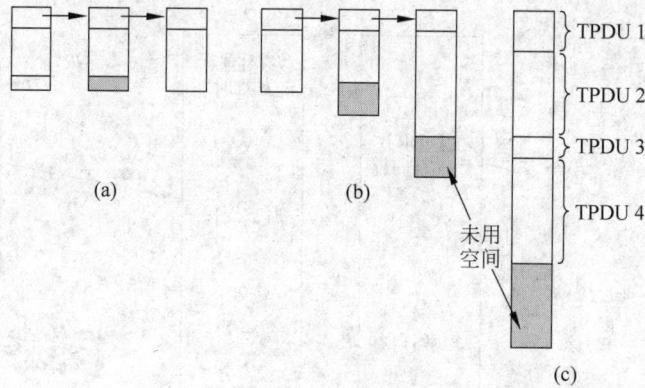

图 6.12 接收方缓冲区大小的设置

（a）链式的固定大小的缓冲区；（b）链式的可变大小的缓冲区；（c）每个连接使用一个大的循环缓冲区

5. 崩溃恢复

由于主机和路由器都可能发生崩溃，崩溃恢复机制也是必需的。为了从主机崩溃中恢复，服务器可能给所有其他的主机发送一个广播 TPDU，宣告自己刚刚崩溃了，请它的客户们告诉它关于所有已打开连接的状态信息。客户可能处于以下两种状态之一：有一个未完成的 TPDU，S1；或者没有未完成的 TPDU，S0。根据这一状态信息，客户必须确定是否重传最近的 TPDU。

服务器程序的实现方法可以有两种：先发送确认，或者先写数据。而客户程序可以有 4 种不同的实现方法：总是重传最后的 TPDU、永不重传最后的 TPDU、仅当处于状态 S0 时才重传，或者仅当处于状态 S1 时才重传。

在服务器端可能有 3 种事件：发送一个确认（A）、将数据写到输出进程（W）和崩溃（C）。这 3 种事件可以有 6 种不同的发生顺序 AC（W），AWC、C（AW），C（WA），WAC 和 WC（A），其中括号表示 A 或 W 不可能跟在 C 的后面（即一旦崩溃之后，它就崩溃了，不可能再发生其他的事件）。因 6.13 显示了客户和服务器策略的 8 种组合，以及每一种组合的有效事件序列。请注意，对于每一种策略，总是存在某一个使协议失败的事件序列。例如，如果客户总是重传，则 AWC 事件将生成一个未检测到的重复 TPDU，但是其他两个事件可以正确地工作。

接收主机采用的策略

发送主机采用的策略	先ACK，再写			先写，再ACK		
	AC(W)	AWC	C(AW)	C(WA)	WAC	WC(A)
总是重传	OK	DUP	OK	OK	DUP	DUP
永不重传	LOST	OK	LOST	LOST	OK	OK
在S0时重传	OK	DUP	LOST	LOST	DUP	OK
在S1时重传	LOST	OK	OK	OK	OK	DUP

OK=协议功能正确
DUP=协议产生了一个重复消息
LOST=协议丢失了一个消息

图 6.13 崩溃恢复

也就是说,从 N 层的崩溃中恢复的过程只能由 $N+1$ 层来完成,并且仅当 $N+1$ 层保留了足够的状态信息时才有可能恢复。正如前面所提到的,只要连接的每一端记录了它当前的传输状态信息,传输层就能够从网络层的失败中恢复过来。

6.3 用户数据报协议 UDP

传输层上有两个主要协议,一个无连接的协议——UDP 和一个面对连接的协议——TCP。在接下来的两节中,我们重点介绍这两种协议。

1. UDP 介绍

用户数据报协议(User Datagram Protocol,UDP)是面向无连接的协议,是不稳定的。UDP 为应用程序提供一种方法发送封装的 IP 数据,而且不必建立连接,就可以发送这些 IP 数据报。RFC0768 描述了 UDP。

UDP 不考虑流控制和错误控制,收到一个坏的数据段也不重传。UDP 也不提供连接管理,不保证顺序的分组传递。

UDP 传输的数据段是由 8 字节的头和净荷域构成的。图 6.14 描述了头信息。源端口(source port)和目标端口(destination port)分别用来识别源机器和目标机器内部的端点。有了端口域,传输层就可以正确地递交数据段了。发送应答的进程只要将进来的数据段中的源端口域复制到输出的数据段中的目标端口域,就可以指定在发送方机器上由哪个进程来接收回答。UDP length 域则包含 8 字节的头和数据部分。UDP checksum 是可选的,如果不计算,则在该域中存放 0(如果真正的计算结果是 0,则该域中存放的全是 1)。

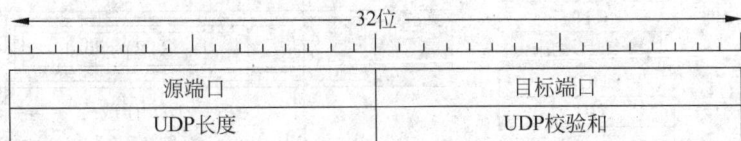

←——————— 32位 ———————→	
源端口	目标端口
UDP长度	UDP校验和

图 6.14 UDP 头结构

2. 远程调用

远程调用技术(Remote Procedure Call,RPC)允许本地的程序调用远程主机上的过程,是很多网络应用的基础。调用过程称为客户,被调用的过程称为服务器。为调用一个远过程,客户程序必须绑定一个小的库过程,这个小的库过程称为客户存根(client stub),位于客户地址空间中,代表了服务器过程。类似的,服务器需要绑定一个称为服务器存根(server stub)的过程。这些过程的存在,隐藏了从客户到服务器的过程调用的远程特性,使之尽可能看起来像本地调用一样。

RPC 的执行过程如图 6.15 所示。步骤 1 是客户调用客户存根,这是一个本地过程调用,其参数压入栈中。步骤 2 中,客户存根将参数包装到一个消息,然后通过一个系统调用来发送该消息。步骤 3 是内核将消息从客户机器发送到服务器机器中。步骤 4 是内核将进来的分组传递给服务器存根。最后,步骤 5 是服务器存根利用得到的参数调用服务器过程。调用的结果沿着相反的方向按同样的路径传递。

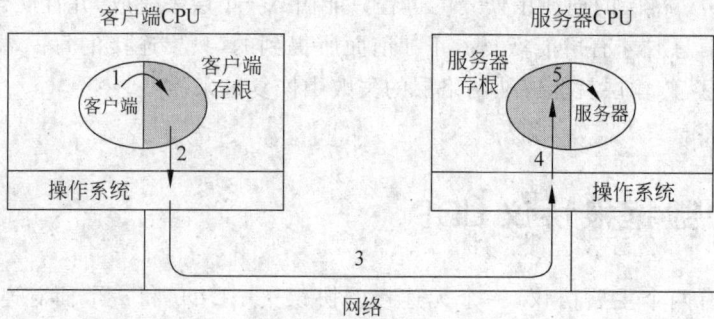

图 6.15 RPC 执行过程

RPC 不一定非要使用 UDP 分组,但 RPC 和 UDP 是一对很好的搭档,而且 UDP 也常常被用于 RPC。

3. 实时传输协议

实时传输协议(Real-time Transport Protocol,RTP)是一个为多媒体应用制定的通用的实时传输协议。

RTP 被放在用户空间中,通常运行在 UDP 之上。其操作方式如下:多媒体应用中包含的流被送入 RTP 库中,而 RTP 库位于多媒体应用的用户空间中。RTP 库将这些流复用到 RTP 分组中,同时也对它们进行编码。这些 RTP 分组被填充到一个套接字中,在套接字的另一端生成 UDP 分组,然后这些 UDP 分组被嵌入到 IP 分组中。图 6.16(a)显示了这种情况下的协议栈。分组的嵌套情况如图 6.16(b)所示。

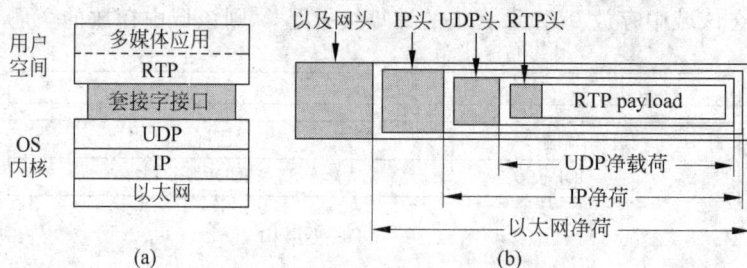

图 6.16 RTP 分组的位置
(a) RTP 在协议栈中的位置;(b) 分组嵌套情况

RTP 的基本功能是将几个实时数据流复用到一个 UDP 分组流中。这个 UDP 流可以被发送给一台目标主机,也可以被发送给多台目标主机。

RTP 头的结构如下:它包含了 3 个 32 位的字,并可能有一些扩展域(图 6.17)。第一个字包含了版本(Version)域,现在版本号已经达到 2。P 位表示该分组已经被填充到 4 字节的倍数,最后的填充字节指明了有多少个字节被填充进来。X 位表示出现了一个扩展头,扩展头的第一个字指定了扩展头的长度。CC 域指明了后面的分信源的个数,从 0~15。M 位是一个与应用相关的标记位。净荷类型(Payload type)指出该分组使用了哪一种编码算法。序列号(Sequence number)是一个计数器,可用来检测丢失的分组。时间戳是由 RTP 流的源产生的,它注明了该分组的第一个样本是什么时候产生的。同步源标识符

(Synchronization source identifier)指明了该分组属于哪一个流。通过这个域,才可以将多个数据流复用到一个 UDP 分组流中,或者从一个 UDP 分组流中解复用多个数据流。如果媒体制作过程中使用了混合器,则可以使用分信源标识符(Contribution source identifier)。

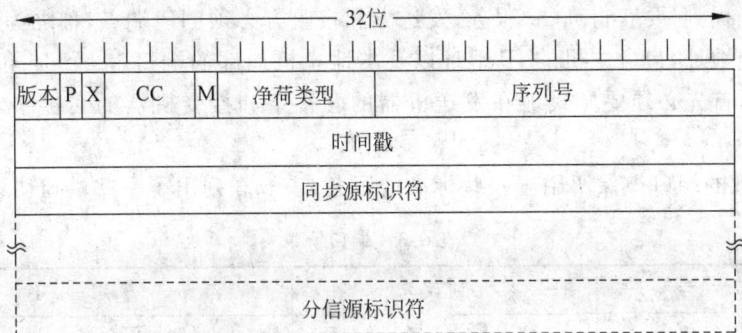

图 6.17 RTP 头结构

6.4 传输控制协议 TCP

用户数据报协议 UDP 是一个简单的协议。在网络质量不好的情况下,数据包丢失比较严重。但是由于 UDP 是面向无连接的协议,具有资源消耗小、处理速度快的优点,在某些对传输结果不产生太大影响的情况下,UDP 还是有非常重要的用途。例如,通常音频、视频在传输时较多使用 UDP,QQ 使用的也是 UDP 协议。

但是对于大多数因特网应用来说,还是需要可靠的协议。因特网就提供了另外一个面向连接的协议——传输控制协议 TCP。TCP 是目前承担任务最重的一个协议。本节将详细介绍 TCP 协议。

1. TCP 介绍

传输控制协议(Transmission Control Protocol,TCP)是专门为了在不可靠的互联网络上提供一个可靠的端到端字节流而设计的,它能够动态适应互联网络在不同部分可能有截然不同的拓扑、带宽、延迟、分组大小和其他的参数这一特点。

TCP 的主要特点如下:

(1) TCP 是面向连接的传输层协议。在应用程序使用 TCP 协议之前,须先建立 TCP 连接,数据传送完毕后,须释放已经建立的 TCP 连接。

(2) 每一条 TCP 连接是点对点的,只能有两个端点。

(3) TCP 是面向字节流的,不保存消息边界。TCP 把应用程序传递来的数据看成是一连串的无结构的字节流,并不知道所传送的字节流的含义,也不保证接收方应用程序所收到的数据块和发送方应用程序所发出的数据块具有对应大小的关系,但接收方应用程序收到的字节流必须和发送方应用程序发出的字节流完全一样。

(4) TCP 提供可靠交付的服务,通过 TCP 连接传送的数据,无差错、不丢失、不重复、按序到达。

（5）TCP 提供全双工通信。TCP 允许通信双方的应用进程在任何时候都能发送数据，连接的两端都设有临时存放双向通信数据的发送缓存和接收缓存。

2. TCP 服务模式

前面已经提到，要获得 TCP 服务，发送方和接收方必须创建端点，称之为套接字。每个套接字有一个地址，包含主机的 IP 地址以及本地主机局部的端口（一个 16 位数值）。为获取 TCP 服务，首先必须要显式地在发送机器的套接字和接受机器的套接字之间建立一个连接。

1024 以下的端口被保留用于一些标准的服务，表 6.3 列出了一些端口协议。

表 6.3　端口协议

端口	协议	用　　途
21	FTP	文件传输
23	Telnet	远程登录
25	SMTP	电子邮件
69	TFTP	简单文件传输协议
79	Finger	查询有关一个用户的信息
80	HTTP	万维网
110	POP 3	远程电子邮件访问
119	NNTP	USENET 新闻

TCP 连接是面向字节流的，端到端之间并不保留消息的边界。例如，如果发送进程将 4 个 512 字节的数据块写到一个 TCP 流中，那么在接收进程中，这些数据可能按 4 个 512 字节块，如图 6.18(a) 的方式被递交，也有可能是 2 个 1024 字节的数据块，或 1 个 2048 字节的数据块或其他方式被递交。而接收方无法获知这些数据被写入字节流时的单元大小。

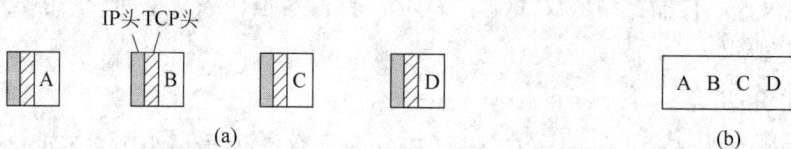

图 6.18　TCP 面向字节流的示例

(a) 以单独 IP 数据报形式发送 4 个 512 字节的数据段；(b) 在一个 READ 调用中，这 2048 字节的数据被一次递交给应用程序

3. TCP 协议

TCP 的一个关键特征是 TCP 连接上的每个字节都有独立的 32 位序列号。发送端和接收端的 TCP 实体以数据段的形式交换数据。TCP 数据段由一个固定的 20 字节的头以及随后的 0 个或多个数据字节构成。

数据段的长度受到两个因素限制：①每个数据段包括 TCP 头在内，必须适合 IP 的 65515 字节净荷大小；②每个网络都有最大传输单元 MTU，每个数据段须适合于 MTU。

TCP 实体使用的基本协议是滑动窗口协议。当发送方传送一个数据段时，会启动一个定时器。当该数据段到达目标端时，接收方的 TCP 实体送回一个携带了确认号的数据段，其中确认号的数值等于接收方期望接收的下一个序列号。如果发送方的定时器在确认数据段到达之前过期,则发送方再次发送原来的数据段。

4. TCP 数据段的头

图 6.19 显示了 TCP 数据段的布局结构。起始部分是一个固定格式的 20 字节的头,固定的头部之后可能跟着头选项。在选项之后,如果该数据段有数据部分,则后面跟着最多可达 65535－20－20＝65495 个数据字节,此式子的第一个 20 指 IP 头,第二个 20 指 TCP 头。无任何数据的 TCP 段也是合法的,通常被用于确认和控制消息。

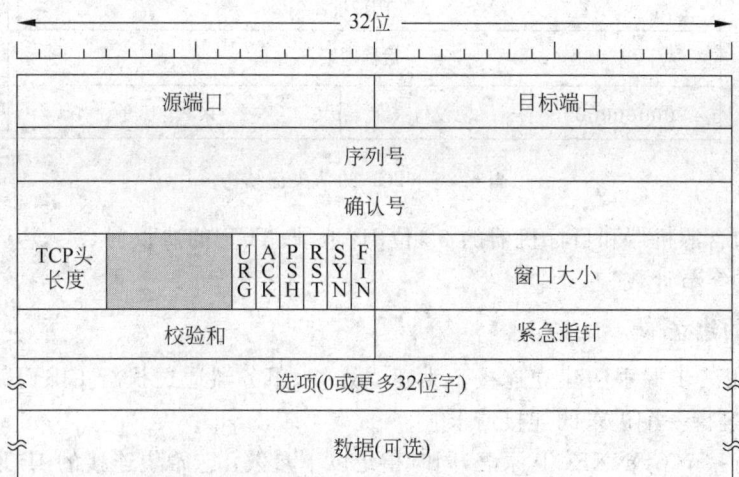

图 6.19 TCP 数据段的头结构

源端口和目标端口域标明了一个连接的两个端口。一个端口加其主机的 IP 地址构成了一个 48 位的唯一端点。源端点和目标端点合起来标识了一个连接。

序列号和确认号域完成它们的常规功能。确认号指的是下一个期望的字节,而不是已经正确接受的最后一个字节。这两个域都是 32 位。

TCP 头长度域指明了在 TCP 头部包含多少个 32 位的字。由于 Options 域是可变长度的,所以此信息是必需的。

接下来是未使用的 6 位域。这个域被保留用来修正原始设计中的错误,不过这个域保留了几十年仍原封未动。

然后是 6 个 1 位标志。如果紧急指针被使用了,则 URG 置为 1。ACK 位为 1 表示确认序号是有效的。如果 ACK 为 0,则该数据段不包含确认信息。PSH 位表示这是带有 PUSH 标志的数据,则接收方在收到数据后应立即请求将数据递交给应用程序,而不是将它缓存起来。RST 位被用于重置一个已经混乱的连接,也可用来拒绝一个无效的数据段或拒绝一个连接请求。SYN 位被用于建立连接的过程,在连接请求中,SYN＝1 和 ACK＝0 表示该数据段没有使用捎带的确认域。连接应答捎带了一个确认,则有 SYN＝1 和 ACK＝1。本质上,SYN 位被用来表示 CONNECTION REQUEST 和 CONNECTION ACCEPTED,然后进一步用 ACK 位来区分这两种可能的情况。FIN 位被用于释放一个连接,它表示发送方已经没有数据要传送了。

前面提到,TCP 中的流控制是通过一个可变大小的滑动窗口来完成的。窗口大小域指定了从被确认的字节算起可以发送多少个字节。

校验和的校验范围包括头部、数据以及图 6.20 中的伪头部。在计算校验和时，TCP 的 Checksum 域被置为 0，如数据域的长度为奇数则填补一个额外的 0 字节。校验和算法很简单，将所有的 16 位字按 1 的补码形式累加起来，然后取累加结果的补码。所以，当接收方在数据段上执行同样的计算过程时，结果应该为 0。

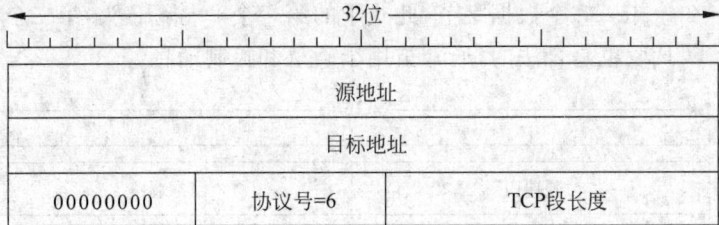

图 6.20　TCP 的伪头部结构

伪头部包含源机器和目标机器的 32 位 IP 地址、TCP 的协议号（＝6），以及 TCP 数据段（包含头）的字节计数。

5. 连接的建立

TCP 使用三步握手法建立连接。为建立连接，服务器通过执行 LISTEN 和 ACCEPT 原语，被动地等待一个进来的连接请求。

客户执行一个 CONNECT 原语，同时指定以下参数：它希望连接的 IP 地址和端口，接受的 TCP 分段长度，以及一些可选的用户数据。CONNECT 原语发送一个 SYN＝1 和 ACK＝0 的 TCP 数据段，然后等待应答。

当数据段到达目标端，那里的 TCP 实体查看一下是否有一个进程已经在目标端口域中指定的端口上执行了 LISTEN。如果有，则送回一个设置了 RST 位的应答，以拒绝客户的连接请求。

如果某个进程正在监听该端口，则 TCP 实体将进来的 TCP 数据段交给该进程。该进程可以接受或拒绝这个连接请求。如接受，则送回一个确认数据段。在正常情况下，发送的 TCP 数据段顺序如图 6.21(a)所示。

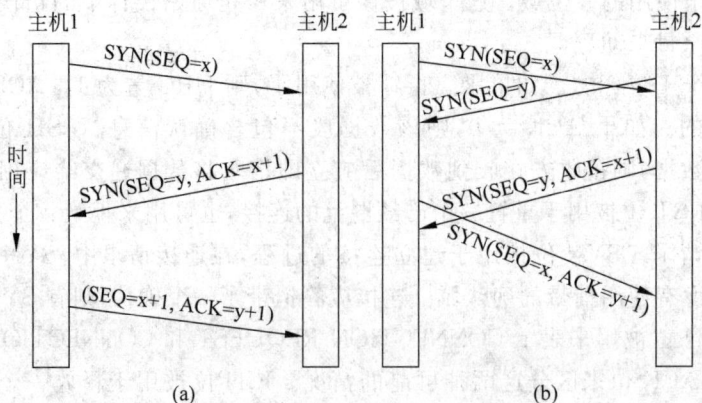

图 6.21　TCP 连接的建立过程

如果两台主机同时企图在同样的两个套接字之间建立一个连接,则事件序列如图 6.21(b)所示。因为所有的连接都是由它们的端点来标识的,所以只有一个连接被建立起来。如果第一个请求建立了一个由(x,y)标识的连接,第二个请求也建立了这样一个连接,那么在 TCP 实体内部只有一个表项,即(x,y)。

6. 连接的释放

TCP 连接是全双工的,但为了理解 TCP 连接的释放过程,可以将其理解为一对独立释放的单工连接。两方中的任一方都可以发送一个设置了 FIN 位的 TCP 数据段,以表明没有数据要发送了。一旦 FIN 数据段被确认,这个方向上就停止数据传送。而另一个方向还可能继续进行着数据传送。当两个方向都停止时,连接被释放。

TCP 连接的释放过程如下:A 和 B 都处于 ESTABLISHED 状态,A 的应用进程先向其 TCP 发送释放连接报文段,并停止发送数据,主动关闭 TCP 连接。A 把连接释放报文段头的 FIN 置 1,其序列号 seq=x(前面已经传送的数据的最后一个字节的序号加 1)。这时 A 进入 FIN-WAIT-1(终止等待 1)状态,等待 B 的确认。需要注意的是,TCP 规定,FIN 报文段即使不携带数据,也消耗一个序号。

B 收到连接释放报文段后发出确认,将 ACK 置 1,确认号是 ACK=x+1,然后 B 就进入 CLOSE-WAIT(关闭等待)状态。TCP 服务器进程这时应该通知高层应用进程,从 A 到 B 这个方向的连接就释放了。这时的 TCP 连接处于半关闭状态,即 A 没有数据要传送了,但 B 可能还有数据要传送。A 进入 FIN-WAIT-2(终止等待 2)状态,等待 B 发出连接释放报文。

当 B 也没有数据要传送时,将 FIN 置 1,其序列号 seq=y。这时 B 进入 LAST-ACK(最后确认)状态,等待 A 的确认。A 收到来自 B 的释放报文后,对此发出确认。在确认报文中,将 ACK 置 1,确认号 ACK=y+1。然后进入 TIME-WAIT(时间等待)状态。

这时 TCP 连接还没有释放掉。经过时间等待计时器(TIME-WAIT timer)设置的时间 2MSL 后,A 才进入到 CLOSED 状态。时间 MSL 叫做最长报文段寿命(Maximum Segment Lifetime)。之后,TCP 连接释放。

上述释放过程是 4 次握手,也可看为两个二次握手,如图 6.22 所示。

那么为什么 A 在 TIME-WAIT 状态还需等待 2MLS 的时间呢?

(1) 为了保证 A 发送的最后一个 ACK 报文段能够到达 B。这个 ACK 报文段有可能丢失,从而使处在 LAST-ACK 状态的 B 收不到对已发送的 FIN+ACK 报文段的确认。B 会超时重传这个 FIN+ACK 报文段,而 A 就能在 2MSL 时间内收到这个重传的 FIN+ACK 报文段。然后 A 重传一次确认,重新启动 2MSL 计时器。最后,A 和 B 都正常进入 CLOSED 状态。如果 A 在 TIME-WAIT 状态不等待一段时间,而是在发送完 ACK 报文段后立即释放连接,一旦确认报文丢失,B 就不能正常进入 CLOSED 状态。

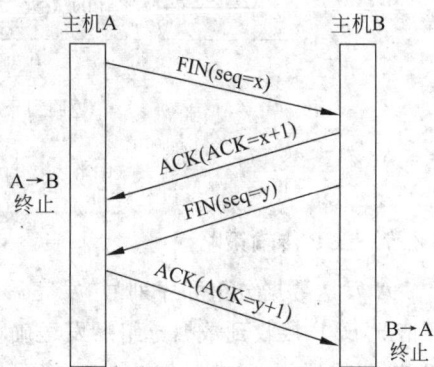

图 6.22 TCP 连接的释放过程

（2）防止已失效的连接请求报文段出现在本连接中。A 在发送完最后一个 ACK 报文段后，再经过时间 2MSL，就可以使本连接持续的时间内所产生的所有报文段都从网络消失。这样就可以使下一个新的连接中不会出现旧的连接请求报文段。

通常情况下，为释放一个连接，需要 4 个 TCP 数据段：每个方向一个 FIN 和一个 ACK。由于第一个 ACK 和第二个 FIN 可能被包含在同一个数据段中，总数可能降为 3 个。

图 6.23 可表示 TCP 连接建立及释放全过程。

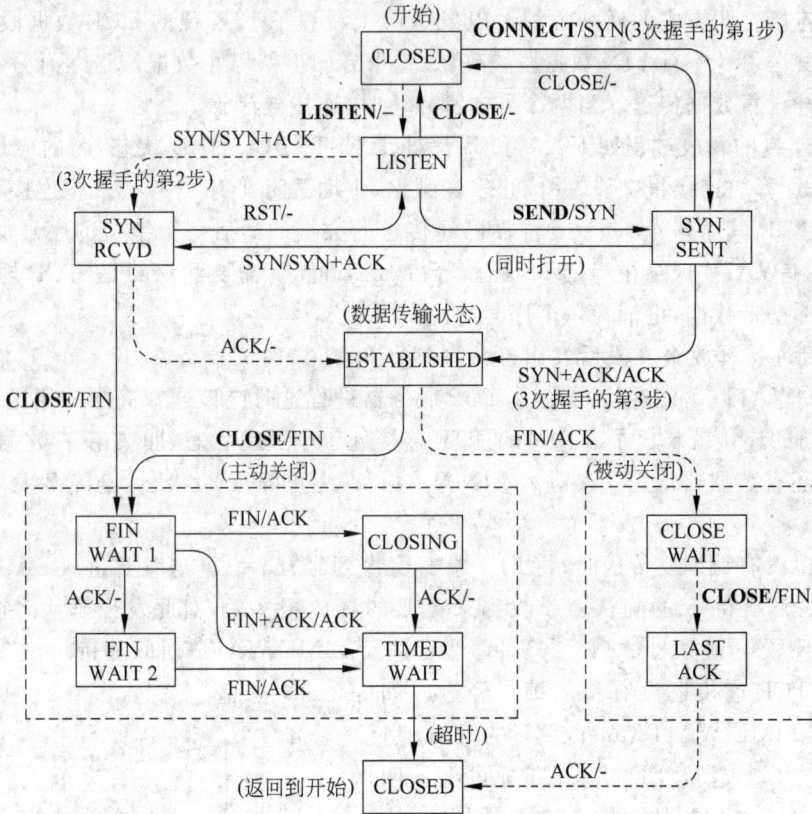

图 6.23　TCP 连接建立及释放全过程

7. TCP 传输策略

A 发送数据分组和序列号，发完后等待 B 的确认。在无差错的情况下，B 接收到数据分组后发送确认数据段，A 接收到确认数据段，则数据传送结束，如图 6.24 所示。

而 A 只要超过了一段时间仍没收到确认，则认为刚才发送的数据分组丢失，并重传。这就叫做超时重传。这段时间叫做 RTT（Round Trip Time）。根据 RTT，TCP 能够计算在超时前等待多长时间。但 RTT 计算不属于 TCP 规范中的部分。

重传策略也是存在问题的，例如图 6.25 中，累积的 ACK 阻止了重传。第一个数据段确认信息丢失，但在 RTT 时间内，发送方 A 接收到了第二个数据段的确认信息，则 TCP 不会重传。

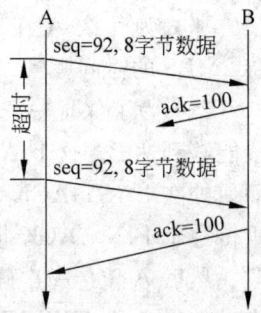

图 6.24　无差错情况下的数据传送

确认延迟也会导致重传,这时 A 会收到重复的确认。对重复的确认,A 采取的策略是,收下后就丢弃。B 仍会收到重复的数据段,同样丢弃重复的数据段,如图 6.26 所示。

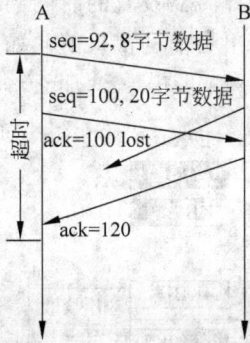

图 6.25 确认丢失的情况   图 6.26 确认延时的情况

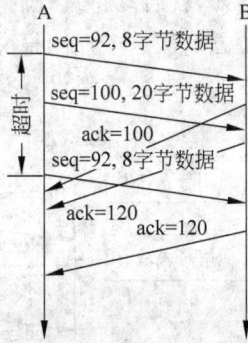

RTT 是变化的。它的计算如下:RTT=数据分组到达目标的时间+ACK 从目标返回的时间。RTT 示意如图 6.27 所示。

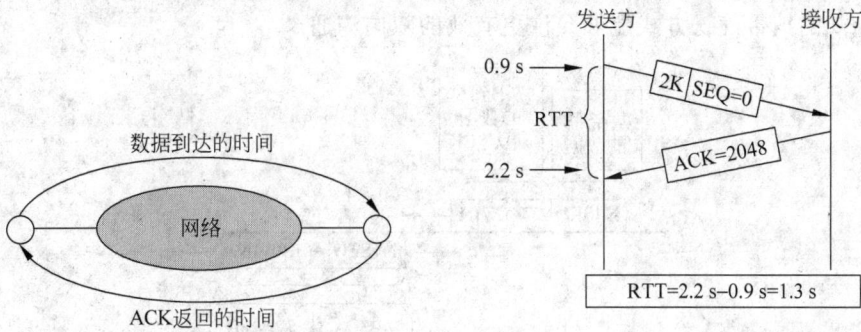

图 6.27 RTT 示意图

TCP 的超时时间值应设置为比 RTT 略长。但需注意的是,RTT 是变化的。时间过短会导致不必要的重传,过长则会产生反应过慢而且数据段丢失。可以使用多次 RTT 时间的均值代替当下 RTT,能够取得更好的效果。

8. TCP 流量控制

TCP 的流量控制指的是发送方不能过快、过多地发送超过接收方缓存空间的数据。接收方需要显示通知给发送方其空闲缓存空间大小,而发送方保持未确认的发送数据不超过这一空间大小。图 6.28 是一个接收示例。

图 6.28 接收示例

可以看出,图 6.29 进行了 3 次流量控制。需要注意的是,当接收方将 win 减少到 0,即不允许发送方再发送数据了。现在考虑一种情况,接收方向发送方发送了零窗口报文后不久,B 的接收缓存又有了一些存储空间。于是 B 向 A 发送了 win=2048 的报文段,然而这个报文段在传送过程中丢失了。A 一直等待收到 B 发送的非零窗口的通知,而 B 也一直在等待 A 发送的数据。如果不采取措

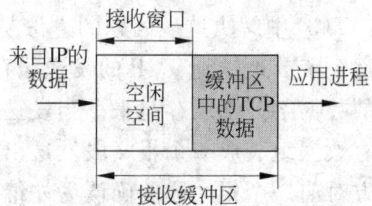

施,A 和 B 将一直相互等待下去。

为了解决这个问题,TCP 为每一个连接设有一个持续计时器。只要 TCP 连接的一方收到对方的零窗口通知,就启动持续计时器。如持续计时器设置的时间到了,就发送一个零窗口探测报文段。对方确认这个探测报文段,同时给出目前的窗口值。如果窗口仍然是零,那么收到这个报文段的一方就重新设置持续计时器。如果不是零,那么将继续传送数据。

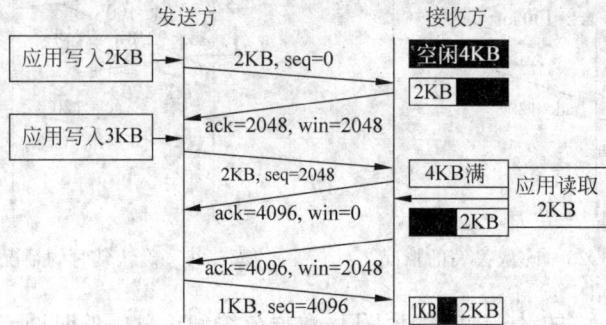

图 6.29　流量控制

图 6.30 的捎带确认方式能够允许更有效的双向沟通。

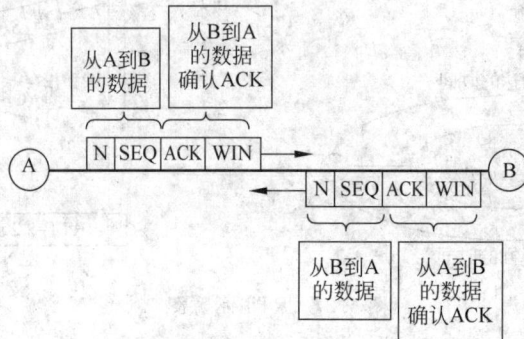

图 6.30　捎带确认方式

在 TCP 协议中,还存在一些问题。例如,小包裹传送问题(图 6.31)。当用户只发送一个字符时,加上 20 字节的头部后,得到 21 字节的 TCP 报文段。再加上 20 字节的 IP 头部,形成 41 字节的 IP 数据报。这样,用户仅发送一个字节时线路上就需要传送总长度为 162 字节共 4 个报文段。当线路带宽并不富裕时,这种传送方法的效率的确不高。

TCP 中解决这一问题的方法是 Nagle 算法。算法如下:若发送应用进程要把发送的数据逐个字节地送到 TCP 的发送缓存,则发送方就把第一个数据字节先发送出去,把后面到达的数据字节都缓存起来。当发送方收到对第一个数据字符的确认后,再把发送缓存中的所有数据组装成一个报文段发送出去,同时继续对随后到达的数据进行缓存。只有在收到对方对前一个报文段的确认后才继续发送下一个报文段。当数据到达较快而网络速率比较慢时,用这样的方法可明显减少占用的网络带宽。此外,该算法还规定,当到达的数据已达到发送窗口大小的一半或已达到报文段的最大长度时,就立即发送一个报文段。

另一个问题叫做愚笨窗口问题(图 6.32)。当 TCP 的接收方缓存已满,而交互式的应用进程一次只从接收缓存中读取 1 个字节,然后向发送方发送确认,并把窗口设置为 1 字

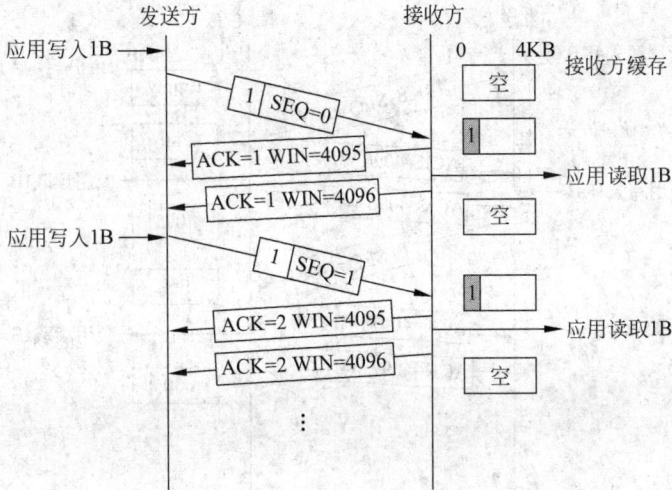

图 6.31　小包裹传送问题

节。但发送的数据报是 40 字节,然后,发送方又发来 1 字节的数据(发送方发送的 IP 数据报是 41 字节长)。发送方发回确认,仍然将窗口设置为 1 字节。这样下去,使网络的效率很低。

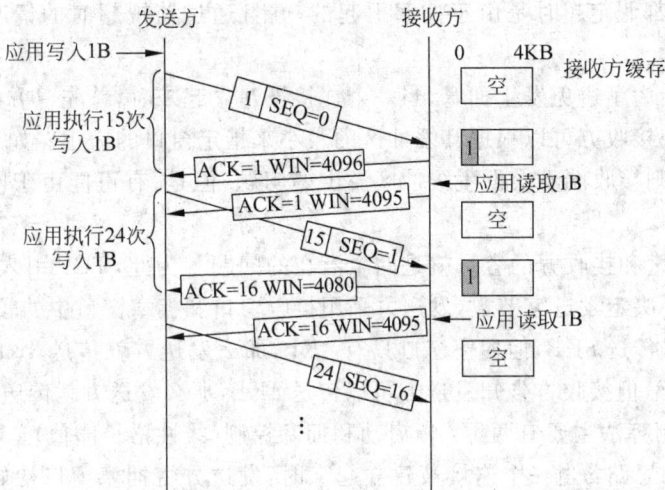

图 6.32　愚笨窗口问题

　　解决愚笨窗口问题的方法是 Clark 算法(图 6.33)。让接收方等待一段时间,接收缓存有足够空间容纳一个最长的报文段或接收缓存已有一半空闲的空间时,接收方才发送确认报文,并向发送方通知当前的窗口大小。而发送方也不要发送太小的报文段,而是把数据累积成足够大的报文段或达到接收方缓存的一半大小时才发送。

9. TCP 拥塞控制

　　当对资源的需求总和大于可用资源时,将会出现拥塞。网络层需要进行拥塞控制。在 TCP/IP 协议中,网络层简单处理路由和分组转发,拥塞控制是由 TCP 端到端来完成的。

　　管理拥塞的第一步是检测拥塞。在过去,检测拥塞是非常困难的,由于丢失分组而引起

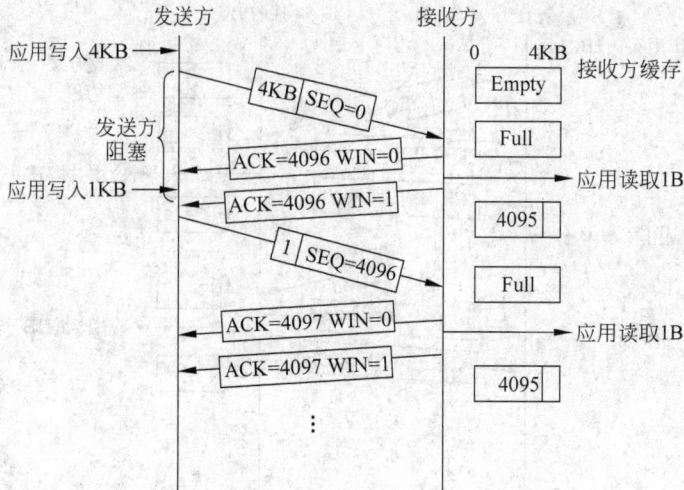

图 6.33　Clark 算法

的超时可能有两种情况：①传输线路上有噪声；②拥塞的路由器上分组被丢弃。要区分这两种情况是很困难的。现在，由于传输错误而导致的分组丢失情况相对较少发生，因为大多数长距离干线是光纤。因此，因特网上的大多数传输超时都是由于拥塞而引起的。所有的因特网 TCP 算法都假定超时是由于拥塞引起的，并且通过监视超时的情况来判断是否出现问题。

如果从一开始为了避免发生拥塞，当一个连接被建立起来时，首先双方必须要选择一个合适的窗口大小。接收方可以根据其缓冲区的大小来指定窗口的大小。如果发送方遵守此窗口大小的限制，则接收端不会发生缓冲区溢出的问题，但是，有可能由于网络内部的拥塞而发生问题。

所以，网络容量和接收方的容量就是两个潜在的问题。为此，TCP 引入了一个窗口，叫做拥塞窗口。为了决定发送字节数，发送方采用接收窗口和拥塞窗口中的较小值。例如，接收方说发送方可以传送 8KB，但拥塞窗口只有 4KB，那么发送方就传送 4KB 数据。如果拥塞窗口大小为 8KB，但接收方告知发送方可以传送 4KB，那么发送方就传送 4KB 数据。

TCP 拥塞控制算法主要有两种：慢启动和拥塞控制（线性增长阈值）。

慢启动算法的思路：当一个连接被建立起来时，发送方将拥塞窗口初始化为该连接上当前使用的最大数据段长度，然后，它发送一个最大的数据段。如果该数据段在定时器过期之前被确认，则它将拥塞窗口增加一个数据段的字节数，从而使拥塞窗口变成 2 倍的最大数据长度。当拥塞窗口达到 n 个数据段时，如果所有 n 个数据段都被及时确认，则拥塞窗口增加这 n 个数据段所对应的字节数。实际上，每一批被确认的突发数据段都会使拥塞窗口加倍。拥塞窗口一直呈指数增长，直至发生超时，或达到接收方窗口的大小。当超出传送时间时，拥塞窗口减小到上一次更新前的大小，然后重新开始（图 6.34）。

实际上慢启动算法一点都不慢，而是数量级的，所有的 TCP 实现都要求支持该算法。

拥塞控制算法的思路：除了接收窗口和拥塞窗口外，还有第三个参数——阈值，初始时该参数为 64KB。当一次超时发生时，阈值被设置为当前拥塞窗口的一半，而拥塞窗口被重置为一个最大数据段。然后使用慢启动算法来决定网络的处理能力，不过当增长到阈值时便停止。从这个点开始,每一次成功的传输都会使拥塞窗口线性增长(即每次突发数据仅增长一个最大数据段),而不是成倍地增长。实际上,这个算法只是在猜测,将拥塞窗口减小一半可能是可以接受的,然后再从这个点开始慢慢往上增长。

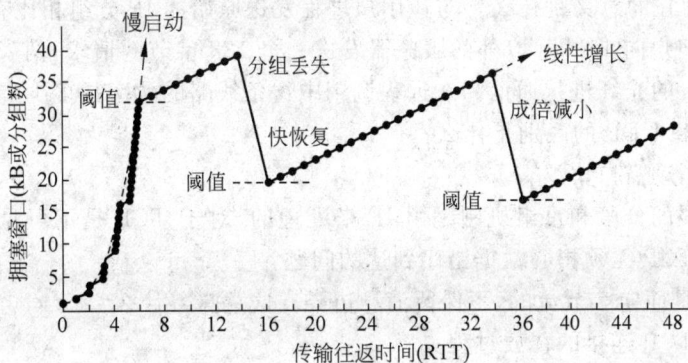

图 6.34 慢启动算法

除上述两个算法外,还有快重传和快恢复算法。这里不做详细介绍,有兴趣的学生可自行学习。

6.5 小结

传输层是理解分层协议的关键,它提供了各种服务,其中最重要的服务是一个从发送方到接收方之间端到端的、可靠的、面向连接的字节流。通过一组服务原语可以访问此服务(允许建立、使用和释放连接)。

传输协议在建立连接时,为保证能在不可靠网络下完成,采用三步握手法。释放连接时要考虑到两军问题。

因特网有两个主要的传输协议:UDP 和 TCP。UDP 是一个无连接的协议,可用于用户—服务器之间的交互过程,例如使用 RPC 来实现客户和服务器之间的交互。UDP 也可以被用来建立实时协议,例如 RTP。

TCP 提供可靠的双向字节流,TCP 协议是因特网传输协议中最重要的协议。

习题

6-1 在网络层次结构中,传输层与网络层、数据链路层的作用有哪些不同?

6-2 原语 LISTEN 是一个阻塞调用,有必要吗?

6-3 非对称和对称方式释放连接有什么区别?

6-4 采用两步握手而不是三步握手法建立连接可行吗?简述其原因。

6-5 简述三步握手法的过程。

6-6 在泛化的 n 军队问题中,任何两支蓝军达成一致的意见之后就足以取得胜利了。

请问是否存在一个能保证蓝军必胜的协议?

6-7　什么叫做向上多路复用和向下多路复用?

6-8　简述崩溃恢复过程。

6-9　UDP 存在的意义是什么? 与让用户进程发送原始的 IP 分组相比有什么优势?

6-10　一个客户向 100km 以外的服务器发送一个 128 字节的请求,两者之间通过一条 1Gb/s 的光纤进行通信。在远程调用中这条线路的效率是多少?

6-11　TCP 和 UDP 的区别是什么?

6-12　简述滑动窗口协议。

6-13　数据报的分段和重组机制是由 IP 来处理的,对于 TCP 是不可见的。这是否意味着 TCP 无须担心数据错序到达的问题?

6-14　TCP 是面向字节流的,不保留消息边界。这意味着什么?

6-15　简述 TCP 连接的释放过程。

6-16　为释放一个 TCP 连接,需要几个数据段?

6-17　在 TCP 连接的释放中,为什么主动释放的一方在 TIME-WAIT 状态下还需等待 2MLS 的时间?

6-18　TCP 的重传策略存在什么问题?

6-19　RTT 指的是什么? TCP 的超时时间与 RTT 的关系是什么?

6-20　考虑当 Nagle 算法被用在一个极其拥塞的网络上时的潜在缺点。

6-21　愚笨窗口是如何形成的,如何解决这个问题?

第7章

应 用 层

通过前面的章节,我们知道了计算机网络为应用进程提供通信服务的过程。我们自然就会想到,网络所提供的通信服务是通过什么样的协议被各种应用进程所使用的呢? 本章内容解决的就是这个问题。

每个应用层协议都是为了解决某一类应用问题,而问题的解决又往往是通过位于不同主机中的多个应用进程之间的通信和协同工作来完成的。应用层的具体内容就是规定应用进程在通信时所遵循的协议。

某一类应用问题的解决往往是通过位于不同主机中的多个应用进程之间的通信和协同工作来完成的,这就需要规定一个协议以便应用进程在通信时有章可循。应用层就是由这样一个又一个的应用层协议组成的。

网络应用与应用层协议是两个重要的概念。E-mail、FTP、TELNET、Web,以及基于网络的金融应用系统、电子政务、电子商务、远程医疗、远程数据存储都是不同类型的网络应用。应用层协议则规定了应用程序进程之间通信所遵循的通信规则,包括如何构造进程的报文,报文应该包括哪些字段,每个字段的意义与交互的过程等问题。

7.1 因特网应用与应用层协议的分类

1. 因特网应用技术发展的 3 个阶段

从因特网应用的发展历程来看,大致可以分成 3 个阶段。

(1) 第一阶段的主要特征:提供远程登录(TELNET)、电子邮件(E-mail)、文件传输(FTP)、电子公告牌(BBS)与网络新闻组(Usernet)等基本的网络服务功能。

(2) 第二阶段的主要特征:Web 技术迅速发展,出现了基于 Web 技术的电子政务、电子商务、远程教育等一系列应用,同时搜索引擎技术也开始兴起。

(3) 第三阶段的主要特征:无线网络应用和 P2P 网络应用扩大了网络覆盖的范围和信息共享的模式;物联网的出现扩大了网络技术的应用领域;云计算则为网络用户提供了一

种新的信息服务模式。

2. 因特网应用的两种基本模式

从工作模式角度,网络应用可以分为两类:客户/服务器(Client/Server,C/S)模式与对等(Peer to Peer,P2P)模式。

1) 客户/服务器模式

从工作模型的角度,客户/服务器模式的网络应用程序可以分为两部分:客户程序与服务器程序,该模型采用了由客户程序向服务器程序发出请求,再由服务器程序进行应答的模式。采用这一模式的原因是因为网络资源的分布,在硬件、软件和数据3个方面都存在着很大的不均匀性:

① 从硬件角度来看,网络中的计算机在系统类型、硬件结构、功能实现等方面都存在着较大的差异,无论它是处理能力强大的大型计算机、服务器、服务器集群、云计算平台,还是一台 PC、智能手机、移动数字终端、PDA 或家用电器,都有可能成为网络中的一个终端。

② 从软件角度来看,一些大型的应用软件只能运行在专用的服务器中,这既是由终端能力所决定的,也是某些服务模式的特定需要。例如在云计算服务中,用户必须要向服务器发出请求,在允许成为合法用户之后才能使用服务器上的软件资源。

③ 另外一点则是从数据的完整性与一致性,以及资源使用的合法性与安全性等方面考虑。对于某些特定类型的数据,或者文本、图像、视频、音乐等对一致性要求比较高,或者存在知识产权保护的资源,就需要被存放在一台或几台大型服务器中,只有合法的用户才可以通过因特网访问这些信息资源。

2) 对等模式

P2P 是网络节点之间采取对等的方式,通过直接交换信息达到共享计算机资源和服务的工作模式。

P2P 模式与 C/S 模式的区别在于,P2P 网络通常不依赖于专用的服务器,并且该网络中的成千上万台计算机处于一种对等的地位,它们同时身兼服务提供者与服务使用者的双重身份。也就是说 P2P 网络中的每台计算机既可以作为网络服务的使用者,也可以向其他提出服务请求的客户提供资源和服务,以使得信息共享的范围和深度都能达到最大化。我们常用到的 BT 下载,就是利用对等模式进行资源共享的一个实例。

3. 应用层协议的分类

应用层协议定义了运行在不同网络端上的应用程序进程在相互通信时所遵守的规则、交换的报文格式以及交互过程,主要包括:①交换报文的类型;②各种报文格式与包含的字段类型;③对每个字段意义的描述;④报文在什么时间发送、如何发送,以及如何响应。

根据应用层协议在因特网中的作用和提供的服务,应用层协议可以分为 3 种基本类型:基础设施类、网络应用类与网络管理类,如图 7.1 所示。

1) 基础设施类
基础设施类的应用层协议主要有以下两种:

① 支持因特网运行的全局基础设施类应用层协议——域名服务协议 DNS。

② 支持各个网络系统运行的局部基础设施类应用层协议——动态主机配置协议 DHCP。

2) 网络应用类
网络应用类的协议可以分为两类:基于 C/S 工作模式的应用层协议与基于 P2P 工作

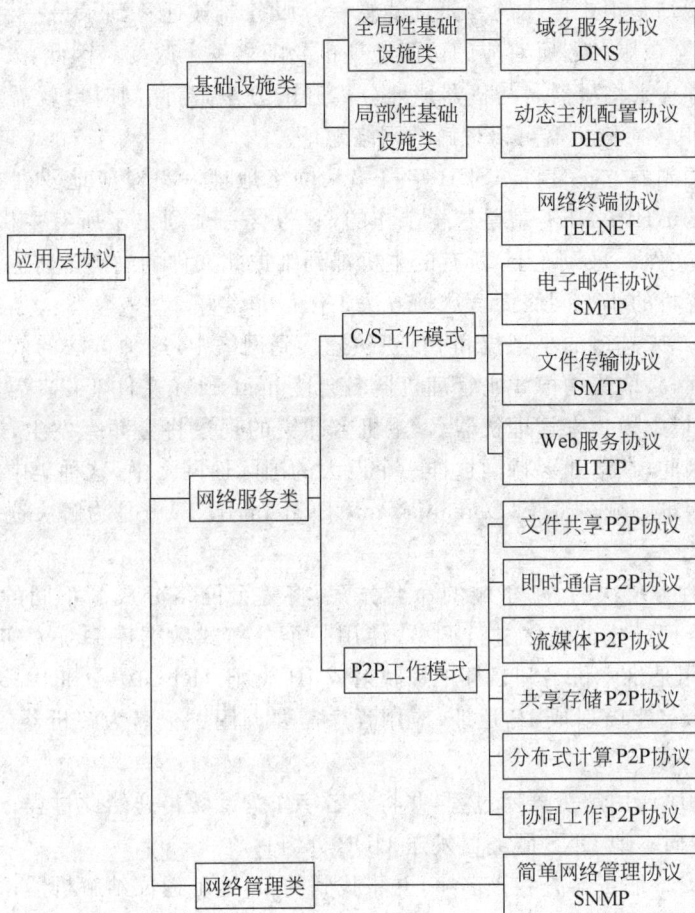

图 7.1 应用层协议分类

模式的应用层协议。

① 基于 C/S 工作模式的应用层协议。主要包括：网络终端协议 TELNET、电子邮件服务的简单报文传输协议 SMTP、文件传输服务协议 FTP、Web 服务的 HTTP 协议等。

② 基于 P2P 工作模式的应用层协议。目前很多 P2P 协议都属于专用应用层协议。P2P 协议基本上分为文件共享 P2P 协议、即时通信 P2P 协议、流媒体 P2P 协议、共享存储 P2P 协议、协同工作 P2P 协议。

3）网络管理类

网络管理类的协议主要有简单网络管理协议 SNMP。

7.2 域名系统

虽然从理论上来说，一个程序如果想要访问主机、邮箱或其他资源，那么只需要知道它的网络地址（例如 IP）就足够了。但是我们都知道计算机对于一切事物的理解都必须转化为数字形式，网络本身也是这样，它只能理解数字形式的地址（例如 192.10.2.16），而这种地址对人们来说却是很难记住的。而且试想一台服务器被迁移到了另一台使用不同 IP 地址的机器上,那么该服务器所对应的访问地址也要随之发生改变。因此,人们想到通过引入 ASCII 名字的方式来将机器名与机器地址分离开的方法,与此同时也就需要某种机制可以将 ASCII 字符串转换成机器可以理解的网络地址。

大家最先想到的方法是将 ASCII 字符串和网络地址一一对应地罗列在一张表中并定期维护。早期的 ARPANET 就是这样工作的,它包含一个列出了所有主机和它们的 IP 地址的 hosts.txt 文件。每天晚上,所有的主机都到维护此文件的站点上将它取回来。对于一个拥有几百台主机的小型网络而言这种方法工作得非常好。

但是,随着越来越多的小型机和 PC 机被连接到网络中,这种方法的效率似乎就不是那么高了。一方面,采取集中模式来管理机器名会使 hosts.txt 文件变得非常庞大;而另一方面,如果不采用集中模式来管理机器名,主机名冲突的现象将会频繁发生,这会加重网络的负载和延迟。因此,在诸如因特网这样一个巨大的国际性网络中,这种集中式的管理模式实现起来将非常困难。域名系统(Domain Name System,DNS)就是为解决这一问题而提出的一种主机命名系统。

DNS 是一种分层次的、基于域的命名方案,将整个网络分成了不同的域,并进行了分层。它的集中管理模式也随之进行调整,使用一个分布式数据库系统来实现此命名方案。DNS 的主要作用是将主机名和目标地址映射成 IP 地址。RFC1034 和 1035 定义了 DNS。

为了将一个名字映射成 IP 地址,应用程序需要调用一个名为解析器(resolver)的库过程,整个流程如下:

(1) 应用程序调用解析器库过程,并将该名字作为参数传递给此过程;

(2) 解析器向本地 DNS 服务器发送 UDP 分组;

(3) 本地 DNS 服务器查找该名字,并将找到的 IP 地址返回给解析器;

(4) 解析器将 IP 地址返回给调用方,即原应用程序。有了 IP 地址以后,应用程序就可以与目标机器建立一个 TCP 连接,或者给它发送 UDP 分组。

1. DNS 名字空间

DNS 名字空间的管理类似于邮局系统中的名字管理,通过划分不同的区域和层级来实现。从概念上说,因特网被分为 200 多个顶级域(domain),每个域又被分成若干个子域,子域接着再被细分,依此类推,即使在最小一层的域中,它也可以包含许多主机。这种划分方法很像不断分叉的树枝,如图 7.2 所示。我们可以将这些域形象地表示成一棵"域名树",树的叶节点表示不包含子域的域,但是仍包含主机。一个叶节点域可以只包含一台主机,也可以包含几千台主机。

顶级域有两种:通用域和国家域。国家域即意味着每个国家都有一个自己的顶级域,而最初的通用域则包括 com(商业)、edu(教育性机构)、gov(政府)、int(一些国际性组织)、net(网络供应商)、org(非营利性组织)等,后来根据需要又新增加了 biz(商贸)、info(信息)、name(人名)、aero(航空业)、museum(博物馆),未来还会增加其他的顶级域。

每个域的名字是按照由下到上的顺序排列的,如 seu.edu.cn 这个域名从左到右层级依次增高,句点左边的域从属于右边的域。为了创建一个新的域,创建者需要得到该新域的上级域的许可。而每个域可以自己控制如何分配它下一层的域。当一个组织拥有一个域的管理权后,它可以决定是否需要进一步划分层次或创建子域而无须得到任何上层域的许可。

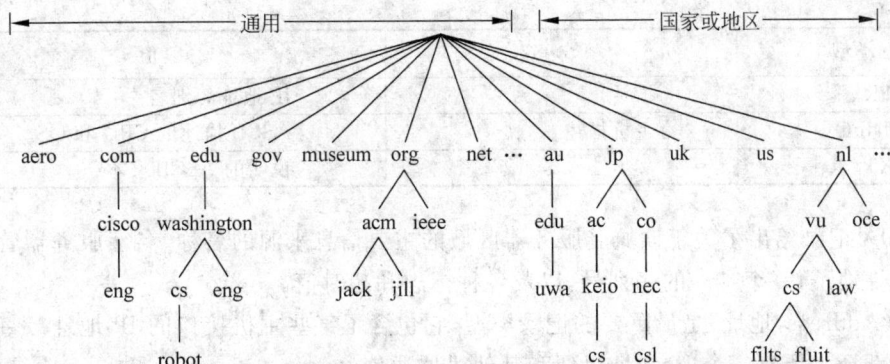

图 7.2　因特网域名空间的一部分

命名机制遵循的是组织的边界,而不是物理网络的边界。例如,仪器科学与工程学院和自动化学院在同一栋楼里,并使用同一个 LAN,但是它们仍然可以有完全不同的域。而仪器科学与工程学院虽然分散在中心楼、礼西楼和逸夫科技馆等多个地方,但它们的主机通常仍然属于同一个域。域名不区分大小写,各组成部分的名字最多可以有 63 个字符长,整个路径的名字必须不超过 255 个字符。

2. 资源记录

无论是只包含一台主机的最小的域,还是由百万台主机构成的顶级域,每个域都包含一组与它相关联的资源记录,这些记录就是 DNS 数据库。一台主机最常见的资源记录就是它的 IP 地址,但并不是唯一的,它还存在着许多其他种类的资源记录。DNS 所实现的基本功能就是当解析器把一个域名传递给 DNS 时,它可以将域名映射到与该域名相关联的资源记录上,并返回该资源记录。

每条资源记录都是一个五元组。资源记录可以用以下格式来表示:

Domain_name(域名)Time_to_live(生存期)Class(类别)Type(类型)Value(值)

Domain_name(域名)指出了这条记录适用于哪个域。

Time_to_live(生存期)用于指示该记录的稳定程度。极为稳定的信息将会被分配一个很大的值 86400(1 天时间内的秒数);而非常不稳定的信息则会被分配一个较小的值,如 60 (1 分钟)。

Class(类别)通常都是 IN,代表因特网信息。对于非因特网信息则可以使用其他的代码,但是很少见。

Type(类型)指出了这是什么类型的记录。表 7.1 列出了最重要的一些类型。

表 7.1　IPv4 中最主要的 DNS 资源记录类型

类型	含　　义	值
SOA	授权开始	本区域的参数
A	主机的 IPv4 地址	32 位整数
MX	邮件交换	优先级,愿意接收邮件的域
NS	域名服务器	本域的服务器名字
CNAME	规范名	域名

类 型	含 义	值
PTR	指针	IP 地址的别名
HINFO	主机描述	ASCII 描述的 CPU 和 OS
TXT	文本	说明的 ASCII 文本

SOA 记录给出了关于该域名服务器区域的主要信息来源的名称、名字服务器管理员的电子邮件地址、一个唯一的序列号,以及各种标志和超时值。

A(Address,地址)是最重要的记录类型,它包含了某些主机接口的 IP 地址。每台因特网主机都至少要有一个 IP 地址以便和其他机器通信。

MX 记录了为这个特定的域接收电子邮件的主机的名字。

NS 记录指定了该域或子域的名字服务器。

CNAME 记录允许创建别名。

PTR 虽然也指向别名,但是它是一种正规的 DNS 数据类型,需要定义具体的对象来和 IP 地址关联起来。而 CNAME 只是一个宏定义。

HINFO 记录允许人们找到一个域对应于哪种机器和操作系统。

TXT 记录则允许每个域按照任意的方式来标识自己。

Value(值)可以是数字、域名或 ASCII 字符串,其语义取决于记录的类型,表 7.1 中给出了每种主要记录类型的 Value 域的简短描述。

3. 名字服务器

从理论上讲,一台名字服务器就可以覆盖整个 DNS 数据库,并且可以响应所有的域名查询请求。但事实上如果真的这样做,这台服务器可能会因为承受了过重的负载而导致停机并使得整个因特网都无法正常工作。

产生这一问题的原因在于所有的域名信息都来源于同一台名字服务器,为了避免这一问题,前面提到的域名树被划分为一个个互不重叠的区域,每个区域包含 DNS 域名空间的一部分,同时也包含了存放该区域信息的域名服务器(图 7.3)。一个区域一般情况下会有不止一台域名服务器,区域的边界如何划分、域名服务器的数量以及域名服务器放置的位置都由该区域的管理员决定。有时为了提高可靠性,一个区域的部分域名服务器可以被放置在该区域之外。

域名服务器究竟是如何工作的呢?可以参考以下过程:

(1)解析器首先会接收到一个域名查询请求,然后该查询将会被传递给本地的一个域名服务器。

(2)如果被查询的域名恰好在该域名服务器的管辖范围内,那么该服务器返回权威的资源记录。需要注意的是,权威记录与缓存的记录有些不同,权威记录来自管理该记录的权威机构,这些信息不断得到维护,因此总是正确的。而缓存的记录则有可能是过期的,这就是为什么当你输入熟知的站点名称时,有时却会发现该名称已经过期了。

(3)如果被请求的域不在本地区域,并且本地没有关于它的信息记录,那么本地域名服务器就需要向顶级域的域名服务器发送查询消息。在这些记录被取回到本地的名字服务器之后,它们将会被存储在该服务器的缓存中,以备将来之需,提高请求的响应效率。但是这

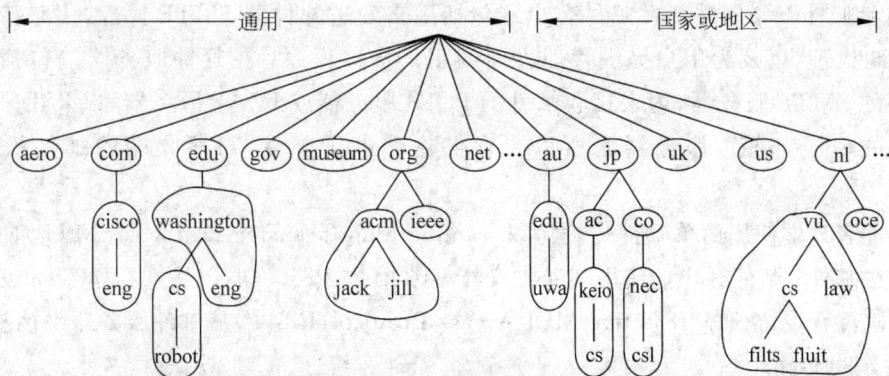

图 7.3 显示区域划分的部分 DNS 名字空间

些信息不是权威的,因为每条资源记录都包含生存期(time-to-live),因此这些记录不会在缓存中被保存太久。

7.3 电子邮件服务

与早期的邮件系统相比,建立在因特网之上的邮件服务有着显著的优势:无论用户使用何种计算机、操作系统、邮件客户端软件或网络硬件,彼此之间都可以方便地实现电子邮件交换。因特网电子邮件系统除了传输文本之外,还可以包含附件、超链接、文本、图片,同时也能够传输语音与视频。

1. 结构与服务

电子邮件系统通常由两个子系统组成:用户代理(user agent)和消息传输代理(message transfer agent)。用户代理是本地程序,让用户能够阅读和发送电子邮件,而消息传输代理一般则是系统守护进程(daemon),也就是在后台运行的程序,它的任务是将消息从源端传送到目标端。

电子邮件系统一般来说支持 5 项基本功能:

(1) 撰写(composition),是指创建消息和回信的过程。

(2) 传输(transfer),指的是把消息从发信人处传递到收信人处。这要求与目标端或某台中间机器建立一个连接,在输出消息之后将连接释放,传输任务需要自动完成而不会打扰用户。

(3) 报告(reporting),是返回给发信人的确认信息。

(4) 显示(display),是人们阅读电子邮件所必需的,有时需要进行转换或调用一个特殊的阅读器。

(5) 处理(disposition),是最后一步,包括不阅读直接删除、阅读后删除、标记为已读、转发等。

2. 电子邮件基本工作原理

前面已经介绍过,电子邮件系统包括两个子系统:用户代理和消息传输代理,即邮件客户端和邮件服务器端。在邮件客户端包括用来发送邮件的 SMTP 代理,用来接收邮件的 POP3 代理,以及为用户提供管理界面的用户接口程序;在邮件服务器端包括用来发送邮件的 SMTP 服务器,用来接收邮件的 POP3 服务器或 IMAP 服务器,以及用来存储电子邮件的电子邮箱。服务器之所以要存储这些电子邮件,与接收端的邮件投送机制有关。

邮件客户端使用简单邮件传输协议(Simple Mail Transfer Protocol,SMTP)向邮件服务器发送邮件;邮件客户端使用邮局协议(Post Office Protocol,POP)的第 3 版 POP3 协议或交互邮件存取协议(Interactive Mail Access Protocol,IMAP)从邮件服务器中接收邮件。

1) 消息传输

SMTP 邮件传输过程包括以下几个步骤:①建立 TCP 连接;②建立 SMTP 会话连接接;③邮件发送接;④释放 SMTP 会话连接接;⑤释放 TCP 连接。

SMTP 协议只能发送 ASCII 码格式的报文,不支持中文、法文、德文等,也不支持语音、视频等数据。因此人们又提出了通用因特网邮件扩展(Multipurpose 因特网 Mail Extension,MIME),它作为一种辅助性协议允许非 ASCII 码数据通过 SMTP 传输。MIME 本身不是一个邮件传输协议,而是对 SMTP 的补充。

2) 最后的投递

在发送端,SMTP 采取"推"的方式将邮件推送到服务器端,这很容易理解,就如同我们将信件投入到了邮筒中。在接收端,如果仍然采用推送的方式,那么无论接收方愿不愿意,都会收到该邮件,但事实上电子邮件系统并不是这样工作的,在邮件最后的投递阶段采用的是邮件读取协议。与上述的推送过程不同,客户获取邮件是采用"取"的方式,在接收方愿意收取邮件时才启动接收过程,这样邮件必须存储在服务器邮箱中,直到收信人读取邮件为止。这就好比邮局已经将信件放到了你家的邮箱中,但是只有当你打开邮箱去取时,才算真正地获取到了信件(你家门口的邮箱也要视作邮局系统的一部分)。

POP3 协议是目前最流行的邮件读取协议,分为 POP3 客户软件和 POP3 服务器软件,允许客户以离线方式访问,从 SMTP 邮件服务器下载邮件。客户用 POP3 协议访问 SMTP 邮件服务器时分为以下几个步骤:①建立 TCP 连接;②建立 POP3 会话连接;③邮件事务处理;④释放 POP3 会话连接;⑤释放 TCP 连接。

IMAP4 协议是另一种邮件读取协议,它提供的主要功能有:

(1) 用户在下载邮件之前可以检查邮件的头部。

(2) 用户在下载邮件之前可以用特定的字符串搜索电子邮件的内容。

(3) 用户可以有选择地下载部分电子邮件,而不必非要下载邮件的附件。

(4) 用户可以在电子邮件服务器上创建、删除邮箱,或对邮箱更名,创建分层次的邮箱。

目前使用最多的是基于 Web 的电子邮件系统,即使用 Web 浏览器来收发电子邮件,而不是使用电子邮件客户端。在基于 Web 的电子邮件应用中,邮件服务器之间的通信使用的仍然是 SMTP,但是客户代理变成了 Web 浏览器,客户与远程邮箱之间通信使用的是 HTTP,而不是 POP3 或 IMAP。

7.4 Web 与基于 Web 的网络应用

1. Web 服务的基本概念

1）Web 服务的核心技术

万维网 WWW（World Wide Web）简称为 Web，是因特网应用技术发展中的一个重要里程碑。它是一个结构性的框架，其目的是访问遍布在整个因特网上数百万台机器中相互链接的文档。

1989 年，Web 诞生于欧洲原子能研究中心 CERN，起初是方便来自多个国家的研究组成员相互交换报告、计划和其他文档。后来这一尝试引起其他研究人员的注意。1994 年，CERN 和 MIT 签署了建立万维网联盟（World Wide Web Consortium，W3C）的协议，致力于进一步开发 Web 协议的标准化以及改善站点之间的互操作性。

Web 服务的核心技术包括：超文本传输协议（Hyper Text Transfer Protocol，HTTP）、超文本标记语言（Hyper Text Markup Language，HTML）、超链接（Hyperlink）与统一资源定位符（Uniform Resource Locator，URL）。

网页（Web page）一般是用超文本标记语言 HTML 创建的（也可以由 PDF 文档、GIF 图标、JPEG 照片等其他类型文件的任何一种组成），被存储在 Web 服务器中。如果用户想要浏览某一网页，则必须通过特定的工具来实现——浏览器。Web 客户浏览器进程用 HTTP 的请求报文向 Web 服务器发出请求，随后 Web 服务器根据请求内容将存储在服务器中的 Web 页面以应答报文的形式发送给客户。而接下来浏览器要做的就是对接收到的页面进行解释，最终将图片、文字、声音等呈现给客户。通过页面中的超链接功能，用户可以访问位于其他 Web 服务器中的页面，或者其他网络信息资源。

主页（Home page）是一种特殊的 Web 页面，通常是指包含个人或机构基本信息和综合介绍的页面，是访问个人或机构详细信息的入口。主页一般包含文本、图像、表格、超链接等基本元素。

2）URL 的基本概念

URL（统一资源定位符）是对因特网资源的位置和访问方法的标识，包括 3 个部分：协议类型、页面所在机器的 DNS 名字，以及唯一指示特定页面的本地名字（通常是页面所在机器上的一个文件名）。

例如东南大学官方网站首页的 Web 服务器的 URL 为：http：//www. seu. edu. cn/main. htm。
其中，"http："指出要使用协议的类型，"www. seu. edu. cn"指出要访问的服务器的主机名，"main. htm"指出要访问的主页的路径与文件名。

2. 超文本传输协议 HTTP

1）HTTP 协议的基本特点
HTTP 是 Web 浏览器与服务器交换请求与应答报文的通信协议，具有以下特点。

（1）无状态协议。HTTP 协议在传输层使用 TCP 协议，也就是说发送、接收 HTTP 请求与应答报文都是通过 TCP 连接来完成的，浏览器在访问 Web 服务器时必须与 Web 服务器建立一个 TCP 连接。为了提高 Web 服务器的并发处理能力，使它能够同时处理很多浏览器的并发访问，协议规定 Web 服务器在完成整个请求—应答过程之后，不保存有关 Web 浏览器的任何信息。因此 HTTP 是一种无状态的协议，即 Web 服务器总是打开的，随时准备接收大量的浏览器服务请求，不保存 Web 浏览器信息就意味着即使同一个浏览器在短时间内两次访问同一个 Web 服务器，它也必须要建立两次 TCP 连接。

（2）非持续连接与持续连接。HTTP 既可以使用非持续连接，也可以使用持续连接。非持续连接是指，如果客户向服务器发出多个服务请求报文，而服务器需要对每一个请求的应答过程建立一个 TCP 连接；如果多个客户与服务器的请求报文与应答报文都可以通过一个 TCP 连接来完成，那么这种工作方式就称为持续连接。

（3）非流水线与流水线。持续连接有两种工作方式：非流水线与流水线。以非流水线方式工作时服务器会有一个等待请求的空闲时间，客户端只有在接收到前一个请求的应答后才能发出新的请求，这种等待时间一定程度上是对服务器资源的浪费。流水线方式则恰好与之相反，客户端的请求报文和服务器的应答报文可以像流水线作业一样连续发送，而不需要等待前一个请求的应答。

2）HTTP 报文格式

HTTP 协议很简单，完全是依靠请求报文与应答报文来进行交互。Web 浏览器发送请求报文的意图在于查询一个 Web 页面的可用性，并从 Web 服务器获取该页面。请求报文包括 4 个部分：请求行、报头、空白行和正文。请求行是请求报文中的重要组成部分，它包括 3 个字段：方法、URL 与 HTTP 版本。看到"方法"，你可能想到了程序设计中常见的面向对象技术，事实上也确实是这样，HTTP 虽然是为了 Web 而设计，但是它考虑到了未来应用的通用性，因此采用了面向对象的技术，以满足未来可能出现的超出 Web 应用的需求。图 7.4 给出了请求报文的发送过程。

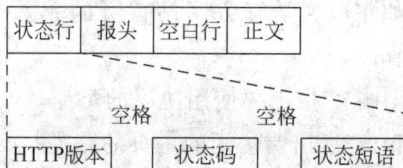

HTTP 应答报文结构包括 3 个部分：状态行、报文与正文。其中，状态行又包含 3 个字段：HTTP 版本、状态码和状态短语（见图 7.5）。

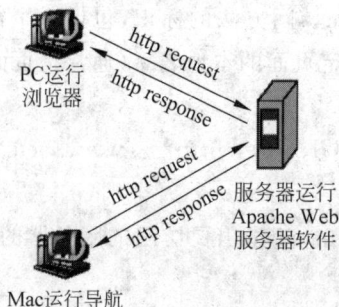

图 7.4　请求报文的发送过程

图 7.5　HTTP 应答报文结构

7.5 主机配置与动态主机配置协议

为了提高协议软件的通用性和可移植性,在编写协议软件时往往不会把所有的细节都固定在源代码中,而是把协议软件参数化,这样就可以在多台计算机上使用同一个经过编译的二进制代码,而这些计算机之间的区别则可以通过一些不同的参数来体现。

协议配置则是指在协议软件中对上述参数进行赋值。一个协议软件在使用之前必须是已经正确配置的,例如,连接到因特网中的计算机的协议软件需要配置的项目包括 IP 地址、子网掩码、默认路由器的 IP 地址、域名服务器的 IP 地址。

通常情况下,这些信息存储在一个配置文件里,计算机在引导过程中可以对这个文件进行存取。早期的协议配置是通过手工完成的,作为一个网络管理员,在管理十几台主机的局域网时,通过手工来进行主机配置是可行的。但是如果主机数量很大,并且在网络上的位置会经常发生改变,那么这种方法就显得不再适用,而需要一种可以自动进行配置的协议。

动态主机配置协议(Dynamic Host Configuration Protocol,DHCP)提供了一种即插即用的联网(plug-and-play networking)机制,允许一台计算机随时加入新的网络并获取 IP 地址而不用手工参与。

DHCP 服务器的主要功能有:

(1) 地址存储与管理:存储 IP 地址,记录已经被使用和可用的 IP 地址。

(2) 配置参数的存储和管理:存储和维护其他的主机配置参数。

(3) 租用管理:DHCP 服务器用租用的方式将 IP 地址动态地分配给主机,并管理 IP 地址的租用期。

(4) 响应客户主机请求:响应主机发送的分配地址请求、传送配置参数请求,以及租用的批准、更新与终止等各种类型的请求。

(5) 服务管理:允许服务管理员查看、改变和分析有关地址、租用、参数等,以及与DHCP 服务器运行相关的信息。

DHCP 客户的主要功能有:

(1) 发起配置:客户主机可以随时向 DHCP 服务器发起获取 IP 地址与配置参数的请求。

(2) 配置参数管理:客户主机可以从 DHCP 服务器获取配置参数,并维护配置参数。

(3) 租用管理:客户主机可以更新租用期,并在无法更新时重新绑定,在不需要时终止租用。

(4) 报文重传:DHCP 采用了 UDP 协议,客户主机需要检测 UDP 协议是否丢失,在丢失后需要重传。

DHCP 客户与服务器的交互过程如下:

(1) DHCP 客户端按照 DHCP 协议构造一个 IP 租用请求的"DHCPDISCOVER"请求

报文,以广播方式发送出去,并进入初始化状态。

（2）DHCP 服务器在接收到 DHCP 客户端的请求报文后要返回一个"DHCPOFFER"应答报文,报文中包括分配给 DHCP 客户端的 IP 地址、租用期及其他参数。

（3）DHCP 客户端可能接收到多个服务器发回的应答报文,从中选择一个 DHCP 服务器,并发送一个"DHCPREQUEST"请求报文作为对它所选择的服务器的回应。

（4）被选中的 DHCP 服务器向客户端发送一个"DHCPACK"应答报文。DHCP 客户端接收到"DHCPACK"应答报文后,才可以使用分配的临时 IP 地址,进入"已绑定状态"。

7.6　网络管理与简单网管协议

1. 网络管理的基本概念

网络管理不是指对网络进行行政上的管理,其目的是使网络资源能得到充分有效的利用,在出现故障时能及时报告和处理,保证网络能够正常、高效地进行。网络是一个非常复杂的分布式系统,它由许多不同厂家生产的、运行着多种协议的节点(主要是路由器)组成,这些节点相互之间不断地进行通信和信息交互,网络状态总是不断地发生变化。

网络管理系统通常由 5 部分组成:管理进程、被管对象、代理进程、管理信息库和网络管理协议。

2. SNMP 协议的基本内容

简单网络管理协议(Simple Network Management Protocol,SNMP)中的管理进程和代理进程分别运行 SNMP 客户程序和 SNMP 服务器程序,按照客户/服务器(C/S)的模式工作。运行在被管理对象上的 SNMP 服务器程序不断监听来自管理站(一个工作站,是整个网络管理系统的核心)的客户程序请求。SNMP 服务器程序一旦接收到请求,就立即将所需信息发回到管理站,或执行某个动作(例如更新某个参数的设置)。

基于 SNMP 协议的网络管理主要解决 3 个问题:管理信息结构(Structure of Management Information,SMI)、管理信息库(MIB)与 SNMP 规则。

（1）管理信息结构(SIM)。管理信息结构解决了 3 个问题:被管对象的命名问题、存储被管理对象的数据类型问题、网络上传送的管理数据的编码问题。

（2）管理信息库(MIB)。管理信息是指在网络管理中被管理对象的集合,这些被管理对象向管理程序提供了可供读写的控制和状态信息。管理信息库就是指这些被管理对象所构成的一个虚拟信息存储器,而管理程序就是使用管理信息库中的信息值对网络进行管理(例如读取或重新设置)。

（3）SNMP 规则。SNMP 采用轮询的方式,通过周期性的"读""写"操作来实现基本的网络管理功能。网络管理进程通过向代理进程发送 Get 和 Set 报文,既可以检测被管对象的状态,也可以改变被管对象的状态。与单片机的中断方式类似,除了轮询之外,网络管理进程允许被管对象在发生重要事件时使用 Trap 报文进行报告。表 7.2 给出了 SNMP3 报文类型。

表 7.2　SNMP3 的报文类型

操作类型	说　明	SNMP3 的报文类型
读	使用轮询机制从一个被管理对象读取管理信息报文	GetRequest-PDU GetNextRequest-PDU GetBulkRequest-PDU
写	改变一个被管理对象的管理信息的报文	SetRequest-PDU
响应	被管理对象对请求返回的应答报文	Responser-PDU
通知	被管理对象向管理进程报告重要事件发生的报文	Trapv2-PDU InformRequest-PDU

7.7　典型应用层协议——FTP 的分析

文件传输协议(File Transfer Protocol,FTP)是过去因特网上使用最为广泛的文件传送协议,直至目前仍然在被使用,尤其常见于一些学校和公司内部。FTP 屏蔽了每个计算机系统的细节和差异,能够在异构网络中的任意计算机之间传送文件。在因特网的早期阶段,FTP 传送的文件约占整个因特网通信量的 1/3,超过了电子邮件和域名系统所产生的通信量。直到 1995 年,万维网的通信量才首次超过了 FTP。

图 7.6 给出了 FTP 协议工作模型的示意图。FTP 的工作分为 3 个阶段:连接建立、传输数据报文和连接释放。其中 FTP 的连接又分为控制连接和数据连接。

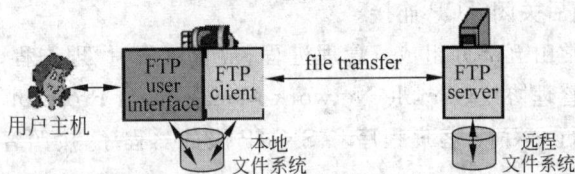

图 7.6　FTP 工作模型示意图

FTP 协议采用客户/服务器模式,一个服务器进程可以同时为多个客户进程提供服务。其主要工作过程如下:

(1) 如果 FTP 客户进程只知道 FTP 服务器的名称,那么首先需要通过 DNS 解析出服务器的 IP 地址,再通过 ARP 协议从 IP 地址中解析出对应的 MAC 地址。之后则进入 TCP 连接与 FTP 连接建立阶段。

(2) 由 FTP 客户进程发起与 FTP 服务器建立连接。第一步是建立控制连接,第二步则是建立数据连接,两者均使用 FTP 服务器的熟知端口号,分别是 21 号和 20 号。由于 FTP 使用了两个不同的端口号,所以控制连接和数据连接不会发生混乱。

(3) 在建立起连接之后,FTP 客户可以从 FTP 服务器下载或上传文件。

(4) 数据传输完成后,先后释放数据连接和控制连接,之所以在数据连接之外增添控制连接,是为了提高数据传输的可靠性。

FTP 使用 TCP/IP 协议,适用于对数据传输可靠性要求较高的领域。

7.8 小结

从工作模式角度,网络应用可以分为两类:客户/服务器(Client/Server,C/S)模式与对等(Peer to Peer,P2P)模式,客户/服务器模型采用了由客户程序向服务器程序发出请求,再由服务器程序进行应答的模式。而 P2P 网络通常不依赖于专用的服务器,并且在该网络中的成千上万台计算机处于一种对等的地位,它们同时身兼服务提供者与服务使用者的双重身份。

互联网的命名机制采用了名为域名系统(DNS)的分层方案,在顶层是我们经常用到的通用域,包括 com、edu 以及大约 200 个国家域。DNS 在实现上采用了分布式数据库的形式,其服务器遍布全球,一个进程通过查询 DNS 服务器,就可以将一个互联网域名映射到一个 IP 地址上,从而可以与该域通信。

电子邮件系统通常由两个子系统组成:用户代理(User agent)和消息传输代理(Message transfer agent)。用户代理是本地程序,让用户能够阅读和发送电子邮件,而消息传输代理一般则是系统守护进程(Daemon),也就是在后台运行的程序,它的任务是将消息从源端传送到目标端。使用 SMTP 协议便可以实现消息的发送,其原理是建立从源主机到目标主机的 TCP 连接,然后在此连接上传递电子邮件。

Web 是一个链接超文本文档的系统,最初每一个文档都是用 HTML 来编写的页面,现在 XML 正开始逐渐替代 HTML。浏览器显示文档的也是通过与服务器建立 TCP 连接来实现的,在请求该文档后关闭 TCP 连接。

网络管理系统通常由五部分组成:管理进程、被管对象、代理进程、管理信息库和网络管理协议。简单网络管理协议(Simple Network Management Protocol,SNMP)中的管理进程和代理进程分别运行 SNMP 客户程序和 SNMP 服务器程序,按照客户/服务器(C/S)的模式工作。

习题

7-1 许多商用计算机有 3 个不同的全球唯一标识符,它们是什么?

7-2 什么是应用层协议? 它是用来解决什么问题的?

7-3 应用层协议定义了为交换应用进程数据提供服务的传输协议报文格式。这种说法是否正确? 为什么?

7-4 因特网应用有哪两种基本工作模式,请简述它们之间的区别。

7-5 P2P 网络是指在因特网中由对等节点组成的一种物理网络。这种说法是否正确? 为什么?

7-6 网络层协议可以分为哪几类? 请分别举例其中包含哪些协议。

7-7 如果一台机器只有一个 DNS 域名,那么它可以有多个 IP 地址吗? 这种情形是如何发生的?

7-8 DNS 使用 UDP 协议而不是 TCP 协议。UDP 分组有着最大长度限制，最大长度
不能超过 576 个字节。当一个待查找的 DNS 名字超过这个长度时会怎么样？它
可以被放在两个分组中发送吗？

7-9 电子邮件系统包含哪两个子系统？它们的作用分别是什么？

7-10 邮件客户端分别使用什么协议来发送和接收邮件？发送和接收的对象是谁？

7-11 SMTP 邮件传输过程包括哪几个步骤？

7-12 用 POP3 协议访问 SMTP 邮件服务器时包含哪几个步骤？

7-13 在查看邮件之前，邮件是存储在邮件客户端还是存储在邮件服务器端？为什么？

7-14 Web 服务的核心技术包括哪些？

7-15 一个多线程的 Web 服务器被组织成如图 7.7 所示的结构。它需要 1ms 来接受
一个请求并检查缓存。在一半的概率下，它可以在缓存中找到文件并立即返回。
另外一半的概率下，该模块必须阻塞 8ms 以等待它的磁盘请求被排队和处理。
该服务器应该有多少个模块才能保持 CPU 一直处于忙碌的状态（假设磁盘不是
一个瓶颈）？

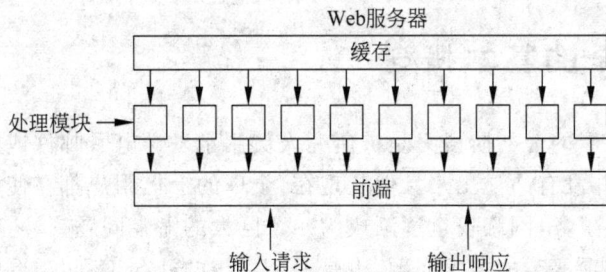

图 7.7 带有前端和处理模块的多线程 Web 服务器

7-16 请指出该 URL 各个部分所代表的含义：http://www.seu.edu.cn/SEU/ddgk.jsp。

7-17 如何理解 HTTP 是一种无状态的协议？

7-18 请简述动态主机配置协议(DHCP)的工作过程。

7-19 DHCP 服务器主动发出动态地址分配请求并管理 IP 地址租用期。这种说法是
否正确？为什么？

7-20 文件传输协议(File Transfer Protocol, FTP)是因特网上使用最为广泛的文件传
送协议。请简述其工作过程。

第8章

网络安全

8.1 网络安全的基本概念

计算机网络在发展的最初阶段只是被研究人员用于发送电子邮件或在公司内部共享打印机,此时安全问题并没有凸显出来。但是现在,全球的上亿用户都在使用网络来完成各种商业活动或处理私人事务,网络安全逐渐成为一个巨大的潜在问题。

网络安全既是一项复杂的技术问题,也是一个系统的社会工程,需要关注道德和法律法规等层面的建设。最初的网络攻击往往只是一种恶作剧或者彰显自身能力的需要,但是受到经济利益的驱使,越来越多的网络攻击开始趋向于盗窃用户信息进行出售,或者窃取用户财产,并逐步向有组织犯罪的方向发展。

网络安全关乎国家安全和社会稳定。近年来,网络攻击开始成为恐怖分子活动的工具,一些国家军方也开始将网络攻击作为一种军事进攻手段,利用网络散播谣言、扰乱社会治安,甚至窃取军事情报。因此,很多国家都已经将网络完全上升到国家安全战略的地位。

1. 网络中的信息安全问题

网络中的信息安全主要包括两个方面:信息存储安全与信息传输安全。

信息存储安全是指如何保证静态存储在联网计算机中的信息不会被未授权的网络用户非法使用。信息传输安全是指如何保证信息在网络传输的过程中不被泄露、篡改与伪造。信息传输过程中受到的威胁多种多样,其中包括4种基本的攻击类型:信息截获、信息中断、信息篡改、信息伪造。

2. 网络攻击的分类

根据不同的分类方法,网络攻击可以分为主动攻击与被动攻击,或者分为服务攻击与非服务攻击。

被动攻击的主要目的是收集信息,这种信息收集一般是在后台偷偷进行的,用户不会有所察觉。而主动攻击除了进入对方系统收集信息之外,还要进行破坏活动,例如篡改信息、欺骗攻击、拒绝服务攻击等。

服务攻击是指攻击者对某一特定网络服务所发起的攻击,如电子邮件、Web、DNS 服务器等,使得服务器无法正常工作甚至瘫痪,例如向服务器大批量地发送无用请求信息,而导致服务器阻塞,正常的服务请求无法得到响应。而非服务攻击则不针对某一特定的应用服务,它的攻击目标是网络设备和通信线路,使得网络通信设备严重阻塞或瘫痪,最终导致通信中断。

3. 网络攻击的主要方法

网络攻击的类型多种多样,常见的方法主要有以下几种:

(1) 漏洞攻击。漏洞可以分为两类,即技术漏洞和管理漏洞。技术漏洞是指网络协议、协议软件和应用软件在设计时本身存在的瑕疵,或者是系统和网络的配置错误。管理漏洞则涉及网络使用与管理权限、密码保护措施等方面的疏漏。

(2) 欺骗攻击。欺骗攻击主要包括口令破解、IP 欺骗、ARP 欺骗、DNS 欺骗、Web 欺骗、路由欺骗、陷门攻击、中间人攻击、重发攻击等。在一些安全防护软件中大家可能见到过拦截这些欺骗的防火墙,感兴趣的读者可以自行查阅资料以了解更多的信息。

(3) 拒绝服务攻击(Denial of Service,DoS)。拒绝服务攻击一般利用合理的请求,发送一定数量和一定序列的报文,使得网络服务器中等待着大量需要回复的信息,占用了系统资源,导致其他用户的正常服务请求无法得到回复。这种攻击最终可能导致服务器不能正常工作,更严重的甚至可能瘫痪。

(4) 恶意软件与病毒攻击。网络病毒具有传染性、隐蔽性、不可预见性、寄生性等特点,可以通过电子邮件、Web 浏览、存储设备、网络软件等方式传播,破坏性极大。

(5) 对防火墙的攻击。防火墙是由软件和硬件组成的复杂系统,在设计和实现上都不可避免地存在着瑕疵,它如同城门的保卫者,监控所有流入流出的数据。破坏者可以通过绕过防火墙的认证,或者直接攻击防火墙系统的方法进行破坏。与此同时,防火墙几乎没有对"城墙内部"行为的防护能力,这也就是为什么人们通常会配合使用防火墙和杀毒软件的原因。

8.2 对称密钥算法

密码技术是保证网络安全与信息安全的重要技术之一。加密算法和解密算法的思想非常简单,两者的操作在一组密钥控制下进行。加密算法的作用是将明文伪装成密文,以隐藏其真实内容。加密算法是这一转换过程所遵循的规则。而解密算法的作用则是反过来将密文恢复成原来的明文。具体过程如图 8.1 所示。

传统密码体制所使用的加密密钥和解密密钥是相同的,即加密和解密过程使用的是同一个密钥,因而称为对称密钥密码体制。因此密钥在通信过程中的严格保密就显得尤为重要。另外一种加密方法被称为非对称加密,在这种方法中加密用的公钥和解密用的私钥是不同的,公钥是向公众公开的,而私钥则是需要保密的。

由于对称加密技术在加密和解密时使用了相同的算法和密钥,因此必须确保密钥在通信双方之间能够安全交换,而不会被第三方获取,这样信息的保密性和完整性才可以得到

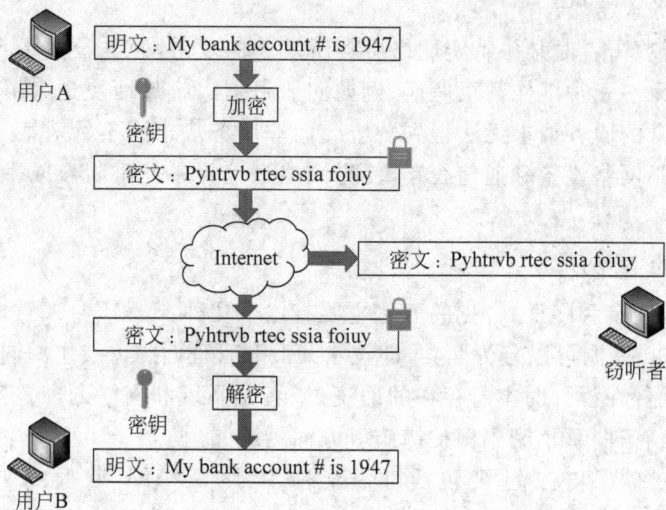

图 8.1　加密与解密过程示意图

保证。

　　还需要注意的是,虽然通信双方的加密密钥和解密密钥是相同的,但是不同的通信双方,其使用的密钥并不相同。如果一个用户与其他 N 个用户之间进行加密通信,那么该用户就需要维护 N 个密钥。当网络中有 N 个用户进行两两之间的加密通信时,就需要有 $N \times (N-1)$ 个密钥。

　　数据加密标准(Data Encryption Standard,DES)是最典型的对称密钥密码体制,由 IBM 公司研制,并于 1977 年被美国规定为联邦信息标准。DES 算法采用了 64 位的密钥长度,其中 8 位用于奇偶校验,因此实际的可使用长度为 56 位。DES 的保密性仅局限于对密钥的保密,加密算法则是公开的。前面已经提到密钥的可用长度为 56 位,总共有 2^{56} 种不同的排列可能,约为 7.6×10^{16}。但是随着技术的快速发展,以目前的计算机计算能力来看,破译 DES 密码已经不是什么问题。因此,更加安全的对称加密算法开始出现,IDEA 算法、RC2 算法、RC4 算法和 Skipjack 算法等就是其中的代表。

8.3　公钥算法和公钥管理

1. 公钥算法

　　与对称加密不同,非对称加密技术的加密和解密密钥是不同的。其中加密密钥是可以对公众公开的公钥,而解密密钥则是需要保密的私钥。这种公钥和私钥的区分使得非对称加密技术又被称为"公钥加密"技术。

　　1976 年,Diffie 与 Hellman 提出了公钥加密的思想,用来加密的公钥与用来解密的私钥成对出现并且数学相关,但是其关键在于,解密私钥不可能通过加密公钥算出。因此,公开加密密钥并不会危及解密密钥的安全。

　　在非对称加密中,私钥也不会出现在传输过程中被泄露的危险,因为密钥对生成器是被放置在接收端的。发送端在发送信息前首先要得到一对密钥中的公钥,然后将明文用公钥加密后发送给接收端。接收端在接收到加密的密文后,使用这一对密钥中的私钥去解密,将密文还原成明文,整个过程当中私钥都没有被传输,始终掌握在接收端手中。具体工作原理如图8.2所示。

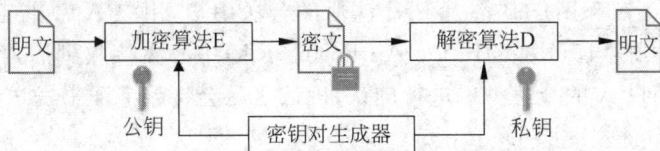

图 8.2 非对称加密的工作原理

非对称密钥密码体系具有以下特点:

(1) 加密密钥和解密密钥是分开的,从公钥和密文当中并不能破解出明文和用于解密的私钥,并且私钥自始至终也不会被传递,具有很高的安全性,可以保证私钥只有解密人即消息的接收者自己知道。

(2) 在非对称密钥密码体制中,加密的公钥是被公开的,提供给所有想要给接收端发送信息的用户,因此一个接收者只需要一对密钥,就可以允许其他所有知道公钥的用户向自己发送信息。

(3) 如果将这个过程反过来,以公钥作为解密密钥,而将私钥作为加密密钥,那么就可以实现一个用户加密的消息可以被多个用户解密。

(4) 非对称密钥加密技术可以大大简化密钥的管理。假设网络中有 N 个用户,要实现两两之间的加密通信,仅仅需要 N 对密钥即可,即每个用户都产生一对密钥,并保留该密钥中的私钥,而将公钥告知给其他所有用户。

非对称密钥加密技术与对称密钥加密技术相比有着很大的优势。因为解密的私钥始终在用户自己的手中,而不需要通过网络发送给通信中的对方,即使公钥在传输过程中被截获,由于得不到相对应的私钥,所截获的公钥对于破坏者来说也就没有太大的意义。而对称密钥加密技术所使用的密钥则是一定要在通信时通过网络告知对方的,非对称密钥加密技术很好地解决了信息在传输过程中的保密性问题,同时也解决了如何对信息发送人与接收人的真实身份进行验证,防止发出信息和接收信息的用户在事后抵赖,并保证数据完整性的问题。

2. 公钥管理

公钥基础设施(Public Key Infrastructure,PKI)是利用公钥加密和数字签名技术建立的安全服务基础设施,以保证网络环境中数据的秘密性、完整性与不可抵赖性。

以下几个基本问题有助于对 PKI 基本概念的理解:

(1) PKI 利用非对称加密密码体系,为电子商务、电子政务等应用提供加密和数字签名服务,是一种通用性的网络安全基础设施。

(2) PKI 系统对用户是透明的,即用户不需要知道 PKI 是如何管理证书与密钥的,只需要享受其服务即可。

(3) PKI 的主要任务是确定用户的合法身份。这种信任关系是通过认证中心确认用户的公钥证书来实现的,公钥证书是用户身份与所持有公钥的结合。而这里的认证中心则是一个独立于通信双方的第三方机构。

PKI 的基本工作原理如下：

（1）PKI 的认证中心（Certificate Authority，CA）产生非对称加密所需要的公钥与私钥对，并存储在证书数据库中。

（2）假设用户 A 和用户 B 都是 PKI 注册的合法用户，用户 A 希望与用户 B 通信。首先，认证中心的注册认证（Registration Authority，RA）中心在接收到用户 A 下载数字证书的请求后，要对用户 A 的合法身份进行确认，确认之后会将数字证书发送给用户 A，用户 A 从中得到加密密钥，这个密钥是私钥。

（3）随后用户 A 向用户 B 发送用私钥加密和数字签名的文件，用户 B 同样通过数字证书的方式获得对应的公钥，并用该公钥验证文件的合法性。

当用户数量庞大时，这些工作不可能只由一个 CA 中心来完成。实际的 PKI 系统具有多个 CA 中心，彼此之间存在着一个信任关系模型，以确保不同认证机构的用户能够信任其他认证机构所颁发的证书。这一模型被称为信任链或证书路径，即每一个用户都可以根据证书中的数字签名来逐层追溯证书的来源与合法性。

8.4 量子通信和加密技术

随着计算机技术的突飞猛进，计算能力和速度不断提高，传统的加密机制通过暴力破解的手段在一定时间内总是有可能被完全破解。虽然"一次一密"的一次性加密机制仍然被认为是现阶段最安全的加密算法，但是没有一种传统的通信手段能够完全安全地传输密钥而不被窃听。量子通信的诞生正是解决了密钥通信的安全性问题。

量子通信利用了量子的"纠缠效应"，即相互纠缠的粒子之间存在一种超距作用力，无论相距多远，其中一个粒子的变化必然引起另一个粒子同时发生改变。因此可以利用纠缠实现信息的远距离传输。

量子通信技术利用量子密钥分发，进而结合 OTP 策略实现对信息的加密，使得通信双方的信息传输绝对安全。量子力学中关于量子态的测不准原理以及量子不可克隆定理是量子通信技术的重要基础。

测不准原理即"海森堡不确定性原理"，它指出，不可能同时精确地测量出粒子的动量和位置，因为在测量过程中仪器会对测量过程产生干扰，对粒子的位置测量不可避免地会搅扰粒子的动量，反之亦然。薛定谔于 1935 年提出了"薛定谔的猫"的思想实验，用宏观的理论阐述了海森堡的理论。薛定谔认为量子处于一系列不确定的状态上，而且在每一个状态上都有一定的概率，而且这些状态都是并存的，这就是量子态叠加。一旦对量子进行测量，量子的这些状态便不复存在，而是坍缩到了其中的一种本征态上。这个理论便是量子通信中量子密钥分发（Quantum Key Distribution，QKD）的理论基础。

在量子通信中运用的量子不可克隆定理，主要依据其非正交量子态不可克隆的性质，使得攻击者不可能通过一次测量，复制出一个完全相同的量子态而不对初始量子态产生影响，进而保证了量子态在传输过程的不可复制特性。因此在量子通信中，企图窃取加密信息时会引入误码，使得通信双方意识到此次通信已经不安全了。

上述特点保证了量子通信的安全性和高效性,并且可以利用量子态的纠缠特性实现远距离非定域的精确信息传输。目前,我国在量子通信领域取得了一系列巨大突破,2016 年 8 月 16 日发射升空的"墨子号"量子科学实验卫星,将使我国在世界上首次实现卫星和地面之间的量子通信,构建天地一体化的量子保密通信与科学实验体系。

8.5 网络安全协议

1. 网络安全协议的基本概念

网络安全协议是为了实现密码分配、身份认证、信息保密和安全传输而制定的一系列通信规则,它通常需要借助于密码算法来实现其功能。网络安全协议的设计要求有以下几点。

(1) 认证性:认证是指网络系统中的通信实体之间进行身份识别、建立信任关系的过程,它是所有设计要求的基础。

(2) 机密性:对消息进行加密是实现机密性最主要的方法,其目的是保护协议交换过程中的消息不被泄露,或者使得攻击者无法窥测到消息的格式和含义。

(3) 完整性:对消息进行封装或签名是实现完整性的主要方法,其目的是保护协议交换过程中的消息不会被攻击者非法篡改、删除和替代。

(4) 不可否认性:其目的是通过提供充足的证据,使得协议通信的主体必须对自己合法的行为负责,保护协议双方的合法利益不受侵害,任何一方都无法事后抵赖或否认。

网络安全协议涉及网络层、传输层和应用层 3 个层次。

2. 网络层安全

如果仔细地分析 IPv4 协议不难发现,IP 分组的校验和对于 IP 分组数据完整性的验证能力很弱,在修改 IP 分组数据之后,新的校验和可以轻松地被重新计算并回填到校验和字段。因此伪造 IP 分组、篡改或窥探 IP 分组的内容都是非常容易的,IP 协议本身存在着安全漏洞。接收端既不能保证 IP 分组在传输过程中不被泄露或篡改,甚至无法保证 IP 分组原地址的真实性。

为了解决 IP 协议的安全性问题,人们研究提出了网络层的 IP 安全协议(IP Security Protocol,IPSec)。

IPSec 有以下这些特征:

(1) 虽然 IPSec 在 IP 层提供安全服务,但是可以为任何高层协议提供服务,如为 TCP、UDP、ICMP、BGP 协议提供服务。

(2) IPSec 对 IPv6 协议来说是基本的组成部分,而对于 IPv4 则是可选的。

(3) IPSec 是一个安全体系,而不是单一的一种协议,它主要包括:认证头(Authentication Header,AH)协议、封装安全载荷(Encapsulating Security Payload,ESP)协议与因特网密钥交换(Internet Key Exchange,IKE)协议等。

(4) IPSec 定义了两种保护 IP 分组的模式:传输模式与隧道模式。

IPSec 被设计为多服务、多算法和多粒度的框架。该框架是与算法无关的,即支持多个算法,即使某个现在被认为安全的算法在将来某个时候被攻破,这个安全协议框架仍然可以幸存下来。多服务允许用户自由选择其所需要的服务,而多粒度则允许该框架既能够保护单个 TCP 连接,也能够保护一对主机之间的所有流量,或者一对安全路由器之间的所有流量。

3. 传输层安全

最早的 Web 仅仅是被用于发布静态的页面,而当其开始被广泛地应用于电子商务后,网络连接的安全性成为一项新的需求。

安全套接层(Secure Sockets Layer,SSL)协议是一种用于 Web 应用的传输层安全协议,也是国际上最早用于电子商务的一种网络安全协议。它前后更新了很多个版本,最早是由当时处于主导地位的浏览器厂商 Netscape 公司于 1994 年提出的。该协议使用非对称加密体制和数字证书技术,以保护数据传输的机密性和完整性。

SSL 协议具有以下特点:

(1) SSL 是处于应用层与传输层之间的一个新层,先由它来接收浏览器请求,然后再将请求转送给 TCP,在 TCP 之上建立一个加密的安全通道,为 TCP 之间传输的数据提供安全保障。

(2) SSL 的功能主要包括客户与服务器之间的参数协商、客户与服务器之间的双向认证、保护通信的保密性和数据的完整性。

(3) SSL 协议可以用于 HTTP、FTP、TELNET 等,但是主要应用于 HTTP。当 HTTP 使用 SSL 协议时,其请求、应答报文的格式与处理方法不变,不同之处在于产生的报文在通过 TCP 连接传送出去之前,需要通过 SSL 协议加密;同时接收端 TCP 在将加密的报文传送到应用层 HTTP 之前,要由 SSL 协议解密。

(4) 当 Web 系统采用 SSL 协议时,Web 服务器的默认端口号从 80 变为 443;Web 客户端使用 HTTPS 取代常用的 HTTP。

(5) SSL 协议包含两部分:SSL 握手协议负责实现双方加密算法的协商与密钥传递;SSL 记录协议则定义了 SSL 数据传输格式,实现对数据的加密与解密操作。

4. 应用层安全

不同的网络应用涉及不同的安全问题,本节将以电子邮件为例来介绍应用层安全。垃圾邮件、诈骗邮件、病毒邮件等问题给人们造成了很大的困扰。要解决电子邮件的安全问题,按照其工作流程可以分为 4 个研究方向:端到端的电子邮件安全、传输层安全、邮件服务器安全与用户端安全。电子邮件安全 PGP 协议即是典型的应用层安全协议。

PGP(Pretty Good Privacy)协议包括电子邮件的加密、身份认证、数字签名等安全功能,用来保证数据在传输过程中的安全。

前面已经介绍过对称加密和非对称加密算法的区别。从它们的对比当中可以看到,对称算法虽然有着较高的运算效率,但是其密钥不适合通过公共网络传递。而对非对称加密算法来说,其密钥传递过程相对安全,但是算法的运算效率较低。PGP 协议恰好是将两者结合起来,取长补短。在加密/解密的过程中,明文本身需要使用对称加密算法进行加密,同时对称密钥也需要加密,只不过对对称密钥的加密使用的是非对称加密算法。其过程如下:

(1) 在需要发送信息时,由发送方生成对称密钥 K_0,用 K_0 对发送数据进行加密。同时发送方使用接收方提供的公钥 K_2 对密钥 K_0 进行加密。

（2）发送方将加密后的密文和密钥发送给接收方。

（3）接收方使用私钥 K_1，对经 K_2 加密的 K_0 密钥进行解密，得到对称密钥 K_0。随后接收方使用还原出的对称密钥 K_0 对数据密文进行解密，得到明文。具体原理如图 8.3 所示。

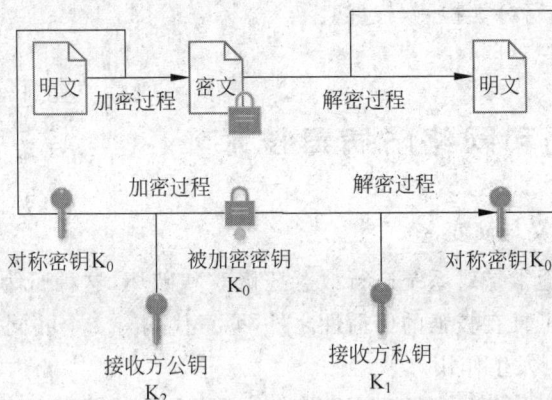

图 8.3 数字信封工作原理示意图

不难看出，PGP 协议使用了两层加密体制，在内层明文加密部分使用了对称加密技术，而外层的密钥加密部分则使用了非对称加密技术，保证密钥传递的安全性，实现了身份认证。

8.6 通信安全和防火墙技术

虽然 IPSec 可以保护安全站点之间传送的数据，但是并不能阻止病毒、蠕虫或其他数字有害物的入侵。防火墙就是针对这一问题而被设计出来的。防火墙的概念起源于古代城池的安全设施，人们会在城墙周围挖一条很深的护城河，每一个进入城门的人都要接受城门守卫的检查。

防火墙简单来说就执行控制策略的系统，用来允许或阻止流量的出入，其作用是保护内部网络资源不会受到外部非法用户的攻击或被非授权用户使用。当然这样做需要基于某种假设：防火墙所保护的内部网络是绝对可信任的。这一假设事实上也限制了防火墙的作用。

防火墙既包括硬件，也包括软件，其主要功能包括：①检查所有从外部网络进入内部网络，或者从内部网络流出到外部网络的数据包，并限制所有不符合安全策略要求的数据包通过；②具备防攻击能力，保护自身的安全性。

防火墙系统包含两个基本部件：分组过滤路由器（packet filtering router）和应用级网关（application gateway），分别构成网络级防火墙和应用级防火墙。最简单的防火墙可以仅由一个分组过滤路由器组成。

分组过滤路由器和普通路由器最大的区别在于，普通路由器只对分组的网络层报头进行处理，而不会处理传输层报头。但是分组过滤路由器却需要检查 TCP 报头的端口号字节。这种路由器在决定该分组是否可以转发之前，要先根据系统内部设置的分组过滤规则来检查每个分组的源 IP 地址和目标 IP 地址。

用户对网络资源和服务的访问发生在应用层,而分组过滤是对内部网络数据分组在网络层和传输层上的监控。应用级网关所实现的功能,就是在应用层上实现对用户的身份认证,以及对访问操作进行分类检测与过滤。

8.7 恶意代码和网络防病毒技术

1. 恶意代码的定义与演变

恶意代码的目的通常是对系统进行故意地修改和破坏,这种行为一般在用户不知情的情况下偷偷进行。除了具有较强的传播性之外,恶意代码有 3 个共同的特征:恶意的目的;本身是程序;通过执行发生作用。

第一代恶意代码可以通过存储介质进行传播,感染计算机的 DOS 操作系统与应用程序。

第二代恶意代码将目光放在了 Microsoft Office 的宏语言上,出现了第二代宏病毒。宏病毒的传播速度很快,可以达到 DOS 病毒的 3~4 倍。当一个被感染的文件被打开时,宏病毒可以修改文件名、改变文件存储路径、封闭有关菜单造成文件无法正常编辑。直到今天,宏病毒在我们的日常生活中依然很常见。

网络蠕虫病毒的出现标志着第三代恶意代码的出现。蠕虫病毒的破坏性非常大,可以利用系统漏洞或垃圾邮件群发快速传播,造成很多部门的网络及相关设施大面积瘫痪,给人们的生产生活带来巨大的经济损失。

我们现在正处于第四代恶意代码盛行的阶段。这种恶意代码属于趋利性恶意代码,其制造者往往表现出很强的趋利性动机,并以此为获利手段,窃取用户的个人信用卡信息、公司商务信息等。此外,这类恶意代码还会通过在网络上挂载病毒,植入恶意链接等方式,将用户在无意识中引向恶意网站,赚取点击量或诱使用户下载安装恶意程序。这类恶意代码包括病毒、特洛伊木马、脚本攻击代码、流氓软件、垃圾邮件等。

2. 恶意代码的分类与区别

1) 病毒

病毒的定义是:编制或插入的破坏计算机功能或毁坏数据,影响计算机的使用,并能自我复制的一组计算机指令或程序代码。一般来说,病毒的宿主是各种可执行文件,病毒的两种基本功能是:①感染其他程序;②破坏程序或系统的正常运行。

2) 蠕虫

蠕虫是一种依靠自复制能力进行传播的程序。它和病毒的主要区别表现在以下几个方面:

① 病毒需要寄生在其他程序或可执行文件中,而蠕虫则是独立的程序。

② 蠕虫通过漏洞进行传播,可以通过打补丁的方式进行防范。而病毒是通过在宿主文件中自我复制来实现传播,需要依靠杀毒软件来进行查杀。

③ 蠕虫感染计算机,并会造成网络拥塞甚至瘫痪,而病毒感染和破坏的目标则是计算

机的文件系统。

3）特洛伊木马

木马程序的主要危害在于盗窃用户信息，删除数据，破坏系统，甚至远程控制被感染的计算机。它不会改变或感染其他的文件，而只是伪装成一种正常的程序，随着其他的应用程序一同安装到用户的计算机上，并千方百计地诱使用户执行该程序以激活木马。与蠕虫不同，它不需要进行大量的自我复制，也不能像蠕虫那样自己从一个系统传播到另一个系统，而是需要骗取用户的信任去激活它。正是这种伪装性和欺骗性，人们才会以特洛伊战争中的"木马计"这一典故来命名它。

4）流氓软件

流氓软件一般会在没有明确提示用户或没有得到用户许可的情况下，在计算机或终端上擅自安装软件，并且通常情况下还会伴随着无法卸载或卸载后仍然在后台活动的情况。流氓软件的危害主要有以下几个方面：

（1）强制或捆绑安装，一旦安装便很难将其从计算机上彻底清除。

（2）劫持浏览器，修改用户的浏览器设置，例如篡改默认浏览器及默认主页，迫使用户访问特定网站。

（3）在没有得到用户允许的情况下，推送广告和链接。

（4）流氓软件往往还会存在恶意竞争的行为，排挤或干扰其他软件的正常运行，甚至误导、欺骗用户卸载非恶意软件。

在万物互联的背景下，各种新的网络威胁层出不穷，令人猝不及防。2017年5月12日，爆发了 Wannacry 勒索病毒安全事件。此病毒利用微软操作系统 MS17-010 漏洞在全球范围进行大规模传播，至少有99个国家超过20万台计算机主机遭受到攻击。我国作为全球互联网用户最多的国家，也深受此次病毒事件的危害。据统计，2017年第一季度，勒索病毒新变种比2016年同期增加了4.3倍；2017年第三季度，垃圾邮件携带勒索病毒的比例增至64%；更有甚者，如今，高达60%的恶意攻击最终会指向勒索病毒；而勒索病毒的暗网销售量则暴增2502%，销售额高达6200万美金。

这类勒索病毒是一类特殊形态的木马，一旦计算机用户点击携带病毒的附件，则计算机上的办公文档、照片、视频等文件就会被恶意加密。如果受侵害的计算机用户想要解锁数据的密码，就必须要向这款病毒的发布者缴纳一定数量比特币的赎金。

比特币作为世界上第一个分布式的匿名数字货币，其数量被严格限定在2100万，而其交易价格也在3年的时间内增长近8900倍。从运行上来看，比特币采用分布式数据库的系统构造来确认并详细记录所有的交易行为，其数据由特定的算法计算，以确保比特币在各个流通环节的安全运行，这也同样确保了货币所有权与流通交易的匿名性。正是由于这种匿名性和不可追溯性，相关部门很难对比特币交易进行有效监管。因此，比特币成为一些不法分子进行非法交易的有力工具。尽管目前很多国家没有明令禁止比特币交易，但是关于其合法性地位，以及是否会对正常市场秩序造成威胁的讨论一直没有停止。真正令人迷茫的是，我们有限的认知能力无法预见这一互联网新生事物的未来究竟会给人类社会带来什么样的影响。

8.8 小结

网络攻击已经从最初的恶作剧、显示能力、寻求刺激向趋利性和有组织的经济犯罪方向发展，因此网络安全关乎国家安全和社会稳定。网络安全既是一项复杂的技术问题，也是一个系统的社会工程，需要关注道德和法律法规等层面的建设。

网络攻击可以分为主动攻击与被动攻击，或者分为服务攻击与非服务攻击。被动攻击的主要目的是收集信息，这种信息收集一般是在后台偷偷进行的，用户不会有所察觉。而主动攻击除了进入对方系统收集信息之外，还要进行破坏活动，例如篡改信息、欺骗攻击、拒绝服务攻击等。服务攻击是指攻击者对某一特定网络服务所发起的攻击，而非服务攻击则不针对某一特定的应用服务，它的攻击目标是网络设备和通信线路，使得网络通信设备严重阻塞或瘫痪，最终导致通信中断。

密码算法可以划分为对称密钥算法和公开密钥算法，对称密钥算法将数据位通过一系列用密钥作为参数的变换从而将明文编程密文。在公开密钥算法中，加密和解密使用不同的密钥，并且无法从加密密钥推导出解密密钥，因此使得密钥公开成为可能。

量子通信技术利用量子密钥分发，进而结合 OTP 策略实现对信息的加密，使得通信双方的信息传输绝对安全。网络安全协议是为了实现密码分配、身份认证、信息保密和安全传输而制定的一系列通信规则，涉及网络层、传输层和应用层三个层次。

防火墙简单来说就执行控制策略的系统，它既包含软件也包含硬件，用来允许或阻止流量的出入，其作用是保护内部网络资源不会受到外部非法用户的攻击或被非授权用户使用。当然这样做需要基于某种假设：防火墙所保护的内部网络是绝对可信任的。这一假设事实上也限制了防火墙的作用。

习题

8-1 量子密码学要求有一个能根据需要激发单个光子的光子枪。在这个习题中，请计算一下，在一条 10Gb/s 的光纤链路上，一位携带多少个光子。假设光子的长度等于它的波长，并且在这个习题中，波长为 $1\mu m$。光纤中的光速为 $20cm/ns$。

8-2 假设一个系统使用了量子密码技术，如果王先生能够捕获并重新生成光子，那么他将会得到一些错误的位，从而导致在李先生的一次性密钥中也会出现错误。请问，平均而言，李先生的一次性密钥中错误的位占多大的比例？

8-3 与对称密钥加密技术相比，非对称密钥加密技术的优势体现在哪里？

8-4 请简述公钥基础设施 PKI 的基本工作原理。

8-5 从信息网络分层的角度，网络安全协议涉及哪三个层次？

8-6 IPSec 是针对什么问题提出的？作为一个安全体系，它包含哪些协议？

8-7 在 IPSec 框架下，如果某一算法被攻破，那么该 IPSec 框架是否需要重新设计？为什么？

8-8　使用 SSL 协议的 HTTP,与原有的 HTTP 有何区别?

8-9　SSL 协议包含哪两个部分? 它们的作用分别是什么?

8-10　PGP(Pretty Good Privacy)协议是如何将对称密钥加密技术和非对称密钥加密技术结合起来的? 它使用了几层加密?

8-11　IPSec、SSL、PGP 协议分别作用在网络分层中的哪些层面?

8-12　防火墙系统中分组过滤路由器与普通路由器相比,有什么区别?

8-13　为什么防火墙系统除了使用分组过滤路由器之外,往往还使用应用级网关来加强防护?

8-14　你是否遇到过流氓软件? 请结合自身的经历,谈一谈流氓软件的危害。

第9章

编码和视频压缩技术

9.1 数字音频

声波在空气中传播时是一种压力波,当声波(受到挤压的空气)进入耳朵时,鼓膜发生振动,从而引起内耳的耳蜗与之一起振动,向大脑发送神经脉冲,这种神经脉冲在听者的大脑感知中就是声音。人耳能够听到的声音频率范围为 $20\sim20000$ Hz,不同的人之间有着细微的差别。这一点可以通过一个简单的实验来验证:不断提高声音的频率,看看你和你身边的朋友,谁是最先无法听到这一声音的。需要提醒的是,最好不要用低频段的声音来尝试,因为低频的声音可能与身体器官形成共振,从而造成身体的不适。

研究表明,人的眼睛对持续时间为几毫秒的光亮变化并不敏感,但是人的耳朵却可以敏感地感知到持续时间仅为几毫秒的声音变化。事实上我们知道,人眼的暂留现象只能敏感到速度在 10 Hz 以上的画面变化。这对我们有着很大的启示,那就是如果多媒体传输过程中存在着几毫秒的抖动,那么对声音质量的影响要远大于对图像质量的影响。

基于类似于人耳的工作原理,当声波碰击麦克风时,麦克风会产生电信号,该电信号将声音振幅表示为时间的函数。与所有的传感器采集量一样,音频信号既可以是模拟信号的形式,也可以是数字信号的形式。在这个过程中模数转换(Analog Digital Convert,ADC)是一个非常重要的操作。

当用数字方式表示一个正弦波信号时,除了 AD 转换将数值量化之外,通常还需要对它进行采样,使之变为离散信号,如图 9.1(b)中的条状图所示。所有的声音信号都可以看作是不同频率正弦波的叠加,假如其中最高的频率成分为 f,那么根据 Nyquist 定理,以 $2f$ 的频率进行采样已经足够了。

数字采样必然会造成信息的损失,一个 8 位的采样意味着可以将正弦波的幅值划分为 256 份。一个 16 位的采样将允许有 65536 个不同的值,幅值被划分得更加细腻,因而信息的损失也就更小。由于采样的位数有限而引入的误差被称为量化噪声(quntization noise)。当量化噪声超出某个范围,人耳就能够分辨出这种量化所带来的信息损失。

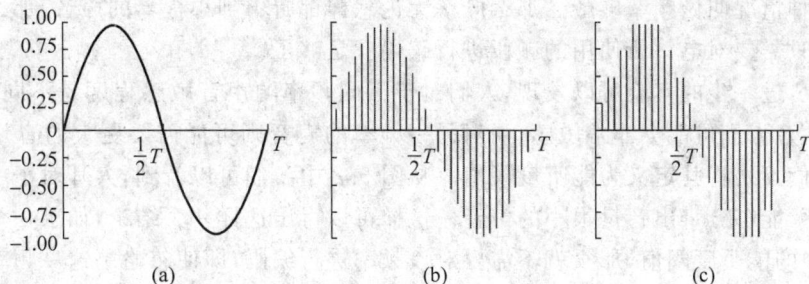

图 9.1 正弦波信号的采样及量化
（a）正弦波；（b）对正弦波进行采样；（c）将采样值量化为 4 位

在电话系统当中，它所用到的脉冲编码调制使用了每秒 8000 次的 8 位采样。北美和日本的标准规定其中的 7 位用于数据，1 位用于控制；而在欧洲的标准中并没有控制位，全部的 8 位都用于数据。因此这个系统的数据率为 56Kb/s 或者 64Kb/s，并且对于该电话系统 8kHz 的采样频率来说，4kHz 以上的频率信号将会丢失，不过就人所能发出的声音频率来看，4kHz 已经足够了，没有必要去浪费宝贵的带宽资源。仔细的读者或许已经发现，目前国内的音乐软件提供的标准音质音乐其数据率一般为 128Kb/s，高品音质和无损音质甚至达到了 320Kb/s 和 1036Kb/s，比电话系统高出不少。

对于音频 CD 来说，它采用了每秒 44100 次的 16 位采样，足以捕获高达 22050Hz 的频率。这一表现对于人耳的听力上限 20000Hz 来说已经可以达到要求了。在每秒 44100 次 16 位采样的情况下，单声道的音频 CD 需要 705.6Kb/s 的带宽，立体声的音频 CD 需要 1.411Mb/s 的带宽。

9.2 音频压缩

前文已经说到，CD 品质的音频需要 1.411Mb/s 的传输带宽，对带宽的占用是非常大的。因此为了能够在因特网上传输音频数据，音频压缩是非常有必要的。MPEG 算法是目前最为常见的音频压缩算法，该算法分为 3 个层次，其中 MP3（MPEG audio layer3，MPEG 音频层 3）属于 MPEG 视频压缩标准的音频部分，是最为知名的音频压缩技术。目前我们在因特网上听到的大多数音乐都是 MP3 格式的。

音频压缩有两种基本的方法：波形编码和感知编码。傅里叶变换可以将一个信号在数学上分解为各个频率分量上的幅值。波形编码就是利用了傅里叶变换的这一特性，将得到的各个频率分量的强度进行编码，然后在传输的另一端重现该波形。

感知编码则建立在心理声学的基础上，利用人类听觉系统中某些特定的缺陷来对信号进行编码。利用该方法编码的信号在人耳听来不会有什么差别，但是如果将信号接入示波器，就会发现它与原信号有较大的差异。MP3 正是基于感知编码的一项音频压缩技术。

感知编码之所以可以实现，是因为对人耳来说某些声音可以被其他声音屏蔽。假如你正在聆听一场小提琴独奏，突然隔壁新搬来的邻居开始用他的手提电钻装修新家，于是你就没有办法再听到小提琴的声音了。某一频段中较大的声音隐藏了另外一个频段中较为柔和的声音,这种情况叫做频率屏蔽。那么既然无论怎样都听不到小提琴的声音,那么在传输音频的时候,只需要对电钻所使用的频段进行编码就足够了。

事实上,进一步的实验可以发现,人们对于不同频率的声音敏感程度是不同的,对于某一频率的声音人们可能会非常敏感,而对另一频率的声音则可能需要更大的音量人耳才能敏感到,我们不妨将其定义为能听度阈值。从图 9.2 中我们可以看到,人耳对于中频段的声音更为敏感,能够分辨出音量很小的声音。这样可以得出这样一个结论,如果一个频率的功率低于图中的能听度阈值,那么就不需要对该频率进行编码,即使忽略了这一频率也不会感觉到声音的品质损失。

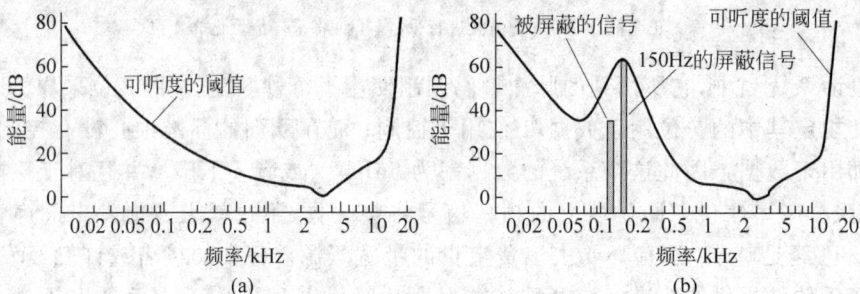

图 9.2 人耳对不同频率声音的敏感程度
(a) 能听度阈值与频率的函数关系;(b) 屏蔽效应

再考虑另外一种情况,即使隔壁的手提电钻突然停了下来,你也依然会有一段时间听不到小提琴的声音。这是因为高音量的电钻声使耳朵降低了放大倍率,而当电钻停下来后耳朵需要一段有限的时间来适应新的环境,以重新提高放大倍率,这种现象称为暂时屏蔽。因此,即使当一个较强的信号停止后,我们依然可以在一段时间内不对被屏蔽的频率进行编码。

针对上述这一特点,不妨再做一个实验:在测试不同频率的能听度时,始终在测试频率上叠加一个固定功率的 150Hz 信号。实验发现,在 150Hz 附近,频率的能听度阈值增加了,如图 9.2(b) 所示。在图中 125Hz 的声音事实上被它邻近的 150Hz 信号屏蔽了,因此我们在编码时就可以进一步忽略掉 125Hz 这一频率,从而减少数据位却没有人能够听出差异。

MP3 的压缩原理就是基于以上这些思想的,只传输未被屏蔽的频率并且用尽可能少的位数对它们进行编码。

前面提到了音乐的数据率,在了解了 MP3 的压缩过程之后,完全可以将一个立体声的摇滚音乐 CD 压缩到 96Kb/s 而在品质上听不出太大的损失。但是对于一首钢琴演奏曲来说则至少需要 128Kb/s。带来这种差异的主要原因是因为摇滚音乐的信噪比远远高于钢琴曲的信噪比,这又是一个很有趣的考虑因素。

9.3 视频处理

图像从人的视网膜上衰退之前,会保留几毫秒的时间,这就是前文提到过的视觉暂留效应。如果一个图像以每秒 50 次的速度被逐行绘制,那么眼睛将不会察觉到它所看到的图像是逐行绘出的。目前几乎所有的视频系统都利用这一原理来产生图像。

1. 模拟视频系统

传统的电视机是模拟视频系统最为典型的例子。显像管电子束采用逐行扫描的方式将电视机屏幕逐行点亮,由于视觉暂留效应,在人们看来电视机上显示的就是连续的动态画面。电子束每完成一次完整的屏幕扫描,被称为完成了一帧。通常的电视机标准是每秒完成 25 帧,即每秒钟播放 25 幅画面。这个速度已经足够获得比较平滑的运动效果了。

但是对于很多人来说,特别是年龄比较大的人依然会感觉到图像的闪烁。解决这一问题的一种方法就是提高电视机显像管的扫描速度,即提高帧速率,但是这样做需要更多的带宽资源。另一种更为可行的解决方案,就是不再按照顺序进行逐行扫描,而是首先逐行扫描所有的奇数行,然后再逐行扫描所有的偶数行,这样做的好处就是可以用比以前少一半的时间来更接近于将画面铺满整个平面。这里的每半帧图像称为场。实验证明,人们会感到 25 帧/s 的画面在闪烁,但是在 50 场/s 时却感觉不到。事实上这种方法只是将 25 帧/s 的逐行扫描变为 25 帧/s 的隔行扫描,扫描速度并没有提高,只是改变了扫描方式。

彩色电视机与黑白电视的区别在于,它不是用一个电子束扫描,而是同时用 3 个电子束扫描,这 3 个电子束分别被用于显示三原色中的红色、绿色和蓝色。

2. 数字视频系统

数字视频最为简单的表示方法是用一串帧序列来表示。事实上每一帧图像都可以看作是由一个个像素点所组成的矩阵网格,单位面积上的像素点个数反映了最终的画面细腻程度,更高的分辨率可以带来更丰富的画面细节。在这个矩阵网格中,每个像素点都是一个单独的位。每个位都可以用一个 8 位数据来独立地表示 256 个灰度级或 RGB 颜色分量,以显示不同的色彩。

为了产生平滑的动态画面,数字视频同样采用每秒显示 25 帧的方法,高质量的计算机监视器通常有着更高的帧速率。但是更快的扫描速度并没有给带宽带来更大的压力,这是因为虽然扫描速度被提高到了每秒钟 75 次(是普通速度的 3 倍),但是每一帧画面都会被重复地绘制 3 次。这样做虽然解决了画面闪烁的问题,但是运动过程将会显得不平滑。换句话说,闪烁是由每秒钟屏幕被重画的次数来决定的,而运动的平滑性则是由每秒钟显示的不同图像的数量来决定的,两者是完全不同的概念。

3. 视频压缩

所有的视频压缩系统都有两个相反的过程:编码和解码。这两个过程在效率上会表现出一定的不对称性,那是因为一部电影的制作组只需要对电影执行一次编码的过程,但是观影者将会在不同终端对它进行上万次的解码。多媒体服务器的运营商可以租用一台超级计算机花费几个星期的时间对视频资料库进行编码,但是观影者却不可能去租用超级计算机去观看一集电视剧,更何况用户需要随时可以退出观看或切换视频。因此解码算法必须要求过程既简单又快捷,同时不需要依靠昂贵的硬件资源,甚至不惜以编码的慢速和复杂作为代价,以尽量保证源视频的高质量。但是对于视频聊天这种实时的视频应用,编码的慢速和复杂同样是不可接受的,这时就必须牺牲一点压缩效率。

不对称性的另外一点体现就是编码/解码过程并不都是完全可逆的。也就是说用户在另一端解压缩时不一定会得到精确到每一位的原始文件。通过前面对于音频压缩的基本原理,以及显示器显像原理的介绍我们不难发现,对于多媒体来说,编码后再解码所得到的信号与原始信号之间存在差异是可以接受的,人们不一定能够感受到。当解码算法的输出不完全等于原始的输入时,该系统被称为是有损的。如果输入与输出完全一致,则该系统被称为是无损的。实践证明,接受少量的信息损失可以大大提高压缩效率,降低传输成本。

1) JPEG 标准

联合图像专家组(Joint Photographic Experts Group,JPEG)事实上是一种静止图像的压缩标准,我们在查看图片文件时经常可以看到这一标准的格式文件。如果细分来看,视频就是一段加上声音的图像序列,如果将单一图像的压缩算法连续地应用到这个序列的每一个图像上,那么就可以实现视频的压缩。

JPEG 包含 4 种模式,这里只讨论我们最关心的有损顺序模式,其过程如图 9.3 所示。

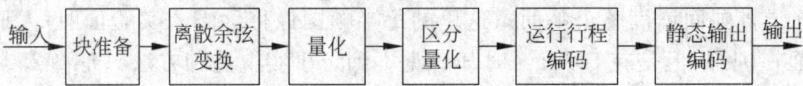

图 9.3　在有损顺序模式下的 JPEG 操作

(1) JPEG 编码图像的第一步是块准备(block preparation)。假如 JPEG 的输入是一个 640×480 的 RGB 图像,每个像素 24 位(图 9.4(a))。图像的亮度分量是 Y,而 I 和 Q 则是它的两个色度分量。

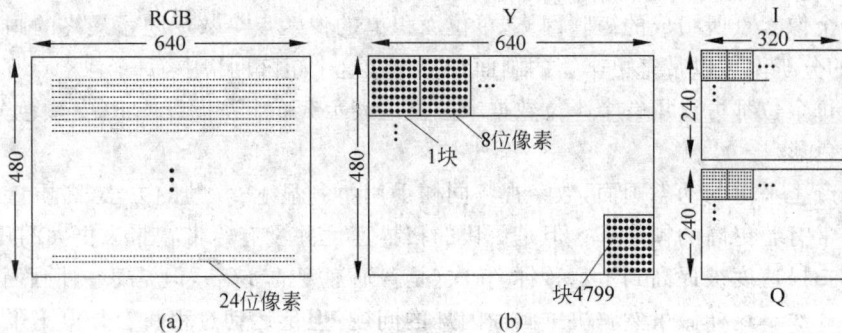

图 9.4　JPEG 编码图像的块准备

(a) RGB 输入数据;(b) 块准备操作之后

① 每个像素点上的 Y、I 和 Q 都由一个 8 位数据来表示,取值范围为 0~255。用 3 个 640×480 的矩阵分别存储 Y、I 和 Q 的值。如此规模的数据处理起来所花费的时间是非常可观的。

② 由于眼睛对亮度的敏感程度高于对色度的敏感程度,因此可以对 I,Q 这两个色度分量进行有损削减,即对 I、Q 矩阵中每 4 个相邻像素所组成的方块计算其平均值,这样 I、Q 两个矩阵的规模就都被减小至 320×240。

③ 通过将每个数值减去 128 的方式,将元素的取值范围变为 −128~127。

④ 将每个矩阵划分为 8×8 的块。Y 矩阵有 4800 个块,I 和 Q 矩阵分别有 1200 个块,如图 9.4(b)所示。

(2) 对 7200 个 8×8 的块分别做离散余弦变换(Discrete Cosine Transformation, DCT),得到 7200 个 8×8 的 DCT 系数矩阵,其中元素(0,0)是每个块的平均值,其他元素表明了在每个空间频率处的频谱功率,距离原点(0,0)越远,这个值将会迅速减小,如图9.5所示。

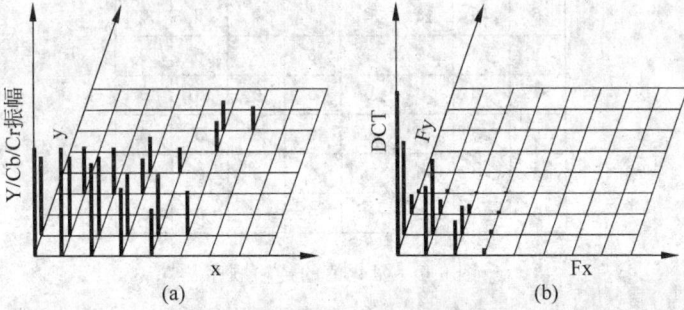

图 9.5 一个块的 DCT 过程

(a) Y 矩阵的一个块;(b) DCT 系数

(3) 量化(quantization)。将 DCT 矩阵中的 8×8 个数除以一个权值,来将一些不重要的 DCT 系数除去。这个权值被记录在量化表中,且值从原点开始逐渐递增,从而将原本距离原点越远值越小的系数去除掉。图9.6给出了其中的一个例子。

DCT系数

150	80	40	14	4	2	1	0
92	75	36	10	6	1	0	0
52	38	26	8	7	4	0	0
12	8	6	4	2	1	0	0
4	3	2	0	0	0	0	0
2	1	1	0	0	0	0	0
1	1	0	0	0	0	0	0
0	0	0	0	0	0	0	0

量化表

1	1	2	4	8	16	32	64
1	1	2	4	8	16	32	64
2	2	2	4	8	16	32	64
4	4	4	4	8	16	32	64
8	8	8	8	8	16	32	64
16	16	16	16	16	16	32	64
32	32	32	32	32	32	32	64
64	64	64	64	64	64	64	64

量化后的系数

150	80	20	4	1	0	0	0
92	75	18	3	1	0	0	0
26	19	13	2	1	0	0	0
3	2	2	1	0	0	0	0
1	0	0	0	0	0	0	0
0	0	0	0	0	0	0	0
0	0	0	0	0	0	0	0
0	0	0	0	0	0	0	0

图 9.6 量化的 DCT 系数的计算方法

(4) 用每一块的(0,0)元素的值,与前一个块中对应元素的差值来替代(0,0)元素的值。由于这些元素是相应块的平均值,所以它们变化得很慢,相减之后会变得很小。

(5) 使用行程编码的方法,按照先从左到右再从上到下的"Z"字形方法进行扫描,并且不能将0集中到一起,如图9.7所示。在这个例子中,扫描串的末尾会有连续的38个0,这38个0将退化为一个计数值,由该计数值来表明这38个0。

(6) 对这些数值进行霍夫曼编码,以便于存储和传输。该编码方式会为出现频率高的数值配较短的编码,而给频率较低的数值分配较长的编码,直观地来想,这种做法是非常合理的。

JPEG 可以达到 20∶1 的压缩效率,且解码和编码时间基本上一样长,即算法的正向过程和逆向过程是对称的,但是算法的不对称性才是普遍存在的。

2) MPEG 标准

运动图像专家组(Motion Picture Experts Group,MPEG)标准是用于压缩视频的主要算法。因为视频本身含有音频,因此 MPEG 也可以用来压缩音频。

MPEG-1 包含 3 个部分:音频、视频和系统。音频和视频的编码器独立地工作,然后由系统部分将两部分集成在一起。在这个过程中,会用一个 90kHz 的系统时钟来保证视频和

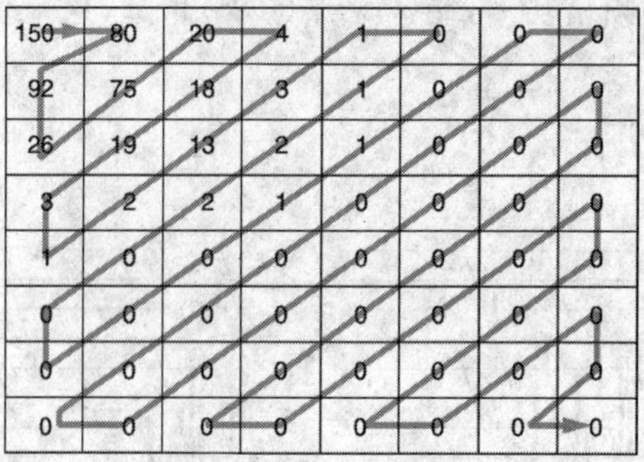

图 9.7　量化值的传输顺序

音频编码的同步性。

MPEG-1 的输出中包括 4 种帧：

（1）I(Intracoded,帧内编码)帧：自包含的 JPEG 编码的静止图片。

MPEG-1 可能被用于多播传输,如果所有的帧都依赖于前面的帧,一旦错过某一帧或某一帧发生错误,那么后面的解码都将无法进行,并且快进快退时就要计算沿途经过的每一帧。因此采用 JPEG 的变种来进行编码的静态图片 I 帧是非常必要的,并且 I 帧每隔 1s 就要被插入到输出中 1～2 次。

（2）P(Predictive,预测)帧：与前一帧之间的逐块差值。

P 帧是建立在宏块的概念上,对帧与帧之间的差值进行编码的。与其作对比的宏块称为参考宏块。

（3）B(Bidirectional,双向)帧：与前一帧和后一帧之间的差值。

B 帧与 P 帧类似,不同之处在于它参考宏块既可以在前一帧中,也可以在后一帧中。这种自由度带来了更强大的运动补偿,对于有些物体在其他物体的前面或后面通过时,这种补偿有着很好的效果。

（4）D(DC-coded,DC 编码)帧：用于快进的块平均值。

D 帧仅用于在回退或快进时显示低分辨率的图像。它通常放在对应的 I 帧的前面,这样的好处是,当快进结束时可以马上让播放恢复正常。

9.4　小结

多媒体应用是互联网消费中最为活跃的流量来源之一,与人们的日常生活息息相关。与传统的模拟传输方式相比,现在所使用的多媒体允许音频和视频通过电子方式进行数字化,然后被传输、显示。由于网络带宽资源十分宝贵,对音频和视频的压缩成为必须要解决的问题,这些算法往往非常巧妙地运用了人类的生理特性,在对多媒体资源进行压缩的同时,却让受众无法察觉其中的变化。

音频压缩有两种基本的方法：波形编码和感知编码。傅里叶变换可以将一个信号在数学上分解为各个频率分量上的幅值。波形编码就是利用了傅里叶变换的这一特性,将得到的各个频率分量的强度进行编码,然后在传输的另一端重现该波形。感知编码则建立在心理声学的基础上,利用人类听觉系统中某些特定的缺陷来对信号进行编码。

数字视频最为简单的表示方法是用一串帧序列来表示,因此视频压缩的基础在于对单幅图片的压缩。事实上每一帧图像都可以看作是由一个个像素点所组成的矩阵网格,单位面积上的像素点个数反映了最终的画面细腻程度,更高的分辨率可以带来更丰富的画面细节。

所有的视频压缩系统都有两个相反的过程:编码和解码。这两个过程在效率上会表现出一定的不对称性,这种不对称性既体现在效率上,也体现在编码/解码的过程并不完全可逆。

在本章节中,详细介绍了 MPEG 和 JPEG 两种压缩算法,这也是人们日常生活中使用最为广泛的算法,如果有兴趣,读者可以通过阅读其他参考书来获取更多关于多媒体压缩算法的信息。

习题

9-1 一片 CD 可以容纳 650MB 的数据。音频 CD 使用压缩了吗?解释你的理由。

9-2 在进行 CD 压缩时,为什么对钢琴曲的压缩码率要远大于对摇滚曲的压缩码率?

9-3 MP3 压缩标准之所以可以取得较高的压缩比,是因为它只传输未被屏蔽的频率并且用尽可能少的位数对它们进行编码。利用该方法编码的信号虽然在示波器上看起来与原信号有较大的差异,但是人的耳朵听起来还是一样的。这是因为它利用了心理声学中的频率屏蔽和暂时屏蔽等现象。请你结合生活中的实例,对该现象进行解释。

9-4 电视机以每秒 25 帧的速度进行逐行扫描,已经足够获得平滑的运动效果,但是很多人,特别是年龄比较大的人依然会感觉到图像的闪烁。在不增加带宽压力的情况下,可以采用什么方法来解决这一问题?

9-5 采用重复多次绘制同一帧画面的方法来解决屏幕闪烁问题,是否可以提高运动画面的平滑性?为什么?

9-6 一般情况下,视频的编码和解码过程是否效率相同?为什么?如果不同,谁的代价更大一些?

9-7 在视频聊天中,视频的编码过程是否还会像电影制作那样为了视频品质不惜代价?为什么?

9-8 采用 JPEG 标准压缩一幅图片花费了 200ms。如果要对该压缩图片进行还原,请问需要花费多长时间?这种计算方法对其他压缩算法适用吗?为什么?

9-9 MPEG-1 标准压缩视频时,是对图像和声音分别压缩的。那么这种情况下该如何保证图像和音频的同步性?

9-10 MPEG-1 中 D 帧的作用是什么?它通常被放在 I 帧之前还是之后?为什么?

9-11 I 帧是 JPEG 编码的静止图片。在动态的视频当中,为什么要频繁地插入静止的图片?

9-12 一个 MPEG 帧中的一位发生了错误,是否会影响到其他帧?为什么?

9-13 以 60 帧/s 的速度来传输未压缩的彩色图像所需要的位速率是多少?假设图像的大小为 640×480 像素,每个像素的颜色为 8 位。

习题参考答案

第 1 章

1-2　答：18km/h＝0.005km/s；你回到家的时间为 2.5/0.005＝500s；你携带的数据为 1000 千兆字节，即 8000 千兆位；所以传输速度为 8000/500Gb/s。

1-5　答：客户服务器方式是一点对多点的，对等通信方式是点对点的。

1-6　答：可知同步轨道卫星的高度约为 35786km；请求和响应都需要通过卫星实现；真空中光速为 300000km/s；所以可以认为最短的延迟是 35786×4/300000s。

1-7　答：主要的区别有两条。

面向连接通信分为三个阶段，第一是建立连接，在此阶段，发出一个建立连接的请求。只有在连接成功建立之后，才能开始数据传输，这是第二阶段。接着，当数据传输完毕，必须释放连接。而无连接通信没有这么多阶段，它直接进行数据传输。面向连接的通信具有数据的保序性，而无连接的通信不能保证接收数据的顺序与发送数据的顺序一致。

1-11　答：带宽、延时、网络时隙等，合理即可。

1-14　答：$1-n(1-p)^{n-1}-(1-p)^n$。

1-15　答：$\sum\limits_{k=1}^{\infty}k(1-q)q^{k-1}=\dfrac{1}{1-q}$。

1-16　答：通过协议分层可以把问题划分成较小的易于处理的片段；分层可以让某一层的协议的改变不会影响高层或低层的协议。

1-19　答：$\dfrac{mL}{mL+M}\times100\%$。

1-23　答：1920×1080×3×8/56000s。

第 2 章

2-5　答：由奈奎斯特定理，最大数据传输率＝8000×$\log_2 V$＝2kb/s。

2-6　答：由香农定理，最大数据传输率＝3×$\log_2(1+100)$＝19.98kb/s，又根据奈奎斯特定理，最大数据传输率＝2×3×$\log_2 2$＝6kb/s，所以为 6kb/s。

2-17　答：假设可以传输 x 路信号，则有 4.2×x＋0.8×($x-1$)＝200，得到 x＝40。

2-22　答：根据奈奎斯特采样定理，当采样频率 $f>2\times3$kHz 时，采样的样本可以包含足够重构原语音信号的所有信息，所以采样频率为 6kHz。

第 3 章

3-1　答：每一帧有 0.8 的概率正确达到，整个信息正确到达的概率 $p=0.8^{10}=0.107$。为使信息完整地到达接收方，发送一次成功的概率是 p，二次成功的概率是 $p(1-p)$，三次成功的概率是 $p(1-p)^2$，i 次成功的概率是 $p(1-p)^{i-1}$，因此平均发送次数为：

$$E=\sum_{i=1}^{\infty}ip(1-p)^{i-1}=\frac{1}{p}=\frac{1}{0.107}\approx9.3$$

3-2 答：(a) 00000100 01000111 11100011 11100000 01111110

(b) 01111110 01000111 11100011 11100000 11100000 11100000 01111110
01111110

(c) 01111110 01000111 1101000011 111000000 011111010 01111110

3-3 答：A B ESC ESC C ESC ESC ESC FLAG ESC FLAG D。

3-4 答：不同意。假如一帧结束(有一位标识)并且 15min 都没有新的帧出现，这个接收机无法得知下一位是新的一帧的开始还是噪声。因此协议通过开始和结束标志字节来判断会简单很多。

3-5 答：01110111110011111010。

3-6 答：可能。假定原来的正文包含位序列 01111110 作为数据，位填充之后，这个序列将变成 01111010。如果由于传输错误第二个 0 丢失了，收到的位串又变成 01111110，被接收方看作帧尾。然后接收方在该串的前面寻找校验和，并对它进行验证。如果校验和是 16 位，那么被错误地看成是校验和的 16 位的内容碰巧经验证后仍然正确的概率是 $1/2^{16}$。如果这种概率的条件成立了，就会导致不正确的帧被接收。显然，校验和段越长，传输错误不被发现的概率会越低，但该概率永远不等于 0。

3-7 答：如果传播延迟很长，需要采用前向纠错的方法。在某些军事环境中，接收方不想暴露自己的地理位置，所以不宜发送反馈信号。如果错误率足够低，纠错码的冗余位串不是很长，又能够纠正所有的错误，前向纠错协议也可能会比较合理。

3-8 答：因为校验位的关系，对任意一个有效字符作一个改变不能使另一个有效字符改变。使得 2 个奇数或者偶数序号的位发生变化会给出另一个有效字符，所以距离为 2。

3-9 答：校验位需要在 1,2,4,8 和 16,那样信息就不会超过 31 位(包括校验位在内)。因此，5 个校验位足够了，报文变成 011010110011001110101。

3-10 答：101001001111。

3-11 假设至多只有 1 位发生了错误。答：在题目所给的例子中，如果从第一位开始从左向右数，第二位(一个检验位)是不正确的。这个接收到的 12 位海明码是 0xA4F，原始的八位数据值是 0xAF。

3-12 答：单个错误将引起水平和垂直奇偶检查都出错，两个错误，无论是否同行或同列，都容易被检测到。对于有三位错误的情况，就有可能无法检测了。举例来说，如果一些位与它的行或者列校验位前后倒置，即使是角位也发现不了。

3-13 答：用 n 行 k 列的矩阵来描述错误图案，在该矩阵中，正确的位用 0 标示，不正确的位用 1 标示。由于总共有 4 位传输错误，每个可能的错误矩阵中都恰有 4 个 1,则错误矩阵的个数总共有 C_{nk}^4 个。而在错误矩阵中，当 4 个 1 正好构成一个矩形的 4 个顶点时，这样的错误是检测不出来的。则检测不出来的错误矩阵的个数为 $C_n^2 C_k^2$，所以错误不能检测出来的概率是：

$$\frac{C_n^2 C_k^2}{C_{nk}^4} = \frac{\frac{n(n-1)}{2} \cdot \frac{k(k-1)}{2}}{nk(nk-1)(nk-2)(nk-3)/(1 \cdot 2 \cdot 3 \cdot 4)} = \frac{6(n-1)(k-1)}{(nk-1)(nk-2)(nk-3)}$$

3-14　答：如所列的除式，所得的余数为 x^2+x+1

$$
\begin{array}{r}
10110 \\
1001\overline{)10100001} \\
\underline{1001} \\
1100 \\
\underline{1001} \\
1010 \\
\underline{1001} \\
111
\end{array}
$$

3-15　答：这一帧是 10011101，除数是 1001，信息后缀三个 0 之后变成 10011101000，余数是 100。因此实际传输的位串是 10011101100，接收的位流在左起第三位有个错误的是 10111101100，它除以 1001 得出的是 0，不是 100。

3-16　答：CRC 是在发送期间进行计算的，一旦把最后一位数据送上外出线路，就立即把 CRC 编码附在输出流的后面发出。如果把 CRC 放在帧的头部，那么就要在发送之前把整个帧先检查一遍来计算 CRC，这样每个字节都要处理两遍，第一遍是为了计算校验码，第二遍是为了发送，把 CRC 放在尾部就可以把处理时间减半。

3-17　答：当发送一帧的时间等于信道的传播延迟的 2 倍时，信道的利用率为 50%。或者说当发送一帧的时间等于来回路程的船舶延迟时，效率将是 50%。而在帧长满足发送时间大于延迟的两倍时，效率将会高于 50%。现发送速率 4Mb/s，发送一位需要 $0.25\mu s$，$(20\times10^{-3}\times2)\div(0.25\times10^{-6})=160000\text{bit}$，只有在帧长不小于 160Kb 时，停-等协议的效率才会至少达到 50%。

3-18　答：为了有效运行，序列空间（实际上就是发送窗口大小）必须足够大，以允许发送方在收到第一个确认应答之前可以不断发送。信号在线路上的传播时间为 $6\times3000=18000\mu s$。在 T1 速率，发送 64 字节的数据帧需花的时间：

$$64\times8\div(1.536\times10^6)=0.33\mu s$$

从发送的第一帧开始发送起，18.33ms 后完全到达接收方。确认应答又花了很少的发送时间（忽略不计）和回程 18ms。这样，加在一起的时间是 36.33ms。发送方应该有足够大的窗口，从而能够连续发送 36.33ms。36.33/0.33＝110。为了充满线路管道，至少需要 110 帧，因此序列号为 7。

3-19　答：不可以。最大接受窗口的大小就是 1，现在假定该接收窗口值变为 2，开始时发送方发送 0~6 号帧，所有 7 个帧都被接收到，并作了确认，但确认被丢失。现在接收方准备接收 7 号和 0 号帧，当重发的 0 号帧到达接收方时，它将会被缓存保留，接收方确认 6 号帧。当 7 号帧到来时，接收方将把 7 号帧和缓存的 0 号帧传递给主机，导致协议错误。因此，能够安全使用的最大窗口值为 1。

3-20　答：对应停-等协议的窗口大小值为 1。
使用卫星信道端到端的典型传输延迟是 270ms，以 1Mb/s 发送，1000bit 长的帧的发送时间为 1ms。用 $t=0$ 表示传输开始的时间，那么在 $t=1\text{ms}$ 时，第一帧发送完毕；$t=271\text{ms}$ 时，第一帧完全达到接收方；$t=272\text{ms}$，对第一帧的确认帧发送完毕；$t=542\text{ms}$，带有确认帧完全到达发送方。因此一个发送周期为 542ms，如果在 542ms 内可以发送 k 帧,由于每一个帧的发送时间为 1ms,因此 $k=1$,最大信道利用率 $1/542=0.18\%$。

3-21　答:使用卫星信道端到端的传输延迟为 270ms,以 64Kb/s 发送,周期等于 604ms。发送一帧的时间为 64ms,需要 $604/64=9$ 个帧才能保持通道不空。

对于窗口值 1,每 604ms 发送 4096 位,吞吐率为 $4096/0.604=6.8$Kb/s。

对于窗口值 7,每 604ms 发送 4096×7 位,吞吐率为 $4096\times7/0.604=47.5$Kb/s。

对于窗口值超过 9(包括 15、127),吞吐率达到最大值,即 64Kb/s。

3-22　答:在该电缆中的传播速度是每秒钟 200000km,即每毫秒 200km,因此 100km 的电缆将会在 0.5ms 内填满。T1 以速率 $125\mu s$ 传送一个 193 位的帧,0.5ms 可以传送 4 个 T1 帧,即 $193\times4=772$bit。

3-23　答:PPP 很显然是为了软件上实行而设计的,不像 HDLC 几乎一贯为硬件设计那样。通过软件,整个字节同时工作比每一位单独开展工作要简单,不仅如此,PPP 还被设计成配合调制解调器使用,调制解调器接收传输信息的单位是字节,而不是位。

3-24　答:最小开销是每一帧有两个标识位,一个协议位和两个校验位,一共 5 位。

3-25　答:链路管理、帧定界、流量控制、差错控制、将数据和控制信息区分开、透明传输、寻址等。

可靠的链路层的优点和缺点取决于所应用的环境:对于干扰严重的信道,可靠的链路层可以将重传范围约束在局部链路,防止全网络的传输效率受损;对于优质信道,采用可靠的链路层会增大资源开销,影响传输效率。

第 4 章

4-1　答:分槽 ALOHA 延时更高,因为需要等待至下一时隙。

4-2　答:$(56\times1000\times0.184/100)$ 个站。

4-3　答:$\dfrac{10000\div(3600/45)}{1\div(100\times10^{-6})}$。

4-4　答:$(1-e^{50/25})^k e^{25/50}$。

4-5　答:星形网。总线式网络易发故障,而星形集线器更加可靠。

4-7　答:100 为数据率 100Mb/s;BASE 表示基带信号;T 指双绞线的最大长度是 500m。

4-8　答:CSMA/CD 协议是以争用方式接入到共享信道的。CSMA/CD 是一种动态的媒体随机接入共享信道方式,而传统的时分复用 TDM 是一种静态的划分信道,所以对信道的利用,CSMA/CD 是用户共享信道,更灵活,可提高信道的利用率。

4-9　答:$\dfrac{1\div200000\times2}{0.8\times10^{-9}}$。

4-10　答:$\dfrac{256-64}{1/200000\times2\times2+1/200000\times2+(256+64)/10000000}$。

4-11　答:$11\times4\times6+5\times4$m。

4-12 答：可以的。假设其在一条直线上，A→B 时可以同时有 E→F。

4-13 答：以太网交换机工作在数据链路层，集线器工作在物理层。集线器只对端口上进来的比特流进行复制转发，不能支持多端口的并发连接。

4-14 答：以太网交换机通常有十几个端口，而网桥一般只有 2～4 个端口；它们都工作在数据链路层；网桥的端口一般连接到局域网，而以太网的每个接口都直接与主机相连，交换机允许多对计算机间能同时通信，而网桥允许每个网段上的计算机同时通信。所以实质上以太网交换机是一个多端口的网桥，连到交换机上的每台计算机就像连到网桥的一个局域网段上。网桥采用存储转发方式进行转发，而以太网交换机还可采用直通方式转发。以太网交换机采用了专用的交换机构芯片，转发速度比网桥快。

4-15 答：以太网使用曼彻斯特编码，这就意味着发送的每一位都有两个信号周期。标准以太网的数据速率是 10Mb/s，因此波特率是数据率的两倍，即 24M 波特。

4-16 答：看目的地址、源地址、类型/长度和校验是否也算。

4-17 答：$\dfrac{10/200000 \times 2}{10^{-9}}$。

4-19 答：需要考虑到实时传输质量以及错误发生率等问题。

4-21 答：82345～1953125。

4-22 答：首先要注意 802.11b 的传输速度 11Mb/s；$[1-(1-10^{-7})^{512}] \times \dfrac{11 \times 10^6}{512}$。

第 5 章

5-2 答：有，中断信号应该跳过在它前面的数据，进行不遵从顺序的投递。

5-3 答：窗口大小、最大包长、速率和定时值等参数。

5-4 答：会存在噪声干扰会篡改数据包，且校验值无法检测出的情况。

5-5 答：$40 \times 8 \times 2 \text{b/s}$。

5-6 答：

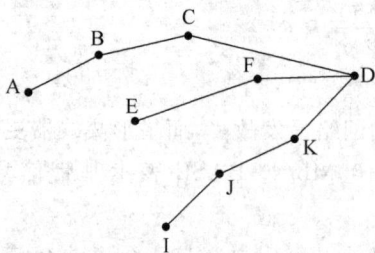

5-7 答：$(11,6,0,3,5,8)$，出去的线路分别为 $(B, B, -, D, E, B)$。

5-9 答：$\dfrac{1}{2000000} \times \dfrac{1}{1-\dfrac{1200000}{2000000}} \times 5\text{s}$。

5-10 答：(1) $(1-p)^2 + 2(1-p)^2(1-(1-p)^2) + 3(1-p)^2(1-(1-p)^2)^2 \cdots$

$$= \frac{1}{(1-p)^2};$$

(2) $\dfrac{p^2 - 3p + 3}{(1-p)^2}$。

5-11 答：ECN 是通过在数据包中打标志位向数据包发送拥塞指示；RED 通过随机
丢弃数据包向源暗示拥塞。ECN 只有在没有缓存时才会丢弃数据包,而 RED
在缓存耗尽之前就开始随机丢弃数据包。

5-12 答：$\dfrac{32\times 8}{2\times 10^{-6}}$b/s。

5-13 答：2s。

5-15 答：8 次。

5-18 答：IP 地址和我国的电话号码相同点在于唯一性、分级结构以及可识别性。不
同点在于：IP 地址分为网络号和主机号,它不反映有关主机地理位置的信息;
而电话号码反映有关电话的地理位置的信息,同一地域的电话号码相似。

5-19 答：192.46.39.128。

5-20 答：前者包含后者,具体可见前 11 位前缀相同。

5-21 答：$\dfrac{3200}{1600}\times 160+3200$bit。

5-22 答：校验和包括了头,但没有包括数据部分。因为包头出错的后果比数据出错
的后果要严重得多,并且数据的校验开销太大,在其他层中已经有了相关的校验
措施。

5-23 答：不会。因为错误可能会出现在地址段,从而无法找到正确源站。

5-24 答：2^{11}台。

5-25 答：A 地址为 192.16.0.0 — 192.16.15.255,掩码 192.16.0.0/20;
B 地址为 192.16.16.0 — 192.16.23.255,掩码 192.16.16.0/21;
C 地址为 192.16.32.0 — 192.16.47.255,掩码 192.16.32.0/20;
D 地址为 192.16.64.0 — 192.16.95.255,掩码 192.16.64.0/19。

第 6 章

6-10 答：光在光纤中的传播速度为 200km/ms,请求到达服务器时间为 0.5ms,返回
需 0.5ms。1000 位数据在 1ms 内完成,等效于 1Mb/s,线路效率为 0.1%。

第 7 章

7-1 答：它们是 DNS 域名、IP 地址、以太网地址。

7-2 答：每个应用层协议都是为了解决某一类应用问题,而问题的解决又往往是通过
位于不同主机中的多个应用进程之间的通信和协同工作来完成的。应用层协议
规定了应用程序进程之间通信所遵循的通信规则,包括如何构造进程的报文,报
文应该包括哪些字段,每个字段的意义与交互的过程等问题。

7-3 答：应用层协议规定了应用程序进程之间通信所遵循的通信规则,并不涉及传
输。传输协议由传输层来完成。

7-4 答：客户/服务器(C/S)模式与对等(P2P)模式。
客户/服务器模型采用了由客户程序向服务器程序发出请求,再由服务器程序进
行应答的模式。
P2P 是网络节点之间采取对等的方式,通过直接交换信息达到共享计算机资源和
服务的工作模式。整个网络通常不依赖于专用的服务器,网络中的每台计算机既

可以作为网络服务的使用者,也可以向其他提出服务请求的客户提供资源和服务。

7-5 答:不正确。P2P 网络是网络应用的一种工作模式,它通过应用层协议来实现,而不是具体某种"物理"意义上的网络。

7-6 答:(1) 基础设施类:域名服务协议(DNS)、动态主机配置协议(DHCP)。

(2) 网络应用类:网络终端协议(TELNET)、电子邮件服务的简单报文传输协议(SMTP)、文件传输服务协议(FTP)、Web 服务的 HTTP 协议、文件共享 P2P 协议、即时通信 P2P 协议、流媒体 P2P 协议、共享存储 P2P 协议、协同工作 P2P 协议等。

(3) 网络管理类:简单网络管理协议(SNMP)。

7-7 答:是的。IP 地址由网络号和主机号组成。如果一台机器有两个以太网卡,那么它就可以处于两个单独的网络上,假如这样,它需要两个 IP 地址。

7-8 答:这问题不会发生。DNS 名字必须短于 255 字节。因此所有的 DNS 名称都不会超过一个 UDP 报文的长度。

7-9 答:用户代理(User agent)和消息传输代理(Message transfer agent)。用户代理是本地程序,让用户能够阅读和发送电子邮件,而消息传输代理一般则是系统守护进程(Daemon),也就是在后台运行的程序,它的任务是将消息从源端传送到目标端。

7-10 答:使用简单邮件传输协议(SMTP)发送邮件;使用邮局协议的第 3 版 POP3 协议或交互邮件存取协议(IMAP)接收邮件。发送和接收的对象是邮件服务器端。

7-11 答:①建立 TCP 连接;②建立 SMTP 会话连接;③邮件发送;④释放 SMTP 会话连接;⑤释放 TCP 连接。

7-12 答:①建立 TCP 连接;②建立 POP3 会话连接;③邮件事务处理;④释放 POP3 会话连接;⑤释放 TCP 连接。

7-13 答:邮件服务器端。在发送端,SMTP 采取"推"的方式将邮件推送到服务器端。在接收端,则采用了邮件读取协议。也就是采用"取"的方式,在接收方愿意收取邮件时才启动接收过程,这样邮件必须存储在服务器邮箱中,直到收信人读取邮件为止。

7-14 答:超文本传输协议(Hyper Text Transfer Protocol,HTTP)、超文本标记语言(Hyper Text Markup Language,HTML)、超链接(Hyperlink)与统一资源定位符(Uniform Resource Locator,URL)。

7-15 答:如果一个模块得到两个请求,平均一个缓存命中一个缓存缺失。总的 CPU 时间消耗是 2ms,总的等待时间是 8ms。这得出一个 10% 的 CPU 利用率。所以 10 个模块能使得 CPU 保持忙碌。

7-16 答:"http:"指出要使用协议的类型,"www.seu.edu.cn"指出要访问的服务器的主机名,"SEU/ddgk.jsp"指出要访问的主页的路径与文件名。

7-17 答:协议规定 Web 服务器在接收到浏览器 HTTP 请求报文并返回应答报文后不保存有关 Web 浏览器的任何信息。也就是说即使同一个浏览器在短时间内两次访问同一个 Web 服务器,它也必须建立两次 TCP 连接。这样可以提高 Web 服务器的并发处理能力,能够同时处理很多浏览器的并发访问。

7-18　答:(1) DHCP 客户端按照 DHCP 协议构造一个 IP 租用请求报文,以广播方式发送出去,并进入初始化状态。

(2) DHCP 服务器在接收到 DHCP 客户端的请求报文后要返回一个应答报文,报文中包括分配给 DHCP 客户端的 IP 地址、租用期及其他参数。

(3) DHCP 客户端可能接收到多个服务器发回的应答报文,从中选择一个 DHCP 服务器,并发送一个请求报文作为对它所选择的服务器的回应。

(4) 被选中的 DHCP 服务器向客户端发送一个应答报文。DHCP 客户端接收到该应答报文后,才可以使用分配的临时 IP 地址,进入"已绑定状态"。

7-19　答:不正确。DHCP 服务器在接收到 DHCP 客户端发出的租用请求报文后,才会发出分配给 DHCP 客户端的 IP 地址、租用期及其他参数。

7-20　答:(1) 如果 FTP Client 只知道 FTP Server 的服务器名,那么首先需要通过 DNS 解析出服务器的 IP 地址,再由 IP 地址通过 ARP 协议解析出对应的 MAC 地址。之后则进入 TCP 连接与 FTP 连接建立阶段。

(2) 由 FTP Client 发起与 FTP Server 建立连接。第一步是建立控制连接,第二步则是建立数据连接,两者均使用 FTP Server 的熟知端口号。

(3) 在建立起连接之后,FTP Client 可以从 FTP Server 下载或上传文件。

(4) 数据传输完成后,先后释放数据连接和控制连接,其中控制连接可以提高数据传输的可靠性。

第 8 章

8-1　答:在一条 10Gb/s 的光纤链路上,传输 1bit 要花费 10^{-10} s。又因为光速为 2×10^8 m/s,在 1bit 的时间中,光脉冲传递了 20ms。又因为一个光子的长度为 $1\mu m$,所以脉冲长度为 20000 个光子长度。

8-2　答:王先生有一半的概率得到正确的位,所有的这些位都将被正确地重新生成,并发送给李先生。而王先生还有一半的概率会得到错误的位,因而向李先生随机地发送比特位,这一随机的比特位有一半的概率是正确的,也有一半的概率是错误的。因此李先生的一次性密钥中错误的位所占比例为 50%×50%＝25%,正确位数的比例为 50%＋50%×50%＝75%。

8-3　答:对称密钥加密技术所使用的密钥一定要在通信时通过网络告知对方。而非对称加密技术用于解密的私钥始终在用户自己的手中,而不需要通过网络发送给通信中的对方,即使公钥在传输过程中被截获,由于得不到相对应的私钥,所截获的公钥对于破坏者来说也就没有太大的意义。

8-4　答:(1) PKI 的认证中心(Certificate Authority,CA)产生通信所需的非对称加密的公钥与私钥对,并存储在证书数据库中。

(2) 假设用户 A 和用户 B 都是 PKI 注册的合法用户,当用户 A 希望与用户 B 通信时,用户 A 向 CA 申请下载包含密钥的数字证书,认证中心的注册认证(Registration Authority,RA)中心在确认了用户 A 的合法身份之后,将数字证书发送给用户 A,用户 A 得到加密密钥,这个密钥是私钥。

(3) 用户 B 可以通过数字证书的方式获得对应的公钥。用户 A 向用户 B 发送用私钥加密和数字签名的文件时,可以用公钥验证文件的合法性。

PKI 系统中的 CA 中心和 RA 中心负责用户的身份确认、密钥的分发与管理、证书撤销。实际的 PKI 系统具有多个 CA 中心,多个 CA 中心之间必然会存在一个信任关系模型,该模型的目的是确保一个认证机构颁发的证书能被另一个认证机构的用户信任。

8-5 答:网络安全协议涉及网络层、传输层和应用层三个层次。

8-6 答:IPv4 中 IP 分组的校验和对于 IP 分组数据完整性的验证能力很弱,原有 IP 协议安全性较弱。它主要包含认证头协议、封装安全载荷协议与 Internet 密钥交换协议等。

8-7 答:不需要。IPSec 被设计为多服务、多算法和多粒度的框架。该框架是与算法无关的,即支持多个算法,即使某个现在被认为安全的算法在将来某个时候被攻破,这个安全协议框架仍然可以幸存下来。

8-8 答:当 HTTP 使用 SSL 协议时,HTTP 的请求、应答报文的格式与处理方法不变。不同之处在于应用进程所产生的报文在通过 TCP 连接传送出去之前,需要通过 SSL 协议加密;同时接收端 TCP 在将加密的报文传送到应用层 HTTP 之前,要由 SSL 协议解密。

8-9 答:SSL 握手协议与 SSL 记录协议。前者实现双方加密算法的协商与密钥传递,后者则定义 SSL 数据传输格式,实现对数据的加密与解密操作。

8-10 答:(1)在需要发送信息时,由发送方生成一个对称密钥 K_0,用 K_0 对发送数据进行加密,形成加密的数据密文。同时发送方使用接收方提供的公钥 K_2 对密钥 K_0 进行加密。

(2)发送方通过网络将加密后的密文和加密的密钥传输到接收方。

(3)接收方使用私钥 K_1 对加密后的发送方密钥进行解密,得到对称密钥 K_0。同时接收方使用还原出的对称密钥 K_0 对数据密文进行解密,得到数据明文。

PGP 协议使用了两层加密体制,内层使用了对称加密技术,每次传送信息都将生成新的密钥。而外层则使用非对称加密技术加密对称密钥,保证密钥传递的安全性,实现了身份认证。

8-11 答:网络层、传输层和应用层三个层次。

8-12 答:普通的路由器只对分组的网络层报头进行处理,而对传输层报头是不进行处理的。而分组过滤路由器需要检查 TCP 报头的端口号字节。这种路由器根据系统内部设置的分组过滤规则来检查每个分组的源 IP 地址、目标 IP 地址,然后再决定该分组是否可以转发。

8-13 答:因为分组过滤是对内部网络数据分组在网络层和传输层上的监控,而网络用户对网络资源和服务的访问发生在应用层。应用级网关所实现的功能,就是在应用层上实现对用户的身份认证和访问操作分类检测和过滤。

8-14 答:(1)强制或捆绑安装,一旦安装很难将其从计算机上彻底清除。

(2)劫持浏览器,修改用户的浏览器设置,迫使用户访问特定网站,或者影响用户正常访问。

（3）在没有得到用户允许的情况下,推送广告和链接。

（4）流氓软件往往还会存在恶意竞争的行为,排挤或干扰其他软件的正常运行,
甚至误导、欺骗用户卸载非恶意软件。

第 9 章

9-1　答：没有使用压缩。立体声的音频 CD 需要 1.411Mb/s 的带宽,也就是说它的传输速率约为 175kb/s。对于一个 650MB 的 CD 来说,它的空间足够存储 3714s 的音频,这一时间大于 1h。事实上,一张 CD 的时长是不会超过 1h 的,因此音频 CD 没有使用压缩。

9-2　答：因为摇滚音乐的信噪比远远高于钢琴曲的信噪比。在相同的声音品质下,钢琴曲的压缩需要更高的码率。

9-3　答：假如你正在聆听一场长笛演奏,突然隔壁的邻居开始用他的手提电钻修理家中的家具,长笛的声音被电钻的声音屏蔽了,于是你就没有办法再听到长笛的声音了。这种情况叫做频率屏蔽。

　　即使隔壁手提电钻停下来,你也会有很短的一段时间内听不到长笛的声音。这是因为当手提电钻工作的时候耳朵降低了它的放大倍率,电钻停下来后耳朵需要一段有限的时间来重新提高放大率,这种现象称为暂时屏蔽。

9-4　答：将 25 帧/s 的逐行扫描变为 25 帧/s 的隔行扫描。或每一帧画面都被重复地绘制多次。

9-5　答：不能,这样做反而会使得运动画面不平滑。运动的平滑性是由每秒显示的不同图像的数量来决定的,而闪烁则是由每秒屏幕被重画的次数来决定的,两者是完全不同的参数。

9-6　答：不相同。这两个过程在效率上会表现出一定的不对称性,那是因为一部视频的制作组只会对该视频编码一次,但是观影者将会对它进行上万次的解码。多媒体服务器的运营商可以租用一台超级计算机几个星期的时间对视频资料库进行编码,但是观影者却不会去租用超级计算机去观看 2h 的电影。因此视频编码的过程往往代价更大。

9-7　答：不会。对于视频聊天这种实时视频的应用上,编码的慢速和复杂都是不可接受的,这时就必须牺牲一点压缩效率。

9-8　答：200ms。解码一个 JPEG 图像则需要反向运行该算法。JPEG 算法基本上是对称的,即解码和编码时间一样长。但并不是所有的压缩算法都具有这样的特性。

9-9　答：MPEG-1 中音频和视频的编码器独立地工作,然后由系统部分将两部分集成在一起。在这个过程中,会用一个 90kHz 的系统时钟来保证视频和音频编码的同步性。

9-10　答：D 帧是用于快进的块平均值,它仅用于在回退或快进时,有可能显示低分辨率的图像。它通常放在对应的 I 帧的前面,当快进结束时,就可以马上开始以正常的速度进行播放。

9-11 答：MPEG-1 可能被用于多播传输，如果所有的帧都依赖于前面的帧，那么一旦错过某一帧或者某一帧发生错误，那么后面的解码都将无法进行，并且快进快退的时候就要计算沿途经过的每一帧。因此采用 JPEG 的变种来进行编码的静态图片 I 帧是非常必要的，并且 I 帧每隔 1s 就要被插入到输出中 1～2 次。

9-12 答：会。某个 I 帧发生了错误，会影响到随后的 B 帧和 P 帧。并且该错误会一直延续直到下一个 I 帧出现。

9-13 答：$640 \times 480 \times 60 \times 8 = 147.456 \text{Mb/s}$。

参 考 文 献

[1] DEERING S E. SIP: Simple Internet Protocol[J]. IEEE Network Magazine, 1993,7(3): 16-28.

[2] DAY J. The (Un) Revised OSI Reference Model[J]. ACM SIGCOMM Computer Communication Review,1995,25(5): 39-55.

[3] CHASE J S, GALLATIN A J, YOUUM K G. End System Optimizations for High-Speed TCP[J]. IEEE Communications Magazine, 2001,39(4): 68-74.

[4] LABOVITZ C, AHUJA A, BOSE A, JAHANIAN F. Delayed Internet Routing Convergence[J]. ACM SIGCOMM Computer Communication Review,2000,30(4): 175-187.

[5] MAYMOUNKOV P MAZIERES D. Kademlia: A Peer-to-Peer Information System Based on the XOR Metric[C]//Proc. First International Workshop on Peer-to-Peer Systems. Druschel P,KAASHOEK F, Rowstoron A. Berlin: Springer-Verlag LNCS 2429, 2002: 53-65.

[6] PERKINS C. RTP:Audio and Video for the Internet[M]. Boston: Addison-Wesley, 2003.

[7] COHEN B. Incentives Build Robustness in BitTorrent[C]. Proc. First Workshop on Economics of Peer-to-Peer Systems, June 2003,1-5.

[8] SHALUNOV S, CARLSON R. Detecting Duplex Mismatch on Ethernet[C]//International Workshop on Passive and Active Network Measurement,PAM2005. DOVROLIS C. Berlin: Springer-Verlag LNCS 3431, 2005: 135-148.

[9] HULL B, BYCHKOVSKY V, ZHANG Y, et al. CarTel: A Distributed Mobile Sensor Computing System[C]//Proceeding of the 4th international conference on Embedded Networked Sensor Systems, 2006,125-138.

[10] DAVIES J. Understanding IPv6[M]. 2nd ed., Redmond, WA: Microsoft Press, 2008.

[11] DONAHOO M, CALVERT K. TCP/IP Sockets in Java practical guide for programmers[M]. San Francisco: Morgan Kaufmann, 2011.

[12] AHMADI S. An Overview of Next-Generation Mobile WiMAX Technology [J]. IEEE Communications Magazine, 2009,47(6): 84-98.

[13] VALADE J. PHP & MySQL for Dummies[M]. 5th ed. New York: John Wiley&Sons, 2009.

[14] DONAHOO M, CALVERT K. TCP/IP Sockets in C: practical guide for programmers[M]. 2nd ed. San Francisco: Morgan Kaufmann, 2009.

[15] CISCO. Cisco Visual Networking Index: Forecast and Methodology, 2011—2016[R]. Cisco White paper,2012,518.

[16] HA S, RHEE I, XU L. CUBIC: A New TCP-Friendly High-Speed TCP Variant[J]. ACM SIGOPS Operating Systems Review,2008,42(5): 64-74.

[17] WITTENBERG N. Understanding Voice Over IP Technology[M]. Clifton Park, NY: Delmar Cengage Learning, 2009.

[18] HIERTZ G R, DENTENEER D, STIBOR L, et al. The IEEE 802. 11 Universe [J]. IEEE Communications Magazine, 2010,48(1): 62-70.

[19] Chełminiak P,Kurzyński M. Steady-state distributions of probability fluxes on complex networks [J]. Physica A: Statistical Mechanics and its Applications,2017,468: 540-551.

[20] WALRAND J. Communication Networks: A First Course(影印版)[M]. 北京: 机械工业出版社, 1999.

[21] [美]凯文 R. 福尔,W. 理查德·史蒂文斯. TCP/IP 详解 卷 1：协议(原书第 2 版). [M]吴英,等译.

北京：机械工业出版社,2017.

[22] ［荷］TANENBAUM A,WETHERALL D.计算机网络（第 5 版）[M].严伟,潘爱民,译.北京：清华大学出版社,2012.

[23] ［美］KUROSE J,ROSS K.计算机网络：自顶向下方法（原书第 6 版）[M].陈鸣,译.北京：机械工业出版社,2014.

[24] ［印］纳拉辛哈·卡鲁曼希,等.计算机网络基础教程：基本概念及经典问题解析[M].许昱玮,等译.北京：机械工业出版社,2016.

[25] 谢希仁.计算机网络[M].7 版.北京：电子工业出版社,2017.

[26] 陈鸣,等.计算机网络实验教程：从原理到实践[M].北京：机械工业出版社,2007.

[27] 吴功宜,吴英.计算机网络教程[M].6 版.北京：电子工业出版社,2018.

[28] 吴功宜,吴英.计算机网络[M].4 版.北京：清华大学出版社,2017.

[29] ［日］竹下隆史,等.图解 TCP/IP（原书第 5 版）[M].乌尼日其其格,译.北京：人民邮电出版社,2013.

[30] ［日］上野宣.图解 HTTP[M].于均良,译.北京：人民邮电出版社,2014.

[31] 王轩.量子保密通信网络的动态路由及应用接入研究[D].西安：西安电子科技大学,2014.

[32] 张明.自由空间量子密钥分发中偏振检测与基矢校正的研究[D].上海：中国科学院研究生院（上海技术物理研究所）,2014.